de Gruyter Lehrbuch

Einführung
in die
Rechtswissenschaft

Grundfragen, Grundlagen und Grundgedanken des Rechts

von

Dr. Bernhard Rehfeldt
weil. ord. Professor an der Universität Köln

3. Auflage von

Dr. Manfred Rehbinder
ord. Professor an der Universität Zürich

1973

Walter de Gruyter · Berlin · New York

ISBN 3 11 002152 8

Printed in Germany.

Satz und Druck: Saladruck, 1 Berlin 36.

Inhaltsverzeichnis

Vorwort des Bearbeiters

Als der bekannte Kölner Rechtslehrer Bernhard Rehfeldt (29. 9. 1902 — 20. 10. 1968) unerwartet aus seiner Arbeit gerissen wurde, hinterließ er neben wissenschaftlichen Monographien und Abhandlungen, deren Schwerpunkt in der germanischen Rechtsgeschichte liegt, auch zwei anerkannte und weit verbreitete Lehrbücher. Das eine war sein Wertpapierrecht (1950), das 1966 die 8. Auflage erfahren hatte. Das andere war seine Einführung in die Rechtswissenschaft (1962), die 1966 in 2. Auflage erschienen war. Diese Einführung kann in gewissem Sinne als sein Hauptwerk bezeichnet werden; denn mit ihr war es Rehfeldt gelungen, dem klassischen Werk von Gustav Radbruch einen neuen Maßstab entgegenzusetzen. Das jedenfalls war die Meinung der meisten Kollegen, von denen einer damals schrieb: „Es ist *die* für die heutige Studentengeneration geschriebene und für diese auch lesbare Einführung in eine Wissenschaft, die sich nur dann als solche bezeichnen darf, wenn sie den Ring des rein Normativen sprengt und sich die philosophischen, soziologischen, historischen, anthropologischen Grundlagen des Rechts und seiner unauflöslichen Verflechtung mit dem Sozialleben bewußt wird. Der Verfasser hat sich mit Mut und Erfolg dem gerade für die deutsche Rechtswissenschaft verhängnisvollen *Entweder* des Positivismus reiner und reinster Prägung und dem *Oder* eines Naturrechts verschiedenster Färbungen entzogen. Er vermittelt nicht nur dem Anfänger, sondern auch dem Fortgeschrittenen, ja sogar dem erfahrenen und belesenen Juristen in leicht faßlicher und von bemerkenswertem pädagogischen Geschick zeugender Form eine Gesamtschau des höchst komplexen sozialen Gebildes, das man gemeinhin ‚Recht' nennt. Demjenigen, der sich auch über die Bedeutung der metajuristischen Grundlagen unserer Rechtsordnung einen Überblick verschaffen will, kann zur Zeit kein besseres Buch empfohlen werden. Mit einem Satz: *Die* Einführung in die Rechtswissenschaft — nicht nur für Studenten" (Ernst E. Hirsch in JR 1963, S. 278 f.).

Studentengenerationen wechseln rasch. Seit kurzem müssen wir mit jungen Juristen rechnen, die keine Lateinkenntnisse mehr besitzen.

Auch die Unterrichtsformen und Studiengänge befinden sich im Umbruch. Die klassische Einführungsvorlesung für die Anfänger wird mancherorts nicht mehr gehalten. Die Lehrmaterialien passen sich den neuen Bedürfnissen an. Während sich wissenschaftliche Arbeit modischen Wellenbewegungen entziehen kann, müssen Lehrbücher stets auf dem laufenden gehalten werden, wollen sie ihr pädagogisches Anliegen nicht verfehlen. Es kam daher darauf an, den Pädagogen Rehfeldt durch Anpassung seiner Lehrbücher an die Gegenwart lebendig zu erhalten. Für das Wertpapierrecht hat dies Wolfgang Zöllner übernommen. Für die Einführung in die Rechtswissenschaft habe ich es mit dieser Bearbeitung versucht. Für die Erlaubnis dazu bin ich Frau Dr. Eli Rehfeldt dankbar. Als Rechtssoziologen hat mich diese Aufgabe besonders gereizt, zumal ich Rehfeldt persönlich kannte und ihm viele Anregungen für meine eigenen Arbeiten verdanke (vgl. meinen Nachruf in der Kölner Zeitschrift für Soziologie und Sozialpsychologie 21, 1969, S. 224—227).

Die Schwierigkeiten einer Neubearbeitung wie dieser sind offenkundig. „Rehfeldts unverwechselbare pädagogische Eigenart (schrieb Zöllner anläßlich seiner Bearbeitung), die ein essentielles Element seines akademischen Lehrerfolges war, ist ebensowenig kopierbar wie sein Stil." Ich habe versucht, diesen persönlichen Stil möglichst weitgehend zu erhalten, obwohl manche der jungen Studentengeneration es sicher begrüßt hätten, wenn ich ihn durch die heute übliche saloppe, journalistische Schreibweise ersetzt hätte. Hinter meinem Bemühen steckt aber eine pädagogische Absicht. Ich möchte damit beweisen, daß auch eine sozialwissenschaftlich orientierte Rechtswissenschaft sich einer klaren und einfachen Sprache bedienen kann und nicht notwendig in jenen pseudowissenschaftlichen Jargon verfallen muß, mit dem in weiten Bereichen der Soziologie die wissenschaftliche Diskussion vernebelt wird.

Inhaltlich mußte ich das Buch den heutigen Bedürfnissen entsprechend kürzen und bei dieser Gelegenheit alle Originalzitate aus dem Griechischen eliminieren sowie den lateinischen Zitaten deutsche Übersetzungen beifügen. Ein völliger Verzicht auf lateinische Zitate ist trotz insoweit geänderter Studienanforderungen zur Zeit nicht möglich, weil der Student der Gegenwart noch lernen muß, die heute in Praxis und Wissenschaft arbeitenden Juristen zu verstehen, für die es noch zur beruflichen Bildung gehört, zuweilen mit einigen solchen Zitaten aufzuwarten. Daß sich hier in naher Zukunft vieles ändern wird, steht zu erwarten. Auch einige Details aus der Rechtsgeschichte, dem Lieblingsgebiet von Rehfeldt, mußten im Interesse der Straffung des Textes geopfert und weiterführender Lektüre überlassen werden.

Obwohl jetzt in den Einführungslehrgängen vieler Universitäten darauf verzichtet wird, einen Gesamtüberblick über die wichtigsten Rechtsgebiete zu geben, habe ich an diesem Überblick festgehalten. Auch wenn die Lehrveranstaltung darauf verzichtet: der Student wird dennoch ein Bedürfnis haben, sich durch Lektüre einen ersten Überblick zu verschaffen. Der Vorteil des Überblicks von Rehfeldt ist, daß er hierbei nicht mit positivrechtlichen Einzelheiten überschüttet wird, sondern daß die dort behandelten Fragen meist ein gutes Anschauungsmaterial und eine Ergänzung zu den Ausführungen des Grundlagenteils sind.

Für Ratschläge in Einzelfragen der Neubearbeitung danke ich den Herren Professor Dr. Peter Arens (Freiburg) und Professor Dr. Ernst-Joachim Lampe (Bielefeld) sowie meinem Bielefelder Assistenten, Herrn Dr. Heino Garrn.

Zürich, im April 1973

Manfred Rehbinder

Die Aufgabe

I. Ein gewöhnlicher Irrtum des Anfängers ist der, das Recht bestehe aus Paragraphen und alle Rechtsfragen könnten aus dem Gesetz beantwortet, alle Entscheidungen aus ihm abgelesen werden. Kenne er also den Gesetzestext, so wisse er, was er zu wissen habe, und eben dies sei die *Rechtswissenschaft*. Der Jurist sei also ein Mensch, der viele Paragraphen kenne; je mehr von ihnen er kenne, um so besser sei er.

Aber am 1. April 1953 traten gemäß Art. 117 I des Bonner Grundgesetzes (GG) alle Paragraphen des Bürgerlichen Gesetzbuches (BGB) außer Kraft, die mit dem Prinzip der Gleichberechtigung von Mann und Frau nicht übereinstimmten. Das waren bedeutende Teile des Familienrechts, und da der Bundestag mit seiner Arbeit nicht fertig wurde, dauerte es bis zum 1. Juli 1958, ehe neue Paragraphen an ihre Stelle traten. In der Zwischenzeit ging indes nicht nur das Familienleben weiter, auch die Tätigkeit der Richter in Familiensachen. Das Fehlen der Paragraphen hatte bloß die letztere erschwert.

Als am 1. Januar 1900 das BGB in Kraft trat, hatte es in weiten Teilen Deutschlands auf dem Gebiete des allgemeinen Privatrechts überhaupt noch keine Paragraphen gegeben. Dort hatte man auf Grund eines Gesetzbuchs des byzantinischen Kaisers Justinian vom Jahre 534 judiziert, das nicht aus Paragraphen in unserem Sinne, vielmehr aus kurzgefaßten Fallentscheidungen mit juristischen Erläuterungen bestand und das auch kein Gesetzblatt eines deutschen Landes je als Gesetz verkündet hatte. An die Stelle einer anderthalbtausendjährigen Rechtsquelle trat nun also eine nagelneue. Das Ereignis wurde von den Juristen gebührend gefeiert und diskutiert, die Presse berichtete darüber. Aber das Leben änderte sich nicht, die Tätigkeit der Gerichte mehr formal als inhaltlich. Es waren nicht allzu viele Sachen, die i. J. 1900 praktisch anders zu entscheiden waren als im Jahr zuvor. Viel mehr Fälle sind es, die i. J. 1970 anders entschieden worden sind, als man sie etwa 1910 entschieden haben würde, auch wo der Text des BGB (wie das in weiten Teilen der Fall ist) ganz unverändert geblieben ist. Wie aber war das möglich, wo das Gesetz dasselbe war? Muß man es da nicht 1910 — oder 1970 — falsch gelesen haben? Hätte denn dieselbe Entscheidung, die 1910 richtig war,

i. J. 1970, auf Grund desselben Gesetzes erlassen, falsch gewesen sein können?

In England und USA gibt es überhaupt kein BGB. Die Gesetze (statutes) spielen dort eine untergeordnete Rolle, und auch von jenem byzantinischen Juristenkaiser hat man dort nichts wissen wollen. Die Richter entscheiden auf Grund der Entscheidungen ihrer Vorgänger. Diese Vorentscheidungen (Präjudizien, *precedents*) sind keine Gesetze; kein Paragraph erklärt sie für verbindlich, und dennoch gelten sie. Was heißt dann aber „gelten"? Und wie kann man es gar begreifen, daß jene angloamerikanischen Richter, ganz ohne BGB, gut 85 % der Fälle im Ergebnis nicht anders entscheiden als ihre deutschen Kollegen?

II. Wer aber, weil deutsches Recht studierend, meinen sollte, die Römer oder Engländer und Amerikaner gingen ihn nichts an, wird gleichwohl in den *Übungen* verwundert merken, wie oft ihn das Gesetz im Stiche läßt. Selten wird ihm dort ein Fall begegnen, der aus dem Gesetzestext *allein* zu lösen ist. Jeden Fall hat er nach dem Gesetz zu behandeln, dessen Text neben ihm liegt, und wird es gerade dann zu schätzen lernen, wenn er darin vergeblich weitersucht. So lernt er, das Gesetz beherrschen, um *durch* das Gesetz *über* das Gesetz hinauszukommen. Und nur auf diesem Wege lernt er es; Paragraphen zu memorieren nutzt ihm nichts.

In der Praxis wird er dann erleben, wie der Gesetzestext unter den Vorentscheidungen der Rechtsprechung, der Judikatur, verschwindet. Er schlage einen beliebigen größeren Kommentar, zumal zum BGB auf, und er kann es sehen. Auf Gebieten vollends, auf denen der Gesetzgeber sich zurückgehalten und nur „Generalklauseln" gegeben hat (im Recht des unlauteren Wettbewerbs z. B.), herrschen die Präjudizien praktisch auch bei uns nicht anders, als in England überhaupt.

III. Wonach entscheidet aber dann der Richter, wenn der Gesetzestext ihm unmittelbar nicht weiterhilft? — Vielleicht ergibt sich ein nicht unmittelbar zum Ausdruck gekommener Sinn des Gesetzes aus seinem Zweck (wie *Sinn* und *Zweck* zusammengehören und in dem englischen Worte *meaning* auch zusammenfließen)? Vielleicht ist der Grundgedanke des Gesetzes an anderer Stelle in einer *ähnlichen* Vorschrift ausgedrückt, die deshalb *analog* verwendbar ist? Oder folgt vielleicht, umgekehrt, gerade daraus, daß jener Gedanke, obwohl an anderer Stelle ausgesprochen, an dieser Stelle fehlt, daß er hier fehlen *soll* und also *nicht* anwendbar ist (Umkehrschluß, *argumentum e con-*

trario)? Das hängt wiederum vom Zwecke des Gesetzes ab (teleologische Auslegung), nicht zuletzt aber auch davon, ob jener Gedanke zu den *Grundgedanken* des Rechts gehört oder ihnen doch nahesteht; denn dann durfte vom Gesetzgeber erwartet werden, daß er es *sagte,* nicht aber bloß schwieg, wenn er ihn im Einzelfalle ausschließen wollte. Wo aber auch solche Auslegung nicht weiterhilft oder gar kein Gesetz vorhanden ist, da bleiben *nur* diese Grundgedanken übrig.

IV. Wie aber *erkennt* der Richter den Gesetzeszweck und wie die Grundgedanken? Welche sind es und welchen Rang haben sie untereinander und im Verhältnis zum Gesetz? Ergeben sie sich *aus* dem Gesetz, oder beruht es selbst auf ihnen? Worauf beruht dann aber ihre eigene Legitimation? Gelten sie an sich selbst und sind sie von Natur? Von kosmischer? Von menschlicher? Kann einem Gesetz die Eigenschaft abgehen, Recht zu sein, weil es einem von ihnen widerspricht? Und was ist Recht? Wenn aber die Existenz des Rechts nicht von Gesetzen abhängt: welche Zwecke können dann Gesetze haben? An wen wenden sie sich? Was können sie bewirken? — Die Grundgedanken des Rechts haben uns zu seinen *Grundfragen* geführt.

V. Hiermit nun haben wir die *Rechtswissenschaft* vor uns und gefunden, daß sie aus Gesetzeskunde, Methodologie und Grundlagenforschung besteht. Erst die *Vereinigung* dieser drei Elemente macht sie zur *Wissenschaft: Gesetzeskunde* für sich allein (und wie der Anfänger sie sich zu denken pflegt) wäre sinn- und zwecklos, überdies auch Stumpfsinn. *Rechtsmethodologie* wäre ohne die Gesetze Form ohne Stoff; ohne ihn, den „Rechtsstoff", wäre sie kaum begreiflich, allenfalls geistvoll, aber zwecklos, *l'art pour l'art.* Die *Rechtsgrundlagenforschung* endlich, nach Herkunft, Wesen und Voraussetzungen dieses Rechtsstoffes — nebst der Methode seiner Anwendung — fragend, hat ihn also ebenfalls zum Gegenstand. Wie die Methodologie seiner *Handhabung,* dient sie seiner *Erkenntnis.* Ohne Beziehung auf ihn wäre sie Geschichte, Soziologie und Philosophie. Erst ihre Beteiligung am Ganzen erhebt es zur Rechtswissenschaft: Gesetze, methodisch angewendet, wären bloß Rechts*technik.* Bloße Rechtstechnik kann aber nicht bestehen: um *sinnvoll* arbeiten zu können, sieht sie sich, wir sahen es, zur Frage nach ihren eigenen Voraussetzungen genötigt. So wird sie zur Rechtswissenschaft.

VI. Im Rechtsunterricht erlebt der Student Rechtsstoff und Methodik von vornherein als Einheit: in den *Vorlesungen* werden ihm die Vorschriften systematisch und in ihren Zusammenhängen dargeboten, ihre Auslegung und ihre Ergänzung nach ihrem Sinn und Zweck. In den *Übungen* lernt er sie anzuwenden; auch hier erlernt er also Stoff und Methode zugleich. Daß letztere eine selbständige Materie ist, kommt ihm meist erst später zum Bewußtsein. Erst dann ist er reif, zu einer *Methodologie* zu greifen, und sollte das auch tun[1]. Einiges davon erfährt er indes auch hier (besonders in den §§ 13, 21, 26, 27, 31).

Die *Grundlagen* treten ihm in selbständigen Vorlesungen entgegen: als Rechtsgeschichte, Allgemeine Staatslehre, Rechtsphilosophie, Rechtssoziologie. Meist hört er sie pflichtgemäß, findet aber oft, daß der Ertrag für ihn gering ist. Der Zusammenhang dieser Gegenstände mit dem geltenden Recht, auf das es ihm ja ankommen muß, bleibt ihm zu oft verborgen. So wird ihm das Recht zur Technik; zu seinen Grundfragen ist er nie hinabgestiegen. Er gleicht dann dem „Elektriker", der von Physik nichts weiß: das Routinemäßige vermag er bieder zu erledigen, was darüber hinausgeht, wird ihn ratlos machen. Seiner Rechtskenntnis fehlt, was sie zur Wissenschaft erheben würde.

VII. Indem der Verfasser *Grundfragen, Grundlagen* und *Grundgedanken* des Rechtes zum Gegenstande dieses Buches macht, glaubt er deshalb, am besten in die Rechtswissenschaft einführen zu können. Er hat sich bemüht, *Zusammenhänge* sichtbar zu machen und zu verbinden, was sonst getrennt behandelt wird. Er hofft damit, dem Anfänger das Verständnis der Lehrgegenstände von Anbeginn erleichtern, dem Fortgeschrittenen die Augen für „Querverbindungen" öffnen zu können und seine Einsicht zu vertiefen.

Juristische Fachkenntnisse setzt die Lektüre des Buches nicht voraus. Dem Anfänger wird aber empfohlen, Textausgaben des BGB, HGB, StGB, der ZPO sowie des Grundgesetzes dabei zur Hand zu haben und die zitierten Bestimmungen nachzuschlagen. *Nachschlagend* erlernt er sie! Er wird auch gut daran tun, sich schon im 1. Semester einen „Schönfelder" (Deutsche Gesetze; Verlag Beck; die gebräuchliche Gesetzsammlung mit auswechselbaren Blättern) anzuschaffen; die genannten meistbenutzten Gesetze, der bequemeren Handhabung wegen, aber außerdem in Einzeltexten. Dieses *Grundhandwerkzeug* braucht er für sein Studium ohnehin. Mit seinem Gebrauche kann er sich nicht früh genug vertraut machen. Wie kann er über das Handwerk hinauskommen, wenn er es nicht beherrschen lernt?

[1] Z. B. *H. Coing*, Juristische Methodenlehre, 1972; *K. Engisch*, Einführung in das juristische Denken, 5. Aufl. 1971; *K. Larenz*, Methodenlehre der Rechtswissenschaft, 2. Aufl. 1969.

ERSTER TEIL
ALLGEMEINE GRUNDFRAGEN

KAPITEL I
Das Recht als Sein

§ 1. Der Mensch und die Normen

I. Das Recht gehört dem Bereich der zwischenmenschlichen Beziehungen an. Es besteht aus Normen, die für das Verhalten von Menschen zueinander gelten.

Ohne Regeln, nach denen sie sich im allgemeinen richten, können Menschen nicht zusammenleben. Ohne sie wäre das Verhalten jedes für den anderen unvorhersehbar. Handelt jemand in bestimmten Lagen nicht, wie man in solchen Lagen zu handeln pflegt, gemäß der von ihm übernommenen Aufgabe und der ihm von den anderen eingeräumten Stellung, vor allem aber gemäß seinem gegebenen Wort, so ist er für die anderen „unberechenbar", unzuverlässig und damit unbrauchbar zur Zusammenarbeit. Der Unzuverlässige schließt sich von selber aus. Eine Menschengruppe, in der auf niemanden Verlaß wäre, in der es also keine Verhaltensregeln gäbe, auf deren Einhaltung man vertrauen dürfte, könnte nicht zusammenhalten.

Der Mensch ist aber auf das Zusammenleben mit seinesgleichen angewiesen. Nur in Gemeinschaft ist er lebensfähig, nur in Gemeinschaft Mensch.

II. Die Regeln für das Zusammenleben in seinen Gemeinschaften sind ihm indes nicht fertig angeboren. Er muß sie selber bilden.

Eben dadurch unterscheidet er sich von den gesellig lebenden Tieren, insbesondere von den sogenannten *staatenbildenden Insekten.* Diesen, wie allen Tieren, sind bestimmte, wenig variable Verhaltensweisen mitgegeben. Streng fixierte und spezialisierte Instinkte lenken das gesamte Verhalten jedes Tieres, zu seiner Umwelt wie zu seinesgleichen. Auf Grund angeborener spezialisierter Triebe baut die Biene ihre sechsseitigen Wabenzellen, millimetergenau und in drei Größenklassen — Königinnen, Drohnen, Arbeiterinnen gehen aus ihnen hervor —, füttert sie die Larven — mit Spezialnahrung je nach deren

Geschlecht —, tötet sie die Drohnen nach der Schwarmzeit, füttert sie die Königin, sammelt sie den Winterhonig. Der Puppenhülle als Arbeiterin entschlüpft, kann sie dies alles und tut sie dies alles; sie kann nicht anders und nichts anderes. Drohnen und Königinnen können es nicht; sie können nur anderes und wiederum nicht anders. Kein Tier *gestaltet* sein Verhalten. Die Biene kann ihren „Staat" nicht ändern. Seine Struktur ist ihr mit der ihren, also *artspezifisch* vorgegeben.

Dem Menschen aber ist nur die Geselligkeit als solche angeboren, als die Fähigkeit und Nötigung zur Gemeinschaftsbildung, eine bestimmte Gemeinschafts*form* dagegen nicht. Denn der Mensch ist instinktarm und wenig spezialisiert, „nicht festgestellt", dafür aber fast schrankenlos anpassungsfähig. In eine Umwelt versetzt, auf die sein Instinktschema nicht paßt, geht das Tier zugrunde. Der Mensch kann seine Umwelt umgestalten: Urwald, Sumpf und Wüste in Kulturland, Heide in Forst verwandeln. Ebenso jedoch kann er sein eigenes Verhalten ändern, auch gegenüber seinesgleichen. Geschieht das langfristig, so verändert er damit aber die Struktur der Gemeinschaften, in denen er lebt. Welcher Gestaltungen seines Daseins und seines Zusammenlebens der Mensch fähig gewesen ist, lehren Ethnologie und Geschichte. Welcher er noch fähig sein wird, kann nur die Zukunft lehren.

III. Indessen gibt die Unfixiertheit, die Variabilität seines Verhaltens dem Menschen doch nur deshalb einen solchen Vorsprung, weil er in anderem Maße, vor allem aber in anderer Art zu *lernen* vermag.

Auch das Tier kann lernen: Wenige Pirschgänge genügen der Katze, um sich in einer neuen Örtlichkeit zurecht zu finden. Schnell lernt sie Futternapf und Essenszeit kennen. Bald hat sie „die Uhr im Kopf" und „weiß", daß man ihr die Tür öffnet, wenn sie sich davorsetzt. Eine oder zwei gute oder böse Erfahrungen mit den Menschen ihrer Umgebung genügen ihr, um sich jedem gegenüber „richtig" zu verhalten. Und noch über Jahresfrist hat sie es nicht vergessen. — Aber jede Katze muß ihre Erfahrungen selber machen. Sie sterben mit ihr, und ihre Jungen fangen wieder von vorne an. Nur das Individuum vermag beim Tier zu lernen, nicht die Gattung.

Der Mensch allein *tradiert* sein Wissen: In unseren heutigen Produktionsmethoden stecken alle technischen Erfahrungen, die unsere Vorfahren mit ihren Werkzeugen und Arbeitsweisen, von der Steinzeit her, gemacht haben, dazu solche von Babyloniern, Ägyptern, Griechen, Römern und Chinesen. Kulturgut ist kumulierbar, und der winzige Zufallsfortschritt, den ein einzelner ertastet hat, kann, auf Nachfahren tradiert, durch deren Weiterarbeit gewaltige Wirkungen erzeugen.

Aber nicht nur technische Erfahrungen werden tradiert, auch soziale: Vorstellungen, Anschauungen, Wertungen und Verhaltensweisen. Von der Wiege an beobachtet das Kind seine Pfleger und beginnt ihnen nachzuahmen. Früh beginnen sie ihm deutlich zu machen, was es zu lassen und was es zu tun hat. Und immer mehr wächst dann der junge Mensch in seine erwachsene Umwelt hinein, übernimmt ihr Denken und Handeln und lernt, wie man sich in allen typischen Situationen zu verhalten pflegt. Damit übernimmt er ihre *Normen.* Das Verhalten des Tieres beruht allein auf seinen angeborenen Instinkten und den individuellen Erfahrungen seines kurzen Lebens, das des Menschen auf der Erfahrung aller seiner Vorfahren, also auf Tradition.

Nur in diesem Sinne hat der Mensch „ererbte" Abneigungen und Zuneigungen, Wertungen, Vorstellungen und Verhaltensweisen gegenüber seinen Mitmenschen, und es ergibt sich, daß die Tradition beim Menschen in gewisser Weise den *Instinkt ersetzt.* Sie leitet ihn ähnlich, wie das Tier durch seine Instinkte getragen und geleitet wird. Sie stabilisiert sein Verhalten — zu seinem Nutzen, wenn die Verhältnisse stabil bleiben, zu seinem Schaden, wenn sie sich plötzlich ändern. Doch vermag der Mensch solchem Schaden leichter zu entgehen und sich schneller anzupassen. Denn er hat, zumal in der Jugend und in hervorragenden einzelnen, selbst gegenüber seinen stärksten Traditionen, eine ihm eigentümliche *Freiheit.* Er kann auf Erstarrungen mit Revolutionen antworten und abwerfen, was Unsinn geworden ist; eine Fähigkeit, die dem Tier seinen Instinkten gegenüber fehlt, selbst wenn sie es zum Tode führen. Die Anpassung einer Tierart an Veränderungen ihrer Lebensbedingungen kann sich immer nur durch die Selektion spontaner Mutationen ihrer Erbmasse vollziehen, deren das Individuum nicht Herr ist.

IV. Das wichtigste Medium des Tradierens aber ist die *Sprache,* und ihre Bedeutung für das Menschsein ist wohl kaum zu überschätzen. Angeboren ist dem Menschen dabei nur die Fähigkeit zu sprechen, Sprache zu bilden. Jede *konkrete* Sprache ist ganz Tradition.

Jeder Mensch erlernt in seinen ersten Lebensjahren jede beliebige Sprache, die seine Umgebung spricht: der kleine Suaheli Englisch, der kleine Deutsche Japanisch — wenn er in Japan aufwächst. Ohne sprechende Umgebung aber gäbe er nur Laute von sich, keine Sprache.

Der wißbegierige Kaiser Friedrich II. (1212—50) ließ in Sizilien Waisenkinder mit der besonderen Anweisung aufziehen, daß niemand mit ihnen sprechen dürfe, um herauszufinden, welche Sprache sich so von selbst bei ihnen einstellen werde und ob vielleicht Hebräisch die Ursprache der Menschheit sei. Doch alle diese Kinder starben. Und vielleicht war das kein Zufall:

Denn obwohl dem Menschen keine fertige Sprache angeboren ist, kann man doch fast sagen, daß sie es ist, die ihn recht eigentlich zum *Menschen* macht. Die Zeichensprache vermittelt dem Taubstummen mehr, als nur ein Verständigungsmittel: sie lehrt ihn *denken*. Denn ohne Sprache gäbe es kein begriffliches Denken. Begriffliches Denken ist ein stummes Sprechen, und Begriffsbildung und Wortbildung gehen Hand in Hand. Ohne sie und ohne die Sprache also bliebe nur die *anschauliche* Erfassung von Sachverhalten übrig, womit das spezifisch Menschliche unserem Denken fehlen würde.

Ihrer Funktion nach ist die Sprache indes vor allem *Verständigungsmittel* und setzt damit Gemeinschaft voraus. Nur ein *gesellig* lebendes Wesen kann also Sprache haben, folglich aber auch begrifflich denken. Woraus sich wiederum ergibt, daß es den Menschen ohne Gemeinschaft und somit ohne Normen gar nicht würde geben können.

V. Zusammenfassend müssen wir also feststellen, daß Menschentum und begriffliches Denken, begriffliches Denken und Sprache, Sprache und Gemeinschaft, Gemeinschaft und tradierte Verhaltensnormen einander wechselseitig bedingen. Fiele eines dieser Glieder aus, so fielen alle, und keines von ihnen kann ohne diese seine Bedingtheit durch alle anderen eigentlich verstanden werden. Folglich auch nicht das *Recht*, als ein Komplex tradierter Verhaltensnormen.

§ 2. Gewohnheit und Sitte

I. Sprichwörtlich gern gewöhnt der Mensch sich an bestimmte Verhaltensweisen: zu bestimmten Zeiten aufzustehen, Sport zu treiben, zu essen und sich schlafen zu legen, bestimmte Wege in bestimmtem Tempo zu gehen, in bestimmter Weise zu arbeiten. Das hat seinen guten Sinn, denn die Wiederholung übt, erleichtert und entlastet — bis zum Überdruß.

Indessen geht eine solche lediglich individuelle Gewöhnung (wie sie ja auch bei Tieren häufig ist) zunächst nur jeden selber an. Aber auch andere können dadurch berührt werden: Habe ich dem Kellner, der mich regelmäßig bedient, monatelang ein Extratrinkgeld gegeben, so wird er stutzen, wenn ich das eines Tages unterlasse. Er wird sich fragen, was er denn falsch gemacht habe, und mich, sollte ich ihm auch künftig „seine“ Sonderzulage vorenthalten, nach einer vorübergehenden Verdoppelung seiner Aufmerksamkeit hinfort schlechter bedienen, als wenn ich sie ihm nie gegeben hätte. Ich vermute, daß er seine enttäuschte Erwartung wie einen Treubruch meinerseits empfinden wird. Die rein individuelle und als solche unverbindliche Gewöhnung kann also, wenn sie in anderen bestimmte Erwartungen erweckt hat, etwas wie ein Gefühl der Verpflichtung zu ihrer Beibehaltung erzeugen. Das um so leichter, je länger sie bestanden hat und vollends, je mehr auch andere ein Gleiches getan haben oder dabei gar selbst schon anderen gefolgt sind. So entstehen aus individuellen *Gewöhnungen* soziale *Gewohnheiten,* und es ist nicht schwer, sich vorzustellen, wie auf diesem Wege der Trinkgeldbrauch, aus ihm die Trinkgeldsitte und aus ihr der Trinkgeldanspruch entstanden ist. Dabei bezeichnet man als *Brauch* eine soziale Gewohnheit, die mitzumachen freisteht, als *Sitte* eine solche, deren Nichtbefolgung als ungehörig, unanständig oder pflichtwidrig empfunden werden würde. Und das Beispiel zeigt, daß Brauch und Sitte noch heute zu Vorstufen von Rechtserscheinungen werden können. Geschichtlich sind sie *die* Vorstufen des Rechtes gewesen.

II. Gewohnheiten bilden sich unter Menschen *schnell:* Gruß-, Besuchs- und Hilfeleistungsgepflogenheiten unter Nachbarn, Alters- und Berufsgenossen, in Behörden und Betrieben. Die Moden wechseln rapide, und obwohl alle Welt weiß, daß die überstürzte Folge ihrer Capricen nur vom Gewinnstreben ihrer Produzenten diktiert wird, folgen Tausende auch ihren kurzwelligsten Wandlungen als für *sie* verbindlich: „*man* trägt heute ...“. Ihren *lang*welligen Wandlungen aber kann sich *niemand* entziehen: Ein „Herr“, der — außer zu Fastnacht — in einem noch so tadellosen Anzuge vom Jahre 1900 erscheinen wollte, würde sich hoffnungslos lächerlich machen. In der Hoftracht des ancien régime auftretend würde er sich auf noch bedenklichere „Sanktionen“ seiner heutigen Zeitgenossen gefaßt machen können. Auf solchen „Unfug“ würden sie als auf eine Verletzung ihrer *Sitten* reagieren.

III. Überdies fügt sich der Mensch auch leicht in Sitten, weil sie ihm *Entscheidungen abnehmen* und ihn dadurch entlasten. Der Angehörige alter traditionsreicher Stände — des Adels, des Bauerntums, des bürgerlichen Patriziats — weiß in jeder Situation, wie *seine Welt* sie bietet, sofort, was sich gehört und was er zu tun hat. Es kostet ihn keine Überlegung, die Sitte hat es für ihn entschieden. Sie trägt ihn und macht ihn „instinktsicher“ — soweit eben ihr Traditionsschatz reicht. In der Stadt wird der Bauer Fehler auf Fehler machen, und der Entwurzelte, der Abgewanderte, der aus niederem Stande Emporgekommene muß, weil in der neuen Umwelt keine vertraute Sitte ihn mehr trägt, immer wieder selbst und neu entscheiden; was ihn belastet und gefährdet, den Starken aber auch stärken kann.

IV. Die Unvermeidlichkeit und Leichtigkeit, mit der sich unter Menschen Gewohnheiten und Sitten bilden, hat zur Folge, daß *völlig* chaotische Zustände unter ihnen stets nur als Zwischenzeiten möglich sind. Solange es Menschen gibt, haben sie Sitten gehabt und werden sie Sitten hervorbringen. Die Sitte ist der Urquell des Rechtes gewesen und speist seine Fortbildung noch heute.

§ 3. Sitte und Recht

I. In Gemeinschaften, die noch keine Rechtspflege kennen, herrscht *allein* die Sitte. Bewußt ist sie als Tradition, als das, was schon die Vorfahren getan haben und was seit alters, ja was schon immer so gewesen war. Wollen wir jener Zeit schon „Recht" zugestehen, so ist es nichts als diese Sitte, und Recht und Sitte decken sich in ihr. Wir können diese Frühform des Rechtes deshalb *„Sittenrecht"* nennen. Die *Sitte* war also zugleich das *Recht* der Frühzeit.

II. Später hörte die Sitte auf, *das* Recht, ja Recht überhaupt zu sein. Heute jedenfalls pflegen wir scharf zwischen Sitte und Recht zu scheiden, und wie immer wir beide Erscheinungen definieren mögen, steht für uns doch fest, daß *Sitte,* rein als solche, eben nicht „rechtsverbindlich" ist. Damit meinen wir, daß keine Behörde uns zwingen kann, Hut oder Krawatte zu tragen, und wir niemanden darauf verklagen können, uns zu grüßen oder sich für ein Geschenk zu revanchieren. Jeder weiß, daß man wegen solcher Dinge nicht zum Gericht gehen kann.

In der Tat gehören *Recht* und *Gericht* auch entwicklungsgeschichtlich zusammen. Streitschlichtung oder Entscheidung durch Sippenhäupter, von den Parteien erwählte Schiedsmänner, Häuptlinge, Gefolgschaftsführer oder andere autoritative Persönlichkeiten, die von Fall zu Fall angerufen wurden, hat es seit je gegeben. Bildeten sich aber Gerichte als ständige Einrichtung heraus, trat das Volk regelmäßig zum Thing als zur Gerichtsversammlung zusammen, vor der nach einem bestimmten Ritus zu prozessieren war, so mußte der Teil der Sitte, der hierzu in engere Beziehung trat, einen besonderen

Charakter annehmen und, je länger um so mehr, eigene Tradition und Gestalt gewinnen. Es bildete sich *Gerichtsgebrauch.* Nur im Zusammenhang mit diesem konnte es aber auch zum Bedürfnis werden, Normen durch *Formulierung* klarzustellen, zu fixieren und, sobald die Schrift in Gebrauch kam, *aufzuzeichnen.* Damit wurde der Teil der Sitte, der vor Gericht galt, in eine besondere Pflege genommen. Es war die *Rechtspflege,* die diesen Teil der Sitte als „Recht" abstempelte.

III. So ist es also vor allem das Aufkommen einer mit formulierten Texten arbeitenden Gerichtsbarkeit gewesen, was zu der Aufspaltung des alten Sittenrechtes in Recht und Sitte führen mußte. Und im Bereiche der germanischen Völker kam es, noch ehe eine Gesetzgebung sich durchsetzte oder doch im Zusammenhange mit ihren ersten Anfängen, zu Formulierungen und Aufzeichnungen des geltenden Sittenrechtes für den Gebrauch bei Gericht. Sie formulierten, was dort immer schon gegolten hatte, oder was doch wichtig genug erschien, um dort gelten zu sollen. Damit mußte zugleich aber, was sie *nicht* enthielten, im Gerichtsgebrauch zurückgedrängt werden; jedenfalls auf die Dauer und in dem Maße, wie der Gebrauch solcher Rechtsaufzeichnungen sich praktisch durchsetzte. Damit schied sich dann der Teil des Sittenrechtes, auf den man sich vor Gericht berufen konnte — und im ganzen war das gewiß der jeweils sozial wichtigere — als *Recht* von dem, der nun als bloße *Sitte,* ungerichtet, zurückblieb. Jenes aber war hinfort die Richtschnur, nach der bei Gericht gerichtet wurde, das Gerade (lat. *directum,* ital. *diritto,* franz. *le droit*), das Rechte, das Recht.

IV. Das Gericht ist also recht eigentlich die Geburtsstätte des Rechtes gewesen. Deshalb nimmt es denn nicht wunder, daß *„Recht"* in älterer Sprache zugleich Bezeichnung für *„Gericht"* gewesen ist, was in der heutigen noch nachklingt: „Rechtsgang" ist das Verfahren vor Gericht, die „rechtshängige" Sache „hängt" bei diesem, „rechtsbeständig" ist, was vor ihm Bestand hat, „rechtliches Gehör" ist Anhörung durch das Gericht, „Rechtsschutz" ist Gerichtsschutz, „Rechtsverweigerung" Verweigerung der gerichtlichen Entscheidung; wie ja auch in der römischen Rechtssprache *in iure* „vor Gericht" hieß.

Aber die Herkunft von der Gerichtsstätte hat zugleich auch dem *Rechtssatze,* ein für allemal, seine eigentliche Form gegeben, die des *hypothetischen Urteils:* das Gerichtsurteil entscheidet einen konkreten Fall, der sich in der Vergangenheit zugetragen hat, in bestimmter Weise; der Rechtssatz entscheidet einen angenommenen Fall, sofern er sich in Zukunft ereignen sollte, in einer Weise, die er vorbestimmt.

„Wenn ein Bürger einen Bürger bezichtigt und Mord auf ihn geworfen hat, ihm aber nicht beweist, so wird, der ihn bezichtigt hat, getötet", beginnt die älteste (nicht nur fragmentarisch erhaltene) Kodifikation der Weltgeschichte, das Gesetz des babylonischen Königs Hammurabi (vermutlich 1711—1669 v. Chr.). Dies ist die Grundform des Rechtssatzes: in abstracto vorweggetroffene Entscheidung. Auch sie unterscheidet das Recht von der Sitte, die unmittelbar auf das abzielt, was man *tun* soll, nicht auf die Folgen, die eintreten sollen, wenn einer dies oder jenes getan *hat.* Rechtssätze sind also typischerweise *Entscheidungsnormen,* Normen für das Verhalten der Richtenden. Die Sitte spricht, in Worte gefaßt — „man hilft", „man grüßt", „man trägt" usw. —, unmittelbar die Handelnden an.

§ 4. Recht und Gesetz

I. So leitete also das Aufkommen von Formulierung und Aufzeichnung bereits bestehender Normen für den Gerichtsgebrauch die Scheidung zwischen Recht und Sitte ein. Aber diese Neuerung mußte bald noch einen Schritt weiter führen: Gepflogenheiten rein registrierend in Normen zu fassen, ohne ihren Inhalt zu beeinflussen, ist eine schwere Kunst, und eine solche Kunst kann kaum am Anfange gestanden haben. Überdies hatte jeder Rechtsaufzeichner seine eigenen Auffassungen, Ideale und Interessen. Und noch mehr hatte solche der Machthaber, in dessen Auftrage er etwa arbeitete. Rechtsaufzeichnung konnte ohne „Rechtsbesserung" kaum abgehen. Jedes *Rechtsbuch* — in dem das Recht steht, weil es gilt — war so zum Teil und zunehmend mehr *Gesetzbuch* — dessen Inhalt gilt, weil er darin steht.

Und doch war es die Formulierung und Fixierung der Normen, mit der man begann, das Recht in seine Hand zu bekommen. Denn Formulierung macht Halbbewußtes bewußt, und nur Bewußtes kann zum Objekt des Willens werden. Der Mensch gewann damit Macht über den Stoff, und es wäre seltsam zugegangen, wenn er sie auf die Dauer nicht dazu verwendet hätte, um auch das Recht, wie alles andere, gemäß seinem Willen zu gestalten.

II. War also das Recht als ungesetztes noch der Sitte Zwillingsbruder geblieben, so hatte es als gesetztes eben schon damit einen neuen Zug gewonnen, daß es nun etwas *Formuliertes* war. Denn dadurch war es zu einer anderen Stufe des *Bewußtseins* aufgestiegen.

Erst mit der Formulierung — die mit *Rechtssprichwörtern* begann — kam nämlich auch das *Rechtsbewußtsein* zu sich, wurden Normen aktuell bewußt. Daß Gesetzgebungsarbeit, auf tatsächlichem Verhalten und etwa schon vorgeformten Regeln aufbauend, diesen Prozeß der Bewußtwerdung des Rechtes fördern mußte, leuchtet ein: Wurde es, weil formuliert, bewußter, so wurde es damit zugleich *begrifflicher* und folglich *greifbarer;* wurde es greifbarer, so wurde es gestaltbarer, gestaltet wiederum bewußter.

III. Wo aber Gesetzgebung sich durchsetzte (was sich in ihren Anfängen eben nicht von selbst verstand), leitete sie eine epochale Wandlung ein, denn das alte ungesetzte Recht, das hinfort als *Gewohnheitsrecht* von dem gesetzten unterschieden wurde, war *gewachsen* gewesen; Gesetze werden *gemacht.*

Doch ist das in diesem Zusammenhange hergebrachte Bild vom „Wachstum" des Gewohnheitsrechtes nicht allzu wörtlich zu nehmen. Denn in gewissem Sinne ist selbst die Sitte „gemacht". Freilich von vielen, ja von allen Mitgliedern der Gruppe, in der sie gilt. Ihr Aufkommen und ihr Bestand ist gleichsam das Ergebnis einer permanenten Volksabstimmung. Aber wie bei einer solchen der Antrag von wenigen ausgehen kann, kann auch bei der Entstehung einer Sitte sogar ein einzelner den Ton angegeben, die Sitte „gegeben" haben, so, wie Cardin Mode „macht". Mit allzu frechen Extravaganzen würde zwar auch ein Cardin keinen Anklang finden. Doch gilt das fast ebenso auch für den Gesetzgeber — wie wir noch sehen werden; wodurch sich der Gegensatz weiter abschwächt. Im ganzen kann man aber eben doch sagen, daß *Sitten,* im Unterschied zu Gesetzen, typischerweise *anonym* entstehen (wie einst das echte Volkslied), und jedenfalls nicht planmäßig geschaffen werden.

Mittels der Gesetzgebung also konnte nun auch das zwischenmenschliche Verhalten selbst zum Gegenstande planmäßiger Gestaltung gemacht, vom Menschen in seine eigene Hand genommen werden — ein Fortschritt, der an Bedeutung und Bedenklichkeit die Entdeckung des Feuers wie des Schießpulvers übertroffen haben dürfte, so langsam auch sein Anlauf in der Geschichte gewesen ist.

§ 5. Herrschaftsordnung und Staat

I. Wir haben verfolgt, wie das frühe Sittenrecht unter der Einwirkung der Rechtspflege in Sitte und Recht zerfiel und wie dann zu dem aus dieser Aufspaltung hervorgegangenen Gewohnheitsrecht später Gesetzesrecht trat. Damit sind wir bereits in den Wirkungsbereich von Rechtsprechung und Gesetzgebung getreten, die uns beide aus unserer heutigen Umwelt als Funktionen des *Staates* geläufig sind. Wir müssen uns deshalb nunmehr mit ihm und seiner Herkunft bekannt machen.

II. Einigkeit besteht darüber, daß der Staat eine bestimmte (später näher zu definierende) Art von *Herrschaftsordnung* ist. Die Erscheinung der Herrschaftsordnung aber ist — jedenfalls in ihrem weitesten Sinne — älter als die Menschheit.

Den Tierpsychologen ist der Begriff der „Hackordnung" geläufig: Unter den Hühnern eines Hofes ist immer klar, wer wem zu weichen hat. Es besteht unter ihnen eine erprobte Rangordnung, in die auch jeder nestfremde Neuankömmling mit einigen kurzen Zweikämpfen sehr schnell eingestuft ist. Aber schon an Aquariumsfischen kann man ähnliche Ausweichordnungen beobachten, und bei den Pavianhorden im Zoo werden die in ihnen bestehenden Subordinationsverhältnisse höchst dramatisch sichtbar.

Eine Menschengruppe vollends bildet nie, oder doch immer nur vorübergehend, einen ungeordneten Haufen, eine strukturlose Masse. Ist sie auch nur kurze Zeit beisammen, so knüpfen sich unter den einzelnen Beziehungen an. Nach etwas längerer Dauer spielen sich unter ihnen Gewohnheiten ein, und bald weiß man, wer wem aus dem Wege geht und wer „zu sagen" hat.

Ein frisch in ein Lager zusammengetriebener grauer Haufen Kriegsgefangener, aus den Trümmern zahlloser zerschlagener Verbände zusammengewürfelt, zusammengepfercht und im wesentlichen sich selbst überlassen, hat sich schon nach wenigen Tagen von selbst geordnet: Man weiß sehr bald, wer Ober- und Unteraufsicht, wer die Küche hat und wie die sonstigen Dienste eingeteilt sind. Es spielen sich Arbeitsteilungen und Einrichtungen ein, und wenn dann nach und nach Teile des alten Bestandes entlassen und neue Gefangene eingeliefert werden, so gliedern sie sich ganz von selbst in die nun schon bestehende Ordnung ein.

Der Vorgang wird hier freilich dadurch erleichtert, daß es sich um disziplingewohnte Männer handelt und die alten Verbandszugehörigkeiten und Rangstufen nachwirken. Bei Zivilisten würde es damit aber im Prinzip kaum anders sein. Und auch unter ihnen geht es nicht immer ohne Befehl und Gehorsam ab: Denn wären die Menschen nicht suggestibel und für Weisungen empfänglich, so könnten sie auch nicht soziabel und nicht fähig sein, ihr Tun zu koordinieren, sich zu organisieren.

III. Solches finden wir aber allenthalben. Es besagt freilich zunächst nur, daß eben *Herrschaftsordnung* sich zu bilden pflegt, wo immer Menschen miteinander leben. Ein *Staat* war jenes Gefangenenlager nicht, denn nur ein unabhängiges Volk kann einen solchen haben.

Für einen *Staat* pflegt man, außer der Geordnetheit seiner Herrschaft, der *Staatsgewalt,* auch deren *Souveränität* (*suprema potestas:* höchste Gewalt nach innen, Unabhängigkeit von fremder Befehlsgewalt nach außen) zu fordern, ferner ein *Staatsvolk* (also jedenfalls eine sich durch Fortpflanzung regenerierende Menschengruppe) und ein *Staatsgebiet.* Fehlt der Organisation einer Menschengruppe eines dieser Erfordernisse, so ist sie — wenigstens nach jener „klassischen", hier nur grob vereinfacht skizzierten, später (§ 56) näher zu analysierenden Lehre — eben kein Staat.

Ob Menschengruppen der *Vorzeit* Staaten in diesem Sinne waren, ist hiernach schon insoweit zweifelhaft, als ihnen *Staatsgebiete* fehlten. Zwar pflegen auch Sammler- und Jägervölker ihre Reviere eifersüchtig gegen fremde Eindringlinge zu hüten, aber sie wechseln ihren Lebensraum häufig und sind nie eigentlich seßhaft. Erst ein entwickelter Ackerbau (mit Pflug und Zugtieren) bindet den Menschen an eine Scholle, macht ihm „seinen" Boden wertvoll, den Sippen und Familien zum Eigentum, dem Volke zum „Gebiet". Nach diesem Maßstabe, der wandernde Staaten ausschließt, könnte es somit frühestens seit dem Neolithikum Staaten gegeben haben. Aber gewiß gab es schon lange vorher Herrschaftsordnungen, Recht und eine gewisse Rechtsprechung.

IV. Doch auch, als es in Mitteleuropa schon seit langem Staaten gab, die unserer völkerrechtlichen Definition genügt haben würden, war dort *der Staat* gleichwohl noch nicht entdeckt. Mit seiner Entdeckung hat es ähnlich lange gedauert wie mit der, daß man Recht *machen* kann, und beide stehen in einem historischen Zusammenhange miteinander.

Die Entdeckung des Staates war denen, die ihn bildeten, so lange unmöglich, als für sie die persönlichen Bande, die sie miteinander verknüpften, im Vordergrunde standen. Denn diese unmittelbaren persönlichen Beziehungen von Mann zu Mann waren es alsdann, die sie zum Ganzen einten.

So waren es Sippen-, Familien- und Gefolgschaftsbande, welche die germanischen Völkerschaften innerlich zusammenhielten, die *Tacitus* als *civitates* beschrieben hat. Sie waren überdies so klein, daß mindestens die waffenfähigen Männer, die alljährlich zum Thing zusammentraten, einander alle persönlich gekannt haben dürften. Versammelt *vertraten* sie kein abstraktes Ganzes, sie *waren* das Ganze.

Der — aus dem Gefolgschaftswesen hervorgegangene — *Lehnsstaat* des hohen und späten Mittelalters wurde durch ein Geflecht von Subordinationsverträgen der einzelnen Lehnsherren mit ihren Lehnsleuten konstituiert. Diese Lehnsverträge waren rein persönliche, nach dem Ableben eines jeden der Beteiligten — nach Herren- wie Mannfall — immer wieder zu erneuernde Bande, die alle von Mann zu Mann, nicht mit einer abstrakten Einheit geknüpft, die Vorstellung einer solchen als eines Trägers von Rechten und Pflichten gar nicht aufkommen lassen konnten.

Deshalb hat auch die Herrschaftsordnung des deutschen Königs, trotz der ihr eigentümlichen Bezeichnung *Reich*, ja sogar trotz ihrer Identifizierung mit dem Imperium Romanum, so wenig einem *Staat* geähnelt: Wo der König mit einigen seiner Fürsten versammelt war, dort *war* das Reich. Starb er, so waren alle an ihn geknüpften Bindungen gelöst, das Reichsgut, dessen Umfang ohnehin nie feststand, praktisch herrenlos. War sein Nachfolger glücklich gewählt, so mußte er versuchen, es wieder zu sammeln und die Verträge zu erneuern, denn nur sein Vorgänger persönlich, nicht aber das Reich, war Kontrahent gewesen. Man versteht, wie wenig ein Reich als Staat in unserem Sinne erlebt werden konnte, das nach jedem Thronwechsel praktisch neu begründet werden mußte und so ein Anspruch blieb, den zu verwirklichen nur wenigen starken Kaisern glückte.

Erst dort, wo der Thron in fester Erbfolge vom Vater auf den ältesten Sohn überging (in Frankreich und England vor allem), starb der König nicht mehr und konnte deshalb „die Krone" zum ruhenden Pol einer bleibenden Verwaltungsorganisation werden.

Vollends gegen Ende des Mittelalters änderte sich das Bild, als nämlich auch die kleineren Fürsten in steigendem Maße dazu kamen, ständig tätige *Behörden* mit fester Residenz zu etablieren. Diese arbeiteten weiter, auch wenn der Fürst starb oder die Herrschaft anderweitig wechselte, und vermittelten so den Eindruck einer hinter ihnen stehenden, vom Wechsel ihrer Herren und Diener unabhängig beharrenden Macht. So kam denn im 15. Jahrhundert, von *status (rei publicae* oder *romanus)* abgeleitet, im Italienischen das Wort *lo stato* auf, eine erst jetzt greifbar gewordene Vorstellung bezeichnend: den auf einer festen Dauerorganisation beruhenden und mit ihr vom Tode seiner Herren wie seiner Untertanen unberührbar fortbestehenden, selbst aber unsichtbar bleibenden Hoheitsträger *Staat.* Erst mit seiner Konkretisierung in einer stabilen Behördenorganisation war er den erlebenden Menschen als etwas Eigenständiges *bewußt* geworden.

Obwohl also die Idee des Staates als polis, civitas, res publica in der Antike bereits im wesentlichen vorhanden gewesen war und aus den Quellen abgelesen werden konnte, mußte das Wissen davon für unsere Welt eben doch so lange tot bleiben, bis ihre eigenen Herrschaftsordnungen zu einer gewissen Strukturähnlichkeit mit den antiken Staatsbildungen herangereift waren[1].

Überdies war die volle Entfaltung des unpersönlichen Staatsbegriffes selbst mit dem 16. Jahrhundert noch keineswegs abgeschlossen. Zumal im monarchischen Absolutismus der Folgezeit trat die Person des Königs so stark hervor, daß 1655 das Wort *L'état c'est moi* im Munde Ludwigs XIV. möglich (oder doch glaubhaft) war. Auch für Friedrich Wilhelm I. scheinen noch Krone und Dynastie im Vordergrunde gestanden zu haben. Erst Friedrich der Große hat mit seinem Ausspruch, er sei der *erste Diener* des Staates, den Staat eindeutig über die Dynastie gestellt und damit zur entpersönlichten Idee, aber für die Zukunft freilich zugleich auch zum abstrakten selbstherrlichen Souverän erhoben.

Damit war nun das Bewußtwerden des Staates *überhaupt* zeitlich — und auch nicht bloß zufällig — mit der Herausbildung des *modernen,* nämlich des *gesetzgebenden* Staates zusammengefallen. Mit der Ausbildung eines Behördenapparates war der Staat nicht nur gleichsam als eine Art Wesenheit wahrnehmbar geworden, zugleich wurde er damit auch immer mehr zu einem Kunstwerk, dessen Organisation und Tätigkeit einer rationalen Ordnung, also der Gesetze bedurfte. Diese wurden, zumal seit dem 16. Jahrhundert, in immer umfangreicher werdenden Landesordnungen, Polizeiordnungen und Constitutionen erlassen, die *Juristen* entwarfen und ins Werk setzten. Letztere, die Träger der Rezeption (= Übernahme) des Römischen Rechtes, hatten sich im Laufe des 15. Jahrhunderts als ein neuer Stand von Rechtsspezialisten durchgesetzt und damit das Monopol der Rechtskunde erlangt. Ihre Kunst aber hatten sie an den Gesetzen des Kaisers Justinian erlernt, woher ihnen das Bild des gesetzgebenden, weil *über* dem Rechte stehenden Fürsten — des *princeps legibus solutus* — geläufig geworden war. So waren sie denn die Wegbereiter der absoluten Monarchie wie der Gesetzgebung und zugleich die Werkmeister jenes Behördenapparates, der zum sichtbarsten Ausdruck des modernen unpersönlichen Staates wurde und der, einmal aufgebaut, später zusammen mit diesem samt seiner eingelernten Bedienungsmannschaft aus den Händen des Monarchen in andere übergehen konnte.

---

[1] Zur Genesis des modernen Staates vgl. etwa *Georg Jellinek,* Allgemeine Staatslehre (1900), Neudruck 1960, S. 129 ff. und 322 sowie *Jakob Burckhardt,* Die Kultur der Renaissance in Italien (1860), 1. Abschnitt.

§ 6. Die Gesetzgebung

I. Das Aufkommen des Staates und seiner Gesetzgebung bedeutete eine tiefe Wandlung des menschlichen Denkens und Fühlens, die nur dadurch gemildert wurde, daß sie sich, wie wir schon sahen, nicht von einem Tag zum anderen vollzog. Langsam wuchsen sich die alten Herrschaftsordnungen zu Staaten aus, langsam begann das Gesetz das Gewohnheitsrecht abzulösen. Langsam vollzog sich damit der Übergang vom Mittelalter in die Neuzeit.

Das alte Rechtsdenken war retrospektiv gewesen: Man hatte zu tun, was schon die Vorfahren getan hatten. Je älter ein Rechtssatz war, um so ehrwürdiger, ja um so gültiger war er. Das „gute alte" Recht war Leitbild. Recht war, was seit eh und je so gewesen war, seit Constantin, Karl oder Barbarossa, die im Glanze der Sage verschwebten. Es war „gut", also *recht,* weil es alt war, und was „gut" schien, war man geneigt für alt zu halten[1]. Über dieses alte Recht hinaus war eine Bindung durch fremden Willen gar nicht denkbar, denn kein Mensch stand über dem Recht, auch der König nicht. Nur *einstimmig* Beschlossenes konnte *alle* binden; wer betroffen sein sollte, mußte zugestimmt haben. Nur das Recht der Vorfahren galt schlechthin.

Indessen wußte man nicht, wieviel sich seit ihren Tagen schon geändert hatte. War aber etwas anders geworden, so konnte das, meinte man, nur auf Mißbrauch beruhen. Daher benannten sich denn die gesetzgeberischen Ansätze um die Wende vom 15. zum 16. Jahrhundert meist „Reformationen" (Nürnberger, Frankfurter usw. Reformation), Besserung des Rechtes schien nur als Rückformung zu seinem alten Zustande denkbar — wie damals ja auch die Religion auf eben diesem Wege gebessert werden sollte. Noch die englische Bill of Rights von 1689 trat als eine Bestätigung „alter Rechte und Freiheiten" auf: „as their ancestors in like case have usually done for the vindicating and asserting their ancient rights and liberties". Und doch war es das Neue, was damit seinen Einzug hielt.

II. Auf diesem Hintergrunde wird nun klar, wie anders unser Rechtsdenken ist: „alt" ist uns „veraltet". Wir wissen, daß noch unlängst alles anders war und bald auch wieder anders sein wird. Mißstände erscheinen uns als Folgen überalterten Rechtes, ihre Heilung

[1] Meisterhaft schildert diese Denkweise *Fritz Kern,* Recht und Verfassung im Mittelalter, Histor. Ztschr. Bd. 12 (1919) S. 1—79, Neudruck der Wissenschaftl. Buchgesellschaft, Darmstadt 1969.

erwarten wir von neuem. Zeigt sich, daß irgendeine Lebensbeziehung noch nicht geregelt ist, so verlangen wir vom Staat, daß er die Lücke schließe. Wir verlangen von ihm, daß er sein Recht immer wieder überhole, veränderten Verhältnissen und Interessen anpasse. Wir verlangen das *Gesetz* — und *neue* Gesetze. Der Staat aber erfüllt uns alle diese Wünsche, denn der Staat sind wir.

Doch damit hat sich eine Veränderung vollzogen, die nicht nur Form und Menge des Rechtsstoffes betrifft: Das Gewohnheitsrecht seiner Gemeinschaft hatte jedermann gekannt. Es *war*, *weil* man es kannte. Die Gesetze des 16. Jahrhunderts waren vielfach noch von der Kanzel verlesen worden, damit das Volk sie kennen lerne. Die Verfasser des preußischen Allgemeinen Landrechts von 1794 (Pr. ALR) hatten alles Erdenkliche getan, um ihr Werk den Staatsbürgern bekannt zu machen. Durch Veranstaltung von Preisausschreiben hatten sie bei seiner Abfassung alle Bevölkerungskreise zur Mitarbeit an vielerlei Materien mitherangezogen, hatten ihre Entwürfe abschnittsweise veröffentlicht und, wieder mit Preisausschreiben, zur Kritik aufgefordert. Dem fertigen Gesetze hatten sie, ein Jahr vor seinem Inkrafttreten, einen Auszug zum „Unterricht über die Gesetze für die Einwohner der preußischen Staaten" vorausgeschickt. Nie wieder hat ein Gesetzgeber sich solche Mühe gegeben, sein Werk zu popularisieren. Sie ist schon damals vergeblich gewesen und würde heute vollends sinnlos sein: Die heutigen Gesetze *kann* man nicht mehr kennen. Nur mit Hilfe von Loseblatt-Sammlungen ist ihre kurzlebige Produktion gerade noch technisch zu bewältigen.

Damit hat das Recht aber eine neue Seinsweise angenommen: Sittenrecht und Gewohnheitsrecht hatten in den handelnden Menschen selbst gelebt, die frühen Gesetze waren Appelle an alle gewesen, *jedermann* hatten sie „kund und zu wissen" getan. Anfangs war das auch Wirklichkeit, später wenigstens Möglichkeit gewesen. Jetzt ist es Unmöglichkeit geworden. Der Hauptadressat der Gesetze sind nicht mehr die Bürger, sondern die *Behörden:* die Legislative spricht in ihnen befehlend zu Exekutive und Justiz. Sie sind gleichsam ein Selbstgespräch des Staates. Der Bürger vernimmt es nur noch selten unmittelbar, doch seine Wirkungen treffen ihn trotzdem, nämlich durch die Tätigkeit der Behörden. Aus Verhaltensnormen für die Bürger, die sie der *Form* nach ohnehin kaum je gewesen waren, sind die Gesetze auch sachlich immer mehr zu Entscheidungsnormen für die jeweils zuständigen Beamten geworden.

Trotzdem handeln die Bürger ganz überwiegend diesen ihnen meist unbekannten Gesetzen gemäß. In ruhigen Zeiten jedenfalls übertreten sie sie selten. Wie aber können sie Gebote befolgen, ohne sie zu kennen?

§ 7. Sitte, Sittlichkeit und Gesetz

I. Wir hatten gesehen, daß Sitte und Recht einst ein und dasselbe, Sittenrecht, gewesen waren. Dann hatten Rechtsprechung und Rechtsaufzeichnung den Teil der Sitte, der vor den Gerichten Anerkennung fand, als „Recht" abgesondert. Schließlich hatte der Staat diesem alten, einst aus der Sitte hervorgegangenen Rechte seine Gesetze hinzugefügt, so daß es nun als „Gewohnheitsrecht" neben dem Gesetzesrecht stand. Aber die Sitte steht weiterhin neben dem Rechte und hat Beziehungen auch zum Gesetz. Denn teils entstammt auch das Gesetz zuweilen inhaltlich der Sitte — soweit nämlich der Gesetzgeber nur Sitten eingeformt oder Gewohnheitsrecht übernommen hat — teils ist es Niederschlag der gleichen Grundanschauungen, die auch mit der Sitte in Wechselbeziehung stehen: der *Sittlichkeit.*

Sittlichkeit ist Kritik der Sitten als gut oder böse. Sie *fordert* die *gute* Sitte.

Um Sitten kritisieren, d. h. über sie richten zu können, muß man sich von ihnen denkend zu distanzieren, über sie zu stellen vermögen. Erst die Hochreligionen — Buddhismus, Christentum, Islam — und die Philosophie — in China und Griechenland — haben die Menschen hierzu befähigt. Sie haben Sittenlehren (*Ethik,* von *éthos* = Sitte) entwickelt, die zwar die geübten Sitten nicht völlig umgeprägt, aber doch weitgehend beeinflußt haben. Ohne die Prägung durch das Christentum sind Sittlichkeit und Sitten des Abendlandes nicht zu denken.

II. Insoweit nun Sitte und Sittlichkeit die gesetzgebenden Bürger mit den übrigen zu einer Gesinnungsgemeinschaft verbinden, wird ihnen das Gesetz so leicht nicht widersprechen. Es werden die Gesetze dann gleichsam nur die Ausführungsbestimmungen zu den dem Volke und seinem Kulturkreis ohnehin geläufigen Sittenanschauungen sein. Stehen aber Sitte, Sittlichkeit und Gesetz in dieser Weise miteinander in *Harmonie,* so wird, wer Sitten und Sittlichkeit folgt, auch dem Gesetze nicht zuwiderhandeln — ohne es dazu gelesen haben zu müssen. Alle drei Normenkomplexe werden dann einander wechselseitig stützen und sichern. Und so ist es weitgehend auch wirklich.

1. Dazu trägt zunächst einmal der Umstand bei, daß der Gesetzgeber selbst, und zwar für sehr wesentliche Lebensgebiete, den Richter angewiesen hat, die Sitte zu berücksichtigen: so die „Verkehrssitte" im gesamten Bereich des Vertrags- und Schuldrechts (gem. §§ 151, 157, 242 BGB), im Handelsrecht im besonderen die „Handelssitte" („die im Handelsverkehre geltenden Gewohnheiten und Gebräuche" gem. § 346 HGB) und in Einzelfällen den Ortsgebrauch (so § 919 II BGB, §§ 59, 77, 94, 96, 99, 359, 361, 393 II, 396, 428 HGB);

2. stellt der Gesetzgeber praktisch das gesamte Privatrecht unter das Gebot von „Treu und Glauben" (§ 242 BGB) und der „guten Sitten" (§§ 138, 826 BGB, § 1 UWG). Damit ist „das Anstandsgefühl aller billig und gerecht Denkenden" (RGZ 80, 221) zum Beurteilungsmaßstabe aller privatrechtlichen Beziehungen gemacht, ihre im Verkehr geübte Moral, die Ethik also, wie sie sich in der Sitte niedergeschlagen hat, die *geltende* Sittlichkeit.

Der Gesetzgeber nimmt somit selbst auf Sitten und Sittlichkeit Bezug, und die Ethik lehrt ihrerseits den Gehorsam gegenüber der Obrigkeit. So handelt denn der Bürger, indem er tut, was *man* zu tun pflegt, und sich an die gemeingültigen Vorstellungen von Anstand und Redlichkeit hält, im ganzen auch dem Gesetz gemäß, ohne dessen Vorschriften im einzelnen kennen zu müssen. Er steht sich damit sogar zuweilen besser als der Jurist, der die Abgründe *sieht*, an denen sein Weg vorbeiführt.

3. Zumal im *Vertragsrecht*, das doch den größten Teil der privaten Rechtsbeziehungen beherrscht, ist dem Bürger vom Gesetz ein hohes Maß von Freiheit eingeräumt. Grundsätzlich können die Bürger Verträge jeden beliebigen Inhalts miteinander schließen. Durch § 305 BGB gewährt das Gesetz ihnen Rechtswirksamkeit, sofern sie nicht gegen die guten Sitten verstoßen (§ 138 BGB). Zwar können auch der Verstoß gegen gesetzliche Verbote, die Nichtbefolgung einer vom Gesetz etwa vorgeschriebenen Form und einige andere Bestimmungen den Vertrag zunichte machen, doch ist die Zahl derartiger Vorschriften nur klein. Im übrigen aber setzt der Vertrag zwischen seinen Partnern Recht, worauf auch immer sie sich geeinigt haben (Privatautonomie). Hier also gilt *ihr* Wille. Sie brauchen sich nicht dem Gesetze anzupassen, das Gesetz paßt sich *ihnen* an: Es stellt Bestimmungen auf, die nur dann gelten sollen, wenn die Vertragspartner nichts Abweichendes vereinbart haben *(Dispositivbestimmungen)*. Der Gesetzgeber stellt sie ihnen also zur Verfügung: sie gelten, soweit der Vertrag keine Sonderregelung enthält. Sonst aber gelten sie nicht. Sie dienen nur

dazu, Lücken zu füllen, die die Partner bei ihrer Abmachung etwa gelassen haben, und ergänzen sie gemäß dem, was jene bei verkehrstypischem Verhalten — also der Sitte gemäß — gewollt haben würden, wenn sie alle Konsequenzen ihrer Abmachung zu Ende gedacht hätten. Hatte ihre besondere Vereinbarung aber etwa *untypische* Zwecke, so kann sie wiederum nur ergänzen, was *diesen* gemäß ist, nicht das Gesetz. Der Richter hat dann die Gedanken der Parteien ihrem besonderen Zwecke gemäß und ohne die Leitung von Gesetz und Sitte zu Ende zu denken. Solch „nachgiebiges", unter dem Vorbehalte der Parteiautonomie geltendes Recht bildet aber fast gänzlich den Inhalt der §§ 433 bis 808 des BGB und weit mehr als die Hälfte aller Vorschriften des HGB. Hier gibt es also wenig, was der Bürger zu „befolgen" und zu diesem Zwecke zu „kennen" hätte.

4. Auch spricht das *Privatrecht* die Bürger nur selten unmittelbar befehlend an: es teilt ihnen wechselseitig Rechte und Pflichten zu, wie sie sich aus ihrem eigenen Tun und Lassen ergeben und meist schon nach Sitte und Moral als dessen notwendige Konsequenzen ergeben würden: Nirgends wird z. B. dem Verkäufer *befohlen,* dem Käufer spezielle Eigenschaften der Kaufsache zuzusichern. *Hat* er es aber getan und fehlt ihr dann eine zugesicherte Eigenschaft, so soll er dem Käufer u. U. Schadenersatz leisten (und nicht bloß die Sache zurücknehmen oder sich den Kaufpreis mindern lassen). Das steht zwar in § 463 BGB, aber er braucht es kaum aus dem Gesetz zu lernen, um sich richtig verhalten zu können; er wird auch ohnehin wissen, daß man für seine Zusicherungen einzustehen hat. — Der Kaufmann *braucht* sich nicht mit einem Mitarbeiter zu assoziieren. Tut er es aber, z. B. für zehn Jahre, und gerät er dann mit ihm in Streit, so kann er freilich nur unter sehr erschwerten Voraussetzungen wieder von ihm loskommen (§§ 131 ff. HGB). Aber er konnte sich das ohne Gesetzeskenntnis denken; denn, daß man eine Verbindung, in die auch der Partner sein Vermögen und seine Arbeitskraft gesteckt und auf deren langfristigen Bestand er gebaut hat, nicht leichthin lösen kann, mußte ihm von vornherein klar sein.

Daß derjenige *besser disponieren* kann, der die ihm gegebenen Möglichkeiten und ihre eventuellen Folgen im einzelnen gemäß dem Gesetze überblickt, ist freilich nicht weniger wahr, steht aber auf einem anderen Blatt. Denn da handelt es sich nicht darum, daß er an ihn gerichtete Befehle des Gesetzes *befolgt* (wie er es etwa tut, wenn er die Firma seiner neuen Gesellschaft zur Eintragung im Handelsregister anmeldet — § 106 HGB —), sondern daß er zwischen offenen Wegen *wählt.* Hier drohen ihm keine Ordnungsstrafen, wie etwa dann, wenn er den Eintragungsantrag unterläßt (§ 14 HGB).

III. Deutlicher tritt das Gesetz dem Bürger in einem anderen Bereich befehlend gegenüber, im *Strafrecht*. Der *Form* nach freilich auch hier nicht unmittelbar: „Wer eine fremde bewegliche Sache einem anderen in der Absicht wegnimmt, dieselbe sich rechtswidrig zuzueignen, wird wegen Diebstahl mit Gefängnis bestraft" formuliert § 242 StGB. Aber indem das Gesetz diese Strafsanktion aufstellt, bedeutet es dem Bürger unmißverständlich, das Stehlen zu unterlassen. Es schließt sich damit den Normen von Sitte und Sittlichkeit an. „Man stiehlt nicht", sagt die Sitte. „Du sollst nicht stehlen", sagt die Sittlichkeit. Das Gesetz definiert nur noch genau, was als „Diebstahl" gelten soll und weist die Richter an, wie sie mit dem zu verfahren haben, der solches dennoch tut. Es nimmt das Urteil hypothetisch-allgemein vorweg: „wenn jemand . . ., so wird er . . .", wie dies ja eben der typische Rechtssatz ist.

Seine Bezeichnung als „hypothetisches Urteil" zielte auf seinen Ursprung aus dem konkreten Gerichtsurteil ab. Beide sind, als Sollsätze, Befehle: das Urteil ein Befehl an die Prozeßparteien und Vollstreckungsorgane, der Rechtssatz ein Befehl an die Richtenden und indirekt auch an die Bürger. Da aber „hypothetisches Urteil" zugleich *Kants* Terminus für die niemandem befehlende, nur einen technischen Effekt voraussagende Kunstregel ist, weichen einige Juristen in die Bezeichnung „konditionaler Imperativ" aus (so *Engisch*, Einführung in das juristische Denken; Stuttgart, Kohlhammer, 5. Aufl. 1971, S. 32).

Dieser Form also sich bedienend, fußt das Strafgesetz in seinem klassischen Bestande indessen gänzlich auf Sitte und Sittlichkeit und damit auf den Wertungen, die unsere Gemeinschaft beherrschen. Diese Wertungen dürfen aber bei jedermann vorausgesetzt werden, weshalb niemand das Gesetz zu kennen braucht, um ihnen gemäß zu handeln. Denn nicht das Gesetz, sondern die Sittlichkeit ist es, die hier das „Du sollst nicht" aufstellt. Weshalb denn *hier* auch das bekannte Sprichwort gilt, daß Unkenntnis des Gesetzes nicht vor Strafe schützt.

Der alte Satz setzt aber zugleich die alte Harmonie zwischen Gesetz und Sittlichkeit voraus. Er kann deshalb nur gelten, soweit sie reicht und damit das Strafgesetz als Niederschlag der allgemeinen Moralanschauung gelten darf. Jenseits dieser Grenze versagt er, sofern nicht etwa der Täter die von ihm übertretene Spezialbestimmung von Berufs wegen zu kennen verpflichtet war.

Wollte also ein des Diebstahls Angeklagter sich damit verteidigen, er habe nicht gewußt, was Diebstahl sei, oder daß er deswegen bestraft werden könne, so würde er damit nicht gehört werden. Der Übertreter einer Polizeiverordnung, einer Wirtschaftsbekanntmachung, einer Devisen- oder Steuerbestimmung aber kann nicht bestraft werden, wenn ihre Kenntnis von ihm seiner Lebensstellung oder den besonderen Umständen nach *nicht erwartet* werden konnte. Denn dann begründete seine Unkenntnis keinen Schuldvorwurf gegen ihn, und Strafe ohne Schuld ist für uns undenkbar.

IV. In Wahrheit nimmt das Gesetz erst dann recht eigentlich Zwangscharakter an, wenn es dazu verwendet werden soll, im Volke Normen durchzusetzen, die dessen Tradition zuwiderlaufen. Dabei erweist es sich jedoch sehr oft als brüchig. Selbst umfangreiche organisatorische Maßnahmen pflegen dazu auf die Dauer doch nicht auszureichen, sofern es nicht zugleich gelingt, die Sitten- und Moralanschauungen zu ändern: leges sine moribus vanae — eine der wenigen Lehren, die die Geschichte uns erteilen kann. Deshalb hat man in unseren Tagen dem Staate zu solchem Zwecke „*die* Partei" als Weltanschauungs- und Propagandaorganisation zur Seite gestellt. Damit wurde dann freilich die gewachsene Harmonie zwischen Sitte, Sittlichkeit und Gesetz jedes Mal — mindestens für die ersten Jahrzehnte — in ein Spannungsverhältnis verwandelt.

§ 8. Von der Notwendigkeit der Gesetze und der Justiz

I. Wäre nun aber, umgekehrt, der Einklang zwischen Sitte, Sittlichkeit und Gesetz irgendwo spannungslos wirklich, so würde dort, könnte man meinen, das Gesetz funktionsloser Ballast und folglich entbehrlich sein. Wozu noch Gesetz und Staat, wenn die Menschen auch ohne sie das Rechte tun und miteinander auskommen würden?

Das ist die Grundfrage des Anarchismus, auf die zu sagen ist:

1. Die Sätze, die die Sittenlehre aufstellt, können immer nur sehr allgemein normiert sein. Ohne nähere Ausgestaltung im einzelnen würden sie bloß ein *ius incertum* (unbestimmtes Recht) abzugeben vermögen. Ferner bedarf es einer Fülle von Regeln, die aus den ethischen Obersätzen überhaupt nicht abzuleiten wären, weil sie sittlich neutral sind. Diese müssen dann freilich zuweilen auch — wohl oder übel — *erlernt* werden.

So z. B. in der Fahrschule: § 1 der Straßenverkehrsordnung ist zwar Ausdruck des allgemeinen Sittengebotes, niemanden zu verletzen; er gehört zum Inhalt des allgemeinen Bewußtseins und würde auch ohne seine Formulierung durch den Gesetzgeber gelten. Für die übrigen 49 Paragraphen des Gesetzes aber gilt das nicht. Viele von ihnen ergeben sich zwar logisch aus dem Prinzip des Rechtsfahrens. Daß bei uns rechts, nicht links gefahren wird, mußte aber eben der *Gesetzgeber* entscheiden, denn ethisch ist es indifferent. Allerdings hätte hier auch die *Sitte* die Entscheidung treffen können; wie sie ja z. B. entschieden hat, auf welcher Seite die Dame geht.

Die Sätze der Ethik bedürfen also praktisch der Ausfüllung durch Sitte oder Gesetz.

2. Die Gemeinschaft hat es nicht nur mit rücksichtsvollen Mitgliedern zu tun und bedarf deshalb zu ihrem Schutze des *Zwanges* und seiner rationalen Regelung.

Auch die Sitte kann Zwang entwickeln und hat es seit je getan: Blutrache, Ausstoßung des Täters und Bußensystem, die Vorstufen des Strafrechts, belegen dies für die Vorzeit (vgl. unten §§ 52, 53). Die Ausschließung des Unzuverlässigen, des Vertragsbrüchigen, des Asozialen von Verkehr und Mitarbeit ist auch heute eine höchst wichtige und wirksame Reaktion der Gesellschaft. Aber sie bedarf dringend der Ergänzung durch eine rationale Regelung. Der vorstaatliche Zustand war der eines permanent bedrohten Friedens, eines nur labilen Gleichgewichtes. Gerade in dieser Hinsicht ist der Weg zu Staat und Gesetz ein unermeßlicher Fortschritt gewesen. Der Abstand unserer Lebenssicherung von der unserer Vorfahren noch im Mittelalter bezeugt seine Größe; sofern wenigstens Lebenssicherung und Wohlstand ein Fortschritt *sind*.

II. Im ganzen gesehen würde es auch eine seltsame Anomalie bedeuten, wenn der Mensch, dessen ganzes Wesen auf die rationale Beherrschung und Verwandlung seiner Umwelt, auf bewußtes Planen angelegt ist, nicht auch die Beziehungen zu seinesgleichen in seine Planung mit einbeziehen würde. Es würde bedeuten, daß er herrschen wollte, ohne sich selbst zu beherrschen.

Je mehr die Menschheit zahlenmäßig wächst, je dichter die Erdoberfläche besiedelt wird, je enger die Menschen also werden zusammenrücken und zusammenwirken müssen, um so mehr planmäßige Regelungen werden nötig sein, um ihr Zusammenleben doch noch zu ermöglichen und immer mehr Gesetze. Die Vision erschreckt uns. Aber die Summe unserer Bindungen wird dabei kaum im selben Maße wachsen, denn wo nicht Gesetze herrschen, regieren Sitten, und wo jene vordringen, verlieren diese Boden. Wenn aber der Gesetze zu viele werden, läßt ihre Wirkung nach. Und doch werden sie um so nötiger, je mehr sich die Sitten lockern.

III. Ist aber das Gesetz notwendig, so auch seine organisierte Durchsetzung als *Gerichtsbarkeit*. Denn Konflikte erwachsen innerhalb der zwischenmenschlichen Beziehungen ganz unvermeidlich (zumal, je komplizierter sie werden), und kein Gesetz vermag sie auszuschließen. Somit bedarf die Gemeinschaft einer Organisation zu ihrer Schlichtung und Entscheidung. Deshalb waren, schon bevor sich echte staatliche Gerichtsbarkeit herausbildet, private *Schiedsgerichte* häufig. Auch heute spielen sie, die Tätigkeit der staatlichen Gerichte ergänzend und von diesen unterstützt (vgl. §§ 1025 ff. ZPO), eine beträchtliche Rolle. Fehlt aber eine wirksame Gerichtsbarkeit gänzlich und auf Dauer und versagen auch die Schiedsgerichte, so werden die Konflikte mit der Waffe ausgetragen, wie die Geschichte des Mittelalters und das Völkerrecht es lehren.

Im deutschen Mittelalter waren Fehde und Blutrache die unvermeidliche Folge des Fehlens einer wirksamen Gerichtsbarkeit. Die zahlreichen Schiedsverträge des Adels („Austräge") allein hatten nicht genügt. — Zwischen den Staaten kann ein *dauerhafter* Friedenszustand nur durch die Errichtung einer wirksamen internationalen Gerichtsbarkeit herbeigeführt werden. Auch hier muß die Schiedsgerichtsbarkeit, die *cour permanente d'arbitrage,* die man anrufen *kann,* immer mehr durch die *cour permanente de justice* abgelöst werden, die man anrufen *muß.*

Gesetz und Rechtspflege schützen also den *Frieden* in der Gemeinschaft. Die Bedeutung dieser ihrer Aufgabe ist so groß, daß es keiner weiteren Rechtfertigung für ihr Vorhandensein bedarf.

IV. Die Gerichtsbarkeit, die ihren romanischen Namen *„Justiz"* von der Gerechtigkeit (iustitia) entlehnt hat, kann aber auch nicht etwa durch die bloße „Staatskunst" (politia) der *Polizei* ersetzt werden. Die Polizei kann nur mit äußerlichen Mitteln gegen schon eingetretene Ordnungsstörungen einschreiten, nicht aber die inneren Ursachen ihres Eintritts, die Konflikte, jedem das Seine zuteilend (vgl. § 20), beheben. Ihre Maßnahmen treffen deshalb regelmäßig auch nur den, der im Augenblick der (äußerliche) „Störer" ist. Sofern dieser aber gerade im Begriffe stünde, sich etwas zu verschaffen, was er nach Sitte und Volksmeinung (die es ja *jedenfalls* geben würde) verlangen und doch in jener justizlosen Gesellschaft anders als durch Selbsthilfe nicht erlangen könnte, würde es bei ihm und anderen tiefe Empörung auslösen, wenn man ihn daran hindern wollte. Der Konflikt würde weiterschwelen und durch die äußerliche Niederhaltung nur noch schlimmer werden. Solche Fälle würden sich häufen, immer weitere Kreise ziehen, und keine Polizei der Welt könnte dann auf die *Dauer* den offenen Ausbruch von Gewalttätigkeiten unterdrücken.

§ 9. Normenhunger und Rezeptionen

I. Die Herkunft der Rechtsnormen und ihres Inhaltes würde nicht vollständig beschrieben sein, wenn die *Entlehnungen* unerwähnt blieben, die von einer Rechtsordnung zur anderen nicht weniger häufig stattfinden als zwischen Sprachen. Die des römischen Rechtes ist nur *ein*, aber freilich der klassische Fall einer solchen gewesen und stets gemeint, wenn unter Juristen von „der Rezeption" gesprochen wird. Im Zusammenhange mit der Entwicklung des Staates sind wir ihr schon begegnet (§ 5 IV), und noch bedeutsamer ist sie für die Entwicklung des Privatrechts geworden. Sie hat die Grundlagen der kontinentaleuropäischen Privatrechtsordnungen und dazu die aller Rechtswissenschaft überhaupt geliefert.

Diesen höchst komplexen Vorgang *ausführlich* zu beschreiben, ist hier nicht der Ort. Er steht im Mittelpunkte der Vorlesung über „Privatrechtsgeschichte der Neuzeit". Als historisches Geschehen wird er verständlich aus der wissenschaftlichen Wiedererschließung des Urtextes der *Digesten*[1] durch *Irnerius* in Bologna (um 1080) im Zusammenhange mit der allgemeinen Wiedergeburt antiker Kunst und Wissenschaft, die in den nachfolgenden Jahrhunderten von Italien ausging. Durch diese „Renaissance" im weitesten Sinne wurde die Antike, neben Germanentum und Christentum ohnehin schon die wichtigste Komponente der mittelalterlichen Kultur, vollends zur Dominante und zur höchsten Autorität. Die Autorität des nun in Bologna und an anderen italienischen Universitäten eifrig studierten römischen Rechtes wurde für die Italiener dadurch noch weiter gehoben, daß sie sich immer mehr als die Nachfahren der alten Römer (nicht etwa der Longobarden!) zu fühlen begannen; für die Deutschen aber, weil ihr König als legitimer Nachfolger der römischen Kaiser galt. Das römische Recht war demnach das Recht ihres Reiches! So strömte denn die ehrgeizige Jugend Europas nach Italien und brachte die Kenntnis des römischen Rechtes und seiner von den italienischen Gelehrten — den Glossatoren und Kommentatoren — entwickelten Wissenschaft als *ratio scripta* (geschriebene Vernunft) in ihre Heimat zurück. Mit der Reichskammergerichtsordnung von 1495, die das neu

---

[1] Die Digesten sind eine in engem Druck 873 Seiten Großoktav starke, nach Materien geordnete Sammlung von Textausschnitten aus den Schriften der römischen Juristen hauptsächlich des 2. und 3. Jahrhunderts, das Hauptstück der Kodifikation Kaiser Justinians, die i. J. 534 vollendet war.

begründete Gericht des Reiches zur Hälfte mit studierten Richtern besetzen ließ, hatte sich diese Bewegung an sichtbarster Stelle durchgesetzt. Das *ius commune* der italienischen Juristen war zu „des Reichs gemeinem Recht" geworden.

In der Folge wirkte dieser Aufnahmeprozeß weiter. Der Humanismus des 16., die Aufklärung des 17. und 18. Jahrhunderts brachten als Reaktion dagegen die Naturrechtsbewegung hervor, der Historismus des 19. Jahrhunderts aber, Reaktion seinerseits gegen das Naturrecht, trug die Rezeption erneut weiter. Die deutschen Pandektisten (von „Pandekten", dem griechischen Namen der Digesten) vollendeten sie. Das BGB von 1896 schloß sie kodifikatorisch ab.

II. Diese unsere Rezeption war aber, wie gesagt, nur ein Fall unter vielen. Und, bei aller historischen Mannigfaltigkeit ihrer Ursachen im übrigen, haben alle Rezeptionen *ein* soziologisches Kernmotiv gemeinsam: den *Normenhunger*, der, zumal als ein Bedürfnis nach Entscheidungsnormen, sehr verständlich ist.

Entscheiden ist schwer. Wer entscheiden soll, pflegt sich deshalb, wo immer die Umstände es gestatten, danach umzusehen, wie andere Ähnliches entschieden haben. Das gilt eigentlich schon für jeden, der sich im Leben vor eine für ihn neue Aufgabe gestellt sieht und sich nun fragt, „wie das die anderen machen". Angesichts eines Falles, der ihm noch nicht vorgekommen ist, pflegt der Beamte nach dem „Simile" (von lat. *similis* = ähnlich), dem Präzedenzfalle zu suchen. Findet er einen solchen, so erleichtert ihm das nicht nur seine Arbeit: folgt er dem gegebenen Beispiele, so verschafft es ihm zugleich die Beruhigung, mit seiner Entscheidung nicht allein zu stehen. Beide Vorteile sind für ihn so verlockend, daß sie einen schwachen Beamten in die Gefahr bringen, Ähnlichkeiten zu sehen, wo keine sind, vorhandene Unterschiede zwischen den Fällen aber zu übersehen oder zu unterschätzen. Denn die Entscheidung, *ob* das Simile ähnlich, der frühere Fall dem jetzt vorliegenden analog war, kann ihm freilich niemand abnehmen. Im ganzen und mit Maß geübt, wird aber das Bestreben der Entscheidenden, Beispielen zu folgen, zugleich dem Bedürfnis der Gemeinschaft nach Stetigkeit von Behördenpraxis und Rechtsprechung entgegenkommen. Die Ordnungs- und Rechtsbildungsfunktion der Beispielbefolgung wirkt sich eben auch auf diesem Wege aus.

III. Ihre Vorbilder suchen sich die Entscheidungen zunächst bei den übergeordneten Behörden und Gerichten. Stehen ihnen solche aber nicht zu Gebote oder gibt deren Praxis, etwa wegen der Neuartigkeit des Problems nichts her, so werden sie sich u. U. nach Quellen umsehen, denen in ihrer Umwelt aus anderen Gründen *Autorität* zugeschrieben wird. So zitierten schwedische Gerichte, zumal vor 1918, des öfteren Entscheidungen des deutschen Reichsgerichts, berücksichtigen amerikanische die englische Rechtsprechung. Die nach römisch-holländischem Recht judizierenden Gerichte der südafrikanischen Burenrepubliken begannen im 19. Jahrhundert die Lücken ihres langsam veraltenden, in mühsam lesbaren Werken des 17. und 18. Jhdts. niedergelegten Rechtssystems dadurch zu schließen, daß sie in zunehmendem Maße englische Entscheidungssammlungen zu Rate zogen, wobei sie unterstellten, daß, was nach englischem Recht richtig entschieden sei, auch nach römisch-holländischem nicht falsch sein werde.

Folge des Normenhungers der Gerichte in Mittel-, Nord- und Ostdeutschland im 13. und 14. Jahrhundert war aber auch die unwahrscheinliche Verbreitung des Sachsenspiegels, der Privatarbeit Eike von Repgows, eines kleinen ostfälischen Schöffen. In seiner Heimat Autorität geworden, breitete sich diese Rechtsaufzeichnung — nothing succeeds like success — selbst ins Baltikum, ja nach Böhmen, Polen und Ungarn aus — zu etwa derselben Zeit, als das römische Recht, von den Schülern Bolognas über die Alpen heimgebracht, seinen Siegeszug — zumal in Süd- und Westdeutschland — antrat. Als antik, kaiserlich und *ius commune* war es nicht nur eine die deutsche Rechtszersplitterung übergreifende Autorität. Es war auch geeignet, jeden Normenhunger auf lange hinaus zu stillen: ist doch das corpus iuris recht eigentlich eine gewaltige komprimierte Entscheidungssammlung, ein Schatz gleichsam für Jahrtausende vorgeleisteter Juristenarbeit.

IV. Auf diesem Hintergrunde nehmen aber auch große planmäßige Rechtsentlehnungen kein Wunder: Als das römische Volk um 450 v. Chr. zehn Männer mit der ersten Rechtsaufzeichnung seiner Geschichte betraut hatte, begaben sich diese (so ist wohl die Überlieferung zu deuten) zuerst nach Unteritalien, um dort die griechischen Rechtseinrichtungen kennen zu lernen. — Als sich seit dem 13. Jahrhundert deutsche Städtegründungen nach Norden und Osten hin ausbreiteten, entlehnten die neuen Städte des Baltikums ihr Recht zumeist von Lübeck, die des Ostens und Südostens von Magdeburg. Was bedeutete, daß sie von dem Stadtrecht Lübecks bzw. Magdeburgs feierlich Abschrift nahmen und, wenn später bei dessen Handhabung Schwierigkeiten auftraten, gutachtliche Entscheidung des Rates ihrer Mutterstadt einholten; der Rat der Tochterstadt ging dann bei jenem, als ihrem „Oberhof", „zu Haupte". Es war dies ein kluges kräftesparendes System zur Gewinnung der Entscheidungsnormen, deren die Stadtgerichte für ihre Tätigkeit bedurften. Der Normenschatz, der sich dadurch beim Oberhof ansammelte, kam so zugleich allen Städten der Rechtsfamilie zugute.

Die Rezeption ganzer Werke der kontinentaleuropäischen Gesetzgebung (voran des französischen Code civil, des BGB und des Schweizerischen Zivilgesetzbuches) in südamerikanischen und asiatischen Staaten schließlich ist einmal eine Wirkung der Weltgeltung Europas im 19. Jahrhundert und des Prestigebedürfnisses der rezipierenden Völker, nicht minder aber auch eines echten Normenhungers gewesen, der mit der zunehmenden Ablösung der überlieferten Lebensordnungen jener Völker durch die westliche Zivilisation naturgemäß eintreten mußte. Denn, selbst in stabilen Zuständen stets in gewissem Grade vorhanden, lassen ihn tiefgreifende Wandlungen der Lebens- und Sozialverhältnisse in gesteigertem Maße akut werden.

§ 10. Die Definition des Rechtes

I. Alles Bisherige sollte im wesentlichen dazu dienen, Stellung und Funktion des Rechtes in der menschlichen Gesellschaft darzulegen. Es war damit ein Versuch, diejenigen historisch-soziologischen Erscheinungen zu beschreiben, die wir für verschiedene Zeiten und Bereiche jeweils als „Recht" zu bezeichnen pflegen. Dabei dürfte deutlich geworden sein, daß die Bezeichnung „Recht" für recht verschiedene Erscheinungen in Gebrauch ist, und es kann deshalb nicht verwundern, wenn das Beschriebene mit einer einheitlichen Definition kaum zu erfassen ist. Denn es gehört zum Wesen des historisch gewordenen und ständig werdenden Rechtes, daß schon die Rechtsordnung eines und desselben Staates zu verschiedenen Zeitpunkten — genau betrachtet — nie gänzlich dieselbe ist. Sie ist es so wenig wie der Fluß, in den wir zum zweiten Male hinabsteigen, und also, wie dieser, mit sich nur *kontinuitäts*identisch. Liegen beide Zeitpunkte vollends sehr weit auseinander und ist der Staat etwa inzwischen aus einem nur rechtsprechenden zu einem gesetzgebenden geworden, so werden die Erscheinungen notwendig so stark voneinander abweichen, daß selbst die gröbsten Umrisse ihrer Bilder sich kaum noch miteinander decken. „Recht" und „Recht" sind dann nicht mehr derselben Art.

II. Indem wir also das Recht entwicklungsgeschichtlich zu überblicken versuchten, erschien es uns zunächst als mit der Sitte identisch, dann von dieser durch den Gerichtsgebrauch und schließlich durch die Anerkennung seitens des Staates abgegrenzt, wobei zugleich dessen

Gesetzgebung immer mehr in den Vordergrund trat. Es erschien damit

a) das einer stetigen, zumal einer mit geschriebenen Rechtstexten arbeitenden Gerichtsbarkeit vorausgehende *Sittenrecht* als

Inbegriff der Normen, die den in einer Menschengruppe als verpflichtend geübten Gewohnheiten entsprechen;

b) das von der Sitte durch den Gerichtsgebrauch abgeschiedene *Gewohnheitsrecht* als

Inbegriff der Normen, die den in einer Menschengruppe geübten Gewohnheiten entsprechen, soweit sie von den Gerichten als verpflichtend gehandhabt werden;

c) das nach der vollen Ausbildung eines Gesetze gebenden *Staates* geltende Recht als

Inbegriff der von einem *Staate* in seinem Herrschaftsbereich als verpflichtend gehandhabten Normen.

Will man alle drei Entwicklungsstufen auf denselben Nenner bringen, so kann hierzu wohl nur das üblicherweise gebrauchte Merkmal der „Erzwingbarkeit" des Rechtes dienen[1]. Meist pflegt man hinzuzufügen, daß jener Zwang ein organisierter sein müsse. Das Recht wäre dann also

der Inbegriff aller durch organisatorischen Zwang gesicherten Normen.

Das Recht der *staatlichen* Gesellschaft wird damit — wie wir später sehen werden — immerhin im *Typ* recht wohl getroffen, das der *vorstaatlichen* weniger: der Zwang ist hier zumeist noch Selbsthilfe und beruht also nicht eigentlich auf der Organisation der Gemeinschaft. Sind Gerichte etabliert, so entscheiden diese meist erst *nachträglich*, ob die vorgenommene Handlung (Rachetötung oder Pfandnahme) erlaubte Selbsthilfe gewesen war, oder ob sie den Handelnden seinerseits bußpflichtig gemacht hatte. Die Organisation der Gemeinschaft, das Gericht, *kontrolliert* also zwar den von den Interessenten selbst geübten Zwang, vermittelt ihn aber nicht. Damit ist Recht, was die Gerichte anerkennen und was also mit ihrer *Billigung* erzwungen werden kann.

Ist aber die Gerichtsbarkeit noch nicht Institution, so kann von

---

[1] Vgl. *Kant*, Metaphysik der Sitten. Einleitung in die Rechtslehre E: „Recht und Befugnis zu zwingen bedeuten einerlei". Ebenso *R. v. Ihering*, Der Zweck im Recht, 3. Aufl. I, S. 320 ff.; *Kelsen*, Reine Rechtslehre, 2. Aufl. 1960, S. 34 ff., 45 ff., 114 ff.; vgl. auch *Engisch*, Einführung in das juristische Denken, 5. Aufl. 1971, S. 20.

einem organisatorischen Zwange in keiner Weise gesprochen werden. Es bleibt dann nur der Druck der „öffentlichen Meinung“ als der Garant der Normen übrig. Des weiteren bestimmen bloß die Machtverhältnisse und die verwandtschaftlichen und persönlichen Beziehungen, was zu erzwingen ist. In gleicher Weise (durch gesellschaftliche Benachteiligungen, Ablehnung, Ausstoßung und Boykott) ist aber — bis auf den heutigen Tag — die Wahrung auch der *Sitte* garantiert, weshalb das Kriterium des organisatorischen Zwanges versagt, wo Staat und Gerichte fehlen und also Recht und Sitte ohne sie, auch unter diesem Gesichtspunkt, nicht zu trennen sind. Allenfalls könnte man innerhalb des Sittenrechts jener Vorzeit diejenigen Normen als „Recht“ im besonderen Sinne herausheben, deren Mißachtung unter Billigung der Gemeinschaft *Rache* auslösen konnte. Diese waren naturgemäß die wichtigsten, und mit ihnen hatten es dann auch in der Folge die Gerichte im wesentlichen zu tun.

III. Es versteht sich, daß die hiermit erörterten Definitionen alle davon absahen, den *Inhalt* der als „Recht“ bestimmten Normen in irgendeiner Weise qualifizieren zu wollen. Sie können nur dazu dienen, das, was auf den verschiedenen Stufen der gesellschaftlichen Entwicklung als Recht anzusprechen ist, nach der Art seiner *Geltung* und *Durchsetzbarkeit* von seinen Nachbarerscheinungen innerhalb der vorstaatlichen und staatlichen Gesellschaft äußerlich zu unterscheiden: der individuellen Gewöhnung, den von Gerichten und Staat nicht als unmittelbar verpflichtend behandelten Gewohnheiten und Sitten wie der Sittlichkeit.

Es handelte sich also darum, *abzugrenzen*, denn eben das heißt „definieren“. Bloß das auch *vermögen* Definitionen, nicht aber das Umgrenzte zu erfüllen. Je allgemeiner das Umgrenzte ist, desto weniger besagt die Grenze über seinen Inhalt. Nur einen *abstrakt*-allgemeinen Begriff vermag Definition zu liefern. Will man den *Inhalt* des Umgrenzten geben, so verlieren sich die Grenzen: der „*konkret*-allgemeine“ Begriff (Hegel) kann nicht zu Definitionen dienen.

Zum Inhalte des Rechts sind wir indes noch gar nicht vorgedrungen, da dieser Inhalt *Sollen* ist. Noch nämlich hatten wir die Worte „Norm“ und „Verhaltensregel“ synonym gebraucht. *Norm* ist aber eine Regel, nach der man sich nicht bloß zu verhalten *pflegt*, sondern verhalten *soll*. In diesem Sinne versteht der Jurist die Rechtsnormen und ist die Rechtswissenschaft *normativ*. Das hatten wir aber bisher beiseite gelassen, indem wir vorerst dem *Sein* des Rechtes, seiner historisch-soziologischen Erscheinung nachgegangen waren.

KAPITEL II

Das Recht als Sollen

§ 11. Sein und Sollen

I. Wäre das Recht nichts anderes als ein geschichtliches und gesellschaftliches Sein, so würde die Aufgabe der Rechtswissenschaft nur darin bestehen können, festzustellen, wie sich die Menschen in Rechtsdingen einst verhalten haben und heute zu verhalten pflegen. Die praktische Jurisprudenz insbesondere würde bloß darauf hinauslaufen, vorauszusagen, wie ein konkretes Gericht einen konkreten Rechtsfall voraussichtlich entscheiden *werde*, und das aus dem bisherigen Verhalten dieses oder anderer Gerichte (aus der Judikatur also), ergänzt vielleicht durch Meinungsumfragen, abzuschätzen. Im übrigen könnte sie nur eine Organisationskunde und Kunst der Menschen- und Massenführung sein. Sie wäre Soziotechnik und Gerichtssoziologie.

Ansätze zu einer solchen Entwicklung finden sich in der Tat, besonders im amerikanischen *Legal Realism* und in Skandinavien. Indem dort vielfach allein die Naturwissenschaft als Erforschung der Wirklichkeit und damit als Wissenschaft (science) anerkannt wird, hat es — trotz der hohen Achtung, die man in jenen Ländern dem Rechte als solchem zollt — die Rechts*theorie* doch schwer, ihr Ansehen als Wissenschaft zu behaupten. Zum Ausgleich sucht sie Anlehnung an die Soziologie, und deshalb hat dort ein Satz Schule machen können, den der berühmte amerikanische Richter *Oliver Wendell Holmes* schon 1897 geprägt hatte: The prophecies of what the Courts will do in fact and nothing more pretentious are what I mean by the law[1].

Doch wenn auch hierin für den Rechtsberater gegenüber seinem Klienten sicherlich eine Aufgabe liegt: dem *Richter* prophezeien zu wollen, wie er entscheiden „werde", bringt den Anwalt in eine seltsame Rolle. Die Anhörung solcher Weissagung könnte den Richter dazu reizen, es diesmal umgekehrt zu machen, und wer das dann „Willkür" schelten wollte, müßte die These, jene Voraussage habe keinerlei Sollen bedeutet, fallen lassen. Auch wird der Anwalt oft Argumente kennen, mit denen er die bisherige, vielleicht steril gewordene Rechtsprechung *umstoßen* könnte, Gründe, warum der Rich-

---

[1] *Holmes*, The Path of the Law, in Harvard Law Review 10 (1897), S. 457.

ter nunmehr anders zu entscheiden *habe*. Angesichts eines ganz neuartigen Falles vollends, bei dem die Prognose für den Anwalt allerdings zu einer Frage der Soziologie und Psychoanalyse werden kann, möchte doch der *Richter* wissen, wie er entscheiden *soll*. Nach Willkür kann er auch dann nicht entscheiden, wenn Gesetz und Präjudizien ihn im Stiche lassen[1]. Das Urteil verweigern darf er ebensowenig: zu entscheiden ist seine Pflicht.

II. Das Recht läuft also unweigerlich auf ein Sollen, wo nicht des Bürgers, so jedenfalls des Richters hinaus. Auch Sitte und Sittlichkeit setzen Sollen. Die Schwierigkeit aber ist, daß Sollen nur wieder aus anderem Sollen abgeleitet werden kann. Aus einem Sein kann *logisch* nie ein Sollen folgen, wenn nicht ein Sollsatz da ist, der es daran knüpft.

Warum *soll* ein Kaufmann seine Firma zur Eintragung ins Handelsregister anmelden? Weil § 29 HGB es ihm gebietet. Warum aber soll er dies Gebot befolgen? Weil es ein Gebot des Staates ist. Warum soll er dem Staate gehorchen? Weil man der Obrigkeit untertan sein soll. Warum soll man dies Gebot befolgen? — Aus einem Sein kann immer nur mittels eines Sollsatzes Sollen abgeleitet werden. Warum also soll man überhaupt sollen?

Meine Antwort lautet: Weil der Mensch des Sollens bedarf, um sein zu können.

Wir haben ihn von Anbeginn als ein Wesen kennengelernt, das auf Zusammenwirken mit seinesgleichen angewiesen ist. Wir haben gesehen, daß Zusammenwirken Regeln für das Verhalten der Einzelnen voraussetzt, solche aber dem Menschen nicht angeboren sind, vielmehr von ihm gebildet und tradiert werden müssen. Dabei genügt es für ihre Funktion nun nicht, daß sie als statistisch-soziologische Regelmäßigkeiten auftreten, denn der Einzelne *kann* von ihnen abweichen, da sie ja eben keine ihm angeborenen, denen der Tiere gleichen biologisch fixierten Verhaltensweisen sind. Doch *darf* er nicht nach Willkür von ihnen abweichen, weil er damit die Gemeinschaft in Gefahr bringen würde, der Mensch aber ohne Gemeinschaft nicht sein kann. Eben darum muß das Erwartbare, das „Normale", typischerweise als *Norm*, als *Richtschnur* empfunden werden und müssen die Normen Sollen setzen.

---

[1] Daß seine Lage hierbei freilich im System des kodifizierten Rechtes, wenn vielleicht auch nur theoretisch, eine andere ist als in dem des Case Law, kann erst später dargelegt werden (vgl. unten § 31).

Wir sehen den Menschen somit als ein instinktfreies soziables Wesen an, das leben will. Will ein solches aber leben, so muß es Gemeinschaft wollen. Will es Gemeinschaft, so muß es Normen wollen. Will es Normen, so will es Sollen. Eben deshalb ist es nicht verwunderlich, daß der Mensch den Schluß, daß jeder tun soll, was *man* zu tun pflegt, so leicht vollzieht, obwohl er doch ein Schluß vom Sein aufs Sollen ist. Denn dieser Fehlschluß kann, weil normenbildend, dem Leben dienen; wie es *auch* dem Leben dienen kann, wenn neues Sollen seinerseits das Sein der Sitte verändert.

So gibt es logisch zwar vom Sein zum Sollen keine Brücke. Soziologisch aber führt Sein zu Sollen und Sollen zu Sein.

§ 12. Die Willensfreiheit

I. Indessen haben wir bisher doch nur die soziale Nützlichkeit des Sollens darzutun versucht. Damit ist aber nichts darüber ausgemacht, ob Sollen überhaupt möglich sei. Denn auch eine Illusion kann sozialnützlich sein. Ist nämlich der Mensch nicht frei, so *ist* das Sollen eine Illusion und kann es in Wahrheit nur *Müssen* geben. Die Ablehnung der Freiheit führt die des Sollens mit sich.

Gesetzt, der Mensch sei der Notwendigkeit allen Naturgeschehens ohne Rest unterworfen: beauftrage ich einen Untergebenen mit einer statistischen Berechnung und berichte dann einem Dritten, daß dieser Untergebene die Rechnung ausführen „soll", so kann das unter der gemachten Voraussetzung nichts anderes bedeuten, als wenn ich ihm berichtete, daß ein *Computer* die Berechnung machen „soll": die Voraussage eines Erfolges, der meiner Veranlassung und Erwartung gemäß eintreten *wird:* wie ja im Englischen das Wort für „sollen" (shall) zugleich das Futurum anzeigt und dann hier eben *nur* noch dies bedeuten könnte. Denn ich könnte nun von jenem Menschen ebensowenig wie von der Maschine sagen, daß ich ihn „verpflichtet" hätte. Ich hätte ihn bloß auf jene Berechnung „eingestellt" — wie die Maschine.

Mit der Freiheit fiele also die Pflicht; mit der Pflicht aber auch das Sollen, beim Verstoß gegen das Sollen die Schuld, mit der Schuld die Strafe. Die Rechtsordnung würde sich zwar nicht auflösen — weil der Mensch nicht aufhören würde, zōon politikōn, wie Aristoteles zu Beginn seiner Staatslehre (Politeia Sp. 1253 a) schrieb, d. h. ein staatsbildendes Wesen zu sein —, aber Recht und Rechtswissenschaft würden ihr Erscheinungsbild verändern.

Das Problem hat deshalb keineswegs nur theoretische Bedeutung. Denn die Ablehnung der Willensfreiheit folgt geistesgeschichtlich dem Siegeszuge des naturwissenschaftlichen Denkens, und die Konsequenz zeigt sich im Strafrecht an sichtbarster Stelle: Die *soziologische Schule* fordert seine Ersetzung durch eine *défense sociale*, die der Strafe durch bloße Sicherungsmaßnahmen zum Schutze der Gesellschaft, und in Schweden sollte mit dem Regierungsentwurf eines „Schutzgesetzes" (1956/57) diese Konsequenz gezogen werden. Danach hätte es dort weder Schuld noch Strafe, sondern nur noch Erziehungs- und Sicherungsmaßnahmen gegeben, zu denen dann zwar auch die Verwahrung in den bisherigen Gefängnissen, aber eben nicht als „Strafe" gezählt haben würde[1]. Das daraus hervorgegangene Gesetz (der „Verbrechensabschnitt" vom 21. XII. 1962) ist indes minder radikal ausgefallen.

II. Auch der Jurist muß wissen, wie wenig man hier weiß. Er muß der Möglichkeit ins Auge sehen, daß in der uns umgebenden raumzeitlichen Sinnenwelt kein Blatt ohne Notwendigkeit zu Boden fällt und die Kausalität ein jedes, selbst das mindeste Ereignis, ohne Rest determiniert.

Daß die *Naturwissenschaft* keine Abweichung hiervon zu finden vermocht hat, ergibt sich freilich schon daraus, daß ihre Methode selbst das Kausalitätsprinzip voraussetzt. Auch die Heisenbergsche Ungenauigkeitsrelation (das atomare Geschehen betreffend) kann deshalb nur als Ausdruck der Unzulänglichkeit unserer Beobachtungsmittel gelten. Und auch im innersten Innern der Zelle und selbst unter dem Elektronenmikroskop vermag der Biologe nicht Spontaneität und Freiheit, sondern immer nur Kausalketten aufzufinden.

Klar ist aber, daß auch der Mensch, in seiner physischen Erscheinung — auch jeder für sich, indem er sich mit seinen Sinnen wahrnimmt —, zu dieser Sinnenwelt gehört. Auch sein Charakter, wie er aus seinen Handlungen durch Beobachtung erschlossen werden kann, gehört dazu, und seine zukünftigen Taten müßten daraus gleich sicher wie Sonnen- und Mondfinsternisse vorausberechnet werden können, wenn man nur alle Daten je vollständig beisammen hätte. Ein derartig vorherberechenbares Wesen scheint aber keine Freiheit und damit keine ethische Verantwortlichkeit zu besitzen.

Immanuel Kant (1724—1804) hat die hier auftauchende Antinomie zwischen Freiheit und Naturbezogenheit dadurch gelöst, daß er beiden

---

[1] Vgl. *Karl Olivecrona*, Das moralische Problem der Strafgesetzgebung; Zeitschr. f. d. gesamte Strafrechtswissenschaft (ZStW) Bd. 69 (1957), S. 397 ff.

auf verschiedenen Ebenen volle Gültigkeit zuerkennt[1]. Im Reiche der Erscheinungen unterliegt auch der Mensch dem Kausalgesetz. Als intelligibles Wesen dagegen, das sich seine Ziele selbsttätig vorzustellen und zu wählen vermag, ist der Mensch frei. Freiheit läßt sich im Bereich der Natur nicht nachweisen; aber im Bereich der Ethik, einer von der Naturerkenntnis gänzlich losgelösten Schicht, vermag die Vernunft sich selbst Gesetze zu geben und damit Freiheit zu beweisen. Die Willensfreiheit ist ein Postulat der praktischen Vernunft, d. h. eine denkerisch notwendige Annahme, um ethisches Handeln überhaupt möglich werden zu lassen. Sie widerspricht auch nicht dem Kausalgesetz, weil dieses nur für den Bereich der Natur gilt, während die Ethik sich in der Schicht des Intelligiblen vollzieht. Kausalgesetz und Willensfreiheit sind von zwei verschiedenen kategorialen Standpunkten aus ohne weiteres miteinander vereinbar. Freilich läuft *Kants* Darlegung nicht darauf hinaus, die Freiheit zu *beweisen*. Er hat nur den Widerspruch aufgelöst, der zwischen ihr und der gänzlichen Kausalbestimmtheit allen Geschehens in der Sinnenwelt zu bestehen scheint.

III. Indessen hat sich der Mensch, auch ohne *Kants* Hilfe, zu allen Zeiten für frei gehalten. Vor allem als Handelnder: Handelnd erlebt er sich als den Urheber seiner Tat und dessen, was aus ihr folgt. Damit erlebt er seinen Willen als frei. Erst wenn er über die getane Tat nachdenkt, vor allem darüber, was ihn zu ihr veranlaßt hatte, und so das Geschehene reflektierend objektiviert, kann es ihm scheinen, als sei nur ein Bündel von Kausalketten durch ihn hindurchgelaufen; denn als ein Ereignis in der Sinnenwelt betrachtet, muß es an deren Kausalstruktur teilhaben. Wie anders vermöchte sich der Mensch auch sonst in dieser Welt zurechtzufinden, zu planen und vorauszuberechnen? Sogar die Taten der anderen vorauszusagen, kann er mit Aussicht unternehmen: mit guter, soweit ihr Verhalten durch Recht und Sitte bestimmt ist, mit weniger guter im normenfreien Raum (soweit ihm nicht statistische Erhebungen zu Wahrscheinlichkeitsprognosen verhelfen). Auch die anderen sind für ihn Erscheinungen der Sinnenwelt — wie er für sie und jeder für den anderen. So gehen sie, gleich seinem

---

[1] Kritik der reinen Vernunft, 2. Abt., 2. Buch, 2. Hauptstück, 9. Abschnitt III. Vgl. zum folgenden *U. Diederichsen*, Einführung in das wissenschaftliche Denken, 1970, S. 74 f. Wer diesen Fragen näher nachgehen will, lese *Ernst E. Hirsch*, Die Rechtswissenschaft u. das moderne Weltbild, in *ders.*, Das Recht im sozialen Ordnungsgefüge, 1966, S. 65—87.

eigenen Körper, in das unendliche Kausalgeflecht ein. *Urteilt* er aber über ihre Taten, so setzt er sie wieder als frei, da er sich selbst als frei erlebte, als er die seinen tat. — So also *erfahren* wir uns im Weltgeschehen, und *Kants* Beweis war eben nur der, daß darin kein Widerspruch sei.

IV. Demgemäß legt der Mensch aber auch Wert darauf, daß seine Taten — jedenfalls die von seiner Umwelt gebilligten — die seinen sind und ihm als solche zugerechnet werden, seine Taten und seine Leistungen, als Künstler vor allem sein Werk: er wünscht es als „originell" anerkannt zu sehen, weil es seinen Ursprung in ihm habe und damit Ausdruck seiner *Persönlichkeit* sei. Der Einsicht *Goethes* in das Wesen der Originalität[1] wird er oft wenig zugänglich sein. Er wird es nicht immer gern wahrhaben wollen, daß Originalität, um ihrer selbst willen erstrebt, zum Verfall führt und daß unter den herrlichsten Schöpfungen der Menschheitsgeschichte die meisten wohl unsigniert sind.

Auf der Anklagebank freilich ändert sich die Lage. Der Angeklagte wünscht, nicht Täter dieser Tat gewesen zu sein. Und wenn er ihrer überführt ist, so legt sein Verteidiger sie gern als das notwendige Ergebnis einer Gruppe von Kausalketten dar; den Charakter seines Klienten insbesondere als das notwendige Produkt von Anlage und Umwelt: seiner erbbiologischen Beschaffenheit und alles dessen, was ihm in seinem bisherigen Leben widerfahren ist, seines Milieus also und seines Schicksals. Und je vollständiger das Material ist, um so überzeugender wirkt es. Daß aber ein anderer in gleicher Lage nicht diese Tat begangen haben würde, genügt uns zu dem Urteil, daß auch der Angeklagte sie würde haben unterlassen können. Und selbst, wenn uns zu völliger Gewißheit werden sollte, daß *dieser* Mensch in einer solchen Lage anders zu handeln gar nicht imstande gewesen war, können wir ihn doch nicht einfach gehen lassen. Im Gegenteil: je sicherer eine solche Tat von ihm erwartet werden konnte, um so wahrscheinlicher ist es, daß er sie wiederholen wird, denn um so deut-

---

[1] Ein Quidam sagt: „Ich bin von keiner Schule;
Kein Meister lebt, mit dem ich buhle;
Auch bin ich weit davon entfernt,
Daß ich von Toten was gelernt."
Das heißt, wenn ich ihn recht verstand:
Ich bin ein Narr auf eigne Hand.
(Epigrammatisch 1812; Weimarer Ausg. II, S. 276)

licher ist sie Ausdruck seiner Persönlichkeit, für die wir ihn verantwortlich machen.

Eher sogar muß es den Richter stutzig machen, wenn diese Tat zu diesem Menschen nicht paßt und gerade bei ihm nicht zu begreifen ist, *persönlichkeitsfremd* erscheint. Doch soll das schwere Problem des Ausschlusses der Zurechnungsfähigkeit wegen krankhafter Störung der Geistestätigkeit (§ 51 StGB) hier unerörtert bleiben.

Indessen ist der Angeklagte, der seine Tat *erlebt* hat, meist selbst überzeugt, daß er auch anders würde haben handeln können, und wundert sich nicht darüber, daß sie ihm deshalb vorgeworfen, als *Schuld* zugerechnet wird. Hatte er sich dabei nicht in einer Zwangslage befunden (Nötigungsstand, Notwehr, Notstand gem. §§ 52—54 StGB), so wird er sich mit der Determiniertheit seines Verhaltens durch seine Persönlichkeit nicht entschuldigt fühlen; vermutlich selbst als Gelehrter nicht.

Für den Ungelehrten vollends ist das Kausalitätsgesetz nur soweit glaubhaft, als es empirisch verifizierbar ist: im physikalisch-technischen Bereich. Im biologisch-psychologischen aber — in dem seine Geltung ja auch unter den Gelehrten nicht unstreitig ist (Vitalismus) — muß das Geflecht der Kausalketten ihn ein Hirngespinst dünken, das jedes Handlungserlebnis, ja jeder Akt lebendiger Spontaneität, selbst eines Tieres, immer aufs neue zerreißt. Sich selbst, den Menschen vollends, das instinktarme und ohne Normen so schwer zu berechnende Wesen muß er unweigerlich als frei empfinden. Denn in der Tat ist die Nichtfestgestelltheit des Menschen, sein Freisein von arteigenen festen Verhaltensschemata, eine spezifisch menschliche Freiheit, die empirische Freiheit unserer Art als solcher, an der das Tier nur in seinen höchsten („gelehrigen") Gattungen einen geringen Anteil hat. Unser Lebensgefühl wird aber eben, auch heute noch, durch den Umgang mit uns selbst und anderen Menschen, nicht mit Maschinen geformt. Darum sind uns Freiheit, Pflicht und Schuld erlebte Wirklichkeit, Determination und Kausalität aber, auf den *Menschen* angewendet, nur Blässe des Gedankens.

Wir sagen sogar, noch heute, der schadhafte Draht sei an dem Kurzschluß „schuld" gewesen. Kulturgeschichtlich dürften Schuld und Sühne das Begriffsmodell für Ursache und Wirkung gewesen sein, wie überhaupt das Rechtsgesetz Modell für die Konzeption des Naturgesetzes gewesen ist[1].

---

[1] Vgl. *Hans Kelsen*, Kausalität und Zurechnung, in Archiv für Rechts- u. Sozialphilosophie 46 (1960), S. 321—33, und *Ernst v. Hippel*, Rechtsgesetz und Naturgesetz, 2. Aufl. 1949.

Würden wir also etwa, nach Abschaffung der Strafe und ihrer Ersetzung allein durch Sicherungsmaßnahmen, dem überführten Raubmörder eröffnen, zwar machten wir ihm aus seiner Tat keinerlei Vorwurf, denn die Freiheit, in der er zu handeln vermeint habe, sei eine Illusion gewesen; Schuld und Strafe gebe es deshalb nicht und bessern könnten wir ihn ebensowenig; nur müßten wir ihn leider für den Rest seines Lebens in Verwahrung nehmen, damit die Gesellschaft vor ihm sicher sei: so würde er dies befremdliche Gerede wahrscheinlich gar nicht ernst nehmen. Nähme er es aber ernst, so würde er *sich* nicht ernst genommen, vielmehr mit zynischer Grausamkeit verhöhnt fühlen. Er würde sich verzweifelt fragen, warum er denn leiden müsse, ohne etwas dafür zu können, daß er gefährlich sei? Denn ohne Freiheitsberaubung, und das heißt ohne Leidzufügung, ist auch die komfortabelste Sicherungsverwahrung nicht durchzuführen. Man darf ja auch kein Paradies aus ihr machen, wenn man nicht zum Verbrechen anlocken will. So wird man dem Internierten nicht einreden können, daß seine Verwahrung kein Leid und keine *Strafe* sei. Dann ist es aber sinnlos, ihm das Bewußtsein ausreden zu wollen, daß er durch seine Tat sich schuldig gemacht und deshalb sein Leid *verdient* habe. Sein Leiden würde man damit gewiß nicht mildern, wohl aber der läuternden Kraft berauben, die ihm für manchen Leidenden einen Sinn geben könnte.

V. So nötigen uns Philosophie und Denkgesetze nicht, die Willensfreiheit preiszugeben. Der praktische Zweck der Rechtswissenschaft läßt dieser Preisgabe eher widerraten. Das Recht hat es mit handelnden, nicht grübelnden Menschen zu tun und sollte sich deshalb vom Common-sense, wenn möglich, nicht zu weit entfernen.

Damit ist weder die Freiheit *bewiesen* noch das Kausalitätsgesetz widerlegt. Als Denkgesetz ist es einer empirischen Widerlegung gar nicht zugänglich und eines empirischen Beweises weder fähig noch bedürftig. Widerlegt ist lediglich, daß es die Freiheit ausschließt. Darüber hinaus konnte nur dargetan werden, was ohnehin ein jeder weiß: daß nämlich die Freiheit im gelebten Menschenleben *gilt.* Denn von jedem geistig gesunden Erwachsenen erwarten wir die Fähigkeit, einzusehen was er soll und dieser Einsicht gemäß zu handeln. Nur unter dieser Voraussetzung können Menschen als Menschen miteinander leben. Darum machen wir es dem, der normwidrig gehandelt hat, unter bestimmten Voraussetzungen zum Vorwurf, auch wenn die Frage, ob *dieser* Mensch in *dieser* Lage wirklich anders würde haben handeln können, für immer unbeantwortet bleibt.

§ 13. Das Gefüge der Rechtsnormen

I. Wir sahen in § 3, wie das Recht sich von der Sitte abzuscheiden begann und wie diese Scheidung mit seiner Formulierung in hypothetischen Urteilen für den Gerichtsgebrauch vor sich ging. In diesen konditionalen Imperativen lernten wir die Grundform des *Rechtssatzes* kennen. Der gesamte 2. Teil des Strafgesetzbuches (§§ 80—370) z. B. besteht fast gänzlich aus solchen hypothetischen Urteilen: Entscheidungen angenommener Fälle, sofern sie sich in Zukunft ereignen sollten.

II. In anderen Rechtsbereichen sind ähnlich vollständige Rechtssätze aber seltener, im Privatrecht gar nicht aufzufinden. Eine Bestimmung, die etwa so formuliert wäre: „Wer etwas kauft, aber nicht bezahlt, wird, wenn der Verkäufer ihn verklagt, zur Bezahlung des vereinbarten Kaufpreises verurteilt", gibt es nicht. Es genügte hier zu sagen: „Der Käufer *ist verpflichtet*, den vereinbarten Kaufpreis zu zahlen ..." (§ 433 II BGB). Denn daß, wer einer privatrechtlichen Verpflichtung nicht nachkommt, grundsätzlich auf deren Erfüllung verklagt und verurteilt werden und daß, wenn er verurteilt ist, auch gegen ihn vollstreckt werden kann, ergibt sich schon aus der Zweckbestimmung der Zivilgerichtsbarkeit, des näheren aus den Vorschriften des Gerichtsverfassungsgesetzes (GVG) und der Zivilprozeßordnung (ZPO). Statuiert das Privatrecht also eine Verpflichtung, so werden diese Möglichkeiten grundsätzlich jedesmal eröffnet. Dem vollständigen Rechtssatze am nächsten stehen deshalb hier die sogenannten *anspruchsbegründenden Normen*, das sind die, welche unmittelbar zur Grundlage einer Klage dienen können. Ihre Zahl, im BGB etwa, ist relativ klein. Typische Fälle sind z. B. die jeweils ersten Paragraphen betr. die im Schuldrecht normierten Vertragsarten (Kauf, Miete, Pacht usw., also §§ 433, 535, 581, 598, 607, 611, 631, 652, 662, 688[1], 701, 705, 765, 793; aber auch §§ 812, 816, 823—826, 831—839) und noch manch andere. Die überwältigende Mehrzahl der Bestimmungen aber

---

[1] Daß man aus diesen und vielen anderen Vertragstypen auch dann würde klagen können, wenn das BGB sie nicht enthielte: weil man eben gemäß dem Prinzip der *Vertragsfreiheit* aus *allen* Verträgen klagen kann, sofern das Gesetz sie nicht verbietet, soll hier außer Betracht bleiben. Man kann aber sehr wohl sagen, daß hier § 305 BGB die *eigentlich* anspruchsbegründende Norm sei und jene Einzelbestimmungen sie nur näher spezifizieren (vgl. oben § 7 II 3 und unten § 37 III).

(so z. B. alle 240 Paragraphen des Allgemeinen Teils, mit Ausnahme nur der §§ 12, 31, 54 S. 2, 82, 122, 179) begründen selbst keine Ansprüche. Sie sind insofern nur unvollständige Rechtssätze, *Hilfsnormen*, durch die jene anspruchsbegründenden Normen näher bestimmt, ergänzt, beschränkt oder sonst modifiziert werden.

Ebenso ist es aber bei näherem Zusehen auch im Strafrecht: Die Normen des Besonderen Teils (§§ 80—370 StGB), von denen an sich jede einen Strafanspruch des Staates begründet, werden durch die des Allgemeinen Teils (§§ 1—79 StGB) ergänzt und modifiziert. So kann, wer einen Totschlag begangen hat, gleichwohl nicht gemäß § 212 bestraft werden, wenn er dabei in Notwehr oder Notstand gehandelt hatte (§§ 53, 54), durch unwiderstehliche Gewalt oder Drohung dazu genötigt worden (§ 52) oder unzurechnungsfähig (§ 51) gewesen war.

III. Aus der Kompliziertheit des modernen Normengefüges ergibt sich also, daß einschränkungslos gebrauchsfertige Rechtssätze in ihm nicht formuliert sind. Seine Einzelnormen sind vielmehr nur die Elemente, aus denen der Richter den *individuellen* Rechtssatz (Individualsatz) jedesmal erst *kombinieren* muß, der auf den zu entscheidenden Fall paßt.

Es darf deshalb aber auch nicht vergessen werden, daß *alle* Vorschriften der Gesetze ausnahmslos Sollsätze sind, auch wenn ihr Prädikat *ist, gilt, muß, darf nicht* oder *kann nicht* lautet; selbst *darf* und *kann* bedeuten hier ein Sollen, nämlich für den anderen: wenn A etwas *darf* oder *kann, soll* B ihn daran nicht hindern. Gleichviel also, ob ausdrücklich befehlend oder nur definierend, erklärend, feststellend, stets sind sie eben *Rechtsnormen* und *jedenfalls* dazu bestimmt, Entscheidungen zu tragen. Wer immer sonst ihr Adressat auch sein mag, an den Richter wenden sie sich ausnahmslos, nicht etwa nur die anspruchsbegründenden.

So sind z. B. die Normen des *Allgemeinen Teils des BGB,* unter denen sich ja, wie gesagt, kaum anspruchsbegründende befinden, dazu bestimmt, in *Verbindung* mit denen der anderen Teile angewendet zu werden.

Definiert also § 90 BGB: „Sachen im Sinne des Gesetzes sind nur körperliche Gegenstände", so bestimmt er damit z. B. den Anwendungsbereich der Anspruchsnormen aus Sachkauf, Besitz und Eigentum (§§ 459 ff., 861, 862, 985 ff.), weil diese *Sachen* als Objekte voraussetzen.

Erklärt § 1 BGB: „Die Rechtsfähigkeit des Menschen beginnt mit der Vollendung der Geburt", so wird damit folgender wichtiger Fall entschieden: Ein Kind ist nach dem Tode seines Vaters (posthum) geboren worden und selbst bei der Geburt gestorben. § 1923 BGB sagt, daß nur erben kann, wer zur Zeit des Erbfalles lebt. „Wer zur Zeit des Erbfalles noch nicht lebte, aber bereits erzeugt war, gilt als vor dem Erbfalle geboren." Die Mutter des Kindes klagt nun gegen die Eltern ihres verstorbenen Mannes auf die Herausgabe seiner vollen Erbschaft, weil sie auch das — nämlich von ihrem Kinde — ererbt habe, was ihr Kind zunächst von seinem Vater geerbt hatte (§ 2018 — Anspruchsnorm! — mit §§ 1924 I, 1925 I). Um als „vor dem Erbfalle geboren" gelten zu können, mußte das Kind aber einmal *rechtsfähig* gewesen sein, sonst hätte es niemals erben können. Deshalb ist nun für den Anspruch der Mutter gem. § 1 entscheidend, ob es vor oder erst nach „Vollendung der Geburt" gestorben war. *Ob* sie vollendet war, wird anatomisch ermittelt, meist durch Lungenprobe: Schwimmt die herausgenommene Lunge des toten Kindes, so hatte es geatmet, also außerhalb des Mutterleibes gelebt. Es hatte damit seinen Vater beerbt und seine Mutter zur Erbin gemacht.

Die lapidare *Feststellung* „Der Besitz geht auf den Erben über" (§ 857 BGB) ist zur Entscheidung des folgenden Falles bestimmt: Nach dem Tode E's wird sein Sohn S für dessen Erben gehalten. Tatsächlich ist es aber, auf Grund eines noch unbekannten Testamentes, sein Neffe N. S hat den Nachlaß in Besitz genommen und Kunstgegenstände daraus veräußert, ehe N von seinem Glück erfuhr. Diese Gegenstände kann nun N von den Erwerbern gem. § 985 (Anspruchsnorm!) als *sein* Eigentum herausverlangen. Zwar waren die Erwerber gutgläubig und hätten deshalb gem. § 932 das Eigentum auch von dem Nichteigentümer S erwerben können. N, der den Besitz an den Sachen bei ihrer Veräußerung *tatsächlich* gar nicht gehabt hatte, muß jedoch nach § 857 behandelt werden, *als ob* er ihn gehabt hätte[1]. Dann waren ihm die Sachen aber ohne seinen Willen aus seinem Besitz gekommen und konnten deshalb gem. § 935 nicht kraft guten Glaubens erworben werden.

Diese Beispiele mögen einen Eindruck davon vermitteln, in welcher Weise sich die verschiedenartigen Einzelnormen zur Entscheidung, dem Individualsatze, *zusammenfügen* und wie sie eben hierin ihre Bestimmung finden. — Ohne die angegebenen Vorschriften im Gesetze nachzuschlagen, wird der Anfänger den Zusammenhang freilich nicht verstehen können.

IV. Sollen die Rechtsnormen indes ein *sinnvolles* Gefüge ergeben, so dürfen sie einander jedenfalls nicht widersprechen. Ein und dasselbe Verhalten darf nicht zugleich *geboten* (oder doch gestattet) und *verboten* sein. Widerspricht sich der Gesetzgeber nicht in einem und demselben Gesetze, so gibt es zur Lösung solcher *Normenkonflikte* drei einleuchtende Rangregeln:

1. *Lex superior derogat legi inferiori:* untergeordnetes Recht weicht übergeordnetem. Verfassungsbestimmungen gehen also einfachem Ge-

[1] Daß hier in Wahrheit noch etwas anderes vorliegt, kann erst in § 17 gezeigt werden.

setz, Gesetz geht Verordnungsrecht vor, Recht des Bundesstaates dem seiner Gliedstaaten (soweit die Zuständigkeit des Bundes reicht): „Bundesrecht bricht Landesrecht" (Art. 31 GG).

2. *Lex posterior derogat legi priori:* späteres Recht setzt früheres außer Kraft. Denn wer Gesetze erlassen hat, kann sie grundsätzlich auch aufheben. Erläßt also der Gesetzgeber Bestimmungen, die früherem Rechte widersprechen, so *hat* er es insoweit aufgehoben.

3. *Lex specialis derogat legi generali:* Sonderbestimmungen gehen allgemeinen Regelungen vor. Denn wäre es etwa umgekehrt, so könnte sich der Gesetzgeber die Mühe spezieller Regelungen sparen.

Aber freilich sind diese Regeln leichter einzusehen als anzuwenden. Denn welchen Rang haben sie nun selbst untereinander? Den der soeben gewählten Reihenfolge? Geht aber eine *lex posterior generalis immer* auch einer *lex specialis prior* vor? Nur der *Sinn* der jeweils miteinander in Konflikt stehenden Bestimmungen kann solche Fragen beantworten. Und sind es gar Bestimmungen desselben Gesetzes, so ist die Auslegung *allein* auf die Erforschung dieses Sinnes, der *meaning* des Gesetzes angewiesen. Sie darf dann nicht ruhen, ehe sie ihn nicht hinter dem vielleicht verfehlten Ausdruck aufgefunden, den vermeintlichen Widerspruch als bloßen Schein der Worte dargetan hat. Denn daß der Gesetzgeber sich selbst habe widersprechen *wollen*, kann nicht angenommen werden.

§ 14. Rechtssubjekt und subjektives Recht

I. Indessen haben wir soeben bereits von „Anspruch", „Besitz" und „Eigentum" gesprochen, ohne Rechenschaft darüber abgelegt zu haben, woher diese Begriffe kommen und was es mit ihnen auf sich hat. Denn indem wir das Recht als eine aus Normen gefügte Ordnung entwickelten, haben wir es nur erst einseitig betrachtet.

Der Rechtsordnung, dem Recht im *objektiven* Sinne — dem also, was auf englisch *the Law* heißt — entspricht nämlich, gleichsam als seine andere Seite, ein Gefüge *subjektiver* Rechte, Berechtigungen — *rights*. Träger dieser Rechte kann jeder von denen sein, die auch dem Sollen dieser Ordnung unterworfen, ihre *Rechtssubjekte* sind. Einst waren nur die Freien Rechtssubjekte und nur als Rechtsgenossen *einer*, nämlich *ihrer* Ordnung: des Rechtes ihres Stammes, ihrer Stadt, ihres Reiches. Heute — seit dem Siege der Aufklärung — ist es jeder Mensch in jedem Rechte. Er ist es als *Person*. Doch nicht nur Menschen, „natürliche Personen“, sind Rechtssubjekte: auch Personenverbände als solche und Anstalten können es sein, sofern ihnen die Rechtsordnung *Rechtsfähigkeit* zuerkannt und sie so zur „juristischen Person“ erhoben hat. Auch sie haben dann die Eigenschaft von Rechtssubjekten, die man als die Fähigkeit bestimmt, *Träger von Rechten und Pflichten* zu sein. — Doch ist es nur die Fähigkeit in abstracto, die hier gemeint ist und die jedem Menschen überall zukommt: wieweit der einzelne in concreto mit Pflichten belastet oder Inhaber von Rechten ist, bestimmt sich nach seiner Lebenslage und nach dem Rechte seines Staates.

II. Rechte und Pflichten ergeben sich logisch aus dem durch das Normengefüge der Rechtsordnung gesetzten Sollen. Zunächst die Pflichten, denn jedes Sollen setzt Pflicht. Aber die Pflicht ist dem Verpflichteten um anderer willen auferlegt. Pflichten, die *niemandem* nutzen können, würden sinnlos sein. Sie würden, ohnehin nur widerwillig getan, bald außer Geltung kommen, obsolet werden, da niemand ein Interesse daran hätte, auf ihrer Erfüllung zu bestehen.

Die Erfüllung der Pflichten kann *einem* anderen dienen, einigen oder allen, unmittelbar oder mittelbar. Mittelbar auf dem Wege über den Staat, indem sie ihm seine Aufgabe, jeden gegen jeden zu schützen, ermöglicht oder erleichtert:

a) Die Pflicht der Steuerzahlung ermöglicht die Tätigkeit des Staates, die Befolgung der Pflichten zum Schutz der öffentlichen Ordnung (z. B. jederzeit seinen Personalausweis, am Steuer seinen Führerschein bei sich zu haben) erleichtert sie ihm und nützt auch damit *allen indirekt.*

b) Legt der Staat einen Einfuhrzoll auf bestimmte Fabrikate, so hebt das seine Einnahmen, nutzt indirekt aber zunächst nicht sowohl allen, wie *einigen:* den inländischen Erzeugern der gleichen Fabrikate (in der Hoffnung, daß die Entwicklung ihrer Produktion dann später den Volkswohlstand im ganzen heben wird).

c) Die Strafbestimmungen dagegen, soweit sie nicht lediglich dem Schutze des Staates und der öffentlichen Ordnung dienen, schützen *jeden unmittelbar.* Sie sind, ebenso wie die Verkehrsvorschriften (und viele andere) *Schutzgesetze: jeder* soll durch sie davor geschützt sein, ermordet, beraubt, bestohlen, betrogen und überfahren zu werden.

d) Die Anordnung einer Gemeinde, bei der Bebauung eines bestimmten Siedlungsgebietes 5 m Bauwich (Abstand von der Grundstücksgrenze) einzuhalten, dient hygienischen und ästhetischen Zwecken (also indirekt allen), erweckt aber zugleich für jeden einzelnen Grundstückseigentümer dieses Gebietes ein begreifliches Interesse daran, daß eben auch *seine* Nachbarn diesen Abstand wahren, zumal, wenn er ihn selber eingehalten hat. Handhabt also etwa die Gemeinde ihre Vorschrift lax, so wird *er* auf ihre Befolgung dringen und zu verhindern suchen, daß seinem Nachbarn eine Ausnahme bewilligt wird.

Daß im letzten Fall (Fall d) der Grundstückseigentümer ein subjektiv-öffentliches Recht auf Einhaltung der nachbarschützenden Bauwich-Bestimmung hat, ist heute allgemein anerkannt. Und der durch die schuldhafte Verletzung eines *Schutzgesetzes* Geschädigte (Fall c) aber kann gem. § 823 II BGB gegen den Verletzer auf Schadensersatz klagen. Die Befolgung der unmittelbar nur den Staat begünstigenden Pflichten (Fälle a und b) dagegen kann nur er selber durchsetzen.

Der zollgeschützte Fabrikant kann also nicht gegen die Finanzverwaltung mit der Begründung vorgehen, sie habe seinen ausländischen Konkurrenten zu wenig Zoll zahlen lassen. Seine wirtschaftliche Begünstigung durch den Schutzzoll ist eine bloße *Reflexwirkung* des Gesetzes. Einen Anspruch auf diesen Schutz hat er nicht.

III. 1. Sind nun aber diejenigen, die durch die Verpflichtung anderer begünstigt sind, einzelne und ist das öffentliche Interesse an der Erfüllung lediglich sekundär, so liegt es nahe, die Durchsetzung dieser Erfüllung in die Hand des Begünstigten als des eigentlich Interessierten selbst zu legen. Der Staatsapparat wird dann nicht von sich aus tätig, sondern nur zur Verfügung des Interessenten gestellt. Ihm bleibt es überlassen, nach seinem Ermessen zu klagen und in dem vorgeschriebenen Verfahren Urteil und Vollstreckung zu erwirken. Damit ist ihm auf die Erfüllung der ihn begünstigenden Verpflichtung des anderen sowie auf die Inanspruchnahme des Gerichts ein eigenes *Recht* gegeben. Das *Sollen* des Verpflichteten ist sein, des Begünstigten *Haben* geworden.

Dieser Art sind alle *schuldrechtlichen* Rechtsverhältnisse des Privatrechts: der Verpflichtung des Sollenden, des Schuldners, entspricht jedesmal das Recht, die Forderung des Gläubigers. Doch hat der Gläubiger seine Forderung immer nur gegen *diesen* Schuldner. Die Forderung ist ein *relatives* Recht. Da sie auf einem Schuldverhältnis, einer „Obligation" des Schuldners beruht, pflegt man sie auch als *obligatorisches* Recht zu bezeichnen.

2. Die Rechtsordnung kann dem einzelnen aber auch *absolute* Rechte gewähren, Rechte gegenüber *allen:* Art. 2 des Bonner Grundgesetzes (GG) spricht ihm ein allgemeines Persönlichkeitsrecht zu, § 12 BGB ein Recht an seinem Namen, § 22 des Kunsturhebergesetzes ein Recht am eigenen Bilde. Diese Rechte hat jeder gegen jeden: jeder hat den anderen als Persönlichkeit zu achten, seinen Namen und sein Bild nicht zu mißbrauchen. Die Rechtsordnung kann den einzelnen aber

auch, als Belohnung für eine geistige Leistung, durch Gewährung eines *Immaterialgüterrechtes* privilegieren: dem Künstler und Schriftsteller spricht sie ein *Urheberrecht* an seinem Werke zu, dem Erfinder eröffnet sie die Möglichkeit, für seinen Gedanken ein Patent zu erwerben oder ihn als Gebrauchsmuster oder Geschmacksmuster gegen jedermann schützen zu lassen, d. h. ein *gewerbliches Erfinderrecht* daran zu erhalten. Schließlich erkennt sie dem einzelnen Rechte an Sachen zu, *dingliche Rechte:* Eigentum und Rechte an fremden Sachen: Erbbaurecht, Dienstbarkeiten, Pfandrechte.

Da unter den absoluten Rechten in der Alltagspraxis die dinglichen die häufigsten sind, pflegt man *dingliche* und *obligatorische* Rechte einander gegenüberzustellen und zu sagen, daß diese nur *einen,* jene *alle* verpflichten. Niemand darf mich also im Gebrauche meines Eigentums stören, jeder hat es mir auf mein Verlangen herauszugeben, sofern er nicht aus besonderen Gründen ein Recht darauf hat, es zu besitzen.

Habe ich z. B. ein Klavier unter Eigentumsvorbehalt gekauft (vgl. § 455 BGB), geliefert erhalten, aber noch nicht bezahlt, so habe ich einstweilen nur ein Recht *auf* dieses Klavier: ein (obligatorisches) Recht gegen den Verkäufer darauf, daß er es mir beläßt, solange ich die vereinbarten Raten pünktlich zahle. Daraus folgt, solange ich pünktlich zahle, mein Recht zum Besitze des Klaviers, das aber auch nur ein obligatorisches ist. Ferner habe ich den *Besitz* daran, der jedoch (wie wir noch sehen werden) kein eigentliches Recht ist. Erst, wenn ich es voll bezahlt habe, habe ich ein Recht *an* dem Klavier, ein dingliches Recht, nämlich das Eigentum.

3. Schließlich kann die Rechtsordnung dem einzelnen Rechte auch gegen den *Staat* gewähren, kraft deren er ein bestimmtes Verhalten von Behörden zu seinen Gunsten verlangen kann: seine Anerkennung als Staatsangehöriger, Erteilung eines Passes, Zulassung zur Wahl, Einstellung als Beamter, Erteilung einer Schankerlaubnis, einer Bauerlaubnis, Gewährung des rechtlichen Gehörs, ordnungsmäßige Bearbeitung seines Prozesses usw. Man spricht hier von *subjektiven öffentlichen Rechten.*

IV. Das subjektive Recht folgt somit logisch aus einer Gewährung des objektiven Rechtes. Die Rechtsordnung eröffnet dem einzelnen die Möglichkeit, seine von ihr anerkannten oder doch nicht mißbilligten Interessen nach seinem Willen zu verfolgen und notfalls mit ihrer Hilfe durchzusetzen. Indem sie ihm diese Möglichkeit gibt, gibt sie ihm Macht (denn eine *Möglichkeit* ist für den, der sie hat, ein *Können,* und was er kann, ist in seiner *Macht*) zur Betätigung seines Willens, *Willensmacht* also, die, als von der Rechtsordnung gestattete, ein

Dürfen ist. Freilich hat jeder, schon als Staatsbürger, ein gewisses Mindestmaß rechtlich geschützter Willensmacht, eine Freiheitssphäre, die eine Reflexwirkung der Staatsordnung im ganzen ist. Da sie jeden gegen jeden schützt, ist auch ein jeder, ganz im allgemeinen, an ihrem Funktionieren interessiert, daran also, daß die Gesetze vollzogen werden. Das ist aber nur der „allgemeine Gesetzesvollziehungsanspruch", den eben jeder hat, ohne daß deshalb nun gerade er sich auf die gerade ihn begünstigende Folge einer Normbefolgung soll berufen und ihre Durchsetzung aktiv soll betreiben können. Erst, wenn solche Macht ihm *als die seine* zugeordnet ist, hat die Rechtsordnung ihm ein *Recht* gewährt, das ihm zur Wahrung seiner Interessen dienen soll. Ein subjektives Recht wäre somit

eine von der Rechtsordnung einem Rechtssubjekt zur Wahrung seiner Interessen gewährte Macht.

Nach dieser (der herkömmlichen Auffassung entsprechenden) Definition besteht das Recht also nicht lediglich schon in dem rechtlich geschützten *Interesse* (Jhering), sondern in der *Willensmacht* (Windscheid). Das Interesse ist aber ihr rechtfertigender Zweck, und deshalb versagt sie, wo das Interesse erweislich fehlt. Dann ist ihre Ausübung *Schikane* und deshalb unerlaubt: § 226 BGB. Da überdies die Rechtsordnung, nach ihrem Vermögen, der Sittlichkeit dienen will, muß sie auch unsittlicher Interessenverfolgung ihren Schutz versagen: wer mehr verlangt, als er vom anderen nach *Treu und Glauben* fordern kann, überzieht seine Macht (§ 242 BGB), *mißbraucht* also sein Recht und setzt sich der Arglisteinrede, der *exceptio doli* aus.

So weit aber die dem einen gewährte Willensmacht reicht, verpflichtet sie andere, ihr leistend oder unterlassend zu entsprechen: beim obligatorischen Recht den Schuldner, beim dinglichen Recht alle. Das Imperativische des Rechtes erweist sich auch hier, indem des einen Dürfen des andern Sollen ist. Streicht der Gesetzgeber beim einen, so streicht er implicite beim andern. *Sollte* keiner mehr, so würde auch keiner mehr *dürfen.* Aber dann wäre das Recht aufgehoben, und jeder würde sich nehmen, was er *kann.*

§ 15. Recht und Anspruch

I. So ist also das Recht dem einzelnen zum Schutze seiner Interessen gewährt. Indessen haben wir bei der Darstellung des Normengefüges die Normen, welche zur unmittelbaren Grundlage einer Klage dienen können, die „anspruchsbegründenden" genannt. Es ist somit nicht das Recht, sondern der *Anspruch,* aus dem sich die Klagemöglichkeit unmittelbar ergibt. Er ist die dem Berechtigten gegebene Befugnis, den ihm Verpflichteten gerichtlich „anzusprechen“. Unser Gesetz (§ 194 I BGB) definiert ihn als „das Recht, von einem anderen ein Tun oder ein Unterlassen zu verlangen“. Warum ist dieses besondere Recht der Klage gleichsam vorgeschaltet?

a) Hinsichtlich der *absoluten* Rechte leuchtet das leicht ein: jeder ist verpflichtet, mein Eigentum zu achten, aber ich kann nicht jeden beliebigen bloß schon deshalb verklagen, weil ich Eigentümer bin. Nur gegen den darf ich dazu befugt sein, gegen den ein *Anlaß* für mich besteht, von ihm bezüglich meines Eigentums „ein Tun oder ein Unterlassen“ zu verlangen: es mir herauszugeben, weil er es unrechtmäßig besitzt (§ 985 BGB), mich nicht darin zu stören, wie er es tut oder schon getan hat und wieder tun könnte (§ 1004 BGB, *actio negatoria)*. Ich kann also nicht aus meinem Eigentum als solchem klagen, sondern nur aus einem der „Ansprüche aus dem Eigentum“, die in den §§ 985 ff. BGB ausführlich und abschließend (enumerativ) geregelt sind. Dazu muß dann aber eben der Tatbestand des betreffenden Anspruches erfüllt sein.

b) Weniger klar (und deshalb auch in der Rechtslehre lebhaft umstritten) ist das Verhältnis des Anspruchs zu den *relativen* Rechten. Die Forderung ist an sich selbst schon das Recht, von einem bestimmten Verpflichteten „ein Tun oder ein Unterlassen zu verlangen“ („eine Leistung zu fordern“, sagt § 241 BGB; was aber dasselbe ist). Man pflegt deshalb Anspruch und Forderung miteinander zu identifizieren.

Nicht freilich den Anspruch mit dem „Schuldverhältnis im weiteren Sinne“, aus welchem, als einem komplexen rechtlich geregelten Lebenstatbestande, selbständige Einzelforderungen entspringen können — wie aus einem absoluten Recht mehrere selbständige Ansprüche.

II. Indem aber der Gesetzgeber im übrigen den Anspruch vom Rechte sonderte, schuf er sich die technische Möglichkeit, die gerichtliche Geltendmachung der Rechte zeitlich zu begrenzen, ohne ihren Bestand anzutasten: Nur der Anspruch, nicht das Recht unterliegt der Verjährung (§ 194 BGB). Nur die Ansprüche *aus* dem Eigentum (§§ 985 ff. mit 195 BGB) können verjähren, das Eigentum selbst nicht; nur die Ansprüche, die einzelnen Forderungen aus dem Mietverhältnis verjähren (§§ 535 mit 196 Ziff. 6, 197, 558 BGB), nicht dieses selbst.

Die verjährte Forderung bleibt freilich bestehen, doch ist der Schuldner nun berechtigt, die Leistung zu verweigern (§ 222 BGB). Es bleibt *ihm* überlassen, ob er sich darauf berufen will. Tut er es, so kann er nicht mehr mit Erfolg verklagt werden. Ist er verklagt, so kann er die Erklärung (als „Einrede") vor Gericht nachholen. Daß die Forderung als solche jedoch bestehengeblieben ist, zeigt sich nun daran, daß er darauf etwa schon Geleistetes nicht wieder zurückverlangen und der Gläubiger sich aus seinen Sicherheiten noch immer befriedigen kann (§§ 222 II und 223 BGB). Das wäre nicht denkbar, sofern die Forderung *erloschen* wäre. Sie ist somit, wenn auch als eine nicht einklagbare, als eine sogenannte *Naturalobligation,* doch immer noch vorhanden.

Dem aufmerksamen Leser wird nicht entgangen sein, daß, wenn man mit der Forderung den Anspruch identifiziert, auch dieser, nunmehr als ein nicht einklagbarer, bestehengeblieben ist. Ein klagloser Anspruch, einer, aus dem man nicht mehr „ansprechen" kann, dürfte aber im Widerspruch mit sich selbst und seiner Zweckbestimmung stehen, die Einklagbarkeit des Rechtes zu vermitteln. Das spräche dafür, den Anspruch auch von der *Forderung* zu sondern und *ihn* erlöschen zu lassen, sobald der Schuldner Verjährung wirksam geltend gemacht hat. Doch würde die Erörterung dieser Streitfragen hier zu weit führen.

III. Wir fassen heute den Anspruch als etwas auf, das aus dem subjektiven Rechte folgt. Diese Betrachtungsweise ist uns natürlich, weil wir den Prozeß als sekundär zum materiellen Rechte sehen, als das Verfahren, in dem das schon vorhandene Recht lediglich durchgesetzt wird. Und wie der Prozeß dem subjektiven Recht, so muß dann auch der ihn vermittelnde Anspruch dem Rechte nachfolgen. Das ist die dogmatische Logik des fertigen Rechtssystems.

Historisch ist nun aber der *Anspruch* eher der *Vorläufer* des subjektiven Rechtes, wenn nicht des Rechtes überhaupt gewesen: Wir haben oben in § 3 das Gericht als die Geburtsstätte des Rechtes kennengelernt. Die des Anspruchs ist das Forum Romanum. Im altrömischen Prozeß wurde zunächst im Verfahren vor einem Justizbeamten, dem Prätor, darüber entschieden, ob die Sache „justiziabel" sei. War das nach Meinung des Prätors der Fall, erteilte er dem Tatsachenrichter (iudex) eine Weisung in Form eines hypothetischen Urteils, wie dieser zu entscheiden habe, falls dieses oder jenes festgestellt würde. Diese Weisung, die actio, mußte also erst einmal erstritten sein, bevor die Frage nach dem zugrundeliegenden subjektiven Recht entschieden werden konnte. Alles neue Recht entstand mithin ursprünglich aus neuen Ansprüchen.

§ 16. Anspruch und Eigentum

I. Die Abhängigkeit des subjektiven Rechts von der Entwicklung der Ansprüche zeigt sich aber nicht minder deutlich am Eigentum und seiner Geschichte.

Das *römische* Recht hatte es schon sehr früh zu einer Klage gebracht, die der Eigentümer als solcher gegen jeden erheben konnte, der ihm seine Sache vorenthielt (*rei vindicatio,* unser § 985 BGB). Das *germanische* Recht hat sie an beweglichen Sachen, jedenfalls bis ins hohe Mittelalter, nicht gekannt. Hier konnte der Eigentümer zwar klagen gegen den Dieb, weil er ihm die Sache *weggenommen* hatte, auch gegen den Entleiher, der sie ihm nicht *vereinbarungsgemäß* zurückgab, nicht aber gegen einen Dritten, an den sie z. B. der treulose Entleiher verkauft hatte. Der germanische Prozeß kannte nur Klagen aus Delikt und Vertrag (dessen Bruch als ein Delikt aufgefaßt wurde), nicht jedoch aus dem dinglichen Recht als solchem. Mit dem Dritterwerber (dem Abkäufer des Entleihers) hatte aber der Eigentümer keinen Vertrag geschlossen, auch hatte jener ihm „nichts angetan"; also konnte er ihn nicht „ansprechen". Tat er es doch, so konnte jener ihm antworten: „Du hättest auf deinen Entleiher achten sollen, ‚Hand wahre Hand'; ‚wo du deinen Glauben gelassen hast, da sollst du ihn suchen', also bei dem, dem du deine Sache anvertraut hattest, nicht bei mir."

War nun aber das Eigentum, ehe es als solches klagbar wurde, ehe es also einen Eigentumsanspruch gab, schon ein subjektives Recht? Sicherlich nicht, da es eine nur von der Sitte, nicht aber eine vom Rechte (dem Gericht!) gewährte Macht- und Interessenzuordnung war.

II. Eine ähnliche Frage stellt sich nun aber auch im *geltenden Recht.* Zwar fassen wir den Anspruch durchweg als Ausfluß eines subjektiven Rechtes auf und folgern also vom Recht auf den Anspruch. Doch ist in unserer *Praxis* der Schluß vom Anspruch auf das Recht nicht ganz so selten, wie unsere Theorie erwarten läßt. Er stellt sich unvermeidlich ein, wo unser Recht nicht, wie es seinem System im allgemeinen entspricht, für ein bestimmtes Recht bestimmte Ansprüche gewährt, sondern wo es demjenigen *generell* einen Anspruch gibt, der Inhaber irgend *eines* subjektiven Rechtes ist. Das ist im öffentlichen Rechte in breiter Streuung der Fall und ergibt sich dort besonders aus den Generalklauseln Art. 19 IV S. 1 GG, § 42 II VwGO, nach denen klagen kann, wer „in seinen *Rechten* verletzt" ist. Im bürgerlichen Recht kehrt das gleiche an einer zwar weniger weitreichenden, aber doch zentralen Stelle wieder: in der Hauptanspruchsnorm des Deliktsrechtes, § 823 I BGB. Dort wird ein Schadensersatzanspruch u. a. gegen den gegeben, der das „Eigentum oder ein *sonstiges Recht*" eines anderen schuldhaft verletzt hat. Die Vorschrift ist leicht zu handhaben, soweit es sich um im Gesetz bereits mit Ansprüchen versehene dingliche Rechte handelt, beim Namensrecht (§ 12 BGB), den Urheber- und Erfinderrechten, Aneignungsrechten und einigen Familienrechten; bloße Forderungen sind ausgeschlossen, da das zu schützende Recht ein eigentumsähnliches, ein *absolutes* sein soll. Wann aber ist nun *jenseits* der im Gesetze *namhaft* gemachten absoluten Rechte ein Interesse und die Macht zu seiner Wahrung dem einzelnen in solcher Weise zugeordnet, daß man dabei von seinem „*Rechte*" sprechen kann? Keine Definition hat den Begriff des subjektiven Rechtes scharf genug zu schleifen vermocht, um darauf von der Theorie her eindeutige Antwort geben zu können. Kann aber die Theorie ihm den Weg nicht zeigen, so muß der Richter ihn nach Gesichtspunkten der praktischen Zweckmäßigkeit zu finden suchen. Deshalb ist denn hinsichtlich der Anwendung von § 823 I BGB die Diskussion um solche Fragen wie die, ob ein Geschäftsgeheimnis, eine unpatentierte Erfindung, *Goodwill* und Kundschaft eines Geschäftsbetriebes, das Interesse am „eingerichteten und ausgeübten Gewerbebetrieb" selbst, das Vermögen, die Persönlichkeit ein „sonstiges Recht" sei, weniger vom Begriffe des absoluten Rechtes her geführt worden. Entscheidend war wohl jedesmal, ob das betreffende Interesse des erbetenen Anspruchs *würdig* war, seiner zu ausreichendem Schutze *bedurfte* und andererseits, ob seine Gewährung in der Folge nicht die Bewegungs- und *Wettbewerbsfreiheit* im allgemeinen gefährden und mit einer generalklauselartigen Anspruchsausweitung zu schwer übersehbaren Konsequenzen führen werde. Der letztere Gesichtspunkt ist es vor allem gewesen, unter dem das Reichsgericht die Anerkennung eines allgemeinen Persönlichkeitsrechtes — heute eine Selbstverständlichkeit — bis zuletzt verweigert hat. Es ist dabei also *primär* um den *Anspruch* gestritten worden. Mit seiner Gewährung wurde das geschützte Interesse dann sekundär zum „Recht": hätte das Reichsgericht nicht in ständiger Rechtsprechung (mit einer sich langsam vortastenden Praxis) Ansprüche zum Schutze des „eingerichteten und ausgeübten Gewerbebetriebes" als solchen gewährt, so wäre das Interesse des Inhabers an diesem nie zum Range eines „Rechtes" aufgestiegen. — Auch unser

„Prätor" gestaltet also zuweilen noch das Recht, indem er Aktionen gibt.

§ 17. Der Besitz und das Problem des subjektiven Rechtes

I. Unsere letzten Betrachtungen haben den Begriff des subjektiven Rechtes in ein gewisses Zwielicht gerückt: der Anspruch, der doch nur seine Emanation sein soll, erschien uns als sein Kristallisationskern; was ohne ihn übrig blieb, als schwer zu bestimmen und praktisch wenig eindeutig.

Seit langem hat man auf andere Schwierigkeiten hingewiesen: Wenn das Recht Willensmacht und Interesse ist, wie kann dann eine juristische Person, eine *persona ficta*, es innehaben? Wie kann es dann „herrenlose Rechte" geben — solche eines Ungeborenen (nasciturus, §§ 1923 II, 1912 BGB), sogar eines noch Unerzeugten (nondum conceptus; §§ 2101, 2162 II, 1913 BGB), solche eines eigentümerlosen Grundstückes (§ 928 BGB), für dessen „jeweiligen Eigentümer" eine Grunddienstbarkeit (§ 1018 BGB) besteht?

Es scheint hier, als ob der Begriff des subjektiven Rechtes zu einer Quelle von Schwierigkeiten werde. Der französische Staatsrechtslehrer *Leon Duguit* hatte ihm deshalb schon seit 1900 den Kampf angesagt, und es ist das Hauptanliegen der *Uppsalaschule*[1], ihn zu beseitigen. Der berechtigte Kern dieses Anliegens läßt sich am besten mit einer Darstellung des *Besitzes* verbinden, mit dem der Leser ohnehin bekannt gemacht werden muß.

II. Es ist nämlich eine alte Streitfrage, ob der Besitz ein subjektives Recht sei. Heute überwiegt die Meinung, daß er es sowohl sei, als nicht sei: er sei es *nicht* als Faktum, er *sei* es als Inbegriff der Folgen dieses Faktums.

Der Besitz pflegt definiert zu werden als „die Innehabung der tatsächlichen Gewalt über eine Sache". Aber § 854 I BGB sagt, daß „der Besitz einer Sache" „durch die Erlangung der tatsächlichen Gewalt

---

[1] Deutschsprachige Hauptwerke: *Axel Hägerström*, Der römische Obligationsbegriff (I 1927, II 1941); *Karl Olivecrona*, Gesetz und Staat (Kopenhagen 1940; der Titel der engl. Ausgabe: *Law as Fact*, trifft die These besser); *A. V. Lundstedt*, Die Unwissenschaftlichkeit der Rechtswissenschaft (1932) sowie Legal Thinking Revised, Stockholm 1956; *Theodor Geiger*, Vorstudien zu einer Soziologie des Rechts (Kopenhagen 1947, Neuausgabe von P. Trappe, Neuwied 1964); zu letzterer Schrift *Rehfeldt* in Kölner Ztschr. f. Soziologie 1953/54, S. 274 ff.

über die Sache erworben" wird. Setzt man nun „Besitz" = tatsächliche Gewalt, so kommt als Inhalt der Bestimmung heraus, daß der Besitz „durch die Erlangung des Besitzes" erworben wird, was eine Tautologie und keinen vernünftigen Sinn ergeben würde. — Entsprechendes würde für § 856 gelten, und wenn § 857 sagt, daß „der Besitz" auf den Erben „übergeht", so kann auch damit „die tatsächliche Gewalt" nicht wohl gemeint sein: das Gesetz kann an der *Tatsächlichkeit* nichts ändern, wenn der Erbe von dem Erbfall nichts erfahren und ein anderer den Nachlaß an sich genommen hat; es vermag ihm nur einen *Anspruch* gegen den zu geben, der „die tatsächliche Gewalt" über den Nachlaß *tatsächlich*, aber zu Unrecht hat, den „Erbschaftsbesitzer". Dieser Anspruch folgt aber aus § 2018 BGB und nicht etwa daraus, daß „der Besitz" auf ihn, den Erben, übergegangen ist. Er würde ihm auch ohne § 857 zustehen. Wozu also der Satz: „Der Besitz geht auf den Erben über"?

Die Lösung ist, daß in §§ 854 I, 856, 857 mit dem Worte „Besitz" gar nicht die tatsächliche Gewalt bezeichnet wird, sondern damit die *Rechtsfolgen* gemeint sind, die sich aus ihrer Innehabung ergeben. Diese Rechtsfolgen nun unterscheiden sich gar nicht von solchen, wie sie auch aus subjektiven Rechten fließen können. Es sind *Ansprüche* (§§ 861, 862, 867) und dazu ein eigentümliches Gewaltanwendungsrecht, das dem Besitzer gegen Eingriffe zusteht, in die er nicht eingewilligt hat (verbotene Eigenmacht; §§ 859, 860). In diesem *Besitzschutz* also ist dem Besitzer von der Rechtsordnung zur Wahrung seiner Interessen Macht gewährt. In ihm hat er ein Bündel von Ansprüchen. Aber der Besitz *selbst* ist darum kein subjektives Recht: *er* ist nur „die Innehabung der tatsächlichen Gewalt", die Sachherrschaft, und sie allein ist gemeint, wenn das Gesetz *im übrigen* vom „Besitze" spricht.

III. Mit „Besitz" ist also *einmal* ein *Tatbestand* gemeint, an den die Rechtsordnung Rechtsschutzfolgen knüpft, zum *anderen* der Inbegriff eben dieser *Folgen.*

In dem bekannten Lehrbuch des Sachenrechts von *Martin Wolf* (10. Aufl. 1957, § 3 III, S. 19) sagt nun der Neubearbeiter *L. Raiser*, als „Inbegriff der an die Sachherrschaft ... geknüpften Rechte" sei der Besitz ein subjektives Recht. Da nun aber ein *Inbegriff* von Rechten (wie etwa auch das Vermögen) durchaus noch kein Recht ist, fügt er erläuternd hinzu:

„Der Besitz erscheint hierbei nicht als *Summe* der rechtlichen Wirkungen des Besitztatbestandes, sondern als deren *Quelle.* Wie zwischen die eigentumsbegründenden Tatsachen und die einzelnen Befugnisse des Eigentümers das ‚Eigentum' tritt, als Folge jener Tatsachen, als Quelle dieser Befugnisse, so schaltet sich hier zwischen den Besitztatbestand und die einzelnen Rechte des Besitzers ‚der Besitz' selbst als deren Mutterrecht. Nur diese Vorstellung veranschaulicht befriedigend die Übertragbarkeit und Vererblichkeit des Besitzes."

Zwischen den Tatbestand der Sachherrschaft, der an sich selbst kein Recht ist, und die Rechtsschutzfolgen, die zwar ein Inbegriff von Rechten, aber ebensowenig ein Recht sind, wird hier also „der Besitz selbst" als deren „Mutterrecht" eingeschoben. Damit erscheint das *Recht* jedoch als eine bloße *Hilfskonstruktion*, und die Parallelisierung mit dem Eigentum bestätigt dann die These der Uppsalaschule, daß nämlich das subjektive Recht *überhaupt* eine bloße Hilfskonstruktion sei, ein *Bindestrich*, den wir zwischen Rechtsfaktum und Rechtsfolgen zu setzen pflegen. Es wird auch kaum bestritten werden können, daß die bindende Kraft nicht in diesem „Striche", dem subjektiven Rechte selber liegt, sondern in den Normen der *objektiven Rechtsordnung*, die an diesen Tatbestand diese Folgen geknüpft haben.

IV. Jener „Bindestrich" ist aber nun freilich mit den Rechtsordnungen aller Völker und Zeiten verbunden gewesen und verbunden. Überall ist das, wozu die Rechtsordnung den von ihr Begünstigten ermächtigte, als *seine* Macht, *sein* Recht empfunden worden. Vollends konnte das unmöglich anders sein, als es noch keinen „von Amts wegen" tätig werdenden Behörden- und Verwaltungsapparat gab und man sich „sein Recht" regelmäßig *selbst* verschaffen mußte. Es nimmt deshalb nicht wunder, daß allen Völkern das subjektive Recht geläufig ist und daß sie es durchweg mit demselben Worte benennen wie das objektive Recht (δίκαιον, *ius, diritto, droit, prawo* usw.); die engl. Unterscheidung *law/right* ist auffallende Ausnahme.

Wir sahen aber auch, daß das Recht, wie alles Kulturelle, durchaus *Tradition* ist. Das gilt nun nicht bloß für den *Inhalt* der Normen, sondern auch für ihre *Form* und das mit ihnen verbundene *Rechtsdenken.* Würden wir also das subjektive Recht ausmerzen wollen, so wären wir zugleich gezwungen, die gesamte Rechtsordnung neu zu durchdenken und neu zu formen. Und wenn dabei auch *sachlich* alles beim alten gelassen werden sollte, so würden doch die neuen Texte sehr viel *komplizierter* werden müssen.

Daß unser Gesetzgeber den *Besitz* zu regeln vermocht hat, ohne ihn zu einem Rechte zu machen (weshalb er auch soeben das geeignete Demonstrationsobjekt gewesen war), beruht nur darauf, daß sein Tatbestand, die Sachherrschaft, so ungewöhnlich einfach ist. Andere rechtsbegründende Tatbestände mit all ihrem Wenn und Aber zu formulieren, ohne die Erleichterung, Fakta und Folgen in dem *einen* Begriffe des betreffenden Rechtes zusammenfassen zu können, würde eine unübersehbar schwierige und undankbare Aufgabe sein.

Wir handeln deshalb weiser, es beim subjektiven Rechte als einem rechtstechnischen Hilfsmittel zu belassen[1]. Die Jurisprudenz ist keine Wissenschaft um ihrer selbst willen. Auf einen vom Common-sense der Weltrechtsüberlieferung geprägten Grundbegriff würde sie nicht ungestraft verzichten können[2].

V. Dagegen kann die Einsicht in das eigentliche Wesen des subjektiven Rechts die Rechtstheorie von manchem Scheinproblem und unfruchtbaren Streit befreien. Ist das subjektive Recht in Wahrheit nichts als die objektivrechtliche Verbindung bestimmter Folgen mit einem bestimmten Tatbestande, so erledigen sich viele Fragen der Rechtsidentität: ob z. B., wer Eigentum nach § 932 BGB gutgläubig vom Nichtberechtigten erworben hat, das Eigentum des alten Eigentümers (als von diesem abgeleitet, derivativ) erwarb, oder ob er neues (originär) erworben hat; was aus meiner Forderung „wird", wenn ich sie

---

[1] In seiner Verwendung als eines solchen brauchen wir uns auch nicht dadurch stören zu lassen, daß es einst, in gewissem Maße, von magischen Vorstellungen von Macht und Kraft umwittert gewesen ist. Der Begründer der Uppsalaschule, der Philosoph Axel *Hägerström* (1868—1939) hat sein Lebenswerk dem Nachweise gewidmet, daß auch die Römer das subjektive Recht magisch aufgefaßt und gehandhabt und wir dies Denken mit ihrer Jurisprudenz übernommen hätten. — Indessen ist auch der Begriff der *Krankheit* für die Medizin nicht durch die Einsicht unpraktikabel geworden, daß sie nur ein Symptomkomplex, nicht aber ein böses Etwas ist, das über den Menschen „Macht gewinnt". Hippokrates' Leistung bleibt in Ehren, obwohl wir von einer Krankheit sprechen, *als ob* sie ein Wesen wäre. Vgl. *Rehfeldt,* Recht und Ritus; Festschrift für Heinrich Lehmann, Berlin 1956, S. 45 ff.

[2] Als Hilfsbegriff läßt deshalb auch *Kelsen,* Reine Rechtslehre, 2. Aufl. 1960, S. 133, das subjektive Recht noch gelten; ferner *Theodor Geiger:* Vorstudien zu einer Soziologie des Rechts, 1947, S. 121 ff. Gänzlich abgelehnt wird es, wie gesagt, von *Duguit,* Traité de droit constitutionnel (2. Aufl. 1921) p. 134 ff., 151 ff., 399 ff. und, ihm folgend, *Scelle,* Manuel de droit international public, Paris 1948, der dort das subjektive Recht in dem Begriff der Zuständigkeit (compétence) aufgehen läßt (vgl. bes. p. 121 f.), ferner von *Alf Ross,* Tû-tû, in Scandinavian Studies in Law 1 (1957), S. 137 ff. Anders aber *Eugen Bucher,* Das subjektive Recht als Normsetzungsbefugnis, 1965.

einklage: ob sie dabei in meine Klage und sodann ins Urteil „übergeht"?

Und ist das subjektive Recht in seinem Kerne nicht Interesse und Macht, so verlieren Fragen wie die oben unter I Abs. 2 angeschnittenen ihre Schwierigkeit: *nasciturus, nondum conceptus* und der z. Z. nicht existente „jeweilige Eigentümer" eines Grundstücks, dazu der Gläubiger der Forderung aus einem herrenlosen Inhaberpapier können sehr wohl objektivrechtlich begünstigt sein. Des Interesses und der Macht, ja sogar ihres eigenen Vorhandenseins, bedürfen sie dazu nicht.

§ 18. Das Problem der juristischen Person und die Realität der Verbände

I. Zusammen mit diesen Schattenwesen hatten wir nun aber auch die *juristische Person* genannt. Auch als ein nur fingiertes Etwas kann sie Gegenstand objektivrechtlichen Schutzes sein. Werden Rechte und Pflichten als bloße Reflexe der objektiven Rechtsordnung gesehen, so kann auch eine *persona ficta* deren Träger, Bezugspunkt von Sollen und Haben sein, klagen und verklagt werden. Wie sie Träger von Interessen oder Macht sein könnte, wäre schwerer begreiflich zu machen.

Es ist nun aber keineswegs unstreitig, daß die juristische Person wirklich *persona ficta* ist. Der sogenannten *Fiktionstheorie* (v. Savigny) steht nämlich schon seit über hundert Jahren die *Theorie der realen Verbandspersönlichkeit* (Beseler, Otto v. Gierke) gegenüber, und eine ganze Reihe vermittelnder Theorien ist zwischen diese beiden Extremstandpunkte getreten, um zu erklären, wie etwas, was nicht leibhaftiger Einzelmensch ist, als selbständiges Rechtssubjekt gedacht werden könne. Während *Savigny* (1779—1861) zu diesem Zwecke einen Menschen fingierte, nahm *Gierke* (1841—1921) das Vorhandensein eines wirklichen Menschen an:

„Wir betrachten das soziale Ganze gleich dem Einzelorganismus als ein Lebendiges und ordnen die Gemeinwesen zusammen mit den Einzelwesen dem Gattungsbegriff des Lebewesens unter." (*Gierke,* Das Wesen der menschlichen Verbände, 1902, S. 16.)

Auch abgesehen von dem hier in Rede stehenden (praktisch vielleicht nicht mehr allzu fruchtbaren, sachlich aber fundamentalen) Theorienstreit ist es wichtig, diese Konzeption zu kennen und sich klarzumachen, was damit gemeint ist.

II. Wir haben zu Eingang dieses Buches einen Blick auf den Bienenstock geworfen. Solch ein „Insektenstaat" ist *wirklich* ein Lebewesen: Mit allen Einzelheiten ist er in jeder Biene vorgebildet und darum mit ihr da. Sie ist körperlich in eine seiner drei Grundfunktionen hineingeboren und *kann* nichts anderes tun, als sie vollziehen. Aus den angeborenen fest fixierten Verhaltensweisen von Königinnen, Drohnen und Arbeiterinnen ergibt sich der Organismus ihres Zusammenlebens mit der gleichen biologischen Notwendigkeit, mit der für die Körperzellen des Einzeltieres ihre Funktionsgemeinschaft aus dessen Erbanlage folgt.

Dem Menschen ist eine bestimmte Gemeinschaftsform so wenig angeboren wie eine bestimmte Sprache. *Was* für Gemeinschaften er bildet, liegt bei ihm. Und nicht nur ist sein Verhalten nicht festgelegt: er kann sich *Zwecke setzen.* Dem Tier sind seine „Zwecke" von Natur gesetzt; es kann sich selbst nichts „vorsetzen" noch „vor-stellen"; ihm fehlt die Phantasie. Der Mensch kann *planen* und seine Zwecke *mitteilen.* So kann er nicht nur in Gemeinschaften hineinwachsen, in Sippe, Stamm, Volk und Staat, gemeinsame Zwecke setzend kann er sich *vergesellen:* zu Jagd und Fischfang, Schiffahrt und Seeraub, Bodenbestellung und Handwerk, Handel und Industrie; erst zu gleichem Tun sich vereinend, dann — indem jeder anderes, doch zum gemeinsamen Zweck oder für Zwecke anderer leistet — in *Arbeitsteilung;* im Betrieb von Abteilung zu Abteilung bis zum Fließband, und weiter von Betrieb zu Betrieb, von Land zu Land, von Erdteil zu Erdteil Rohstoffe, Halbfertiges und Fertiges austauschend. So wächst die Menschheit über den Erdball hin zu einer arbeitsteiligen Produktionsgemeinschaft zusammen, ehe noch ein Weltstaat errichtet ist. Und es sind lauter kleinere oder größere arbeitsteilige Produktionsstätten, die an dem Austausch der Produkte teilnehmen; planmäßige, zweckbestimmte Vergesellungen alle, in Produktion wie Austausch. Denn auch das Verhältnis des Rohstofflieferanten zum Fabrikanten und des Fabrikanten zum Abnehmer ist Vergesellung. „Wir arbeiten *mit* der Firma NN", sagen sie ganz richtig voneinander. Und noch jeder Ladenkauf ist eine solche Vergesellung, wenn auch eine nur flüchtige: Käufer und Verkäufer vereinigen sich dabei zu einem gemeinsamen Zweck: dem Austausch ihrer Leistungen, der ihrer beider Vorteil ist.

Die zahllosen gewachsenen oder organisierten Gemeinschaften, Gesellschaftskörper und Vergesellungen, deren mehreren jeder Mensch angehört: Familie, Betrieb, Volk, Staat und Kirche, doch auch Vereine, Gesellschaften und selbst Gruppen, die gar nicht dem Rechte, nur der Sitte angehören: Freundschaften, Kränzchen, Cliquen und „Klüngel" — sie alle sind nun sicherlich *Realitäten.* Auch sind sie nicht nur um uns, sie sind auch *in uns selbst:*

„Denn wir finden die Realität der Gemeinschaft auch in unserem Bewußtsein. Die Eingliederung unseres Ich in ein gesellschaftliches Sein höherer Ordnung ist für uns inneres Erlebnis. Wir empfinden uns als ein in sich beschlossenes Selbst, aber wir empfinden uns auch als Teil eines in uns wirkenden lebendigen Ganzen. Wollten wir unsere Zugehörigkeit zu einem bestimmten Volk und Staat, einer Religionsgemeinschaft und Kirche, einer Berufsgemeinschaft, einer Familie und mancherlei Vereinen und Genossenschaften wegdenken, so würden wir in dem ärmlichen Rest uns selbst nicht wiedererkennen. Besinnen wir uns aber auf dieses alles, so wird uns klar, daß es sich nicht bloß um äußere Ketten und Bande handelt, die uns umschlingen, sondern um psychische Zusammenhänge, die in unser Innerstes hineinreichen und integrierende Bestandteile unseres geistigen Wesens bilden. Wir spüren, daß ein Teil der Impulse, die unser Handeln bestimmen, von den uns durchdringenden Gemeinschaften ausgeht. Wir werden uns bewußt, daß wir Gemeinschaftsleben mitleben. Schöpfen wir daher aus unserer inneren Erfahrung die Gewißheit der Realität unseres Ich, so erstreckt sich diese Gewißheit nicht nur darauf, daß wir individuelle Lebenseinheiten bilden, sondern zugleich darauf, daß wir Teileinheiten höherer Lebenseinheiten sind. Die höheren Lebenseinheiten selbst freilich können wir in unserem Bewußtsein nicht finden. Denn da wir nur Teile des Ganzen sind, kann das Ganze nicht in uns sein. Unmittelbar also können wir aus der inneren Erfahrung nur das Vorhandensein, dagegen nichts über die Beschaffenheit von Verbandseinheiten entnehmen. Mittelbar jedoch können wir aus den Gemeinschaftswirkungen in uns schließen, daß die sozialen Ganzen leiblich-geistiger Natur sind. Denn diese Wirkungen bestehen in leiblich vermittelten psychischen Vorgängen. Darum sprechen wir nicht nur von den gesellschaftlichen Körpern und ihren Gliedern, sondern auch von Volksseele, Volksempfindung, Volksüberzeugung und Volkswillen, von Standesgeist, Korpsgeist und Familiengeist usw. Wir bezeichnen damit sehr lebendige psychische Mächte, deren Realität wir nicht am wenigsten dann empfinden, wenn wir, von unserer Individualität Gebrauch machend, uns gegen sie auflehnen. Alltäglich mag uns aufmerkende Selbstbeobachtung von dem Dasein dieser Geistesmächte überzeugen." (*Gierke,* a. a. O., S. 22—24.)

Die Realität der menschlichen Verbände und ihrer Seinsweise kann nicht eindringlicher geschildert werden: Wir bilden Gemeinschaften und werden zugleich durch sie gebildet. Aber trotz *Gierkes* gelegentlich betont biologistischer Ausdrucksweise sind selbst die festesten und gewachsensten dieser Gemeinschaften *keine Lebewesen:* selbst gegen seinen Staat kann der Mensch sich auflehnen; daß die Biene es gegen den ihren *nicht* kann, macht diesen zum Lebewesen.

Freilich *leben* die Verbände, doch nur in der gemeinsamen Vorstellung, im *Bewußtsein* der beteiligten Menschen. Aber auch in Gedanken kann eben doch etwas *sein*[1]. Und sobald ein Gedanke, eine Vorstellung, ein Bewußtseinsinhalt vielen *gemeinsam* ist und als Motiv wirkend ihr Verhalten koordiniert, ist er eine *soziale Realität.* Dies kann er in *verschiedenem Grade* sein, und je größer der Kreis derer, denen er Gemeingut ist, in um so höherem ist er es. Ist er die Vorstellung eines kleinen Kreises, so kann ihm dessen soziale Machtstellung u. U. trotzdem entscheidende Realität verleihen. Die Vorstellungen der *Juristen* sind also zwar um so mehr soziale Realitäten, je mehr sie sie mit dem übrigen Volke teilen. Doch können auch Gedanken, die nur die ihren, als solche aber eben *juristische Realitäten* sind (nicht freilich als Phantasien, sondern als aus der Rechtsordnung ableitbare Folgerungen!), das Leben mitbestimmen. Sie haben dann *rechtliche* Existenz; auch wenn sie von den Betroffenen nicht geteilt und nicht immer ganz verstanden werden.

III. Unter den Verbänden, deren Seinsweise wir uns hiermit verdeutlicht haben, befinden sich nun auch *juristische Personen.* Freilich nur unter den weniger flüchtigen, denen, die dazu bestimmt sind, ihre Gründer überdauern und *unabhängig vom Wechsel ihrer Mitglieder,* also als solche, weiterbestehen zu können. Wir sagen von ihnen, daß sie eine „körperschaftliche Verfassung" haben; sie sind *corpora.* Vergesellungen von Einzelpersonen in der Weise, daß sie nur aus diesen sich verbindenden Einzelnen bestehen sollen, *Gesellschaften* (vgl. § 705 BGB), gehören also nicht dazu. Aber auch die körperschaftliche Verfassung macht noch nicht die Rechtspersönlichkeit aus: der „nichtrechtsfähige Verein" hat sie (sonst wäre er nur Gesellschaft; aber er ist es nicht; § 54 BGB darf hier nicht irreführen!), und ist doch nicht juristische Person.

Unter den Verbänden des *Privatrechts* sind *juristische* Personen nur: der „eingetragene Verein" (e. V., § 21 BGB), der „wirtschaftliche Verein" (§ 22 BGB; sehr selten), die Aktiengesellschaft (AG, §§ 1 ff. des Aktiengesetzes — AktG —), die Kommanditaktiengesellschaft (KommAG, §§ 278 ff. AktG; selten; nicht zu verwechseln mit der

[1] Solch Dasein im menschlichen Bewußtsein pflegt man gegenwärtig im Anschluß an *Nikolai Hartmann* (1882—1950) als „geistiges Sein" zu bezeichnen. *Hegel* (1770—1831) hatte es „objektiven Geist" genannt. Indessen scheint mir, daß es, wenn diese Dinge deutlich werden sollen, besser ist, das allzu vieldeutige Wort *Geist* so sparsam wie möglich zu gebrauchen.

Kommanditgesellschaft, KG, §§ 161 ff. HGB, die *nicht* rechtsfähig ist!), die Gesellschaft mit beschränkter Haftung (GmbH, §§ 1 ff. GmbHG) und die eingetragene Genossenschaft mit beschränkter oder unbeschränkter Haftpflicht (eGmbH bzw. eGmuH; §§ 1 ff. des Genossenschaftsgesetzes — GenG —). Die Gewerkschaften des Bergrechts (§§ 94 ff. des Pr. allgem. Berggesetzes) kommen hinzu.

AG, KommAG und GmbH, die *Kapitalgesellschaften,* sind zwar wohl insofern „Gesellschaften", als ihre Mitgliederzahl durch die satzungsmäßig vorgesehene Zahl der Kapitalanteile beschränkt ist (eine AG kann nicht mehr Aktionäre haben, als dem satzungsmäßigen Grundkapital und der Stückelung der Aktien entspricht), haben mit den Vereinen aber die körperschaftliche Verfassung gemein. Dadurch unterscheiden sie sich von den *Personalgesellschaften* (Gesellsch. des BGB: §§ 705 ff.; OHG, KG, Stille Gesellschaft: §§ 105 ff., 161 ff., 335 ff. HGB). Von den *Vereinen* aber sind sie trotz der körperschaftlichen Verfassung dadurch verschieden, daß deren Mitgliederzahl „offen" ist: einem Verein und einer eingetragenen Genossenschaft können grundsätzlich beliebig viele Mitglieder beitreten.

Das umseitige *Schema* möge dem Anfänger den Überblick erleichtern. Freilich ist die Terminologie nicht unbestritten.

Unter den juristischen Personen des *öffentlichen Rechts* sind *Verbände* mit Rechtspersönlichkeit nur die *Körperschaften* des öffentlichen Rechts (Staaten, Kirchen, Gemeinden, Gemeindeverbände, Universitäten u. a.). Die *Anstalten* des öffentlichen Rechts sind dagegen organisatorisch verselbständigte *Verwaltungseinheiten* (Post, Eisenbahn, die Träger der Sozialversicherung, Sparkassen, öffentliche Versorgungsbetriebe u. a. m.), die im Gegensatz zu den Körperschaften keine Mitglieder haben. Die *Stiftungen* des privaten (§§ 80 ff. BGB) wie die des öffentlichen Rechts sind mit Rechtspersönlichkeit ausgestattete *Vermögensmassen.* Ebensowenig wie die Anstalten haben sie Mitglieder (die sie Verwaltenden sind keine solchen!), und doch sind sie juristische Personen.

IV. Begründet also die körperschaftliche Verfassung eines Verbandes als solche nicht seine Rechtsfähigkeit und gibt es Rechtspersonen, die gar keine Verbände sind (Anstalten und Stiftungen), so fehlen, umgekehrt, in der Liste der juristischen Personen allerrealste Verbände der modernen industriellen Gesellschaft: die Unternehmen, die Betriebsgemeinschaften und die Gewerkschaften.

1. Das *Unternehmen* eines Fabrikanten etwa besteht aus allen Vermögenswerten, über die er für die Zwecke seines Betriebes verfügt: Grundstücken mit Gebäuden, Maschinen und Anlagen, Rohstofflagern, Halbzeug, Fertigwaren, Patenten, Gebrauchsmustern, Warenzeichen,

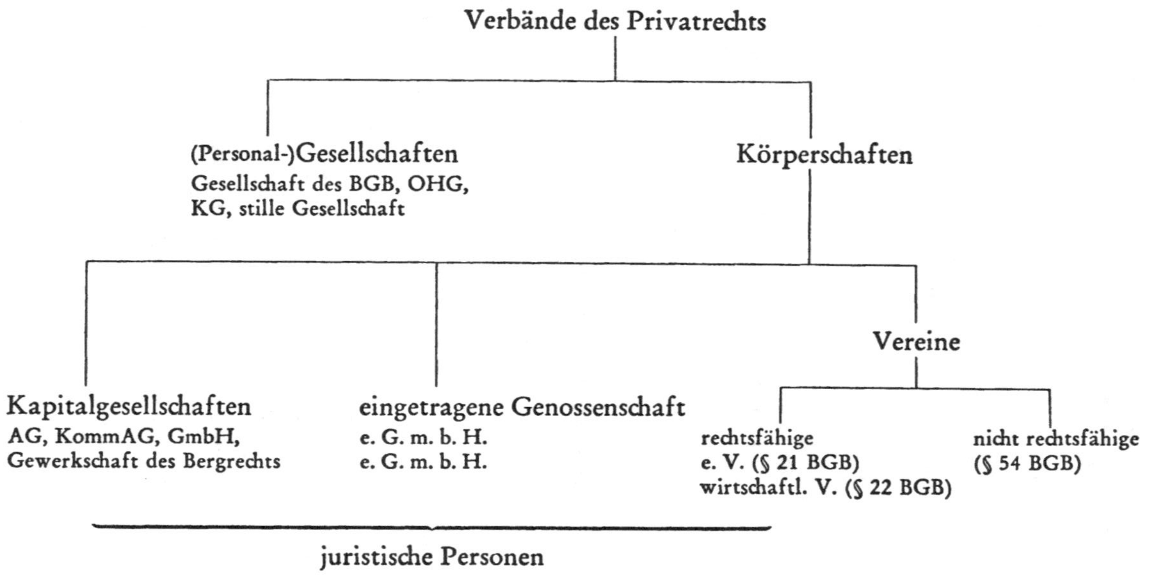
Verbände des Privatrechts
(Personal-)Gesellschaften
Gesellschaft des BGB, OHG,
KG, stille Gesellschaft
Körperschaften
Vereine
Kapitalgesellschaften
AG, KommAG, GmbH,
Gewerkschaft des Bergrechts
eingetragene Genossenschaft
e. G. m. b. H.
e. G. m. b. H.
rechtsfähige
e. V. (§ 21 BGB)
wirtschaftl. V. (§ 22 BGB)
nicht rechtsfähige
(§ 54 BGB)
juristische Personen

Geschäftsgeheimnissen, Forderungen; zugleich und ebensosehr aber seinen eingespielten Beziehungen zu Lieferanten, Kunden, Kreditinstituten usw., dem ihm und seinem Namen, seiner Firma, von diesen entgegengebrachten guten Willen zur Zusammenarbeit (Goodwill) und last not least der eingearbeiteten Belegschaft.

Dieses Unternehmen, ein Organismus, in dem alle Teile in funktionaler Wechselwirkung (Interdependenz) miteinander stehen, das seinen Wert gerade als *Ganzes* hat (und *deshalb* auch mit Grund als „sonstiges Recht“ nach § 823 I BGB Rechtsschutz genießt), kann sich als Ganzes von der Person des Unternehmers lösen: Er kann es mit seiner Firma veräußern (§§ 22, 23 HGB). Die Firma war ursprünglich sein eigener Familienname gewesen. Nun verwächst er vollends mit dem Unternehmen.

Mit der Zunahme der Betriebsgrößen wird die *Firma* im Verkehr ohnehin immer mehr als Name des *Unternehmens* als solchen aufgefaßt, obwohl sie doch der Name des *Unternehmers* ist (§ 17 HGB). Aber das Werk „entfremdet“ sich seinem Schöpfer; der Mensch tritt hinter seiner ihn überwachsenden Schöpfung in die Anonymität zurück. Seit 1953 spricht das Gesetz in § 2 HGB selbst bereits von der Firma des Unternehm*ens*“! Das Unternehmen kann schließlich sogar gänzlich *ohne* Unternehmer weiterarbeiten und florieren, wie praktisch das Volkswagenwerk von 1945—59. Aber juristische Person ist es dennoch als *solches* nicht.

2. Die Belegschaft eines Werkes mag als *Betriebsgemeinschaft* einen Gesellschaftskörper von 30 000 Menschen bilden; mit einem ausgeprägten Betriebsstolz und Zugehörigkeitsbewußtsein, das Privilegien auf Grund langer Betriebszugehörigkeit verstärken; einer hierarchischen Ordnung von Generaldirektoren, Direktoren, Abteilungsleitern, stellvertretenden Abteilungsleitern bis zu Werkmeistern, Vorarbeitern, Facharbeitern, Arbeitern und Lehrlingen; mit festen Sitten und Gewohnheiten, Pflichten und Rechten auf Grund der Betriebsordnung, in Arbeiter und Angestellte gegliedert, Betriebsräte als seine Vertreter wählend, Mitglieder in den Aufsichtsrat der das Werk betreibenden AG entsendend und in allem zu einem gemeinsamen Zwecke verbunden: Eine Betriebsbürgerschaft, doch keine juristische Person.

3. Die *Gewerkschaften* aber beweisen, wie wenig es *praktisch* darauf ankommt, ob ein realer Verband juristische Person ist oder nicht. Fast ausnahmslos sind sie *nichtrechtsfähige* Vereine. Sie könnten die Rechtsfähigkeit gem. § 21 BGB mit einem Federstrich erlangen, und niemand würde sie ihnen heute mehr entziehen. Die sie betreffenden Einschränkungen in §§ 43 III und 61 II BGB sind schon seit 1918

gefallen. Aber in einem ihnen feindlichen Staate erwachsen, halten sie an der Tradition fest, nicht im Vereinsregister eingetragen zu sein. Das Fehlen der Rechtsfähigkeit behindert ihre Tätigkeit nicht. Nicht vermögensfähig, sind sie praktisch Inhaber gewaltiger Vermögen. Zwar können sie nicht als Eigentümer ihres Grundbesitzes im Grundbuch eingetragen werden (denn nur die Hunderttausende ihrer einzelnen Mitglieder sind Rechtssubjekte, nicht sie selbst), doch lassen sie die Grundstücke von einzelnen Vertrauensleuten oder eigens dazu gegründeten Verwaltungs-GmbH's auf deren eigenen Namen erwerben und von ihnen als *Treuhänder* für die Gewerkschaft verwalten.

V. Gegen diese sozialen Realitäten halte man das juristische Spinnengewebe der *Einmanngesellschaft:* Jemand erwirbt alle Aktien einer AG oder, was häufiger ist, alle Anteile einer GmbH, um deren Unternehmen weiter zu betreiben oder, was auch vorkommt, im Namen dieser GmbH — deren „Mantel" er gekauft hat — anderweitige Geschäfte zu machen, wobei ihm der „Mantel" lediglich zum Schutze seines persönlichen Vermögens gegen die etwaige Haftung aus einem Fehlschlag jener anderweitigen Geschäfte dienen soll (denn für Geschäfte, die er im Namen der GmbH, des Mantels, abgeschlossen hat, haftet er nur mit *deren,* nicht mit seinem Vermögen). — War mit dem Mantelkauf ersichtlich *nur* eine solche Manipulation beabsichtigt gewesen, so ist er freilich als Gesetzesumgehung nichtig, und der Gläubiger der Schatten-GmbH kann, durch den Mantel *hindurchgreifend,* dessen Träger fassen. Sonst aber hält das juristische Spinnengewebe stand, trotz seiner bloß rechtlichen Existenz.

VI. Die juristische Person ist also kein Lebewesen. Sie ist auch unabhängig von der sozialen Realität der Gebilde, denen die Rechtsordnung Rechtsfähigkeit zuschreibt. Dennoch ist sie *kein fingierter Mensch:* Wenn die Rechtsordnung sagt, daß ein bestimmter Verband (bzw. Stiftung oder Anstalt) die Rechtsfähigkeit erlangt habe, so *hat* er sie damit im Rechtssinne. Das aber bedeutet nichts weiter, als daß auf ihn dieselben Vorschriften Anwendung finden sollen, die auch für andere Personen gelten (soweit sie nicht, wie die des Familienrechts, einen biologisch-leibhaftigen Menschen voraussetzen). Damit ist der Verband vermögensfähig, hat Namensrecht (§ 12 BGB), gesetzliche Schutzrechte und haftet freilich auch für Schäden, die seine „verfassungsmäßig berufenen Vertreter", seine *Organe,* für ihn handelnd anderen zufügen, wie der Mensch für die Taten seiner Hände haftet (§ 31 BGB; die Organhaftung, die für *alle* juristischen Personen, gem. § 89 BGB auch für die des öffentlichen Rechtes gilt). Aber ein fingierter Mensch ist er darum ebensowenig, wie ein wegen Geistesschwäche Entmündigter gem. § 114 BGB ein fingierter Minderjähriger, oder ein gem. § 8 unseres Staatsangehörigkeitsgesetzes eingebürgerter Italiener ein fingierter Deutscher ist.

Selbst etwas Gedachtes, kann die Rechtsordnung *unmittelbar* nur auf Gedanken und Vorstellungen von Menschen einwirken und, auf dem Wege über diese, auch auf ihr Verhalten. Tatsachen kann sie unmittelbar nicht ändern. Sie kann dem abwesenden nichtsahnenden Erben mit § 857 BGB die tatsächliche Gewalt, den Sachbesitz am Nachlaß nicht verschaffen. Aber sie kann die *Rechtsfolgen* des Sachbesitzes zu seinen Gunsten anwendbar machen, und indem sie ihm in jener Bestimmung „Besitz" zuschreibt, *verweist* sie ihre Richter auf die Anwendung der Besitzschutznormen. Dem Erben *erleichtert* sie es damit nur, den Sachbesitz *tatsächlich* zu erlangen. — Ebensowenig kann sie durch Einbürgerung den Italiener in einem sozialrealen Sinne unmittelbar zum Deutschen machen. Aber indem sie ihre Behörden anweist, alle für den deutschen Staatsbürger geltenden Vorschriften auch auf ihn anzuwenden, verbessert sie seine Stellung in der neuen sozialen Umwelt und erleichtert es ihm damit vielleicht, *wirklich* ein Deutscher zu werden.

Nichts anderes geschieht bei der Schaffung einer juristischen Person, wie denn die Rechtsordnung überhaupt Fakten nicht unmittelbar zu ändern, sondern immer nur Folgen an sie zu knüpfen vermag. „Wenn X ist, so soll Y sein", ist die Grundform des Rechtssatzes. „Wenn der Verein eingetragen ist, so soll er unter seinem Namen klagen und im Grundbuch eingetragen werden können, soll er für seine Organe haften usw." Indem sie ihm die Rechtsfähigkeit zuerkennt, *verweist* die Rechtsordnung auf ihre für *Personen* geltenden Vorschriften. Damit verschafft sie den hinter dem Verein stehenden Menschen eine (wie wir sahen, praktisch nicht allzu bedeutsame) Erleichterung in der Verfolgung ihrer gemeinsamen Interessen, des ihrem Verein gesetzten Zweckes. Doch ist das für das Wesen des Vorganges sekundär.

Die Rechtsordnung kann ihrem Gebilde keine psychischen Regungen — Willen und Interesse — einhauchen. Wären sie Voraussetzungen eines subjektiven Rechts, so könnte die juristische Person keine subjektiven Rechte haben. Ist aber das subjektive Recht nur die objektive *Wenn-so-Verknüpfung* eines Tatbestandes mit bestimmten Rechtsschutzfolgen, so kann die Rechtsordnung durch ihre Verweisung mühelos bestimmen, daß diese Rechtsschutzfolgen auch zugunsten der juristischen Person eintreten sollen, sofern die sie bedingenden Tatbestände in ihrem Namen verwirklicht sind.

VII. Die juristische Person ist also weder biologisch-real noch ist sie ein fingierter Mensch. Sie hat *rechtliche* Existenz. Ihre Rechtsbeziehungen sind durch Verweisung auf die für sie passenden Normen für natürliche Personen geordnet. Will man dieser Erklärung der Sache einen Namen geben, so mag man sie *Rechtsfolgenverweisungstheorie* benennen.

Diese Theorie kann aber eben nicht isoliert bestehen. Sie setzt eine *Rechtsfolgentheorie* des subjektiven Rechts voraus; daß also die Rechte und Pflichten, deren Träger die juristische Person sein soll, juristisch nichts anderes sind, als die objektivrechtliche Verbindung bestimmter Tatbestände mit bestimmten Folgen.

Da die juristische Person als solche keiner seelischen Regungen fähig ist, können die ihr zugeschriebenen Handlungen, *als die ihren*, auch nicht ethisch oder unethisch sein. Trotzdem kann ein Rechtsgeschäft der juristischen Person im Rechtssinne gegen die guten Sitten oder gegen Treu und Glauben verstoßen. Sie kann aber selbst nicht gegen sittliche Pflichten verstoßen, da sie solcher nicht fähig ist. Ethisches Lob und ethischer Vorwurf können nur die für sie handelnden Menschen treffen. Sie selbst kann bloß die Rechtsfolgen dieser Handlungen tragen.

Deshalb sind denn auch bewußtseinsmäßig Rechte und Pflichten natürlicher Personen etwas anderes als die juristischer. Bei jenen fällt der Träger der Rechtspflicht mit dem der ethischen Pflicht zusammen. Rechte, Pflichten und Handlungen lebender Menschen sind darum lebendiger, realer; solche juristischer Personen gleichsam schattenhaft. Und da unsere Rechtsordnung primär eben doch ein Recht der Lebenden, nicht der Schatten ist, und Rechtspflicht als Pflicht schlechthin, subjektives Recht als Willensmacht und Herrschaft erlebt und verinnerlicht wird, so werden die alten Auffassungen von Recht und Pflicht, als soziale Realitäten, zugleich die gemeinverständlicheren bleiben.

Diese Überlegungen haben uns mit innerer Notwendigkeit vom Sollen zum Sein des Rechtes zurückgeführt. Sie haben uns seine Machtfülle als normative Ordnung, im Reich des Sollens also, zugleich aber auch die Grenzen seiner Macht im Reich des Seins erblicken lassen. Im folgenden wird seine Begrenztheit im Kosmos der übrigen Ordnungen und damit sein Wesen deutlicher werden.

KAPITEL III

Vom Wesen des Rechtes

§ 19. Recht und Sittlichkeit

I. Wir haben die Sittlichkeit bisher nur als „Kritik der Sitten" bestimmt (§ 7 I) und sie zu Sitte und Gesetz in genetische und funktionale Beziehung gebracht. Indessen bedarf nun das Verhältnis ihrer Lehre, der Ethik, zum Inhalte der Rechtsnormen näherer Betrachtung. Denn wie ihre Harmonie mit Sitte und Gesetz die wünschbare Regel bildet, so möchten viele das Recht mit ihr schlechthin identisch sehen. Und immer wieder ist die Ethik zum Maßstabe des Rechtes in dem Sinne gemacht worden, daß Rechtsnormen, die mit ihr im Widerspruch stehen, die Gültigkeit abgesprochen wurde. Besonders nach einer Rechtskatastrophe wie der von 1933 bis 1945 lag eine solche Anschauungsweise nahe.

Doch darf all dies den Blick dafür nicht trüben, daß Recht und Sittlichkeit verschiedener Artung sind und nur ihre Harmonie, nie aber ihr voller Einklang möglich ist.

Sitte und Recht regeln, wie man sich seinem Mitmenschen gegenüber verhält. Nur das äußere Verhalten beachten sie, Denken und Fühlen kaum. Ursprünglich sind sie aus unreflektierter Nachahmung hervorgegangen. Die Ethik entstammt aber eben jenem Denken und Fühlen, das sich über die äußere Nachahmung und Regelbefolgung erhoben hat. Sie hat ihren Ursprung in ihm, wendet sich eben daran und hat folglich eben dort ihre Gerichtsstätte. Über Sitte und Recht richten die anderen, über die Sittlichkeit eines Verhaltens kann in letzter Instanz nur die eigene Überzeugung des Handelnden richten. Dem *forum externum* von Sitte und Recht steht das *forum internum* des Gewissens gegenüber. Die Ethik kennt folglich auch Gedankensünden und Sünden wider das eigene Selbst, Recht und Sitte nicht. Die Ethik darf Motive wägen und werten, wo das Recht Verhalten meist nur typisieren und subsumieren kann. Damit kann es sich aber der Moral nur *annähern*, nie sie erreichen. Es kann sich mit seinen äußerlichen Mitteln nur darum bemühen, ein Mindestmaß davon im zwischenmenschlichen Verhalten durchzusetzen. Das Recht ist „das ethische Minimum“ (G. Jellinek).

Dabei ist die „Durchsetzung“ der Moral mit den Mitteln des Rechtes überdies ein zweischneidiges Beginnen: Gutes, aus Furcht vor Zwang oder peinlichen Folgen getan, hat keinen sittlichen Wert, ist nicht einmal mehr „gut“; obschon es damit nicht aufhört, sozialnützlich zu sein. Unternimmt es deshalb ein Staat, sittliches Handeln erzwingen zu wollen, so macht er es recht eigentlich unmöglich[1]. Daß er Charakterlosigkeit züchtet, wo er Gesinnung befehlen will, haben wir nach 1933 erlebt. Sittlichkeit und Charakter sind Kinder der Freiheit. Sie können nicht durch Zwang, wohl gegen Zwang wachsen.

II. Auf die äußere Ordnung des zwischenmenschlichen Verhaltens abzielend, muß das Recht eben dies in Regeln fassen. Dazu muß es das Verhalten gemäß seinen erfahrungsgemäß wiederkehrenden Tatbeständen nach äußeren Merkmalen zu typisieren suchen. Denn das Recht muß *gewiß* und *praktikabel* sein und deshalb auf das Erkennbare und Beweisbare abstellen. Motive sind dazu wenig geeignet. Sie sind schwankend, schwer erfaßbar und schwer zu beweisen. Für das *Recht* scheiden sie daher typischerweise (obschon nicht immer) aus. In der Ethik geben sie den Ausschlag.

Um seiner Gewißheit und Praktikabilität willen muß das Recht z. B. auf Formen und Fristen halten. Die Geschäftsformen sollen den Voreiligen veranlassen, sich zu überlegen, was er tut, und klarstellen, was geschehen ist. Die Fristen sollen Verschleppung vorbeugen, den Geschäftsgang sichern sowie verhindern, daß heilsam zur Ruhe Gekommenes und für erledigt Gehaltenes zum Schaden des Rechtsfriedens noch einmal aufgewühlt wird. Gemäß den Zwecken und dem typischen Ablauf der Geschäftsarten hat der Gesetzgeber die Fristen sorglich mit genauen Zahlen abgemessen, und nur aus schwerwiegenden, ebenfalls genau normierten Gründen entschuldigt er ihre Versäumung. — Rechtsordnung ist ohne solche Fristen und Formen nie gewesen und schwer denkbar.

Und doch kann ihre Anwendung moralisch in hohem Maße anstößig sein: Ein Handwerker hat einen Bauherrn zwei Jahre lang ver-

[1] Vgl. *Kant,* Die Religion innerhalb der Grenzen der bloßen Vernunft (1794), Drittes Stück, 1. Abteilung I: „Weh aber dem Gesetzgeber, der eine auf ethische Zwecke gerichtete Verfassung durch Zwang bewirken wollte. Denn er würde dadurch nicht allein gerade das Gegenteil der ethischen bewirken, sondern auch seine politische untergraben und unsicher machen.“

geblich gemahnt und an die Bezahlung seiner Rechnung erinnert. Einem verbreiteten Irrtum gemäß hat er geglaubt, seine private Mahnung genüge, um den Eintritt der Verjährung zu verhindern, und keinen Zahlungsbefehl zustellen lassen. Im dritten Jahre winkt ihm der Schuldner ab und hat das Recht auf seiner Seite: vgl. §§ 196 Ziff. 1, 201 und 209 BGB. Die Forderung ist verjährt, der Gläubiger geprellt. — Ein Grundstückseigentümer ist mit einem Kaufwilligen handelseinig geworden. Sie haben sich in allen Punkten geeinigt, einen Vertrag aufgesetzt und unterzeichnet. Nur beim Notar sind sie noch nicht gewesen. Der Käufer glaubt sich des Grundstücks sicher und trifft kostspielige Vorbereitungen für den Bau. Da erklärt ihm der Verkäufer, daß er es sich anders überlegt habe und nicht mehr wolle (weil er z. B. unterdessen mit jemand anderem günstiger abgeschlossen hat). Auch er hat das Recht auf seiner Seite: vgl. §§ 313 mit 125 BGB.

Daß jener Schuldner und dieser Verkäufer unanständig gehandelt haben, bedarf keines Wortes. Mehr noch: Berufung auf Verjährung ist wohl in den meisten Fällen unanständig; weshalb auch Geschäftsleute, die etwas auf sich halten, keinen Gebrauch von ihr zu machen pflegen. Auch die Berufung auf einen Formfehler und § 125 BGB wird meistens unanständig sein. Recht und Moral kollidieren hier typischerweise. Und doch pflegt die Rechtsprechung von dem, der sich auf jene Vorschriften beruft, zu sagen, daß er „nur von seinem Rechte Gebrauch mache“ und daß dies „noch keinen Vorwurf“ begründe. Sie muß es auch sagen, da andernfalls Formen und Fristen illusorisch werden würden und damit die Rechtssicherheit in Gefahr geriete.

Indessen kann die Berufung auf Fristablauf und Formfehler *noch* bedenklichere Aspekte annehmen: Der Schuldner hat den Gläubiger absichtlich hingehalten, *um* den Ablauf der Verjährungsfrist herbeizuführen; ein Vertragspartner hat den anderen in den Glauben versetzt, eine Form sei nicht nötig, womit er *beabsichtigte*, sich die Tür für später offen zu halten. Hier ist der Moralverstoß so schreiend, daß die Gerichte schon früh eingelenkt haben: Wer in dieser Weise unsittlich handelt und wider Treu und Glauben verstößt, muß sich so behandeln lassen, als ob die Frist *nicht* abgelaufen, die Form *nicht* verletzt worden wäre.

Aber die Rechtsprechung ist auf diesem Wege weitergeschritten: Sie läßt es inzwischen genügen, daß ein Partner den anderen auch ohne böse Absicht zur Form- oder Fristversäumnis veranlaßt hat (vgl. z. B. BGHZ 29, S. 6; 48, S. 396). Auch die Erfüllung des formnichtigen Vertrages, der zwischenzeitliche Genuß seiner Vorteile und andere Umstände können die spätere Berufung auf seinen Formfehler unsittlich machen, zum Rechtsmißbrauch stempeln (vgl. z. B. RGZ 153, S. 59).

Die Problematik des Widerstreites zwischen Recht und Sittlichkeit wiederholt sich besonders dramatisch bei der Rechtskraft eines Fehlurteils im Zivilprozeß: Der Kläger *weiß*, daß das zu seinen Gunsten ergangene und rechtskräftig gewordene Urteil auf einem Irrtum beruht und sachlich falsch ist. Darf er es trotzdem vollstrecken? Die Ethik sagt nein, das Recht wird ja sagen müssen, wenn es nicht den Sinn der Rechtspflege, die Friedenswirkung des Urteils, aufs Spiel setzen will. Und wie ist es, wenn der Kläger das Urteil arglistig erschlichen hatte?

Die Frage ist in Theorie und Praxis heftig umstritten, die Urteile schwanken. Das kann auch schwerlich anders sein, denn dort, wo Recht und Sittlichkeit zusammenstoßen, führt kein gerader Weg. Der Kompromiß zwischen beiden wird sich immer wieder nach der Lage des Einzelfalles richten müssen. Gerade hier erweist die Jurisprudenz sich als die Kunst des Angemessenen. Extremstandpunkte pflegen nicht zu ihr zu passen, weil sie dem Leben widersprechen. *Fiat iustitia, pereat mundus*[1] darf nicht ihr Wahlspruch sein. Doch je mehr sie sich bemüht, in der Sittlichkeit aufzugehen, um so unsicherer werden ihre Ergebnisse sein, um so ungewisser die Urteile der Gerichte; je mehr sie sich aber von ihr distanziert, um so leichter ungerecht.

§ 20. Von der Gerechtigkeit

I. Die Gerechtigkeit ist der Sittlichkeit verwandt: Wie diese Kritik der Sitte, so ist sie Kritik des Rechtes. Die Ethik mißt die Sitte an den Maßstäben von Philosophie und Hochreligion. Woran aber mißt die Gerechtigkeit das Recht, und worin besteht sie?

Auf diese Frage antworten die Juristen gern mit den Worten *Ulpians* († 228 n. Chr.), die in den Digesten (I, 1, 10) überliefert sind: „Iustitia est constans et perpetua voluntas ius suum cuique tribuendi[1].“ Die Gerechtigkeit wird hier also als eine geistige Haltung, eine Tugend bestimmt, als das Streben, Recht zu tun. Und was verlangt das Recht? „Juris praecepta sunt haec: honeste vivere, alterum non laedere, suum cuique tribuere“, wie der nächste Satz lautet[2]. Das

---

[1] Dtsch.: Es geschehe Gerechtigkeit, und wenn die Welt darüber zugrunde ginge.

[1] Die Gerechtigkeit ist der ständige und unwandelbare Wille, einem Jeden sein Recht zu gewähren.

[2] Die grundlegenden Regeln des Rechts sind folgende: ehrenhaft leben, den Mitmenschen nicht verletzen, einem Jeden das Seine gewähren.

Recht lehrt also eben das, was die Gerechtigkeit anstrebt: Recht zu tun. Das Recht gibt damit der Gerechtigkeit ihren Inhalt, und beide erweisen sich am Ende als dasselbe.

Von einem Römer war freilich auch keine andere Auskunft zu erwarten. Denn Rom hat keine eigene Philosophie und keine Hochreligion hervorgebracht. Ersatz dafür lieferte ihm später die Stoa, noch später das Christentum. Sein echtes Eigen war eine primitive Volksreligion und ein grandioses Recht. Die wahre und eigene Philosophie der Römer war deshalb ihre Jurisprudenz: „Veram nisi fallor philosophiam, non simulatam"[3] schreibt *Ulpian* (Dig. I, 1, 1) mit Stolz den Juristen, den „Priestern des Rechtes" zu. Die eigentliche Moral der Römer aber war ihr Bürgersinn, aus dem sich ihr vollendeter Rechtssinn ergab, jedoch kein Standort außerhalb des Rechtes. So mußte ihnen die Gerechtigkeit das Recht selber sein, seine Kritik aber unmöglich. Freilich behielten sie so im Rechte als solchem ein gutes Gewissen und ihre volle Sicherheit.

II. Wir nun haben einen Standort außerhalb des Rechtes in unserer nicht vom Bürgersinn, sondern vom Christentum geprägten und deshalb mit dem Rechte nicht identischen Moral. Diese fließt darum unvermeidlich mit ein, wenn wir das Recht kritisieren und uns ein Bild davon zu machen suchen, wie es wohl sein *sollte*. Unser Idealbild vom Rechte ist somit anders als das römische, zugleich auch zwiespältiger und ungewisser. Definieren läßt es sich vollends nicht. Eher noch können wir, von Fall zu Fall *Entscheidungen* das Prädikat „gerecht" erteilend, sagen: Eine Entscheidung ist gerecht, wenn sie dem Rechte entspricht, wie es sein soll.

Vielfach wird in der Anwendung auf den Einzelfall das Wort *billig* gebraucht, und zwar von einem *gerechten* Gesetz, aber einer *billigen* Entscheidung oder dem *unbilligen* Verlangen eines Geschäftspartners gesprochen. Demnach wäre zwischen *gerecht* und *billig* in der Weise zu unterscheiden, daß der Ausdruck „ungerecht" mehr den angewendeten Maßstab, „unbillig" mehr seine Anwendung auf den konkreten Fall bemängelt. Für Akte der Rechtspflege — die ja stets auch Maß geben soll! — ist deshalb die Bezeichnung *gerecht—ungerecht* wohl meist die angemessenere. Doch schwankt der Gebrauch der Worte „recht" und „billig" seit je.

Das Streben nach gerechter Entscheidung ist der Nerv der Rechtspflege. Ohne dieses läuft sie Gefahr, ihr Menschentum, ihre Lebendigkeit zu verlieren und der Verknöcherung, der Pedanterie und Büro-

[3] Die wahre Philosophie, wenn ich mich nicht täusche, und nicht die scheinbare.

kratie anheim zu fallen. Aber das Ziel läßt sich unmittelbar nicht ansteuern, weil eben das Leitbild, die Gerechtigkeit, nicht definierbar und darum durch Theorie nicht zu erwerben ist. Für den Anfang ist schon viel damit gewonnen, wenn man nach *sinnvollem* Entscheiden strebt. Nur eine lange Praxis kann dann — als ein gewisses Fingerspitzen- und Stilgefühl — den Sinn für die Gerechtigkeit ergeben.

III. Die Gerechtigkeit ist also nicht selbst das Recht. Dieses ist nur *typischerweise* gerecht, doch nicht in allen Fällen. Die Gerechtigkeit ist auch nicht die Sittlichkeit, die ihrerseits Sicherheit und Zweckmäßigkeit so oft verwerfen muß, ohne die doch Recht nicht sein kann. Eher ist sie der Pfad, der *zwischen* Recht und Sittlichkeit zu suchen ist. Denn die Gerechtigkeit muß eben auch dem *Rechte* gerecht werden. Sie ist die *Sittlichkeit der Rechtspflege.*

IV. Die Gerechtigkeit ist also ein großes Ding und schwer zu fassen[1]. Da aber jeder sie im Munde führen zu können meint, ist auch vor ihr zu warnen:

Mißtraut Euch, edler Lord, daß nicht der Nutzen des Staates Euch als Gerechtigkeit erscheine. *Schiller,* Maria Stuart I, 7

Noch seltener aber ist der Eigennutz des Einzelnen mit der Gerechtigkeit identisch. „Mißtraue dir, daß nicht dein eigener Nutzen ...". Eben der aber pflegt in den meisten Fällen zu sprechen, in denen man über die „Ungerechtigkeit" einer Entscheidung oder auch des Rechtes selber Klagen hört. Es ist das Interesse, das da so oft die Klage führt, nicht die Gerechtigkeit. Darum ist Vorsicht mit dem Gebrauch des Wortes „ungerecht" geboten, wo die Entscheidung des Rechtes eindeutig ist. Die Moral — und folglich auch die Gerechtigkeit — ist öfter zweideutig als das Recht, das wenigstens typischerweise *ius certum* ist, d. h. eine sichere Entscheidung ermöglicht.

V. Und ähnlich wie mit der Gerechtigkeit verhält es sich mit dem *Rechtsgefühl.*

Oft wird es für den Urquell allen Rechtes gehalten. Doch ist es weniger ursprünglich, als wir gern glauben möchten. Nach Zeiten und Völkern ist es recht verschieden. Denn in ihm spiegeln sich — uns unbewußt — die eigenen Rechtserlebnisse und damit die Sozial- und Rechtsverhältnisse der eigenen Umwelt wider. Mit ihnen wandelt es sich, doch gleichsam im Takt der Generationen, weshalb es oft kon-

[1] Einen achtenswerten Versuch, sie zu objektivieren, liefert *Martin Kriele,* Kriterien der Gerechtigkeit, Berlin 1963.

servativer ist als die Gesetze. Wandeln sich aber die sozialen Verhältnisse und Anschauungen schneller als die Gesetze, so schreitet es ihrer Änderung voran.

Aber immer bleibt es ein Gefühl und darum durch Neigungen und Interessen bestechlich. Und oft fehlt denen, die sich auf dies Gefühl berufen, die Phantasie dazu, sich in die Lage des *anderen* versetzen zu können. Doch „enes mannes rede ist kenes mannes rede; ir sult sie hören alle bede". *Abwägung* aller Umstände und Interessen erst führt zum Recht und vollends auch zur Gerechtigkeit.

§ 21. Waage und Gleichheit

I. Den Völkern, auf deren Kulturtradition wir fußen, ist als das Sinnbild der Gerechtigkeit seit langem die Waage geläufig. Zunächst war sie die Waage des Totengerichts gewesen, wie die Ägypter es in die Wände ihrer Grabkammern zu meißeln pflegten: der Verstorbene tritt vor den schakalköpfigen Anubis, der auf der großen Waage sein Herz und seine Taten wägt. Deshalb wurde denn um etwa 2000 v. Chr. (wohl von den Babyloniern) das Sternbild, das damals am Eingange des Wintertierkreises stand, dort also, wo die Sonne ins Reich der Schatten hinabsteigt, die Waage benannt.

Als dann später, infolge der Präzession der Erdachse (die Herbst- und Frühlingspunkt in rund 2200 Jahren um ein Sternbild vorrückt), das Bild der Jungfrau allmählich an die Stelle der Waage wanderte, gab man der Jungfrau die Waage in die Hand. Sie wurde nun zur *virgo iusta quae et libra vocatur*, zur „Justitia", der man im Barock eine Binde vor die Augen band, um sie gerechter zu machen[1].

Die Waage des Totenrichters war das treffende Symbol der rechtenden, Verdienst und Sünde gegeneinander aufrechnenden, bilanzierenden altorientalischen Religion gewesen. Auch in der kirchlichen Malerei des Mittelalters kommt es noch vor, daß ein Verstorbener gewogen wird. Seitdem aber hat das Christentum langsam die Waage der Gnade weichen lassen und der Liebe, die nicht wägt noch rechtet.

II. Doch ist es die Sache des *Rechtes* geblieben, zu rechten, zu wägen und zu bilanzieren (ital. *bilancia* = Waage). Als Strafrecht etwa wägt es Schuld und Sühne gegeneinander ab, als Privatrecht Interessen, die der Konfliktsparteien und die des Einzelnen gegen die

[1] Vgl. *Jeremias*, Handbuch der altorientalischen Geisteskultur; 2. Aufl. 1929, S. 203, 220.

der Gemeinschaft. So wägt es als „austeilende" wie als „ausgleichende" Gerechtigkeit: *iustitia distributiva* und *commutativa,* wie die alte aristotelische Formel lautet[2]. Die erstere kann als die des öffentlichen Rechtes angesprochen werden, in dem der Staat Pflichten und Rechte austeilt, die andere wäre dem Privatrecht eigen, in dem die Einzelnen Leistung und Gegenleistung miteinander tauschen. Beides aber soll nach Maß geschehen: die Waage soll das *Gleichmaß* sicherstellen. Sie ist das Bild der *Gleichheit.*

Gleichheit ist indes nur im Verstande; in der Erfahrung ist sie nicht anzutreffen: zwei „stempelgleiche" Münzen sind nicht gleich; nach jedem Schlage ist der Stempel selbst verändert, sei es auch nur unmerklich. Er ist *derselbe* (kontinuitätsidentisch), aber nicht mehr der *gleiche;* A = A kann nur für gedachte Dinge gelten. Erst wenn man von den stets vorhandenen Ungleichheiten absieht, sie von der Realität *abstrahiert,* gewinnt man Gleichheit; nach Abzug des Ungleichen, des *Individuellen,* bleibt dann die Gleichheit übrig.

In diesem Sinne aber ist Gleichheit allem entwickelten Rechte immanent. Indem es *Normen* setzt, behandelt es alle Fälle gleich, die einer bestimmten Norm entsprechen. Deshalb müssen auch die *Begriffe,* deren es sich dabei bedient, abstrakte sein: sie müssen auf alles angewendet werden, was ihre *Begriffsmerkmale* aufweist, unter sie zu *subsumieren* ist; diese Fälle gelten ihm dann gleich, mögen sie sonst auch noch so ungleich sein — es sei denn, daß für diese Ungleichheiten wieder andere Normen existieren, so daß sie anderweitig subsumierbar sind. Was unter keine Norm zu subsumieren ist, ist rechtlich nicht vorhanden, *Justitia* sieht es nicht: ihre Augenbinde erlaubt ihr nur zu sehen, was unter ihre Normen fällt; was aber unter dieselbe Norm fällt, ist ihr *gleich,* sein Ungleiches, seine Individualität, verbirgt ihr ihre Binde.

III. *Diese* Gleichheit also ist allem Rechte immanent; es ist eine Gleichheit vor dem Gesetz, die keine Verfassung zu befehlen braucht. Befiehlt eine Verfassung aber „Gleichheit", so kann sie damit stets nur das Verbot bestimmter Ungleichheiten meinen. Das Verbot der rechtlichen Berücksichtigung von *Standes*unterschieden war ihr historisch erster Inhalt. Bei uns bedeutet der Gleichheitsgrundsatz das Verbot aller rechtlichen Unterscheidungen, die wir als *unsachlich* bewerten, besonders derer, die Art. 3 GG in Abs. 2 und 3 ausdrücklich nennt.

[2] Sie geht zurück auf *Aristoteles'* Erörterungen in der Nikomachischen Ethik Kap. 5 (1130 b/1131 a).

Was uns dagegen sachlich als verschieden gilt, kann, ja soll ungleich behandelt werden. Die Gleichheit wird hier als ein Verbot gerade auch an den Gesetzgeber verstanden, in unserem Sinne sachlich Gleiches ungleich, Ungleiches gleich zu behandeln.

Ich sagte „in unserem Sinne", denn daß andere Zeiten und Völker andere Unterscheidungen für sachlich hielten als wir, bedarf keiner Ausführung. In der Schweiz und in Frankreich gilt die vermögensrechtliche, zum Teil auch die politische Ungleichheit von Männern und Frauen noch heute als sachgerecht.

Die Gleichheit aller *Menschen* vor dem Gesetz ist nicht älter als Aufklärung und Revolution. Auch darf nicht übersehen werden, daß sie selbst heute zwar eine privatrechtliche und (nicht uneingeschränkt) straf- und prozeßrechtliche, doch keine staats- und verwaltungsrechtliche ist. Daß der Ausländer im Inlande nicht wahl- und versorgungsberechtigt, daß er u. U. „Devisenausländer" ist und anderen Beschränkungen unterworfen werden kann, ist auch uns geläufig. Daß er, trotz sonstiger Vermögensfähigkeit, im Inlande doch keine *Grundstücke* erwerben konnte oder höhere Abgaben dafür zu zahlen hatte, kam in Deutschland noch bis ins 19. Jahrhundert vor.

IV. Die Waage ist uns also Symbol des Rechts und der Gerechtigkeit, weil der Gleichstand ihrer Schalen Gleichheit anzeigt. Dem Recht ist die formale Gleichheit immanent, die sachliche gehört zum Wesen der Gerechtigkeit. Was formal gleich ist, ist aber *normbedingt*, was sachlich gleich, *kulturbedingt*. Unter dieser Bedingtheit steht der Inhalt der Gerechtigkeit.

Wiegt also der Richter den Parteien ihr Recht zu, so entnimmt er die Gewichte dem Gesetz. Schweigt dieses, muß er sie selbst bestimmen: aus der Rechtsordnung im Ganzen gemäß dem kulturellen und soziologischen Zusammenhang der Dinge, zu dem nicht zuletzt die herrschenden Anschauungen gehören, nach Sitte, Brauch, Vorbild, Moral, Takt, Herz und Verstand. Mit allem dem muß er das Rechte finden, um gerecht urteilen zu können.

Darum muß der Jurist Persönlichkeit sein und das Leben kennen. Nichts Menschliches darf ihm fremd sein. „Iuris prudentia est divinarum atque humanarum rerum notitia, iusti atque iniusti scientia"[1] (*Ulpian*, Dig. I, 1. 10). Wozu denn freilich eine Erfahrung gehört, die nicht in sieben Semestern, auch nicht in sieben Jahren, erworben werden kann. Und selbst Erfahrung macht nicht immer zur Persönlichkeit.

---

[1] Die Jurisprudenz ist die Kunde göttlicher und menschlicher Dinge, das Wissen vom Rechten und Unrechten.

§ 22. Die Relativität des positiven Rechts

I. Wir waren davon ausgegangen, daß dem Menschen die Regeln für das Zusammenleben mit seinesgleichen nicht fertig angeboren sind, daß er sie selber bilden muß. In seinen Rechtsordnungen *hat* er sie gebildet; durch Gewohnheit und Gesetz sind sie geschaffen worden. Dies Recht, das also gilt, weil es *gesetzt* ist („gesetzt" in einem *weiteren* Sinne, nicht notwendig als *Gesetz*!), nennt man das *positive.*

Das positive Recht aber ist je nach Zeit und Volk verschieden. Als Recht von Staaten endet es an deren Grenzen, und als gesetztes muß es sich, über lang oder kurz, stets wieder durch neues ersetzen lassen.

Freilich gibt es im einzelnen mancherlei Ähnlichkeiten, ja Übereinstimmungen zwischen den nationalen Rechtsordnungen: Die kontinentaleuropäischen Privatrechtsordnungen weisen wegen ihrer gemeinsamen Herkunft aus der Rezeption des Römischen Rechtes beträchtliche Familienähnlichkeiten auf. Die Entscheidungen der englischen Rechtsprechung weichen — trotz der ganz anderen historischen Herkunft des englischen Rechts — von denen der kontinentalen Gerichte im *materiellen Ergebnis* nur in der Minderzahl der Fälle ab. Völker gleicher kultureller Entwicklungsstufe und gleicher Sozialstruktur haben auch ähnliche Rechtsordnungen. Im ganzen sind die Rechte der Völker gewiß nicht so verschieden, wie es ihre Sprachen sind.

Aber doch sind es verschiedene Rechte. Und trotz aller internationalen Angleichungen und Rezeptionen (vgl. oben § 9) werden sie es bleiben, solange es kein Weltrecht gibt.

Doch selbst wenn es das gäbe, würden immer noch neue „Rechtsdialekte" aufkommen: Das Weltwechselgesetz von 1933 wird nicht in allen Ländern völlig gleich gehandhabt, das BGB in Japan anders als in Deutschland. Und selbst in einem Weltstaat würde es noch wenigstens eben so viele Rechtsprovinzen wie Kulturprovinzen geben.

Die Geltung der Rechtsnormen ist also an Staatsgebiete gebunden und jedenfalls kulturgeographisch begrenzt. Was diesseits eines Flusses Recht ist, kann jenseits Unrecht sein[1].

Die *zeitliche* Begrenzung des positiven Rechtes ist uns nicht weniger geläufig; jedenfalls die einzelner Normen und Gesetze. Jedes spätere Gesetz hebt das ältere auf, soweit es ihm widerspricht. An die kaleidoskopartige Aufeinanderfolge immer neuer Verwaltungsvorschriften haben wir uns resigniert gewöhnt. Die plötzliche Ablösung einer ganzen Staatsordnung durch eine neue hat uns einen nachhaltigeren Eindruck hinterlassen.

---

[1] Vgl. den Ausspruch *Pascals* in § 23 I.

II. Denn hat sich einmal eine *Staats*ordnung im vollen Sinn entwickelt, hat also der Staat mit seiner Gesetzgebung das Rechtsmonopol erlangt, so steht und fällt die *Rechts*ordnung mit ihm. Zwar pflegen, selbst bei der schwersten Revolution, die Kernbereiche des Rechtes praktisch nicht total und nicht mit einem Schlage betroffen zu werden, auch wird der alte Staat sehr bald durch einen neuen abgelöst sein, doch steht es *formal* nun völlig bei diesem, wieviel von den Gesetzen seines Vorgängers er übernehmen (rezipieren) will. Denn die *Entstehung* einer neuen Rechtsordnung liegt selbst stets außerhalb der Sphäre des Rechtes und setzt in dieser Sphäre einen Neubeginn.

Zu den aus der gestürzten Ordnung übernommenen Rechtssätzen wird indes immer wieder der gehören, daß das schwerste Verbrechen begeht, wer es unternimmt, den Staat zu stürzen. Aber der neue Staat wird diesen Satz kaum je auf die anwenden, denen er den Sturz seines Vorgängers verdankt. Darum ist es die ewige Antinomie des positiven Rechtes, daß dem *versuchten* Hochverrat die höchste Strafe wird, dem *gelungenen* aber höchster Ruhm, weil er selbst neues Recht gesetzt hat. Es ist nicht aus der Welt zu schaffen, daß an diesem Scheitelpunkt des positiven Rechtes allein der Erfolg über Recht und Unrecht entscheidet.

In derartigen Gefechten
Sind, die siegen, die Gerechten,
Die Besiegten die Verräter[1].

Billigt aber auch ein Staat in seiner Verfassung den Bürgern ein *Widerstandsrecht* zu, sofern er selbst durch seine Regierung gegen bestimmte Grundsätze verstößt, so sind es doch wiederum *seine* Gerichte, die über die versuchte, die seines Nachfolgers, die über die vollendete Tat zu urteilen haben. Die Gerichte des alten Staates werden den Täter indes nur dann freisprechen, wenn ihre Richter selbst schon für den Umsturz gewonnen sind und glauben, ihn wagen zu können. Je mehr aber der Staat seine Beseitigung verdient, desto weniger werden sie ihn wagen können; es sei denn, daß er schon zusammengebrochen *ist.* —

Das Los dessen, der einen Staat umzustürzen *versucht* hat, wird deshalb durch das Bekenntnis dieses Staates zum Widerstandsrechte kaum geändert werden. Nur wird es der neuen Ordnung leichter fallen, ihre Kontinuität mit der alten zu wahren, wenn sie sagen kann, daß die Tat, durch die jene umgestürzt wurde, durch deren eigenes Gesetz erlaubt gewesen sei.

---

[1] En batallas tales / Los que vencen son leales, / Los vencidos los traidores. *Calderon,* Das Leben ist Traum, III, 13.

Ob aber der Hochverräter ein Held oder ein Schurke war, hängt nicht vom Erfolg und auch nicht von der *Rechts*lage ab. Der Edle bedarf keiner juristischen Rechtfertigung. Ist er moralisch gerechtfertigt, so reicht das Recht gar nicht an ihn heran. Hier steht er jenseits von dessen Sphäre, und die Gefahr seiner Tat erhöht noch ihren sittlichen Wert.

§ 23. Naturrecht und Ethik

I. Die Relativität des positiven Rechtes mit seiner endlosen Vielfalt und Widersprüchlichkeit nach Ort und Zeit hat dem monistischen Zuge des menschlichen Denkens nie genügen wollen. Unvermeidlich müssen wir ja die Dinge — Ungleiches als gleich behandelnd — vereinfachen, typisieren, um sie begreifen, d. h. begrifflich handhaben zu können. Hierin aber möchten wir fortschreiten, soweit es irgend geht. Wir möchten die Fülle der Erscheinungen von wenigen Grundsätzen her, wenn möglich von *einem* Punkte aus erklären können.

Beispielhaft dafür ist der Entwicklungsgang unseres physikalischen Weltbildes: Kopernikus, Kepler und Galilei erkannten, daß Erde, Planeten und Monde nach denselben Bewegungsgesetzen kreisen, Newton, daß eben dieselben auch für den fallenden Apfel gelten; die Feldtheorie will dessen Schwere mit der magnetischen Anziehung und der elektrischen zusammen erklären, die Weltformel alle physikalischen Vorgänge in Einem erfassen.

Eben das ist uns *Wissenschaft.* Gäbe es ein Chaos, so würde unser Verstand nicht ruhen, ehe er es geordnet hätte.

Der reflektierenden und philosophierenden, mit dem Laufe der Welt kaum je zufriedenen Vernunft vollends erschien aber das positive Recht immer von neuem als ein Chaos:

Trois degrés d'élévation du pôle renversent toute la jurisprudence. Un méridien décide de la vérité; en peu d'années de possession, les lois fondamentales changent; le droit a ses époques... Plaisante justice qu'une rievière borne! Vérité en deça des Pyrénées, erreur au delà.

Pascal, Pensées, III, 8[1].

So klingt der Hohn des Philosophen über die Nichtigkeit der Menschenwelt. Recht und Unrecht ist ihm dabei eine Sache der Wahrheit

[1] Dtsch.: Drei Breitengrade näher zum Pol stellen die ganze Rechtswissenschaft auf den Kopf. Ein Längengrad entscheidet über die Wahrheit; nach wenigen Jahren der Gültigkeit ändern sich grundlegende Gesetze; das Recht hat seine Epochen... Spaßhafte Gerechtigkeit, die ein Fluß begrenzt! Diesseits der Pyrenäen Wahrheit, jenseits Irrtum.

(vérité), *justice* „Gerechtigkeit" (denn daß die *Gerichtsbarkeit* an einem Flusse enden kann, wäre wohl auch ihm nicht absurd erschienen). Wandel und Widersprüche darf es hierin für ihn nicht geben; was Recht ist, muß auch ewig und allgültig sein.

Aber außer diesem rationalen lassen noch stärkere emotionale Motive den Menschen nach einem allgültigen Rechte rufen. Erstarrte Rechtstraditionen treten mit gewandelten Sozialverhältnissen immer von neuem in Widerstreit:

Vernunft wird Unsinn, Wohltat Plage,
Weh dir, daß du ein Enkel bist!

Das positive Recht wird immer wieder zum Instrument der Unterdrückung von Klassen, Rassen und Gesinnungen. Der Haß gegen den Unterdrücker muß sich dabei zugleich auf sein Instrument erstrecken: Es kann das wahre Recht nicht sein!

II. Daher ist denn der Glaube an ein ewiges und allgültiges Recht von Heraklit bis heute immer wiedergekehrt und mit den verschiedensten Begründungen verfochten worden. Und immer wieder hat er als ein ideologisches Kampfmittel gegen etablierte Macht gedient.

Soweit er auf dem geglaubten Glauben ruht, daß das Recht ein vom Schöpfer der Welt seit Ewigkeit vorausgedachter Gedanke sei, dessen die Menschen, als seine Kinder, nach ihrem Maße teilhaftig zu werden vermögen, ist er dem Urteil des Verstandes entrückt und in sich unanfechtbar. Soweit ihn aber die Vernunft ganz auf sich selber gründen will, ist er gerechtfertigt, soweit die Sittlichkeit seiner Forderungen reicht. Deshalb treten denn auch die wechselnden ideologischen Fassungen und Begründungen des Naturrechtsglaubens hinter seiner historischen Bedeutung und Fruchtbarkeit als sekundär zurück.

Fruchtbar wurde er für uns seit dem 17. Jahrhundert als Reaktion auf die Erstarrung der Rezeption des römischen Rechts mit der Versandung seines Wissenschaftsbetriebes in leerem Subtilitätenkram mit end- und nutzlosen Kontroversen. Hiergegen bäumte sich die Vernunft auf, besann sich auf den wahren Sinn der Rechtspflege und wagte es, sich auf die eigenen Füße zu stellen. Das Ergebnis dieser Reaktion waren dann nach etwa 150 Jahren die großen Kolifikationen (Pr. ALR, Code civil, österr. ABGB). — Auch unser Völkerrecht verdankt dem Naturrecht seine Grundlegung: Was sollte denn, fragte *Hugo Grotius* 1625, wohl sonst auf der offenen See und *zwischen* den Staaten gelten? Nachdem die Gemeinschaft der Christenheit (mit der seine spanischen Vorgänger noch hatten rechnen können) zerfallen war, mußte die *Vernunft* in diese Bresche treten. — Und als die um ihres Glaubens willen Verfolgten und von der Staatsgewalt Verstoßenen des 17. und 18. Jahrhunderts jenseits des Atlantiks eigene Staaten gründeten, wollten sie, daß das, was ihnen widerfahren war, nie wieder geschehen dürfe, weil es für *ewig* Unrecht sei. So kamen die Menschenrechte in die Verfassungen der Welt. — Von der Generation *Lockes* und *Thomasius'* schreibt *Franz Wieacker* (Privatrechtsgeschichte der Neuzeit, 2. Aufl. Göttingen 1967, S. 271):

„Durch ihr unmittelbares Eingreifen verzüngelten seit dem Beginn des 18. Jahrhunderts langsam die Scheiterhaufen, verstummte das Röcheln der Gefolterten und martervoll Hingerichteten, verschwand die Barberei der alten Leibes- und Ehrenstrafen, wichen die körperliche Unfreiheit und verjährte Privilegien und setzte sich eine größere Achtung der Rechte der Einzelnen selbst bei den Herrschenden durch; sogar unter den Kriegführenden hatte das Recht jetzt größeres Ansehen als jemals zuvor oder später. Was immer ideologischer Eifer gegen die theologisch-metaphysischen und erkenntnistheoretischen Grundlagen dieses praktischen Vernunftrechts vorgebracht hat und noch heute vorbringt: es bleibt sein unauslöschlicher Ruhm, ein Goldenes Zeitalter der europäischen Rechtskultur herbeigeführt zu haben."

Das *Naturrecht* ist also aus der abendländischen Rechtsentwicklung nicht wegzudenken, und angesichts dieser seiner Leistungen darf die Kritik seines philosophischen Räsonnements verstummen. Denn die Naturrechtsbewegung des 17. und 18. Jahrhunderts ist eine Welle der Versittlichung des positiven Rechts gewesen.

Versittlichung war nicht nur die Aufstellung der Menschenrechte, die Begründung eines allgültigen Völkerrechts und alles sonst schon Genannte. Auch die Ablösung des römischen Rechts durch Kodifikationen ist es gewesen: Ein Recht, das in einer fremden Nachwelt ohnehin nur als die Geheimwissenschaft eines Gelehrtenstandes möglich war, mußte trotz der Großartigkeit seines Normenschatzes entsittlichend wirken, wenn es sich, wie es im 17. und 18. Jahrhundert weithin geschah, in spitzfindigen Streitereien verlor und überdies zum Werkzeug der Mächtigen wurde.

Da wir aber die Gerechtigkeit als die Sittlichkeit der Rechtspflege bestimmt haben (§ 20 III), können wir somit sagen, daß das Naturrecht das positive Recht gerechter gemacht hat.

III. Darin ist indes beschlossen, daß es, wenn das Naturrecht auch beansprucht, dem positiven Rechte *vorzugehen*, zugleich doch sein Triumph, ja seine Bestimmung ist, im positiven Rechte *aufzugehen*. Denn eben dadurch *wird* es erst zu *Recht;* vorher war es nur eine sittliche Forderung an das Recht gewesen, etwas, was Recht werden sollte.

Auch das Naturrecht, das *Thomas von Aquino* († 1274) in seiner Summa Theologica (bes. II, 1, Qu. 94 und II, 2, Qu. 57—79) so folgenreich entwickelt hat, macht hiervon keine Ausnahme: Zwischen göttlichem Gesetz (lex aeterna) und menschlichem Gesetz (lex humana) stehend, empfängt es vom ersteren sein allgültiges Grundprinzip, vom letzteren seine konkrete Ausgestaltung. Denn ohne das geoffenbarte Sittengesetz wäre sein Grundprinzip: das Gute ist zu tun und zu erstreben und das Schlechte zu meiden (bonum est faciendum et prosequendum, et malum vitandum), rein formal, ja tautologisch-leer. Menschenwerk hat es deshalb, ius positivum setzend, nicht bloß zu ergänzen: jede Anwendung und Konkretisierung seines Grundprinzips ist ein Werk menschlicher ratio practica, und eben aus ihrem richtigen Gebrauch im Einzelfalle geht das ius naturale hervor. Es wäre unveränderlich, wenn auch die Dinge es wären, aber sogar der Mensch ist veränderlich (II, 2, Qu. 57: Ad primum ergo dicendum quod illud, quod est naturale habenti naturam immutabilem, oportet quod sit semper et ubique tale. Natura autem hominis est mutabilis). Und was ist dann im Einzelfalle „gut", was „richtig"? — Es leuchtet ein, wie sehr das Naturrecht, obwohl als Richtmaß des positiven Rechts gedacht, doch selbst nach Positivierung verlangt.

Aber freilich kann seine Positivierung nicht nur durch den staatlichen Gesetzgeber erfolgen. Es darf nicht übersehen werden, daß auch Gewohnheit und Rechtsprechung positives Recht zu bilden vermögen. Auch auf dem Wege über sie kann sich deshalb, indem sie es rezipieren, im internationalen Bereiche zumal, durch Übung und Konvention, seine Positivierung vollziehen. So kann aus *Natur*recht *Kultur*recht werden.

Und dies ist denn auch überwiegend der Sinn geworden, in dem man *heute* praktisch von „Naturrecht" spricht. Bezeichnend dafür ist die Rechtsprechung der Nachkriegszeit gewesen: Nachdem einige Gerichte das Naturrecht unter Berufung auf die religiös-ethische Überlieferung als ein überpositives Recht bejaht, andere seine Existenz als Recht geleugnet hatten, hat es der Bundesgerichtshof (seit BGHSt. 2, S. 237 ff.) insoweit anerkannt, als es dem „Bewußtsein aller zivilisierten Völker", den „Grundsätzen des menschlichen Verhaltens" entspricht, „die sich bei allen Kulturvölkern auf dem Boden übereinstimmender sittlicher Grundanschauungen im Laufe der Zeit herausgebildet haben".

In der Tat darf von einem staatlichen Richter ein anderer Standpunkt billigerweise kaum erwartet werden. An „Gesetz und Recht" gebunden und für die Rechtssicherheit verantwortlich, kann er sich auf Deduktionen aus hochkontroversen Philosophemen nicht wohl einlassen[1]. Erst, wenn eine Norm

[1] „Ein dem positiven Recht vorgegebenes, immanentes System von Rechtsnormen läßt sich nicht erweisen. Die im Laufe einer 2500jährigen Geschichte des Naturrechtsgedankens als verbindlich behaupteten ‚vorpositiven' Normen beruhen auf Dogmen und sind von solcher Allgemeinheit, daß sie sog. Leerformeln darstellen, die als solche nur politisch brauchbar und vielseitig

genügend breite Anerkennung gefunden *hat,* ist der Richter mit ihr in seinem Element und kann ihr seinerseits den Stempel des Rechtes aufdrücken.

Freilich sollte man die so rezipierten und positivierten Kulturnormen eben auch „Kulturrecht", nicht aber „Naturrecht" oder selbst nur „sekundäres Naturrecht" nennen. Sachlich ist es nicht *ius naturale,* sondern *ius gentium*[1]: es ist das Recht, nach dem die für uns in Betracht kommenden, nämlich die zivilisierten Völker leben.

IV. Der Naturrechtsgedanke ist also, wie die Gerechtigkeit, Ausfluß der Ethik und Kritik des Rechts. Doch kritisiert die Gerechtigkeit (als Billigkeit) auch die *Funktion,* das Naturrecht eigentlich nur die *Normen* des positiven Rechtes. Es ist die Ethik, insofern sie im Kampfe gegen Normen des positiven Rechts den Anspruch erhebt, selbst Recht zu sein.

Nur aus dem Verhältnis zu seinen Nachbarerscheinungen: Billigkeit, Gerechtigkeit, Sittlichkeit, sowie zur Sitte und zum positiven Rechte selbst ist das Naturrecht somit zu erfassen. Auch deren Verhältnis zueinander war zuvor zu klären. Da diese Darlegung sich indessen über mehrere Abschnitte (§§ 7, 19, 20 und 23) erstreckt hat, sei das Gesagte hier zusammengefaßt:

1. Am Anfang war, ungeformt und unreflektiert, die *Sitte.*

a) Als Gericht und Herrschaft nahm die politische *Macht* sie in die Hand, formte sie durch Richterspruch, ergänzte und gestaltete sie durch Gesetz. So entstand das *positive Recht.*

b) Doch nahm auch das *Denken* sich ihrer an: große Einzelne machten formulierend Unbewußtes bewußt und ordneten es, bejahend, verneinend, Neues ersinnend und lehrend. So schufen sie *Sittenlehre.*

---

manipulierbar sind. Deshalb ist der Naturrechtsgedanke ein Kampfmittel der um die Macht ringenden Gruppen, mit dem diese ihr Streben nach Änderung oder Erhaltung einer bestehenden Ordnung durch ideologische Berufung auf ‚das' Naturrecht zu legitimieren suchen. Es gibt in der abendländischen Geschichte kaum ein politisches Regime und kaum einen die wesentlichen Lebensgüter betreffenden Rechtssatz, deren Verbindlichkeit nicht mit einem naturrechtlichen Argument angegriffen oder verteidigt worden wäre", so *Ernst E. Hirsch,* Das Recht im sozialen Ordnungsgefüge, 1966, S. 49.

[1] Vgl. Dig. I, I, 1 § 4: Ius gentium est, quo gentes humanae utuntur. quod a naturali recedere facile intellegere licet, quia illud omnibus animalibus, hoc solis hominibus inter se commune sit. Deutsch: Ius gentium (dieser Begriff ist weder mit „Fremdenrecht" noch mit „Völkerrecht" zutreffend übersetzt) ist das Recht, dessen sich alle zivilisierten Völker erfreuen; das, von dem sich leicht einsehen läßt, daß es sich vom Naturrecht abhebt, weil dieses allen Kreaturen, jenes aber allein den Menschen eigen ist.

2. Diese, die Ethik, forderte

a) die Sitte kritisierend und Absolutheit beanspruchend *Sittlichkeit* (Moral); soweit sie erfolgreich war, erwuchsen daraus „gute Sitten" (positive Moral);

b) ihr kritisches Denken auf das Recht erstreckend *Gerechtigkeit.*

3. Indem der ethische Impuls in der Gerechtigkeit fortwirkte, forderte er

a) die Ausrichtung der Rechtsnormen nach *Naturrecht,*

b) die Rechtsanwendung nach *Billigkeit.*

4. Doch wirkte auch das positive Recht auf die Gestaltung der Moral ein und sie wieder auf unsere Vorstellungen von Billigkeit. — Überhaupt sind alle diese Potenzen miteinander, auch in der differenziertesten Gesellschaft, *interdependent* —.

V. Entscheidend für die Gesamtentwicklung war also das Aufkommen der Ethik und ihr Verhältnis zur politischen Potenz. Denkende standen damit neben Machthabern, Schau neben Tat. Sie brauchten nicht notwendig in Gegensatz zu treten. Am wenigsten, wo die Sittenlehrer Staatsdenker waren wie Konfuzius und Menzius, deren Spruchweisheit wohl im wesentlichen die altchinesische Sitte mit ihrem Ahnenkult ausgeformt und bestätigt, wenn auch den Staat der eigenen Zeit kritisiert hat. Weniger dort, wo der Religionsstifter als Staatsgründer und Gesetzgeber auftrat, wie Moses und Mohammed es taten. Anders aber, wo er dem Staat entsagte, wie Buddha, oder ein Reich gründen wollte, das nicht von dieser Welt war, und auch der Sitte kritisch gegenübertrat. Hier mußte neben die gewachsene Harmonie von Sitte, Recht und Sittlichkeit, von der wir in § 7 ausgingen, das Spannungsverhältnis treten, das in den §§ 19 ff. deutlich wurde. In eben diesem Spannungsfelde wurde dann der Gedanke des Naturrechts fruchtbar, der vorher in der griechischen Philosophie aus spekulativem Denken entstanden war und den die römischen Juristen aus der Stoa, wenn schon nur als gelehrten Zierat, übernommen hatten (vgl. Inst. I, II pr.; Dig. I, I, 1 § 3; I, 3).

VI. Trotz seiner langen Geschichte hat aber das Naturrecht als eine *lex aeterna,* die konkrete Normen enthielte, nicht verifiziert und außer Streit gestellt werden können. Schulen und Theorien darüber haben einander abgelöst und bekämpfen sich noch heute. So hat ein kompetenter Autor nach Durchsicht der Literatur in diesem Zusammenhang allein 9 verschiedene Bedeutungsinhalte des Wortes „Natur" und wiederum 9 Bedeutungsinhalte des Wortes „Recht" unterschieden[1]. Sprachverwirrung dieser Art aber ist nur möglich, weil es keine Natursprache gibt. Und wirklich hat der Mensch Recht und Staat nicht anders von Natur, als wie er Sprache hat: als Fähigkeit nämlich, konkrete Sprachen und so auch konkrete Rechtsordnungen zu bilden (vgl. oben § 1 IV).

VII. Und ähnlich, wie mit dem Naturrecht, ist es auch mit der *Ethik:* Das Sollen als Kategorie zwar ist für den Menschen seinsnotwendig (vgl. oben § 11 II), sein Inhalt aber ist es nicht. Auch *Kants* kategorischer Imperativ hat einen Inhalt nicht anzugeben vermocht. Denn ist er der, daß die Maxime meines Tuns „jederzeit als Prinzip einer allgemeinen Gesetzgebung" soll gelten können, so bleibt eben der Inhalt dieser allgemeinen Gesetzgebung, die das Naturrecht sein würde, offen; die Weltrechtsgeschichte und vollends die Völkerkunde zeigt die bunte Fülle all der Rechte, die wirklich und also auch möglich gewesen sind. „Le larcin, l'inceste, le meurtre des enfants et des pères, tout a eu sa place entre les actions vertueuses" hat schon *Pascal* bemerkt[2].

Doch wenn es auch keine „Naturethik" gibt, sondern nur Sittenlehren, so steht es, aus *historischem* Grunde, um die Ethik dennoch besser, als um das Naturrecht: Die Sitte des Abendlandes ist von Anbeginn aus derselben antiken und germanischen Kulturtradition und aus derselben christlichen Religion erwachsen. Gemeinsame politische wie geistige Schicksale und Erlebnisse vereinen seine Völker, auch in unseren Tagen, über alle Grenzen, Mauern und Machtblöcke hinweg. Es ist eine und die gleiche Sittlichkeit, deren Verletzung Ost und West einander vorzuwerfen pflegen. Und wo der Vorwurf selbst nur Heuchelei ist, bestätigt er dennoch die Ethik; denn stets bleibt die Heuchelei die Ehrerbietung, die das Laster der Tugend zollt. Und längst ist dieselbe Ethik, ob erheuchelt oder erfüllt, von den Abendländern über die Meere getragen worden und folgt der Ausbreitung ihres Handels und ihrer Technik. Das Ende der Kolonialepoche wird *diesen* Siegeszug nicht hemmen, und unsere Kultur mit ihrer Sitte ist auf dem Wege, die der Menschheit zu werden. Sie ist in den Begriff *der* Zivilisation eingegangen. Doch sollten wir nicht vergessen, daß sie nur eine unter möglichen anderen ist.

---

[1] *Erik Wolf,* Das Problem der Naturrechtslehre, 3. Aufl. 1964.

[2] A. a. O. III, 9. Dtsch.: Der Raub, die Blutschande, der Mord an Kindern und Eltern, alles hatte seinen Ort unter den tugendhaften Handlungen.

VIII. Das Naturrecht aber hat nur seinen Namen, nie seinen Inhalt der Natur entnehmen können. Soweit sein Inhalt legitim war, ist er stets Lehngut des positiven Rechtes oder der Ethik gewesen. So haben auch nur konkrete Kultur- und Gesinnungsgemeinschaften, wie Scholastik, Humanismus und Aufklärung es in der Tat gewesen sind, ihm wirkliches, doch eben bloß zeitbedingtes Leben einzuhauchen vermocht. Die Faszination des Namens „Natur", allgültige Notwendigkeit bedeutend, hat damit der Ethik in ihrem Kampfe um Normen des positiven Rechtes als Rüstung gedient. Da aber auch der Eigennutz diese Rüstung anlegen kann, muß vor dem Naturrecht in ähnlicher Weise gewarnt werden, wie vor „Gerechtigkeit" und „Rechtsgefühl". Es ist Mephisto, den Goethe das tradierte positive Recht als eine „ew'ge Krankheit" schmähen und seinem Schüler von dem Recht vorschwärmen läßt, das „mit uns geboren" sei.

§ 24. Von den allgemeinsten Prinzipien des Rechtes und der Ethik

I. Mit der Frage nach dem Naturrecht nicht zu verwechseln ist die ganz andere, ob sich in den Rechtsordnungen aller Völker und Zeiten Prinzipien auffinden lassen, die ihnen sämtlich gemeinsam sind. Bei solchen würde es sich also um dauernde und überall wiederkehrende Grundsätze des *positiven* Rechtes handeln. Sie würden etwas von dem sein, was die römischen Juristen, die Rechtsbräuche aller Völker ihres weltweiten Reiches miteinander vergleichend, als „ius gentium" bezeichnet haben.

Mir scheint, daß sich nur zwei derartige Grundprinzipien angeben lassen: Konsequenz und Reziprozität.

1. Die *Konsequenz* ist eine Grundnotwendigkeit des menschlichen Zusammenlebens. Sie hängt mit dem Wesen der Norm zusammen und ist deshalb von Anbeginn in unseren Gesichtskreis eingetreten: Zusammenwirken ist nur möglich, wenn jeder sich verhält, wie es die anderen von ihm erwarten. Sie erwarten von ihm, daß er sich so verhalte, wie sie selbst (weshalb denn jeder tun *soll*, was *man* zu tun pflegt) und überdies noch den besonderen Erwartungen entspreche, die er erweckt hat. Es kann das durch sein Wort, doch auch durch sein Verhalten selbst geschehen sein. *Unterläßt* er, was demgemäß von ihm erwartet wurde, so stört er den Ablauf des Zusammenlebens. Er durchkreuzt die Dispositionen derer, die sich auf ihn verlassen hatten; er kann sie dadurch in Gefahr gebracht, er kann sie geschädigt haben. Er hat die Gemeinschaft gestört, weil er sich zu seinem eigenen vorangegangenen Tun in Widerspruch gesetzt hat.

Dieser Gesichtspunkt spielt eine Rolle im allgemeinen Schuldrecht (§ 242 BGB) als *venire contra factum proprium,* ferner als „Verwirkung": der Inhaber eines Rechtes hat einen daraus Verpflichteten (der Gläubiger seinen Schuldner, der Gewerbetreibende den unlauteren Konkurrenten) durch sein Verhalten — langes Zuwarten, Duldung von Zuwiderhandlungen — in den Glauben gewiegt, er wolle sein Recht nicht geltendmachen; der disponiert entsprechend, und jener verklagt ihn dann doch. Im Delikts- und Strafrecht begegnet uns der Gedanke als „Verpflichtung aus vorangegangenem Tun", und im Rechtsscheins- und Veranlassungsprinzip, zumal des Handelsrechts, findet er sich wieder. Wir kommen darauf später (§ 39) ausführlicher zurück.

Freilich hat auch dies, wie alle Rechtsprinzipien, seine Grenzen, die ihrerseits nicht immer prinzipiell bestimmbar sind. So kann, wer ohne mich gefragt zu haben, seine Produktion auf die Erwartung eingestellt hat, daß ich sie ihm auch weiterhin abnehmen werde, von mir nicht Schadensersatz verlangen, wenn diese Spekulation verfehlt war. Hatte ich mich hierzu durch keine besondere Abmachung verpflichtet, so stand es mir frei, meine Bezugsquelle zu wechseln.

Der Satz, daß Verträge zu halten sind — *pacta sunt servanda* — ist wohl der augenfälligste Anwendungsfall jenes Gedankens. Für die Verläßlichkeit aller zwischenmenschlichen Beziehungen ist er in gleicher Weise notwendig wie die ihm verwandte Pflicht zur Wahrheit. Ohne Vertragstreue und Wahrhaftigkeit ihrer Mitglieder untereinander kann eine stabile Gemeinschaft nicht bestehen.

Vollends muß auf den Staat als Gesetzgeber und Richter Verlaß sein. Darum darf er seine Gesetze nicht ohne Not ändern, muß seine Rechtsübung stetig sein. Deshalb gehört die *Rechtssicherheit* zum Wesen des Rechtes. Ohne Konsequenz ist sie nicht möglich.

2. Die *Reziprozität* erscheint als Dank und Rache, als Gegenseitigkeit und als Vergeltung. Im Sittenrecht ist dies Prinzip am deutlichsten. Es gibt dort keine Schenkung im Sinne einer „unentgeltlichen Verfügung" (wie in § 516 BGB): jede Gabe verpflichtet; sie muß entgolten werden; sonst gilt sie nicht, und der Schenker kann sie zurückfordern. Nach unserem *Gesetz* zwar kann er es nur dann, wenn der Beschenkte sich „groben Undanks" schuldig gemacht hat (§ 530 BGB). Doch auch heute noch verlangt die *Sitte,* daß man sich „revanchiert". Daß man im Leben „nichts geschenkt bekommt", wissen wir ohnehin. Wer ohne eigene Leistungen bestehen will, wird bald am Ende sein. Es gilt das für den Einzelnen wie für soziale Klassen, und wir beurteilen die Gerechtigkeit einer Gesellschaftsordnung geradezu danach, ob in ihr das Gleichmaß des Gebens und Nehmens gewahrt ist. Und eben

dies ist es, was die Waage des Rechtes in allen zwischenmenschlichen Beziehungen wägt.

Im Strafrecht wägt sie Schuld und Sühne. Bevor es aber eine entwickeltere Staatsordnung gab, war nur Verletzung und Rache. Die Rache mußte damals der Verletzung unweigerlich folgen, sie war des Verletzten (oder seiner Gesippen) Recht und heilige Pflicht, denn auf ihrer Unverbrüchlichkeit allein beruhte die Sicherheit der Gruppe. Jeder genoß so viel Sicherheit, wie seine Sippe Furcht einflößte. Die Blutrache ist auf der ganzen Erde die Urform des Rechtes gewesen, und jede Verletzung konnte sie auslösen, sofern der Täter den Gegner nicht durch hinreichende Gaben versöhnte, also damit „sühnte". In einem fortgeschritteneren Stadium der Rechtsbildung aber verlangten viele alte Völker als Sühne, daß der Täter eben das gleiche erdulde, was er dem anderen zugefügt hatte. „Aug' um Auge, Zahn um Zahn" lautete, ganz wörtlich genommen, das Gesetz der Talion (von lat. *talis*), der reinsten Form der Vergeltung.

II. Dies also sind die allgemeinsten Grundprinzipien alles positiven Rechtes, die sich empirisch finden lassen. Naturrecht im überkommenen Sinne sind sie nicht. Sie sind keine Normen, die dazu dienen könnten, die Rechtsnatur geltender Gesetze in Frage zu stellen. Wohl aber läßt sich sagen, daß eine Gesetzesordnung, die ihnen radikal zuwiderliefe, keinen *Bestand* haben könnte. Würde sie Wahrhaftigkeit, Vertragstreue und Gegenseitigkeit zwischen ihren Bürgern verunmöglichen, so wäre sie dem Untergang geweiht, weil die Gesellschaft sich gegen sie empören, sie durch Umdeutung wandeln, oder sich selbst zersetzen würde.

Mit den Forderungen strenger Ethik decken sich jene Prinzipien allenfalls zum Teil. Die Konsequenz fordert die Rechtssicherheit, und eben sie kritisiert die Ethik. Nur ungern will sie sie als zur Gerechtigkeit gehörig gelten lassen. Von der Reziprozität will sie die Vergeltung des Bösen mit Bösem im zwischenmenschlichen Verkehre streichen. „Ihr habt gehört, daß zu den Alten gesagt ist... Ich aber sage euch..." war die Weltwende der Hochreligion. Sie hat die grundsätzliche Kritik des Rechtes eingeleitet, die dessen eigene Prinzipien modifiziert, gemildert und sublimiert, doch nicht beseitigt hat.

In Wahrheit aber sind jene Rechtsprinzipien der Sittlichkeit noch fremder, als es hiernach den Anschein hat. Das zeigt sich, wenn man die Ethik in ihrem autoritativsten Kernsatze zusammengefaßt danebenstellt: „Alles nun, was ihr wollt, daß euch die Leute tun sollen, das tuet auch ihr ihnen" (Matth. 7, 12). Zwar ließe sich dabei an diese

Verbindung denken: „Gib, wo du empfangen willst" und „enttäusche nicht, wo du selbst nicht würdest enttäuscht werden wollen!" Aber solche Sätze würden nur unscharfes Recht und verwässerte Ethik sein. Sie würden vertuschen, daß die Ausgangspunkte von Recht und Ethik einander in noch ganz anderer und radikalerer Weise entgegengesetzt sind, als oben § 19 dargelegt wurde.

Das Recht geht von den Ansprüchen und der Freiheitssphäre des Einzelnen (wie der Verbände) aus und fragt, was jeder für sich begehren und also vom anderen verlangen dürfe. Es ist seine Aufgabe, hierfür *die* Grenze zu setzen. Damit ist es

„der Inbegriff der Bedingungen, unter denen die Willkür des einen mit der Willkür des anderen nach einem allgemeinen Gesetze der Freiheit zusammen vereinigt werden kann"[1].

Seine Reziprozität aber würde lauten: „Du kannst vom anderen nicht mehr verlangen, als was du, an seiner Stelle, selbst zu gewähren bereit wärest" und (negativ gewendet): „Du darfst dem anderen nicht antun, was du selbst, an seiner Stelle, nicht würdest erdulden wollen." Eben diese Reziprozität aber kehrt die Ethik um: „Was du, an seiner Stelle, für dich selber begehren würdest, das leiste du dem anderen." Sie denkt also vom anderen, nicht vom Begehrenden her. Würden nun *alle* ihrem Gebote folgen, so würde — auch ohne alle Rechtsordnung — jeder das Seine (suum quisque) erhalten. Aber er würde es nicht sich selbst, sondern den anderen verdanken und würde es „haben", als ob es nicht „das Seine" wäre.

So kann man also zwar sagen, daß Recht und Ethik, wenn man nur auf das Ergebnis sieht, eben dasselbe anstreben: *suum cuique tribuere* (jedem das Seine zu gewähren). Weshalb sie denn auch auf weite Strecken, jedenfalls praktisch, miteinander zu harmonieren vermögen. Aber sie streben ihr Ziel (soweit es dasselbe ist) jedes von gleichsam entgegengesetzter Seite an: das Recht, indem es dem Begehrenden gestattet, sich zu nehmen, was ihm zusteht, und seinem Begehren äußere Grenzen setzt; die Ethik, indem sie ihn lehrt, für andere zu begehren.

Indem nun aber Recht und Sittenlehre trotz ihrer Antinomie zusammenwirken, ist unserem abendländischen Recht ein Gärstoff beigemischt, den das altrömische einst nicht enthalten hatte. Da das positive Recht Menschenwerk und der Mensch selbst „nicht festgestellt" ist, so ist nicht abzusehen, wohin die Gärung es noch führen kann. Wissen wir doch nicht, ob sie nicht eben erst begonnen hat.

---

[1] *Kant,* Metaphysik der Sitten, Einleitung in die Rechtslehre B a. E.

§ 25. Die Grenzen der Prinzipien

I. Nun gibt es aber wohl keinen Grundsatz, der in Gesellschaft und Recht ganz rein und bis zur letzten Folge durchgeführt werden könnte. Jeder von ihnen bricht sich an einem anderen nicht minder unentbehrlichen, an den Dingen, oder auch an sich selbst.

Die Nächstenliebe zerbricht an der Menschennatur. In letzter Konsequenz ist sie uns nicht gegeben. Und würden in einer Gemeinschaft, in der jeder für den anderen begehrt, auch nur einige nichtstuend die Lage nützen, so würden sie die anderen damit zwingen, sich aufzuopfern, oder *auch* an sich selbst zu denken.

Die Reziprozität ließe sich, weit ausgelegt, vielleicht am weitesten durchführen. Aber eine Gemeinschaft, in welcher jede Vergeltung ganz unerbittlich genommen würde, wäre doch todgeweiht.

Daß das Prinzip der Konsequenz, auch als solches, seine Grenzen hat, sahen wir schon: wäre ich *jede* Erwartung, die ich durch mein Verhalten geweckt habe, zu erfüllen verpflichtet, so gäbe es keine Freiheit.

Völlige Gleichheit würde die Freiheit ebenfalls auslöschen. Sie wäre die äußerste Vergewaltigung aller *Natur*, in der es nichts Gleiches gibt. Der Versuch, sie gewaltsam durchzusetzen (hoffnungslos schon an sich, nie und nirgends gelungen) würde zum Aufruhr führen; äußerste Ungleichheit aber führt schließlich ebendorthin.

In der Gerechtigkeit sollten die Ordnungselemente Rechtssicherheit und Zweckmäßigkeit mitumfaßt sein. Aber der Ausgleich will nie ganz gelingen. Immer wieder werden die von der Ordnung Bedrückten nach Gerechtigkeit, die vom Aufruhr Bedrohten nach Ordnung rufen. Gelingt der Aufruhr, so stiftet er neue Ordnung — die Elemente der alten und die des Aufruhrs in ihr aufhebend — und der dialektische Prozeß geht weiter.

II. Besonders aber liegt die *Freiheit* mit sich selbst im Zwiespalt, und diese Einsicht ist eine der wichtigsten aller Rechts- und Staatskunst. Ist die Freiheit schrankenlos, so enthält sie notwendig auch die Freiheit, die Freiheit abzuschaffen.

Das gilt für die Freiheit des Wettbewerbs: Sie ist der gewaltigste Motor des Wirtschaftslebens. Ist sie aber schrankenlos, so muß sie — zumal auf dem Wege über die Vereinigungsfreiheit der Produzenten — unweigerlich zu Monopolbildungen führen. Können diese nun die Preise diktieren und die kleineren Gewerbetreibenden ruinieren oder in ihren Dienst zwingen, so hat die Wettbewerbsfreiheit sich selbst ausgelöscht. Nur das rechte *Maß* der Freiheit kann die Freiheit retten. Kartellgesetzgebung und Steuerprogression sind bestimmt, dieses Maß zu setzen.

Vollends gilt es für die politische Freiheit: Liberalismus kann nur sein, wenn er nicht vollkommen ist. Konsequent könnte er nur durchgeführt werden, wenn jeder Staatsbürger die Freiheit auch des anderen wollte. Da die Interessenten aber meist nur ihre eigene Freiheit wollen, darf niemand die Chance haben, die Freiheit der anderen auszulöschen. Denn ist das einem Starken erst einmal gelungen, so kann meist nur ein Stärkerer den Unterdrücker fällen. Von jenem Befreier die Freiheit zu erlangen, ist dann aber meist noch schwieriger. — Doch ist dieses Problem so alt wie die Geschichte, die in Athen und Rom ihren Anfang nahm.

III. Woraus denn folgt, daß haltbares Recht nur eine *Synthese* von Grundsätzen sein kann. Jeder von ihnen muß hier den anderen und sich selbst einiges nachgeben, um für das Ganze brauchbar zu sein. Prinzipienloses Recht ist ein Greuel, doktrinäres aber ebenfalls. Darum ist auch die Jurisprudenz kein Tummelplatz für Prinzipienreiterei. Extremansichten sind in ihr zumeist verfehlt und führen ad absurdum. Sie ist eine Klugheit des rechten Maßes, d. h. aber der *Grenzen,* und sowohl *Kunst* als Wissenschaft.

§ 26. Die Rechtsidee und die Natur der Sache

I. Der Sinn des Wortes *Idee* reicht, wenn wir den heutigen Sprachgebrauch befragen, vom bloßen Einfall (z. B. heute abend auszugehen) bis zum Ding an sich. Seine Grundbedeutung aber ist Erschautes, Bild (*eídos,* auch *idéa*); und nur die Grundbedeutung läßt solch Wort verstehen:

Sagt jemand, ihm sei „eine Idee gekommen", so meint er das *Bild* von etwas: eines Unternehmens, eines Planes, eines Werkes; es ist dann nichts (oder noch nichts) als sein Gedanke, seine *subjektive* Idee. Vielleicht aber ist es das Bild einer schwer durchschaubar gewesenen Erscheinung, von der er sich nun „ein Bild gemacht" hat: hat er sie mißverstanden, so war auch dies nur seine subjektive *Einbildung;* hat er sie aber richtig erfaßt, so ist es etwas, was der Erscheinung zugehört: es hat sich in ihm *abgebildet;* es ist nun in ihm, aber auch in den Dingen, also *objektiv;* es könnte die *Idee* jener Erscheinung sein: ihr im Bilde geschautes Wesen. Hat er dem Erschauten als Künstler Form gegeben, so könnte es auch sein, daß ihm sein Bildwerk Wirklichkeit wurde, wirklicher als die abgebildete Wirklichkeit.

Und dies ist der Sinn, den *Platon* (427—347) jenem Wort gegeben hat: *Urbild*. In einer Höhle verbringen wir unser Leben, gefesselt, das Gesicht zur Wand, den Rücken der Lichtöffnung zugekehrt. An der Wand sehen wir flüchtige Formen vorüberziehen: der Urbilder Schatten. Nichts als sie bekommen wir je zu sehen. Vielleicht schallt auch ein Echo von jener Wand zu uns zurück: wir meinen, die *Schatten* sprächen, denn *sie* sind uns die Wirklichkeit. Die Urbilder zu sehen, hindern uns unsere Fesseln, und könnten wir uns umwenden, so blendete uns das Licht. — Einst freilich *hatten* wir die Urbilder geschaut: in einem früheren Leben. Doch als wir in der Höhle wiedergeboren wurden, sanken sie in unser Unterbewußtsein ab; so können uns die Schatten nur an sie *erinnern*. Ist aber jemand in das Reich des Denkens aufgestiegen und hat er die Ideen dort geschaut, so eignet er sich nicht mehr für die Höhle:

„Oder wundert es dich, daß sich einer, von der Schau des Göttlichen zur Menschenwelt zurückkehrend, höchst ungeschickt benimmt und lächerlich wirkt, wenn er, noch wie ein Schwachsichtiger dreinschauend und ehe er sich wieder hinreichend an die herrschende Finsternis gewöhnt hat, genötigt wird, sich vor Gerichten oder anderwärts herumzustreiten um des Rechtes Schatten, ja um die Nachbildungen dieser Schatten und sich darüber zu ereifern; wie es zu Leuten paßt, die nie die Gerechtigkeit selbst geschaut haben[1]?"

Wem der verwegene Tiefsinn dieser Lehre aufgegangen ist, der dürfte zögern, das Wort „Idee" routinemäßig in den Mund zu nehmen; auch wird er zweifeln, ob sich wohl mit der *Rechtsidee* auf so vertrautem Fuße leben lasse, daß man sie nur zu zitieren brauche, um sagen zu können, was Recht und Unrecht sei.

Aristoteles, Platons nüchterner Schüler, hat später den Gedanken der Idee durch den der *Entelechie* ersetzt. Allen Wesen und Naturvorgängen wohnen *Zielstrebigkeiten (télos, Ziel)*, Formkräfte, Formgesetze inne. Wir wissen nicht, was sie sind, aber wir sehen ihr Walten: Ob in mikroskopischen Körnchen oder in faustgroßen Gebilden auftretend, kristallisiert Quarz immer nach demselben mathematisch ausdrückbaren Formgesetz; kein Bergkristall ist mit dem anderen kongruent: das Formgesetz des Quarzes (vorgegeben durch die chemischen Bindungen seiner Atome) ist an *allen* abzulesen. — Kein Baum wächst variabler als die Kiefer: hochragend im Forst, knorrig ausladend auf

[1] Vgl. *Platon*, Staat, VI, 3; auch sollte der Leser den Timaios lesen, und zwar ganz!

einsamer Heide, schlangenhaft gewunden auf umwehtem Felsen: immer wächst sie als *Kiefer*. Ihr Formgesetz ist weder chemisch bestimmbar noch mathematisch auszudrücken, dennoch erkennt es der Geübte an jedem Exemplare auf den ersten Blick; in jedem von ihnen erkennt er das *Urbild* der Kiefer wieder, wie es die *Entelechie* ihrer Gattung immer wieder hervortreibt.

II. Die Rechtsordnungen der Völker sind nicht weniger verschieden als der Wuchs der Kiefern, doch überall erkennen wir sie als *Recht*. In seinem Typus ist es verschieden nach der Natur der Länder und der Völker, ihrem Temperament, ihrer kulturellen Entwicklungsstufe, ihrer Lebens- und Wirtschaftsweise, ihren geschichtlichen Schicksalen; anders bei Sammler- und Jägervölkern, bei Hirten, Ackerbauern, in handeltreibenden Städten, in Großreichen, in der Industriegesellschaft. Doch überall hat es mit Blutrache, Fehde und Festsetzung von Bußen seinen Anfang genommen, überall formt es Institutionen und Herrschaftsordnungen, manifestiert es sich vor Gerichten, kristallisiert es zu Normen, die gleichmäßige Handhabung fordern, überzeugend und zweckmäßig zugleich sein müssen. Überall erstrebt es, daß man sich aufeinander verlassen kann und Schuld und Sühne, Leistung und Gegenleistung zueinander stimmen.

Wir sagten oben (§ 23 VI), daß uns ein Naturrecht, das ewige und allgemeingültige Normen zum Inhalt hätte, so wenig gegeben sei, wie *eine Natursprache*. Wir wiesen aber auch schon darauf hin (§ 22 I), daß die *Rechte* der Völker dennoch mehr miteinander gemeinsam haben als ihre Sprachen. Es sind die Parallelentwicklungen oder *Konvergenzen,* auf welche die vergleichende Rechtswissenschaft immer wieder auch bei solchen Völkern stößt, die nicht miteinander stammverwandt und deren Rechtsordnungen auch nicht durch Rezeptionen miteinander verbunden sind. Denn die Zahl der Lautkombinationen, die der Sprachbildung als Material zur Verfügung stehen, ist praktisch unbegrenzt; die Zahl der Möglichkeiten, Sozialordnungen zu regeln und typische Konflikte zu entscheiden, ist es nicht. Daß die verschiedensten Völker hierbei in ähnlichen Situationen oft zu ähnlichen Lösungen gekommen sind, kann deshalb nicht wundernehmen[1].

---

[1] Vgl. *Rehfeldt,* Grenzen der vergleichenden Methode in der rechtsgeschichtlichen Forschung (1942), bes. S. 6 ff. Ferner *Esser,* Grundsatz und Norm; Tübingen (Mohr) 1956, S. 28 ff.; andererseits aber auch *Arnold Gehlen,* Anthropologische Forschung, Rowohlts deutsche Enzyklopädie Bd. 138 (1961), S. 79.

III. Scheinen somit bestimmte Sachlagen und die durch sie entstandenen Rechtsprobleme, wo immer sie auftauchen, bestimmte Lösungen vorzuzeichnen, so kann man sagen, daß diese Lösungen in der *Natur der Sache* liegen. Verschiedene Sachlagen scheinen dann *aus sich selbst* verschiedene, gleiche Sachlagen gleiche Lösungen zu erfordern, unabhängig von der Verschiedenheit der nationalen Rechtsordnungen im übrigen; so wie die Kiefern unter gleichen Umweltbedingungen gleich, sonst aber verschieden wachsen.

Eines der großen Bücher der Welt-Rechtsgeschichte, *Montesquieus* Esprit des Lois (1748), dtsch. hrsg. von Ernst Forsthoff, Tübingen 1951, verfolgt diesen Gedanken. Zwar sei die Rechtsidee vorgegeben wie die Gleichheit der Radien eines Kreises, aber die Rechtsvorschriften seien, und damit beginnt das Werk, die notwendigen Beziehungen, die sich aus der *Natur der Dinge* ergeben (Les lois, dans la signification la plus étendue, sont les rapports nécessaires qui dérivent de la nature des choses). Und in den Regierungsformen, dem Klima, dem Temperament und allen sonstigen Umständen von Völkern und Zeiten findet er die Ursachen für die Verschiedenheit, den *Geist* der einzelnen Rechtsordnungen.

Die „Natur der Sache" führt deshalb auch nicht zur Konzeption des Naturrechts als einer normativen *lex aeterna* zurück, sondern allenfalls zu einem „Naturrecht mit wechselndem Inhalt" (R. Stammler), dem jeweils *richtigen* Recht nach Zeit und Volk (für den Gesetzgeber), ja von Fall zu Fall (für den Richter). In der heutigen Diskussion vermischen sich die Gesichtspunkte freilich vielfach.

Das Beste, was in unseren Tagen über diesen Gegenstand geschrieben worden ist, findet der Leser in der kleinen Schrift von *Gustav Radbruch*, Die Natur der Sache als juristische Denkform; Hamburg 1948 in Festschrift für Rudolf Laun, Neudruck 1964, Darmstadt (Wissenschaftl. Buchges.). Über den derzeitigen Streitstand im Zusammenhange mit dem Naturrecht unterrichtet besonders instruktiv der Sammelband: Naturrecht oder Rechtspositivismus? Hrsg. von Werner Maihofer, 2. Aufl. 1972.

IV. Die vorstehenden Ausführungen sollten dazu dienen, den Leser mit den Begriffen der Rechtsidee und der Natur der Sache *bekannt* zu machen. Das war erforderlich, da sie in die Alltagssprache der Juristen eingegangen sind. Es sollte aber auch vor ihrem leichtfertigen Gebrauch *gewarnt* werden. Denn wer sich ihrer bedient, verläßt damit den Boden der logisch gesicherten Erkenntnis und betritt die Sphäre der Intuition. Daß es etwas wie die Natur der Sache, „sachlogische Strukturen" (Welzel) *gibt*, scheinen mir die Konvergenzen zwischen kulturell gleichstufigen, sonst aber so verschiedenen Rechten wie dem englischen und den kontinental-europäischen zu beweisen. Ob wir damit aber auch instandgesetzt sind, sie in jedem Fall sicher aufzufinden, ist eine andere Frage.

Radbruch hatte in seiner Rechtsphilosophie von 1932 eine „solche Schau der Idee in dem Stoffe, den zu formen sie bestimmt ist“, einen „Glücksfall der Intuition, nicht eine Methode der Erkenntnis“ genannt (S. 99 der — posthumen — 5. Aufl.). In der „Natur der Sache“ (S. 14 Anm. 24) hat er das widerrufen. Zweifel bleiben aber bestehen, und bevor man sich allein auf diese Argumentation verläßt, ist die Vergleichung der Rechtsprechung, auch der ausländischen, jedenfalls geboten.

Die Berufung auf die Natur der Sache wie auf die Rechtsidee sollte für den Richter nur *ultima* ratio, nur ein letzter Ausweg sein. Die anscheinende Bequemlichkeit des Mittels verführt sonst allzu leicht dazu, auch ohne Not davon Gebrauch zu machen. Dann aber werden jene Worte zur leeren Redensart und könnten damit bald wieder in den Verruf geraten, in dem sie „als die subjektive Rechtsansicht dessen, der seine Weisheit für die esoterische Weisheit der Dinge selbst hält“ (Binding), lange gestanden hatten. Was in Wirklichkeit zu solchem Entscheiden gehört, deuteten wir in § 21 VI schon an.

V. *Begriffe,* nicht Ideen (was immer darunter verstanden sei) sind das eigentliche Werkzeug des Juristen. Seine Aufgabe ist es, *Grenzen* zu ziehen — die Grenzen der Prinzipien. Die Jurisprudenz ist deshalb *Scheidekunst:* sie soll zu Entscheidungen verhelfen, und folglich müssen ihre Begriffe Unterscheidungen liefern. Eben deshalb strebt sie nach scharfgeschliffenen Definitionen und wird, als eine *dezisionistische* Wissenschaft, den Charakter der „Begriffsjurisprudenz“ nie gänzlich abzustreifen vermögen, sollte es auch nicht allzusehr versuchen.

Der juristische Begriff ist demnach der *abstrakt*-allgemeine, der durch Begriffsmerkmale Grenzen setzt. Man arbeitet mit ihm *subsumierend,* unterordnend. Der Idee, dem *konkret*-allgemeinen Begriff, dem Typus, die keine festen Grenzen haben, kann man nicht *unter*ordnen, nur *zu*ordnen. Da sie aber, statt der Grenzen, *Inhalt* haben, *kann man diesen ausbreiten, veranschaulichen, die Idee sich entfalten* lassen. Das kann höchst fruchtbar, überzeugend und beglückend sein, ist aber logisch meist schwer nachzuprüfen. Die Subsumtion ist logisch einfach, oft banal, gewährt jedoch einen hohen Grad von Sicherheit. Da es sich beim Umgang mit Ideen aber um Intuition, *Anschauung des Unanschaulichen* handelt, kann man hier eigentlich auch nur im *Gleichnis* reden, wie *Platon* davon im Mythos sprach. Begriffliche

Rede ist hier nie ganz adäquat und kann zu Mißverständnis Anlaß geben.

VI. Ein lehrreiches Beispiel für das Gesagte ist *Gustav Radbruchs* (1878—1949) Lehre von der Rechtsidee[1].

„Recht", definiert *Radbruch* unter der Überschrift *Der Begriff des Rechts*, „ist die Wirklichkeit, die den Sinn hat, dem Rechtswerte, der Rechtsidee zu dienen (S. 123). „Die Idee des Rechts kann nun keine andere sein als die Gerechtigkeit" (S. 124). Dann entfaltet er (S. 168 ff.) die *Antinomien der Rechtsidee*, deren drei „Bestandteile", Gerechtigkeit, Rechtsicherheit und Zweckmäßigkeit miteinander in Spannungen und Widersprüchen stehen.

Wäre hier von abstrakten Begriffen die Rede, so wäre diese Rede wirr und widersprüchlich: die Gerechtigkeit, die die Rechtsidee wäre, bestünde aus zwei anderen Elementen nebst sich selbst; sie wäre sich selber subsumiert. Und da die Ausgangsdefinition später (S. 127) in der Fassung wiederholt wird, „daß Recht die Wirklichkeit sei, die den Sinn hat, der Gerechtigkeit zu dienen", so erhöbe sich der Zweifel, ob nun das Recht wohl der Gerechtigkeit als der Rechtsidee, oder als einem Bestandteile derselben dienen soll (was einen nicht unerheblichen Sinnunterschied ergäbe).

Aber der Widerspruch ist Schein und löst sich dadurch auf, daß der *Begriff* des Rechts hier als *konkreter* Begriff verstanden wird, das Wort *Idee* jedoch in zweierlei Bedeutung vorkommt: einmal in einer solchen, die nicht die platonische, sondern eine neukantianische ist, als Wert, als *Anzustrebendes*, als objektiver Sinn und Zweck (eben des Rechtes); zum andern aber im platonischen Sinne: als die Dreieinigkeit der antinomischen Trias Gerechtigkeit, Rechtssicherheit und Zweckmäßigkeit, die sie aus sich entfaltet. Innerhalb dieser Trias ist die Gerechtigkeit jedoch nur *Element* des Rechtes, nicht selber Rechtsidee (was sie dagegen in der zweiten Fassung der Definition des Rechtes wiederum ist). Der *Begriff* des Rechtes aber ist eben nicht abstrakt-definitorisch, sondern konkret gemeint: sein Inhalt ist die *Rechtswirklichkeit*.

Einfacher, wenn auch blasser, könnte Radbruchs Gedanke also so ausgedrückt werden: Recht ist, was dazu dienen soll, die Gerechtigkeit im weiteren Sinne zu verwirklichen; die Gerechtigkeit im weiteren Sinne umfaßt die Rechtssicherheit, die Zweckmäßigkeit und die Gerechtigkeit im engeren Sinne. — Auch ließe sich sagen: Recht ist, was den Sinn hat, die Gerechtigkeit in sicherer und zweckmäßiger — oder:

---

[1] *Radbruch*, Rechtsphilosophie, 7. Aufl., besorgt von Erik Wolf, Stuttgart (Koehler) 1970.

die Sicherheit in gerechter und zweckmäßiger — oder: Zwecke in gerechter und sicherer Weise zu verwirklichen.

Die drei letzteren Alternativen lassen freilich zugleich erkennen, daß die drei Seiten der Rechtsidee nicht gleichwertig sind, wie *Radbruch* ursprünglich angenommen hatte. Die letzte Alternative jedenfalls wäre abzulehnen: sie würde nur für das Verwaltungsrecht angemessen sein. Ob man die erste oder die zweite wählt, ist, wie Radbruch eindrucksvoll ausführt, eine Sache der Lebensanschauung (vgl. bes. S. 196 ff.).

VII. Daß die Juristen unserer Tage aus der Leere des abstrakten Begriffes wie der Subsumtionsmechanik herausstreben und sie durch andere Denkformen zu *ergänzen* trachten, ist ein Fortschritt. Das Dargelegte sollte den Leser lediglich davor bewahren, die Schwierigkeit der Sache zu verkennen, ihn nicht aber davon abhalten, sich ihr *ernsthaft* zuzuwenden.

> Wer sich vor der Idee scheut, hat
> auch zuletzt den Begriff nicht mehr.
>
> *Goethe,* Maximen und Reflexionen 1048

§ 27. Der Sinn des Gesetzes

Indem wir die Idee in unsere Betrachtung einbezogen, stießen wir auf die Leistungsgrenzen, die der juristischen Begriffsbildung und mit ihr dem Gesetz gezogen sind. Es soll nun noch die Grenze sichtbar werden, die der *Wille des Gesetzgebers* in seinem eigenen Werke findet.

I. Ohne ein *Wollen,* das es gesetzt hat, ist uns ein *Sollen* schwer zu denken; Sollen ist ein Befehl: so muß ihn jemand gegeben haben. Ist sein Urheber nicht aufzufinden, so halten wir nach einem metaphysischen oder kollektiven Willen Ausschau. Beim *Gesetze* glauben wir uns des Suchens überhoben: hier haben wir den *Gesetzgeber.*

Denken wir ihn uns als einen absoluten König, der seine Gesetze nicht nur unterschreibt, sondern auch selber formt; unterstellen wir ihn überdies als einen guten Juristen und einen Meister seiner Sprache. So wird ein Gesetz, das er erläßt, der optimale Ausdruck seines Willens sein.

Aber ein Meister der Sprache sprach aus, was nicht nur Dichter und Denker erfahren haben:

„Das eigentliche Leben eines Gedankens dauert nur, bis er an den Grenzpunkt der Worte angelangt ist: da petrificirt er, ist fortan todt, aber unverwüstlich, gleich den versteinerten Thieren und Pflanzen der Vorwelt. Auch dem des Krystalls, im Augenblick des Anschießens, kann man sein momentanes eigentliches Leben vergleichen.

Sobald nämlich unser Denken Worte gefunden hat, ist es schon nicht mehr innig, noch im tiefsten Grunde ernst. Wo es anfängt für Andere dazusein, hört es auf, in uns zu leben; wie das Kind sich von der Mutter ablöst, wann es ins eigene Dasein tritt. Sagt doch auch der Dichter:

,Ihr müßt mich nicht durch Widerspruch verwirren!
Sobald man spricht, beginnt man schon zu irren'[1]."

Was jener König wollte, im *Sinne* führte, hat sich in seinem Gesetze „niedergeschlagen". Doch ist es jetzt nicht mehr *sein* Sinn: es ist der des *Gesetzes*. Der (subjektive) Sinn jenes Königs und der (objektive) Sinn seines Gesetzes sind eben nicht dasselbe. Ein Ausdruck kann nicht nur mißlingen: kein Ausdruck ist völlig eindeutig; welche seiner möglichen Bedeutungen war gemeint? Ändern sich andere Teile der Rechtsordnung, so treten neue Bedeutungsmöglichkeiten auf; welche soll *jetzt* gemeint sein?

Lebt jener König noch, so kann man ihn befragen und kann er sein Gesetz „authentisch" interpretieren (wie Justinian und seine Räte es drei Jahrzehnte lang getan haben). Doch, ist man sicher, daß jene spätere Auslegung, selbst des Urhebers, noch immer seinen *früheren* Willen wiedergibt und nicht schon eine (rückwirkende) Gesetzesänderung enthält? Und wie gar, wenn er verstorben ist und seine *Nachfolger* ihn interpretieren? Je mehr Zeit verstreicht, um so mehr ändern sich aber auch die Dinge, wodurch wiederum neue Auslegungen möglich und *nötig* werden.

Der *moderne* Gesetzgeber vollends wäre greifbar allenfalls als Parlament, in dem eine Mehrheit für einen Text gestimmt hat, den ein Ministerium und (oder) eine Kommission, zuweilen auch ein Einzelner redigiert hatte. Doch wenn es selbst ein einzelner Ministerialrat war (der sogar einen Kommentar zu „seinem" Gesetz geschrieben hat, wie es bei uns nicht selten ist): wie haben die *Abgeordneten* den Text verstanden, als sie für ihn stimmten? Vielleicht auch untereinander in verschiedenem Sinne? Und wessen Meinung soll nun die Absicht des *Gesetzgebers* sein? Hier gibt es niemanden, der „authentisch" interpretieren könnte; Gesetzgeber ist keiner der Beteiligten, sind auch nicht sie zusammen: Gesetzgeber ist das Abstraktum *Staat*.

---

[1] *Schopenhauer*, Parerga und Paralipomena II § 275. Der Goethevers findet sich Weimar. Ausgabe II, S. 279 (Epigrammatisch; Spruch, Widerspruch).

Trotzdem wird den Protokollen der gesetzgebenden Körperschaften, den Kommissionsberichten und Denkschriften der Ministerien sowie den Kommentaren der beteiligt gewesenen Beamten („Referentenkommentare") in der Praxis zurecht erhebliche Bedeutung beigemessen. Verbindlich aber sind sie nicht: Willensäußerung des *Gesetzgebers* bleibt der Gesetzestext allein.

II. So hat juristische Textauslegung einen anderen Sinn, als ihn philologische und historische hat. Der Historiker hat zu ermitteln, was der Verfasser oder seine Zeitgenossen bei jenem Text gedacht haben; für ihn ist *das* der Sinn, in dem er zu verstehen *ist*. Auch kann es für ihn belangvoll sein, wie Spätere diesen Text verstanden (oder mißverstanden) *haben*. Wie er ihn selbst verstehen würde, ist für den *Historiker* belanglos.

Anders dagegen, wenn der Nachfahre eine Dichtung weiterdichtet (indem er sie etwa in eine neue Form gießt) oder an einem philosophischen Gebäude denkend weiterbaut: hier kann er zu dem Ergebnis kommen, daß er das Werk des Meisters „besser verstehe" als dieser selbst. Und wenn das gleich, historisch gesehen, auch kaum möglich ist, so kann es doch sehr wohl ein „fruchtbares Mißverständnis" sein. Wären sie nicht immer wieder neu gedeutet worden, so lebten Platon und Aristoteles nicht mehr.

Dieser Art aber ist auch *juristische* Auslegungskunst. Was die „Verfasser" des Gesetzes und ihre Mitarbeiter persönlich dachten, ist für den Juristen nur Erkenntnis*mittel*, nicht Erkenntnis*zweck*. Erkenntnismittel, weil in den Gesetzgebungsmaterialien (den „Motiven" und „Protokollen" zum BGB z. B.) immer wieder wertvolle Gesichtspunkte zu finden sind; Argumente und Gegenargumente, die noch heute (oder auch *erst* heute!) überzeugen. Verbindlich aber sind diese Motive nicht. Sie „gelten" für uns nicht anders, als etwa das *Corpus juris* in Frankreich gegolten hatte: *imperio rationis, non ratione Imperii*[1]. Verbindlich ist nur das Gesetz, und zwar in *der* Auslegung, die unter *heutigen* Verhältnissen sinnvoll ist.

Diese Auslegungsmethode nennt der *Jurist* die *objektive;* ihm gilt als „subjektiv", was der historische Gesetzgeber im Sinne hatte (weshalb er eine hierauf abstellende Auslegung als *subjektiv* bezeichnet). Dem *Historiker* würde, umgekehrt, die „objektive" Auslegung des Juristen als unwissenschaftlicher Subjektivismus gelten.

Daß sie Gefahr laufen kann, in solchen auszuarten, liegt auf der Hand. Sie führt dann zur Bedrohung der Rechtssicherheit. So muß auch sie wieder ihre Grenze finden. Das ist dann eben die, bis zu

[1] Gemäß der Herrschaft der Vernunft, nicht wegen der Vernünftigkeit der Herrschaft.

welcher, von der anderen Seite her, der Wille des historischen Gesetzgebers in seinem Werke reicht. Ihre genauere Absteckung ist eine Hauptaufgabe der *Methodologie*[1]. Hier ist sie nicht mehr zu behandeln.

---

[1] Siehe dazu die Literaturangaben auf S. 4.

KAPITEL IV
Recht und Gesellschaft

§ 28. Geltung und Geltungsgrund des positiven Rechts

I. Geltend ist eine Rechtsordnung soziale Realität. Zwar ist sie an sich selbst nur ein Komplex von Normen, gehört somit dem Sollen an. Als positives Recht aber muß sie zugleich in bestimmter Weise sein, obwohl sie doch in der Körperwelt nicht ist. Sie ist aber im gemeinsamen Bewußtsein der beteiligten Menschen.

Solch Dasein im menschlichen Bewußtsein haben wir kennengelernt, als wir nach der Realität der menschlichen Verbände fragten (vgl. o. § 18 II). Wir sahen dort, daß ein Bewußtseinsinhalt soziale Realität hat, sofern er vielen gemeinsam ist und als Motiv wirkend ihr Handeln koordiniert.

II. Eben dieser Art aber sind auch Sitte und Recht, sofern sie gelten: Das Bewußtsein ihrer Normen wird durch entsprechende Situationen zu Vorstellungen davon aktiviert, wie man handeln soll. Werden sie zum Motiv, so ordnen sie die Gesellschaft. Gelten sie nicht mehr, so können sie nur noch im Kopfe eines Historikers die Vorstellung erzeugen, daß man einst so handeln sollte. Und ein Gesetz, das erst zum nächsten Jahresanfang in Kraft treten soll, wirft zwar schon „seine Schatten voraus", indem man sich auf seine künftige Geltung einrichtet, motiviert aber noch nicht als geltendes Recht, da jene Vorbereitungsmaßnahmen (sofern sie nicht etwa vom Gesetzgeber vorgeschrieben sind) nicht als gesollte vorgestellt werden. Erst als ein Sollen geltend, gewinnt das neue Gesetz seinem Sinne gemäß als Recht soziales Dasein.

Freilich kann auch anderes als nur Sollen „gelten". Die Geltung gültigen Geldes zwar beruht auf geltendem Sollen: die „gesetzlichen Zahlungsmittel" *sollen* vom Gläubiger als Tilgung seiner Forderung angenommen werden. Nimmt er sie nicht an, so kann der Schuldner ihn dazu zwingen, indem er den Geldbetrag hinterlegt; unter den Voraussetzungen der §§ 372 und 376 II Ziff. 1 BGB ist die Schuld damit getilgt (§ 378 BGB), was für den Gläubiger bei Inflationen bitter sein kann. Ist andererseits eine Geldsorte vom Gesetzgeber „außer Kurs" gesetzt, d. h. aus dem Umlauf *(cursus)* gezogen, so gilt sie in *diesem* Sinne nicht mehr. Antike Münzen aber „gelten" unter Sammlern und haben bei den deren Verkehr vermittelnden Händlern wiederum Kurs. Ihre Geltung und damit ihr Wert beruht jetzt aber nicht auf einem Sollen: er beruht auf der durch Erfahrung gefestigten *Erwartung*, daß sie zu solchem Preise angenommen, d. h. nun abgekauft werden. Die Vorstellung ihrer Seltenheit und Schönheit motiviert diese ihre neue Geltung.

III. Die Geltung eines Sollens aber ist nach *Hans Kelsen* ihrerseits kein Sein, sondern selbst wiederum ein Sollen[1]: daß eine Norm „gilt" würde damit besagen, daß ihr Sollen nicht lediglich gedacht, sondern eben auch gesollt ist. Womit sich dann die Frage erhebt, aus welchem Grunde diese Geltung gilt?

Führt man den Gedanken, daß das Recht nichts anderes als ein System von Normen, eine normative Ordnung sei, zur letzten Konsequenz, so muß die Antwort lauten: daß eine Rechtsordnung deshalb gilt, weil eine Norm vorausgesetzt wird, die ihre Geltung gebietet. Denn aus bloßem Sein kann eben nie ein Sollen folgen, sofern kein Sollsatz da ist, der es daran knüpft (vgl. o. § 11 II).

Dieser demgemäß als Geltungsgrund einer jeden Rechtsordnung vorauszusetzende Sollsatz ist nun von *Kelsen* deren *Grundnorm* genannt worden[2] und spielt seitdem in der Rechtslehre eine nicht unerhebliche Rolle. Diese Grundnorm also wird als ein Satz gedacht, welcher gebietet, daß die von diesem König, diesem Diktator oder diesem Parlament gegebenen Gesetze (sofern in gehöriger Form erlassen) im Herrschaftsbereiche eben dieses Gesetzgebers gelten sollen. Der ordnungsmäßige Erlaß des Gesetzes ist somit (als historisches Ereignis) das Faktum, das Sein also, an welches sich das Sollen seiner Geltung knüpft.

Doch ist es zugleich noch an ein anderes Faktum geknüpft: an die *Wirksamkeit* des gegebenen Gesetzes. Ein noch so korrekt erlassenes Gesetz, das niemand respektiert, gilt auch nach *Kelsen* nicht. Seine Grundnorm knüpft die Geltung der ihr gemäß gesetzten Normen an die Bedingung, daß sie *im großen und ganzen* befolgt werden. „Setzung und Wirksamkeit sind in der Grundnorm zur Bedingung der Geltung gemacht"[3].

---

[1] *Kelsen*, Reine Rechtslehre, Wien, 2 .Aufl.. 1960, S. 10 und 215 Anm. Daß er die Geltung der Norm zugleich (S. 9 f.) als deren „Existenz" bezeichnet, fällt zwar auf, wäre aber nach existenzialistischem Sprachgebrauch kein Widerspruch.

[2] A. a. O. S. 196 ff.

[3] A. a. O. S. 219.

„Wirksamkeit“, erläutert *Kelsen* weiter, „in dem Sinne, daß sie zur Setzung hinzutreten muß, damit die Rechtsordnung als Ganzes ebenso wie eine einzelne Rechtsnorm ihre Geltung nicht verliere.“ Das kann aber nur heißen, daß die Wirksamkeit eines Gesetzes, als seine Befolgung im großen und ganzen, aufschiebende, seine Nichtbefolgung auflösende Bedingung seiner Geltung sei. Die Folge wäre, genau genommen, daß kein neues Gesetz geltendes Recht sein würde, ehe nicht die Praxis seine Wirksamkeit ergeben hätte. Die Beamten, die mit der Praktizierung eines neuen Gesetzes den Anfang machen, würden also, fürs erste, jedesmal nichtgeltendes Recht anwenden; eine Auffassung, bei der die Gesetzgebung in noch stärkerem Grade den Charakter eines Experimentes annehmen würde, als sie ihn ohnehin schon hat[2].

Die Lösung dürfte sein, daß man sich für das Ingeltungtreten eines neuen Gesetzes damit begnügen muß, daß seine Befolgung allgemein erwartet wird. Funktioniert aber eine Staatsordnung im ganzen, so wird diese Erwartung von ihren Bürgern wirklich auch gehegt und gelten ihre Gesetze deshalb wirklich schon von dem Augenblicke an, in dem sie offiziell in Kraft treten. Denn schon von da an motivieren sie, noch unbefolgt, jene allgemeine Erwartung. Erweist sich diese später im Einzelfall als irrig, so verliert die unbefolgt gebliebene Norm ihre Geltung; m. E. freilich nicht, ehe nicht auch die Behörden ihre Anwendung aufgegeben haben (wie später, § 30 IV, zu zeigen ist). Die Gesetze einer noch nicht anerkannten Revolutionsregierung freilich treten nicht in Geltung, bevor ihre Befolgung sich ergeben hat.

IV. Diese bei der Gesetzgebung eines Staates möglichen Zweifel bestehen im Sittenrecht nicht. Hier ist von vornherein klar, daß die Normen ihre Geltung eben nur deshalb haben, weil man sie befolgt. Seine Grundnorm lautet nach *Kelsen:* „der Einzelne soll sich so verhalten, wie sich die anderen, in der Meinung, sich so verhalten zu sollen, zu verhalten pflegen“[1]. Wir erkennen hier jenen Schluß vom Sein aufs Sollen wieder, den wir in § 11 II dahin formuliert hatten, „daß jeder tun soll, was man zu tun pflegt“. Wir halten ihn aber für die Grundmaxime nicht lediglich des Sitten- und Gewohnheitsrechtes, sondern allen Rechtes überhaupt und möchten glauben, daß er allenfalls auch als dessen Grund*norm* würde angesetzt werden können.

---

[2] Diesen ihren Experimentcharakter betont *Hermann Jahrreiß,* Berechenbarkeit und Recht (Leipzig 1927); er weist aber auch auf die Neigung der Beteiligten hin, sich so zu verhalten, „als ob das Experiment schon gelungen wäre“ (a. a. O. S. 22). Daß jedes Gesetz im Hinblick auf den beabsichtigten Erfolg ein soziales Experiment ist, zeigt eingehend *Frederick K. Beutel,* Die Experimentelle Rechtswissenschaft, 1971.

[1] Reine Rechtslehre S. 223.

Denn da ja die Geltung auch der Gesetze letzten Endes von ihrer Wirksamkeit und somit davon abhängt, ob sie im großen und ganzen befolgt werden, ob *man* sie also befolgt, so gelten sie letztlich aus demselben Grunde wie das Sittenrecht. Daß in diesem Falle die Macht der Gewohnheit, in jenem die des Staates das formende Element ist, begründet insofern keinen Unterschied. In beiden Fällen soll der Einzelne folgen, weil man zu folgen pflegt.

Kelsens Zusatz: „in der Meinung, sich so verhalten zu sollen", übernimmt die sogen. *opinio necessitatis,* die die traditionelle Jurisprudenz als notwendiges Kennzeichen des Gewohnheitsrechtes ansieht: die Folgenden müssen selbst schon glauben, folgen zu sollen. Aber die *ersten,* die folgten, *glaubten* es nur, *sollten* jedoch noch nicht, denn ihr Verhalten konstituierte das Sollen erst. Müssen sie dazu ihrerseits Vorgänger gehabt haben, die es selbst schon glaubten? — Dies Rätsel wird uns im nächsten Abschnitt weiterbeschäftigen.

V. Für das Rätsel des Geltungsgrundes bietet die Grundnormlehre indessen eine formal-logische Lösung:

Kelsen versteht sie[1], einen Ausdruck *Kants* übernehmend, als die „transzendental-logische Bedingung" der Gültigkeit einer jeden Rechtsordnung, und sein Gedankengang ist dieser: Die Verfassung X ist gültig; wir erkennen es daran, daß sie im großen und ganzen befolgt wird[2]. Ihre Gebote gelten also als Sollen. Ein Sollen kann seinen Grund aber immer nur in einem übergeordneten Sollsatze, einer Norm also haben, die dieses Sollen gebietet. Darum muß es eine Norm geben, die gebietet, daß die Verfassung X befolgt werden *soll,* sofern sie im großen und ganzen befolgt wird. Die Verfassung X *wird* im großen und ganzen befolgt; also *soll* sie befolgt werden. Würde niemand sie befolgen, so ergäbe sich aus jener Norm zugleich, daß sie auch nicht befolgt zu werden brauchte und also eben nicht gültig wäre.

So setzt die Grundnormlehre ihrerseits die These voraus: „Rechtsnormen gelten, wenn sie wirksam sind"[3], und macht so die Wirksamkeit (als Sein) lediglich zur *Bedingung* des Sollens (was logisch zulässig ist); sie vermeidet es zu sagen, die Wirksamkeit sei der *Grund* der Geltung (womit das Sollen aus einem Sein folgen würde) oder, die Geltung einer Norm *sei* ihre Wirksamkeit (wobei Sein und Sollen miteinander identifiziert wären). Damit leistet die Theorie zwar, was sie leisten will, entläßt uns aber unbefriedigt; denn warum wir ihre Grundthese voraussetzen sollen, erfahren wir nicht.

---

1 A. a. O. S. 204 ff.

2 A. a. O. S. 10.

3 „Eine Rechtsnorm wird als objektiv gültig nur angesehen, wenn das menschliche Verhalten, das sie regelt, ihr tatsächlich, wenigstens bis zu einem gewissen Grade, entspricht", ebd.

VI. Indessen würde die Frage nach dem Grunde solchen weiteren Sollens nur zu einem unendlichen Regreß innerhalb der Kategorie des Sollens führen. Sie würde der Frage nach der *prima causa* (ersten Ursache) innerhalb des Kausalgeschehens entsprechen. *Kelsen* schneidet sie damit ab, daß seine Grundnorm (und damit vollends die ihr vorgeschaltete Geltungsthese) nicht etwa als etwas gesetzt sei, was befolgt werden soll, sondern daß sie eben *voraus*gesetzt sei[1]. So setzt sie also Sollen, ohne selbst gesollt zu sein.

Lassen wir das gelten, so bleibt aber doch die Frage, warum denn jene These in Sitte und Rechtspraxis tatsächlich vorausgesetzt *wird* — die Frage also nach ihrem sozialpsychologischen Sein. Die Antwort darauf haben wir aus der soziablen Natur des Menschen zu geben versucht; aus seiner Neigung, sich so zu verhalten, wie er die anderen sich verhalten sieht, und das zu seiner wie jedes anderen Pflicht zu machen. Wir haben uns zugleich die Unentbehrlichkeit dieser Verhaltensweise für das menschliche Zusammenleben klar gemacht: daß sie das Verhalten des einen für den anderen voraussehbar macht und so ihr arbeitsteiliges Zusammenwirken ermöglicht; weshalb die Gattung Mensch schwerlich ohne sie würde bestehen können. So pflegt denn das Verhalten des Menschen, indem er Sitte wie Recht bildet und zugleich befolgt, im ganzen der Maxime zu entsprechen, daß jeder tun soll, was man zu tun pflegt. Wir glauben damit als Grund*maxime* des menschlichen Verhaltens im positiven Rechte überhaupt eben denselben Satz gefunden zu haben, den *Kelsen* als die Grundnorm des Gewohnheitsrechtes, seinen Geltungsgrund also, angesetzt hat. Wir begnügen uns jedoch damit, in ihm eine Grundtendenz des Menschen aufgezeigt zu haben und lassen die Frage des transzendental-logischen Geltungsgrundes auf sich beruhen.

VII. Freilich sind wir so im Ergebnis doch auch nur auf einem anderen Wege zu eben dem gelangt, was *Georg Jellinek* die *normative Kraft des Faktischen* genannt und überzeugend dargetan hat[2]. Nichts anderes ist mit unserem Satze, „daß jeder tun soll, was man zu tun pflegt", recht eigentlich zum Ausdruck gekommen.

Deshalb ist auch dieser Satz in keinem Sinne normativ gemeint: weder sehen wir ihn als eine „Grundnorm" im Sinne *Kelsens* an, noch fordern wir gar jemanden auf, sich selbst nach ihm zu richten. Er ist

---

[1] A. a. O. S. 196 ff.

[2] *Georg Jellinek,* Allgemeine Staatslehre (1. Aufl. 1900), Homburg, 3. Aufl., Neudruck 1960, S. 337 ff.

nichts als die Beschreibung einer faktischen Grundtendenz des menschlichen Verhaltens, eine soziologische Feststellung. In *diesem* Sinne also „gilt“ er für das positive Recht und noch mehr für die Sitte (wenn er auch in der Mode umschlagen kann: wo sie befiehlt, daß man *nicht* tragen soll, was alle tragen, oder gar, was „ordinär“ sei; obwohl doch auch dieses Wort von *ordo* kommt!). Nicht jedoch gilt er für die *Ethik:* deren Normen gelten ohne Rücksicht darauf, ob irgend jemand sie befolgt, und eben darin unterscheiden sie sich von denen des positiven Rechts.

Zu tun, was *man* tut, ist darum endlich auch keine gültige *Lebensregel.* Im Alltag mag sie zwar im ganzen klug, in großen Dingen aber würde sie kläglich sein. Auch ist ihre Umkehrung: „Mißtraue dem Üblichen“ nicht undenkbar, ja sogar eine Not-wendige menschliche Möglichkeit, doch nur als Revolutionsparole[1]. Als Alltagsregel taugt eher die Maxime der Konsequenz: Sei zuverlässig!

§ 29. Das Problem des Gewohnheitsrechts

I. Mit diesem Gegenstande kehren wir zu unserem Ausgangspunkte, dem Sein des Rechtes und der normbildenden Gewohnheit zurück. Auch ist uns das Gewohnheitsrecht schon in § 4 II und später wiederholt begegnet. Immer wieder mußte unsere Darstellung dieses zentrale Phänomen der Rechtsbildung berühren, doch kann es erst jetzt, nachdem der Leser auch mit der Rezeption (§ 9) und dem Problem des subjektiven Rechts (§§ 17, 18) bekannt geworden ist, in gehöriger Weise behandelt werden. Nunmehr aber muß es geschehen und der Versuch gemacht werden, den Begriff des Gewohnheitsrechtes zu bestimmen. Denn erst danach kann klargestellt werden, welche Stellung es in unserer heutigen Rechtswelt einnimmt.

II. Als wir in Kap. I die Entwicklung der Rechtsbildung betrachteten, lernten wir das Gewohnheitsrecht als etwas kennen, das zwischen Sitte und Gesetz die Mitte hält: mit der Sitte hat es gemeinsam, etwas nur Geübtes, mit dem Gesetze, Recht zu sein. Es ist also ein nur geübtes Recht. Woran aber soll man erkennen, daß es Recht und nicht bloß Sitte ist? Bis zum Anfang des 19. Jahrhunderts stritt man hauptsächlich nur darüber, *wie lange* diese Übung, der *usus longaevus*, schon

[1] So etwa bei *Bertolt Brecht,* Die Ausnahme und die Regel, Vorspruch.

gewährt haben müsse; seit „unvordenklicher" Zeit (cuius memoria non exstat), d. h. seit über 40 Jahren, der Dauer der längsten spätrömischen Verjährungsfrist? Die Analogie des Gewohnheitsrechtes zu Verjährung und Ersitzung schien nahe zu liegen: bei diesen wird durch Zeitablauf subjektives Recht vernichtet oder erzeugt, bei jenem objektives (Übungstheorie). — Oder mußte angenommen werden können, daß der Gesetzgeber die betreffende Gewohnheit ausdrücklich oder stillschweigend gebilligt habe (Gestattungstheorie)?

Als *Savigny* im Jahre 1814 mit seiner Streit- und Programmschrift „Vom Beruf unserer Zeit für Gesetzgebung und Rechtswissenschaft"[1] die damals aufkommenden Kodifikationsbestrebungen zurückwies, trat das Gewohnheitsrecht in neues Licht. Nun wurde es das dem Gesetz an Würde überlegene *eigentliche* Recht und damit das Schoßkind der eben zu seiner Erforschung begründeten historischen Schule. Und indem die Blicke sich von der Aufklärung, der Revolution und Napoleon ab und in die alte Zeit zurückwandten, wandten sie sich dem Gewohnheitsrechte zu. Ein tiefes und dunkles Buch gab seiner damaligen Lehre — bewundert viel und viel gescholten — ihre extrem romantische Prägung: *Puchta,* Das Gewohnheitsrecht (2 Bände 1828/37, Neudruck 1965).

Dieses Buch würde heute gleichgültig sein, enthielte es nicht einen wichtigen Versuch, das Rätsel der *Rechtsentstehung überhaupt* zu lösen: Sein Gedankengang ist dieser:

Alleinige und eigentliche *Entstehungsquelle* allen Rechtes ist die *Volksüberzeugung,* doch manifestiert sie sich auf drei Wegen: durch das *Volk unmittelbar selbst,* durch die *Gesetzgebung* und durch die *Wissenschaft.* Diese drei Wege oder Formen seines Hervortretens sind die Rechtsquellen im gewöhnlichen Sinne (I, S. 144). In der Volkstätigkeit selbst erscheint die „rechtliche Überzeugung" als *Sitte,* weshalb das Gewohnheitsrecht besser „Recht der Sitte" heißen sollte (I, S. 145). Die Sitte wird dabei durch das Recht erzeugt (I, S. 167). „Die rechtliche Überzeugung ist es, welche die Sitte bestimmt und hervorbringt, nicht umgekehrt" (I, S. 169). Eine Handlung wird zur Sitte „durch die ihr zu Grunde liegende Überzeugung, die ihre Wiederholung fordert" (I, S. 171); nicht etwa tritt sie in der bloßen Gewohnheit hervor, der das Einzelne zu Grunde liegt" (wenn auch der alte Terminus „Gewohnheitsrecht" nicht verbrannt zu werden brauche, S. 168/69). Vollends kann das Recht nicht aus der Gewohnheit entspringen: um Anwendung des Rechtes zu sein, muß das Recht der Gewohnheit *vorausgehen*

---

[1] Neuausgabe in Jacques Stern: Thibaut und Savigny, 1914, Nachdruck 1959.

(II, S. 8); denn „daß ein Rechtssatz durch seine Anwendung erst entstehe, das wird kein Verstand begreifen" (II, S. 9).

Was also der eigentliche *Urquell* des Rechtes in allen seinen Erscheinungsformen ist, das ist „die natürliche Sinnesverwandtschaft derjenigen . . ., deren gemeinsame Überzeugung das Recht ist, des Volks" (I, S. 79). Alle Tätigkeiten nun, die aus ihr hervorgehen, sind solche des *Volksgeistes:* „Es gibt Ansichten und Überzeugungen, welche dem Einzelnen nicht als solchem, sondern als Glied eines Volkes angehören, und die ihm aus diesem natürlichen Grunde mit den übrigen Gliedern desselben gemein sind. Dies heißt nun nichts anderes, als daß die Quelle dieser Ansichten nicht der Geist des Einzelnen, sondern der Volksgeist ist, daß also diese Überzeugungen eine Thätigkeit des Volkes sind." „Das Recht . . . ist das Resultat einer Volksthätigkeit, und zwar dergestalt, daß nicht auch zugleich der Einzelne als solcher, oder bloß . . . als Glied eines Volkes einer rechtlichen Überzeugung fähig ist, daß also diese Thätigkeit dem Volk . . . ausschließlich angehört" (I, S. 139).

Und wie die Überzeugung, so ist auch der *Wille* des Einzelnen unter denselben Voraussetzungen zugleich ein gemeinsamer: „Denn dadurch wird der Mensch in das Recht gestellt und Person, daß sein Wille zugleich einzelner und allgemeiner ist, daß er als ein vollkommen selbständiger, mithin auch um seiner selbst willen und abgesehen von seinem besonderen Inhalt, aber doch nur, weil er zugleich allgemeiner Wille, weil er auf eine gemeinsame Überzeugung gegründet ist" (I, S. 139/40).

In der Kindheit eines Volkes geht die Formulierung seines Rechtes zumal in *Rechtssprichwörtern* aus ihm hervor: „Es ist mit diesen Sprichwörtern wie mit den wahren Volksliedern: für eine Volksansicht, für ein nationelles Gefühl wird in einer glücklichen Stunde das passende Wort gefunden, welches sofort von Mund zu Munde geht und von den Volksgenossen als der echte Ausdruck dessen, was sie unausgesprochen in sich getragen haben, begrüßt wird. Daher liegt darin, daß solche Sentenz zum Sprichwort wird, der vollkommenste Beweis, daß der darin ausgedrückte Satz der gemeinsamen Überzeugung angehört" (II, S. 148/49).

Die Entstehung dieser gemeinsamen Überzeugung aber liegt „weit über die Sphäre der Staatsgewalt hinaus; keine irdische Gewalt überhaupt vermag sie zu erreichen (I, S. 210). Also kann das Gesetz nur *Ausdruck* dieser Volksüberzeugung sein; „. . . das Volk in der natürlichen Bedeutung kann keinen Beschluß fassen . . ., der Staat dagegen, das geordnete Volk, kann keine Sitte begründen" (I, S. 151). Und auch die *Juristen,* die „natürlichen Repräsentanten des Volks in rechtlichen Dingen", die „Niederlagen des bestehenden Rechts", sind nur *Erkenntnisquellen* von schon entstandenem Rechte (I, S. 146 und 166 f.; II, S. 69).

III. Dem Leser wird zweierlei nicht entgangen sein: die Verwandtschaft der Gedankenwelt des romantischen Pandektisten *Puchta* (1798 bis 1846) mit der des Germanisten *Otto v. Gierke* (oben § 18) und nicht minder der Gegensatz, in dem diese Gedankenwelt zu unserer Denkweise steht. In der Tat lehrt *Puchta* das gerade Gegenteil alles dessen, was ich in diesem Buche über die Grundfragen des Rechtes gesagt habe. Eben deshalb habe ich es so ausführlich referiert und lasse ich es, als Antithese zu meiner These, ungescholten stehen. Es ist *der andere* Zugang zum Rätsel des Rechtes, der sich hier auftut, und der Leser muß wissen, daß es ihn gibt. Er soll nicht für einfach halten, was nicht einfach ist.

Denn das Rätsel, um das es sich hier handelt, ist ein ewiges: das Verhältnis des Einzelnen zur Gemeinschaft. Geht man es vom Einzelnen allein als solchem an, so erklärt sich nichts und der Ansatz bleibt unfruchtbar (*Max Stirner,* Der Einzige und sein Eigentum, 1845, Neuausgabe hrsg. von Hans G. Helms, 3. Aufl. 1970). Robinson ist irreal. Geht man von der Gemeinschaft aus, so droht der Einzelne von ihr verschlungen zu werden, aber Sprache, Volkslied, Volksüberzeugung, Volkswille und Verbände werden zu Realitäten. Und mit dem Ruf „Der Einzelne ist nichts, die Gemeinschaft ist alles" zerfiel im Dritten Reich das Ethos der Nation zu Pathos, Wahn und Trug.

Wir sind vom Einzelmenschen, aber als einem soziablen Wesen, ausgegangen und glauben, von daher, was *Puchta* für unbegreiflich hielt, begreifen zu können, daß nämlich „ein Rechtssatz durch seine Anwendung erst entstehe". Denn dieser Satz ist kein anderer als der, „daß jeder tun soll, was man zu tun pflegt". In dieser Maxime zumal des Gewohnheitsrechtes haben wir den logisch unmöglichen Übergang vom Sein zum Sollen soziologisch vollzogen. Wir finden sie in der soziablen Natur des Menschen begründet und sehen das Unbegreifliche in der Praxis der Gerichte, derer des angloamerikanischen Rechtskreises, doch auch des unseren, täglich realisiert[1].

IV. Inzwischen haben wir unsere Ausgangsfrage, wie Gewohnheits-

[1] Auch ist es von anderen schon begriffen worden: „Die ewige Rechtfertigung der Geltung des Gewohnheitsrechts liegt ... nur in jener eigenthümlichen psychologischen Erscheinung, daß ein normal denkender Mensch die Vorstellung, daß eine rechtliche Ordnung *gelte,* dann erzeugt, wenn er das längere thatsächliche Herrschen dieser Ordnung beobachtet und erwartet, daß dieses thatsächliche Herrschen auch noch länger andauern werde." (*Zitelmann,* Gewohnheitsrecht und Irrthum, in AcP 66 [1883], S. 459.) Vgl. auch oben § 28 VII (*Georg Jellinek*), und, von soziologischer Seite, *Arnold Gehlen,* Studien zur Anthropologie und Soziologie, 1963, S. 229: Die Institutionen erlebt der Einzelne „zugleich als seiend und seinsollend. Eine Trennung von Sein und Sollen findet hier nicht statt".

recht von Sitte unterschieden werden könne, ohne Antwort gelassen. Doch können wir sie nun aus *Puchtas* Werk entnehmen: Es gibt keinen sachlichen Unterschied. Tatbestandsmäßig sind *beide* Übung auf Grund gemeinsamer Überzeugung. Diese Überzeugung nennt er bald „Volksüberzeugung", bald „rechtliche Überzeugung" und sagt, daß es eigentlich „Recht der Sitte" heißen müsse. Meinen Ausdruck „Sittenrecht" habe ich hiernach gebildet, um das zu bezeichnen, was der Scheidung von Recht und Sitte historisch voraufging. Bei *Puchta* ist diese Scheidung nicht zu finden; und in der Wirklichkeit nur als eine solche der *Rechtsfolgen:* Gewohnheitsrecht kann gerichtlich erzwungen werden, Sitte nicht.

Die Lage ist hier die gleiche wie beim subjektiven Recht (oben § 17): zwischen begünstigender Reflexwirkung des objektiven Rechts und subjektivem Recht läuft keine sichere Grenze. Wo nicht das Gesetz Ansprüche (oder Einreden) präzisiert hat, kann nur der *Richter* sie ziehen. Die Theorie hat ihm nicht zu sagen vermocht, wo er sie ziehen soll. Ebensowenig hat sie ihm je sagen können, wo die Sitte aufhört und das Gewohnheitsrecht beginnt. Auch diese Grenze kann nur *judge-made* sein.

Die noch immer mitgeschleppte gemeinrechtliche Krücke der *opinio necessitatis* (oder *iuris*!) hilft nicht weit: ich empfinde es als ebenso „notwendig", meine Nachbarn zu grüßen, wie meinen Bürgersteig rein zu halten. Von der letzteren Pflicht vermute ich, daß sie auf einem (mir unbekannten) Ortsstatut beruht. Außerdem nehme ich an, daß sie, im Gemeininteresse, auch ohnedies erzwingbar sein müsse. Darum ist sie bei *mir opinio iuris.* Doch könnte ich mir Zeitgenossen denken, die anderer Meinung wären. Was käme also, in Ermangelung eines Ortsstatuts und in einem *wirklichen* Zweifelsfalle, dabei heraus, wenn man Beweis über die *opiniones* der Beteiligten durch deren Zeugenvernehmung erheben wollte? — Man lese, was Juristen, die (vor 1900) noch eigene Erfahrung mit derlei Beweiserhebungen hatten, darüber schreiben; z. B. *R. v. Jhering* (1818—92) in seinem Geist des römischen Rechts, 4. Aufl. II, 1, S. 33/34. — Literatur und Judikatur spiegeln nur die Ratlosigkeit der Lehre wider. Vgl. z. B. *Armin Ehrenzweig*, System des österreichischen allgemeinen Privatrechts, 2. Aufl., Wien 1951, I, § 11 (S. 58 ff.), wo die Ununterscheidbarkeit von Sitte und Gewohnheitsrecht spezifiziert und nüchtern registriert wird.

Nur die *Staatstätigkeit* vermag hier also, in Ermangelung einer natürlichen Grenze, die Scheidelinie zu demarkieren. Daß sie es als *Gesetzgebung* tausendfach getan hat, ist kein Problem. Wie aber kann sie es als *Rechtsprechung*? Die Frage geht also für uns in dem Problem auf, wie *Gerichtsgebrauch* Recht erzeugen könne.

§ 30. Fortsetzung: Rechtsprechung als Rechtsschöpfung

I. Vergegenwärtigen wir uns noch einmal die Bedeutung der Rechtsprechung für die Rechtsentwicklung: Wir sahen in § 3, wie es das Walten der Gerichtsbarkeit gewesen war, das die ursprüngliche Einheit des ungeformten Sittenrechtes (*Puchtas* „Recht der Sitte“) in Sitte und Recht zerschied, indem sie zu einer festen Einrichtung wurde, in der fixierte Texte und bestimmte Normen (wenn auch zunächst dem alten ungeformten Bestande entnommen und aus ihm ergänzt) zur Geltung kamen. Freilich war diese Rechtsprechung, solange sie eine solche des Things war, *zugleich* auch etwas wie *Gesetzgebung:* Das Thing war *die* Versammlung des gesamten Volkes und damit, nach modernen Begriffen, allzuständig. Es war *das* Volk, Gericht und Gesetzgeber in einem, wenn auch der Begriff der Gesetzgebung damals noch nicht voll bewußt war.

Dann schied sich die Gesetzgebung von der Gerichtsbarkeit. Aber wir sahen in § 15 III, wie der römische *Prätor,* ohne Gesetzgebungskompetenz zu haben, neues Recht geschaffen hat. Das römische Amtsrecht (ius honorarium), das Recht also, aus dem unser heutiges Privatrecht im wesentlichen hervorgegangen ist, ist somit *judge-made law* gewesen.

II. Auch heute hat die Rechtsprechung rechtsschöpfende Wirkung. Keineswegs nur in England. So schreibt ein österreichischer Rechtslehrer:

„Die Kraft des Gerichtsgebrauches ist eine andere als die des Gesetzes; sie ist geringer und sie ist größer. Geringer, weil der Gerichtsgebrauch den Richter nicht bindet, und größer, weil die Kraft des Gesetzes selbst, seine Wirksamkeit und seine Bedeutung davon abhängt, ob und wie es angewendet wird: denn nach der behördlichen Praxis, nicht unmittelbar nach dem Gesetze und nicht nach den Meinungen der Schriftsteller richtet die Bevölkerung ihr Verhalten ein.“ *Armin Ehrenzweig,* System des österreichischen allgemeinen Privatrechts, 2. Aufl., Wien 1951, § 12, S. 62.

Als der Verfasser der österreichischen Zivilprozeßordnung, *Franz Klein,* nach dem Inkrafttreten des von ihm entworfenen Gesetzbuches Vorlesungen darüber hielt, sagte er, nach der Einführung eines Gesetzes finde „eine Art Plebiszit der Praxis statt, die erst über die effektive Geltung des Gesetzes endgültig entscheidet, diesem seine volle Kraft gibt und ihm dauernde Wirksamkeit sichert“ (Vorlesungen über die Praxis des Ziv. Proz., Wien 1900, S. 1). Und der Franzose *Planiol* formuliert „La loi n’a de valeur que si on l’applique et par la façon dont on l’applique“ (Droit civil I, 122).

III. Auch wir haben, heute und in Deutschland, *judge-made law*. Man schlage einen beliebigen Kommentar zu den §§ 138, 157, 242, 826 BGB oder zu § 1 UWG auf, und man hat es vor sich. Freilich nicht *nur* solches; aber doch vorgeschlagenes, werdendes und auch gewordenes.

Abgesehen von den Urteilen unseres Verfassungsgerichtshofes, eines Gerichtes, das Gesetze spricht (vgl. § 31 BVGG), haben wir keine gesetzlichen Bestimmungen, nach denen irgend ein gerichtliches Urteil mehr wäre, als Entscheidung eines konkreten Rechtsstreits: *dieses* Streites *dieser* Parteien. Nur hierfür gilt seine Rechtskraft. Es entscheidet über Rechte (dieser Parteien), nicht über *das* Recht.

Aber jenseits dieser bloßen Rechtskraftwirkung hat das Urteil *freie Autorität*, die um so größer ist, je höher der Rang des urteilenden Gerichts. Und nun erinnere ich an das, was wir in § 9 II im Zusammenhange mit dem Phänomen der Rezeption über Ursachen und Wirkungen des *Normenhungers* bemerkt haben: Es würde für den Richter ebenso beunruhigend und belastend wie gewissenlos und sozialschädlich sein, wenn er von den Urteilen seiner Kollegen, zumal von denen der oberen Gerichte, keine Notiz nehmen wollte. Er würde Zeit, Kraft und Geld der rechtsuchenden *Parteien* vergeuden, wenn er ohne besondere, schwerwiegende (und in seiner Urteilsbegründung eingehend darzulegende!) Gründe Entscheidungen fällte, bei denen er damit rechnen müßte, daß die höhere Instanz sie wieder aufheben werde. Überhaupt aber sind *Stetigkeit* und *Einhelligkeit* der Rechtsprechung von hohem Gemeinschaftswert. Noch weniger als der Einzelne, dürfen die *Gerichte* Erwartungen enttäuschen. Es muß Verlaß darauf sein, daß sie morgen zu dem stehen werden, was sie gestern im gleichen Falle gesprochen haben. Auch hier schließt sich unser Ring, und man vergleiche den Anfang dieses Buches.

In der Tat kann das Abgehen der Gerichte von einer ständigen Rechtsprechung u. U. bedenklicher wirken als eine Änderung des Gesetzes. Das neue Gesetz pflegt nur für die Zukunft (ex nunc) zu wirken, die Änderung der Rechtsprechung wirkt aber automatisch zurück (ex tunc). Führt also z. B. der Gesetzgeber für eine Vertragsart ein neues Formerfordernis ein, so hat das auf die schon *geschlossenen* Verträge im Zweifel keine Wirkung mehr. Haben aber zwei Partner — beraten von Anwälten und Notaren — im Vertrauen auf die bisherige ständige Rechtsprechung einen Vertrag geschlossen, der hiernach unbedenklich war, und ändert sich die Rechtsprechung danach, indem sie das bestehende Formerfordernis strenger handhabt als bisher — oder etwa Verträge dieser Art für unsittlich und also als nichtig gem. § 138 BGB erklärt —, so ist jener Vertrag damit praktisch ex tunc ausgelöscht (sofern ihn die Parteien nicht gleichwohl einzuhalten bereit sind; denn wo kein Streit ist, ist kein Richter!). Die Rechtsprechung fungiert eben *formal* nur als eine Auslegung des schon bestehenden Gesetzes. Das Formerfordernis oder die „guten Sitten" seien, sagt das neue Urteil implicite, immer schon so gewesen, wie nunmehr festgestellt.

Angesichts dieser generellen Ordnungsaufgabe zumal der höchstrichterlichen Rechtsprechung hat auch unser Gesetzgeber Vorkehrungen getroffen, um ihre *Einhelligkeit* zu sichern: Will ein Senat des *Bundesgerichtshofes* von der Entscheidung eines anderen abweichen, so hat der *Große Senat* (für Zivil- bzw. Strafsachen) zu entscheiden; geraten Privat- und Strafrecht miteinander in Widerspruch, so sind es die *Vereinigten Großen Senate* (§§ 132, 136 ff. GVG). Und zur Koordinierung der Rechtsprechung aller obersten Gerichtshöfe des Bundes (Bundesgerichtshof, Bundesarbeitsgericht, Bundesfinanzhof, Bundesverwaltungsgericht und Bundessozialgericht) sieht Art. 95 Abs. 3 GG nunmehr einen Gemeinsamen Senat dieser obersten Gerichtshöfe vor. — Die hiermit erstrebte Einheitlichkeit der Rechtsprechung setzt aber auch ihre *Stetigkeit* voraus.

IV. Nunmehr sind wir gerüstet, das Problem des *Gewohnheitsrechtes* wieder aufzunehmen und seiner Lösung zuzuführen.

Rechtsprechung, Gerichtsgebrauch, ist nicht Gewohnheitsrecht; auch ständige Rechtsprechung nicht. Bei allem Bedürfnis nach Stetigkeit und Voraussehbarkeit der Entscheidungen muß sie dem Wandel der Lebensverhältnisse offen bleiben, *freie* Autorität sein können. Doch *kann* sie Gewohnheitsrecht sein und *kann* sie solches werden. Sie *ist* es, wenn sie *Sitte* als rechtsverbindlich anerkennt, sie *wird* es, wenn sie in der Öffentlichkeit eine solche *Zustimmung* oder doch so wenig ernsten Widerspruch findet, daß ihre Fortsetzung mit Recht erwartet werden darf. Dann sind die Gerichte an ihre eigene Rechtsprechung als an *Recht* gebunden.

Lehrreich ist hier ein entsprechender Gedanke der *amerikanischen* Jurisprudenz: Auch die amerikanischen Richter messen ihren (eineinhalb Millionen) Präjudizien *im ganzen* nur *freie* Autorität bei. Trotz des Präjudizienprinzips (des *stare decisis*) halten sie sich für befugt, ihre bisherige Rechtsprechung zu verlassen (to overrule it), wenn die Verhältnisse sich geändert haben. Für gebunden halten sie sich aber, sofern das Präjudiz (precedent) die *Auslegung eines Gesetzes* betrifft. Hätte nämlich, sagen sie, der Gesetzgeber jenes Präjudiz mißbilligt, so würde er dessen weitere Auslegung in diesem Sinne durch eine Neufassung seines Gesetzes verhindert haben. Sie setzen den Gesetzgeber also als weiterredend voraus und folgern damit aus seinem Schweigen Billigung der richterlichen Gesetzesauslegung. Diese hat somit für sie *Gesetzeskraft.* — Die Verfassungsgesetzgeber setzt man dagegen nicht als weiterredend voraus: „They did their work when the words were put down" (vgl. *Edward H. Levi,* An Introduction to Legal Reasoning. Univ. of Chicago Law Review Vol. 15, (1948), Nr. 3, p. 541). Eine authentische Interpretation der Verfassung durch die Gerichte kann es deshalb nicht geben.

Kann diese Praxis selbst uns unmittelbar zwar nur den Unterschied des Case Law-Systems von dem des kodifizierten Rechtes deutlich machen, so haben wir doch gute Verwendung für den demokratischen Gedanken, die Rechtsprechung gleichsam als einen *Gesprächspartner* des souveränen Volkes anzusehen, das als Staat Gesetze, unmittelbar als solches aber Sitte und öffentliche Meinung hervorbringt. Wie also drüben Recht entsteht, wenn der Gesetzgeber auf den Vorschlag der Rechtsprechung billigend schweigt, so, scheint mir, bei uns, wenn die Rechtsprechung in die Volkssitte, oder die öffentliche Meinung in die Rechtsprechung *einstimmt.*

Die öffentliche Meinung ist dabei *nicht* die *opinio necessitatis* der Beteiligten, sondern das Urteil einer gleichsam neutralen Instanz. Sie dürfte deshalb typischerweise unbefangener und heute überdies auch leichter festzustellen sein (Presse, Standesvertretungen, Fachverbände). Hinsichtlich spezifisch juristischer Fragen ist sie aber als die *communis opinio doctorum* zu denken, als die in Literatur und Fachzeitschriften zutage getretene „herrschende Lehre" der *Wissenschaft.*

Freilich kann danach Gewohnheitsrecht ohne die Mitwirkung der Rechtsprechung nicht entstehen. Das entspricht aber schon längst unserer Wirklichkeit: alle ernsthaften Beispiele von heutigem Gewohnheitsrecht ergeben sich aus dem *Gerichtsgebrauch.* Man denke das in dem bekannten Lehrbuch von *Enneccerus-Nipperdey,* 15. Aufl. (1959) Bd. I §§ 38 und 42 dargebotene reiche Material gemäß der hier aufgestellten *Einstimmungstheorie* durch. Man wird, glaube ich, finden, daß die *praktischen* Ergebnisse von den dort (an Hand einer der Überzeugungslehre nahestehenden Willenstheorie) gebotenen kaum abweichen. Mir scheint aber, daß sie von meinem Standpunkte aus einfacher und einleuchtender zu erklären sind.

Und so verschwindet denn endlich das ungreifbare Gespenst des außergerichtlichen Gewohnheitsrechts. Es ist kein Verlust. Man lese, was *Rudolf v. Jhering* (Geist des römischen Rechts, 4. Aufl. II, 1 § 25) über dieses Fluidum, „die sittliche Substanz im Zustande der Flüssigkeit, das Chaos" zu sagen hatte, dessen „unvertilgbares Muttermal" die *Unbestimmtheit* sei. Es ist auch kein Zufall, daß der Begründer des deutschen Verwaltungsrechts, *Otto Mayer* (1846—1924), es aus seinem Gebiete gänzlich hatte verbannen wollen (Deutsches Verwaltungsrecht, 3. Aufl., I, S. 87 ff.). Vgl. dazu aber auch *W. Jellinek*, Verwaltungsrecht, 3. Aufl., 1948, S. 123 ff., der dort schreibt:

„Gewohnheitsrecht liegt eben dann vor, wenn der Richter überzeugt sein muß, daß mit der Anerkennung des gewohnheitsmäßig Geübten der Idee der Einhelligkeit der Rechtsfindung besser gedient ist, als mit der Ablehnung."

Vollends schreibt der heute in steigendem Maße anerkannte englische Rechtsdenker *John Austin* (1790—1859) von der bloßen Übung (zugleich mit wissenschaftlichen Schlußfolgerungen und außergerichtlicher Praxis):

"Now till the legislator or judge impress them with the character of law, the custom is nothing more than a rule of positive morality" (Lectures on Jurisprudence, 5. Aufl. 1929, I, p. 36).

Der Ausdruck trifft genau, was vor sich geht: die Rechtsprechung prägt die Sittlichkeit, die sich als „gute Sitte" niedergeschlagen und damit positiviert hat, in positives Recht um. Das aber steht dem Richter frei. Das Gesetz hat ihn ohnehin auf die Sitte verwiesen (vgl. o. § 7 II 1). Nirgends hat es ihm verboten, sie gutzuheißen, wenn sie ihm gut scheint. Wir haben ihm längst schwerere Entscheidungen anvertraut als diese. Es ist nicht zu befürchten, daß er deshalb der „Klage auf den ersten Walzer" (*Jhering*, a. a. O. III, 1 S. 343 Anm. 452) stattgeben werde.

Damit ist die unerforschliche Überzeugung der Beteiligten aus dem Spiel, und der sonst mystisch bleibende Rechtsgeltungswille der Gemeinschaft gewinnt greifbarere Gestalt. Die Einstimmungstheorie ist aber auch nicht die absolutistisch-obrigkeitsstaatliche Gestattungstheorie: das Volk kann zwar nur als Gesetzgeber und sonst nicht ohne die Gerichte Recht erzeugen. Die Gerichte können es aber auch nicht ohne das Volk als Öffentlichkeit. Die Initiative kann von jedem der beiden Partner kommen, und *einig* sind sie stärker als der Gesetzgeber: eine gesetzliche Bestimmung, die von den Gerichten mit Billigung der Öffentlichkeit nicht mehr angewendet wird, hat damit kraft Gewohnheitsrechts ihre Geltung verloren, ist in *desuetudo* geraten, derogiert.

V. Der Fall der *Revolution* dagegen hat hier auszuscheiden: wenn der Staat stürzt, zerbricht das positive Recht, und was geschieht, liegt jenseits der Maße jeder bestehenden Ordnung (vgl. o. § 22 II). Das Gewohnheitsrecht ist *Evolution* in *bestehender* Ordnung. Auch ist die

Maxime der Revolution der des Gewohnheitsrechts gerade entgegengesetzt: alle sollen jetzt das *Gegenteil* dessen tun, was man bisher zu tun pflegte. Ihre Abhängigkeit vom Früheren ist somit *dialektisch*, nicht bejahend, wie die konservative Haltung, der das Case Law entspricht.

Eher steht das Gewohnheitsrecht der *Rezeption* nahe: das römische Recht ist von uns in einem Jahrhunderte langen Vorgange durch *Gerichtsgebrauch* aufgenommen worden. Aus unserer Zeit vergleiche man die gewohnheitsrechtliche Aufnahme des Aufopferungsanspruchs (§§ 74, 75 Einl. z. Pr. ALR[1]) im außerpreußischen Deutschland (vgl. *Forsthoff*, Lehrbuch des Verwaltungsrechts, 9. Aufl., S. 327 und BGHZ 9/83 ff. [85 f.], 16, 366 ff. [374]) sowie die in § 9 III erwähnten Rezeptionen fremder Rechtsprechung. Umstürzende Rechtsänderungen durch Einzelentscheidungen, wie die des Reichsgerichts vom 28. November 1923, als es zu Ende der 1. Inflation die schuldtilgende Wirkung der alten Währung (Mark = Mark) unter Berufung auf § 242 BGB aufhob und die Aufwertung einleitete (RGZ 107, S. 78 ff.), sind demgegenüber selten. Im ganzen ist der Gang der Gewohnheitsrechtsbildung, auch in der Hand der Gerichte, geduldig tastendes Summieren kleiner Veränderungen von Fall zu Fall, organisches Wachstum gewesen. Das langsam gewachsene Holz ist dann zumeist das dauerhafteste geworden, und mit ihrem in dieser Art entstandenen Case-Law haben sich Engländer und Amerikaner bekanntlich bis in unsere Tage weitgehend begnügt.

§ 31. Kodifiziertes Recht und Case Law

I. Gegenüber dem Case-Law ist unser Recht dadurch gekennzeichnet, daß es ein kodifiziertes ist. Kodifizierung bedeutet aber nicht lediglich Gesetzgebung. Gesetze gibt es — sogar in großer Zahl — auch in England und in den USA. Eine Kodifikation ist vielmehr ein Gesetz*buch* und erhebt den Anspruch, das gesamte Recht oder doch eine umfangreiche Teilmaterie nicht bloß in sich *widerspruchsfrei*,

[1] § 74. Einzelne Rechte und Vortheile der Mitglieder des Staates müssen den Rechten und Pflichten zur Beförderung des gemeinschaftlichen Wohls, wenn zwischen beiden ein wirklicher Widerspruch (Collision) eintritt, nachstehn.

§ 75. Dagegen ist der Staat denjenigen, welcher seine besonderen Rechte und Vortheile dem Wohle des gemeinen Wesens aufzuopfern genöthigt wird, zu entschädigen gehalten.

sondern überdies auch *ausschließlich* und *vollständig* geregelt zu haben.

Das große Vorbild eines solchen, das Beispiel, dem alle Kodifikationen des europäischen Kontinents letztlich ihren Vorsprung verdanken, ist das Corpus iuris Justinians (vgl. o. § 9 I). Nachdem die Erlasse *(rescripta, constitutiones)* der früheren Kaiser gesichtet und in einem Codex Justinianus neu redigiert worden waren; nachdem die Gesetzgebungskommission unter dem Vorsitze des Ministers Tribonian die 3 Millionen Zeilen der gesamten römischen Rechtsliteratur zu den 150 000 Zeilen der „Allesenthaltenden" *(Pandekten,* lat. *Digesten)* zusammengestrichen und Widersprüche ausmerzend umgeformt, endlich noch eine „Einführung in die Rechtswissenschaft", die *Institutionen* hinzugefügt hatte, sollte das Gesamtwerk die römische Rechtsentwicklung in ewiger Gültigkeit krönen und abschließen. Wer es deshalb vom 30. Dezember 533 ab als Richter oder Anwalt wagen werde, die alten Texte zu verwenden, oder sich unterfangen sollte, die neuen zu kommentieren, sei als Fälscher zu bestrafen. Frühere Kommentare hätten Verwirrung genug gestiftet.

All dies ist in dem Einführungsgesetz *(confirmatio)* vom 16. Dezember 533 enthalten, das nach seinen Anfangsworten: Tanta circa nos divinae humanitatis est providentia ... die *Constitutio tanta* genannt zu werden pflegt. Freilich verhehlte sich der Gesetzgeber nicht, daß das Leben weitergehen werde: emsig bringe die Natur neue Formen hervor, und er bezweifle nicht, daß auch späterhin Fälle auftreten würden, die noch nicht von den Schlingen des Gesetzes erfaßt seien, denn alles Menschenwerk sei unvollkommen. Dafür habe Gott des Kaisers Macht als Heilmittel verordnet, dessen künftiger Regelung solche Fälle zu überlassen seien. Im übrigen stehe die analoge Anwendung des Gesetzes offen.

Justinian ist in den folgenden dreißig Jahren von seinen Richtern noch oft um Rechtsweisung gebeten worden und hat Gelegenheit genommen, sein Werk selbst auszulegen, zu erläutern und zu verbessern. Seine Auskünfte (die „Selbstherrlichen", *Authentica*) sind später gesammelt und als *Novellae* seinem Gesamtwerke (für das sich erst im 16. Jahrhundert die Bezeichnung *Corpus iuris* einbürgerte) als dessen vierter Teil angegliedert worden. — Von der Empfehlung der analogen Anwendung seiner Sätze (später *secundum similitudinem* genannt) hat die Nachwelt reichlich Gebrauch gemacht. Um sein Kommentierverbot hat sie sich nicht gekümmert: Eben aus der Kommentierung dieser Kodifikation und immer kühneren Analogieschlüssen ist im Werke der Glossatoren und Kommentatoren (vgl. o. § 9 I) die europäische Rechtswissenschaft erwachsen.

II. Die Justinianische Kodifikation ist freilich nicht unmittelbar nachgeahmt worden. Aber ihre Rezeption erhielt den Kodifikationsgedanken lebendig, und im 17. Jahrhundert wuchs ihm neue Kraft aus der *Naturrechtsbewegung* zu, die ihrerseits gerade als Reaktion auf die Rezeptionsjurisprudenz der Kommentatoren zur Macht gekommen war (vgl. auch o. § 23 II). Als Vernunftrecht und als eine Wissenschaft, die den Ehrgeiz hatte, es der eigentlichen Naturwissenschaft, der neu erblühten Physik *more geometrico* (nach Art der Geometrie) deduzierend gleichzutun, forderte sie ein aus Begriffen logisch abgeleitetes *System*. Auch ein System aber will *widerspruchsfrei, ausschließlich* und *vollständig* sein. Und zumal in den Werken *Samuel Pufendorfs* (1632—1694) und *Christian Wolffs* (1679—1754), seit dem Beginn des 19. Jahrhunderts unter neuem Aspekt in denen der *Pandektisten,* entstanden nun solche Systeme. Damit war der Kodifikationsgedanke dem Systemwillen des abendländischen Denkens unterworfen worden, wie er aus der rationalen Theologie und Philosophie der Scholastik hervorgegangen war. Freilich standen selbst die Denker des Vernunftrechts (die Pandektisten vollends) nicht nur auf den Schultern der Scholastiker und der — gleichfalls scholastisch arbeitenden — Kommentatoren und Glossatoren, sondern letzten Endes eben doch auch wieder auf denen der Römer: das Corpus iuris hatte ihnen großenteils das empirische Fallmaterial, die darin überlieferte Gedankenarbeit der römischen Juristen wichtige Grundbegriffe und Einteilungsprinzipien für ihre Systembauten geliefert.

Diese Systembauten selbst aber wurden nun wiederum wichtige Vorarbeiten für die Gesetzgebungswerke des 18. und 19. Jahrhunderts. Denn in ihnen war die Stoffsammlungsweise des Corpus iuris mit seiner noch fast zufällig-willkürlichen Materienfolge geistig überwunden worden, und die mit logischer Strenge gegliederten, eben *systematischen* Kodifikationen unserer Zeit konnten jetzt an seine Stelle treten, gleichviel ob sie nun römischen, germanischen oder neugebildeten Rechtsstoff in sich aufnahmen.

III. Das Gesamtrecht eines Staates in allen seinen Materien mit einer einzigen systematischen Kodifikation zusammenzufassen, ist freilich nur noch einmal unternommen worden: in dem mehr als 19 000 Paragraphen zählenden preußischen Allgemeinen Landrecht.

Dem Corpus iuris sonst zwar nach Form und Inhalt durchaus ungleich, ähnelte es ihm doch nicht nur in seinem materiellen Umfange, sondern auch in seinem Geltungsanspruch: Alles frühere Recht soll mit dem 1. Juni 1794 — vorbehaltlich nur bestimmter provinzieller Besonderheiten — „gänzlich aufgehoben und abgeschafft" sein, den neuen Gesetzen kein anderer Sinn beigelegt werden, „als welcher aus den Worten, und dem Zusammenhange derselben, in Beziehung auf den streitigen Gegenstand, oder aus dem nächsten unzweifelhaften Grunde des Gesetzes, deutlich erhellet" (Einl. § 46). Die Weiterbildung des Rechtes wird allein vom Gesetzgeber erwartet: „Findet der Richter den eigentlichen Sinn des Gesetzes zweifelhaft, so muß er, ohne die prozeßführenden Parteien zu benennen, seine Zweifel der Gesetzcommission anzeigen, und auf deren Beurtheilung antragen" (§ 47). Auch wenn er „kein Gesetz" findet, „welches zur Entscheidung des streitigen Falles dienen könnte", muß er „diesen vermeintlichen Mangel" dem Chef der Justiz sofort anzeigen, doch ist er in *diesem* Falle zugleich befugt, nach Analogie — „nach den in dem Landrecht angenommenen allgemeinen Grundsätzen, und nach den wegen ähnlicher Fälle vorhandenen Verordnungen" — seiner besten Einsicht gemäß zu erkennen (§§ 49, 50). Auf die fernere Rechtsgestaltung sollen derartige Analogieentscheidungen aber gleichwohl ebensowenig Einfluß gewinnen dürfen, wie die gelehrten Spitzfindigkeiten etwaiger Kommentatoren, denn: „Auf Meinungen der Rechtslehrer, oder älterer Aussprüche der Richter, soll, bey künftigen Entscheidungen, keine Rücksicht genommen werden" (Einl. § 6).

IV. Diese Bestimmungen fielen nun freilich schon im Laufe der nächsten drei Jahrzehnte, und die späteren Gesetzgeber sind bescheidener gewesen. Sie kodifizierten nur noch *Teilmaterien*, und das napoleonische Beispiel der *Cinq Codes:* Code civil, Code de procédure civile, Code de commerce, Code pénal und Code d'instruction criminelle machten auf dem europäischen Kontinent Schule. Bürgerliches Gesetzbuch, Zivilprozeßordnung, Handelsgesetzbuch, Strafgesetzbuch und Strafprozeßordnung sind auch unsere klassischen Kodifikationen geworden. Die Kommentierung seines Werkes hat sich kein Gesetzgeber mehr verbeten, das Gebot seiner Anrufung durch den zweifelnden Richter in dieser Form nicht mehr wiederholt. Keiner hat auch mehr versucht, die Richter in die Rolle zurückzudrängen, die *Montesquieu* ihnen zugedacht hatte: nichts zu sein als „la bouche qui prononce les paroles de la loi, des êtres inanimés qui n'en peuvent modérer ni les paroles ni la rigueur"; denn die Freiheit sei bedroht, wenn der Richter selbst zum Gesetzgeber werde[1].

Unser Gesetz begnügt sich damit, den Richter als „nur dem Gesetz unterworfen" zu bezeichnen (Art. 97 I GG, § 1 GVG). Wie er sich zu verhalten habe, wenn er glaubt, daß das Gesetz ihn im Stiche lasse, hat es ihm nicht gesagt. Napoleon hat ihn mit harten Worten auf sich

---

[1] Esprit des Lois L. XI, ch. VI. Im Zusammenhange mit der *Gewaltentrennung* werden wir dieser Stelle später wiederbegegnen (§ 58 D).

selbst gestellt: „Le juge qui refusera de juger, sous prétexte du silence, de l'obscurité ou de l'insuffisance de la loi, pourra être poursuivi comme coupable de déni de justice" (Art. 4 Code civil). Das aber heißt: „Mein Gesetz gibt dir, was du brauchst; also hast du damit fertigzuwerden!" Das österreichische ABGB von 1811 verweist ihn in seinem § 7 auf das Naturrecht: „Läßt sich ein Rechtsfall weder aus den Worten, noch aus dem natürlichen Sinne eines Gesetzes entscheiden, so muß auf ähnliche, in den Gesetzen bestimmt entschiedene Fälle, und auf die Gründe anderer damit verwandten Gesetze Rücksicht genommen werden. Bleibt der Rechtsfall noch zweifelhaft, so muß solcher mit Hinsicht auf die sorgfältig gesammelten und reiflich erwogenen Umstände nach den natürlichen Rechtsgrundsätzen entschieden werden." Nobel und mutig aber hat der schweizerische Gesetzgeber von 1907 seinen Richtern Vertrauen geschenkt:

„Das Gesetz findet auf alle Rechtsfragen Anwendung, für die es nach Wortlaut oder Auslegung eine Bestimmung enthält.

Kann dem Gesetze keine Vorschrift entnommen werden, so soll der Richter nach Gewohnheitsrecht und, wo auch ein solches fehlt, nach der Regel entscheiden, die er als Gesetzgeber aufstellen würde.

Er folgt dabei bewährter Lehre und Überlieferung" (§ 1 Schweiz. ZGB).

V. Damit haben der schweizerische und der österreichische Gesetzgeber — wie vor ihnen schon Justinian — offen zugegeben, daß ihr Werk unvollständig sein könne. Und doch hat die Vorstellung von einem logisch geschlossenen, in sich widerspruchslosen und vollständigen *Rechtssystem,* das unseren Kodifikationen zugrunde liege, unser kontinentales Rechtsdenken geprägt. Unsere Gesetzbücher haben für uns praktisch die unwiderlegbare Vermutung der Vollständigkeit für sich: Jede vermeintliche „Lücke" muß aus dem Gesetze selbst zu schließen sein: aus den in ihm enthaltenen Grundsätzen und den Analogien, die es darbietet. Sind diese aber gefunden — und sie *müssen* zu finden sein! — so *ist* die „Lücke" keine Lücke mehr. Unser jeweiliges Recht ist uns dabei gleichsam ein geometrisches Bezugssystem, mit dem wir jeden Punkt im Raume orten können.

Hier nun entsinnen wir uns des Richters, dem eine soziologisch-realistische Rechtswissenschaft zwar allenfalls zu sagen vermochte, wie er entscheiden *werde,* nie aber, wie er entscheiden *solle,* und den wir in § 11 I seiner Ratlosigkeit überlassen hatten: Gibt es für ihn ein Rechtssystem, so muß er in *jedem* Falle ermitteln können, was er tun soll. Andernfalls macht ihn das Fehlen eines den Fall treffenden Gesetzes oder Präjudizes zum Gesetzgeber.

VI. Den Schluß, daß der Richter in Wahrheit Gesetzgeber sei, legt nun aber besonders jedes Präjudizienrecht sehr nahe. Die Engländer haben sich ihm indessen durch die Theorie zu entziehen bemüht, daß auch ihr Common Law ein Rechtssystem sei: Obwohl als case-law in Erscheinung tretend, sei es dennoch nicht judge-*made:* vor allen Richtersprüchen sei es, bloß eben noch unerkannt, schon existent und werde deshalb von den Richtern nicht *gemacht,* sondern nur — von einem Fall zum andern — *offenbart.*

Die frühe Vorstellung vom „alten Recht", das von den Vorfahren überkommen ist und von den Lebenden bloß „gewiesen" werden kann (vgl. o. §§ 3 I, 6 I), vereinigt sich hier mit naturrechtlichem Denken. Dem Außenstehenden erscheint das Ganze bei nüchterner Betrachtung als Kurzschluß und als Hypostase: weil die Richter keine Gesetze geben *dürfen, können* ihre Sprüche eben nichts Neues setzen; also *muß* die von ihnen gewiesene Norm schon vorher dagewesen, ihre Neuheit bloßer Schein sein.

Es verlohnt sich zu lesen, wie ein scharfblickender englischer Rechtsdenker die Rechtsschöpfung durch Richterspruch, diesen eigentlichen Zeugungsakt des Case-Law, analysiert hat:

"When a group of facts come before an English Court for adjudication, the whole course of the discussion between the judge and the advocates assumes that no question is, or can be, raised which will call for the application of any principles but old ones, or of any distinctions but such as have long since been allowed. It is taken absolutely for granted that there is somewhere a rule of known law which will cover the facts of the dispute now litigated, and that, if such a rule be not discovered, it is only that the necessary patience, knowledge, or acumen is not forthcoming to detect it. Yet the moment the judgment has been rendered and reported, we slide unconsciously or unavowedly into a new language and a new train of thought. We now admit that the new decision *has* modified the law. The rules applicable have, to use the very inaccurate expression sometimes employed, become more elastic. In fact they have been changed."

So *Sir Henry Sumner Maine,* der, selbst ein Mitschöpfer englischen Rechtes, den Vorgang in seinem klassischen Buche Ancient Law (London 1861, Neudruck 1930) in dem Kapitel Legal Fictions (S. 26) beschrieben hat.

Es ist also eigentlich immer der jeweils *folgende* Richter, der die neue Norm in dem Urteile seines Vorgängers findet (und so miterfindet!), indem er sich auf sie stützt. Nicht darauf kommt es also in Wahrheit an, was der Vorgänger selbst für die Norm, die *rule* seines Spruches gehalten hatte:

"The judge in the present case may find irrelevant the existence or absence of facts which prior judges thought important. It is not what the prior judge intended that is of any importance; rather it is what the present judge, attempting to see the law as a fairly consistent whole, thinks should be the determining classification. In arriving at his result he will ignore what the past thought important; he will emphazise facts which prior judges would have thought made no difference" (*Edward H. Levi*, Introduction to Legal Reasoning p. 502).

Was wir hier beobachten, ist also in der Tat nicht die Offenbarung eines präexistenten Systems schon vorhandener Normen: es ist kollektive Rechtsneuschöpfung durch Gemeinschaftsarbeit der Richter. Keiner von ihnen ist dabei schon für sich allein Gesetzgeber, aber ein Nachfolger kann ihn dazu machen, indem er in seinem, des Vorgängers Urteil neue Normen findet.

VII. Kehren wir noch einmal zu unserem ratlosen Richter von § 11 I zurück: Im Besitze eines kodifizierten Normensystems würde sich der kontinentaleuropäische Jurist zutrauen, wissen und ihm sagen zu können, wie er zu entscheiden *habe*. Der amerikanische würde ihm nur *raten;* jenseits der Präjudizien kann es für ihn kein Wissen geben. Freilich könnte es leicht geschehen, daß der Anspruch des Europäers sich als Anmaßung erwiese, wenn nämlich ein Kollege auf Grund des gleichen Systems mit ebenso untadeliger Logik zu gänzlich anderen Ergebnissen kommen würde. Auch würden besagte Europäer dann vermutlich ebenfalls anfangen, miteinander über die Anwendbarkeit mehr oder weniger *ähnlicher* Präjudizien (und um Literaturstellen) zu streiten. Aber die Antwort „There is no case!", die der Amerikaner unbeschadet seiner Berufsehre gelassen geben könnte (und zuweilen, sogar vom Katheder, wirklich gibt!), würde doch keiner von ihnen über sich bringen.

VIII. Kodifiziertes Recht und case-law führen also zu zwei verschiedenen Arten des Rechtsdenkens. Dafür ist aber nicht schon entscheidend, ob in einem Staate Gesetze vorhanden sind oder nicht. Noch so zahlreiche Einzelgesetze sind doch keine Kodifikation und ergeben noch kein System. Das Vorhandensein oder Nichtvorhandensein eines handgreiflich formulierten (nicht bloß fingierten) Rechtssystems — gedruckt und in den Köpfen der Juristen — ist es, was den Unterschied ausmacht.

Deshalb wird selbst die unaufhaltsame Zunahme der Gesetze auch in England und USA nicht schon als solche eine Angleichung des dortigen Rechtsdenkens an das unsere herbeiführen. Ohne ein kodifiziertes System würden noch so viele Einzelgesetze nur gleichsam ebenso viele neue *cases* sein und würden Räsonnement, Rechtstechnik und Rechtsunterricht dennoch anders bleiben.

Doch darf man den Unterschied zwischen den beiden Rechtskreisen zugleich nicht überschätzen: Auf den ersten Blick hin ist er freilich überwältigend. Aber der erste Blick fällt eben auf das Technisch-Formale und Organisatorische. Der materielle Inhalt beider Rechte ist viel weniger verschieden. Wohl 85 % der angloamerikanischen Zivilrechtsfälle würden — wenn auch mit oft ganz anderer Begründung! — von unseren Gerichten im *praktischen Ergebnis* ganz oder fast ebenso entschieden worden sein. Bei Völkern gleicher Kulturstufe und gleicher Sozialstruktur ist in der Tat nichts anderes zu erwarten.

Auch der seit Montesquieu verabscheute Gedanke, den Richter — genauer die Richterschaft — als „Gesetzgeber" fungieren zu sehen, ist nicht so beängstigend, wie er uns zunächst erscheint: Nur wenn und soweit er eine wirkliche Lücke füllt, kann der Richterspruch neues Recht erzeugen. Gegen bestehendes Gesetz vermag er nichts, es sei denn, daß er öffentliche Meinung und Wissenschaft auf seiner Seite hat (vgl. o. § 38 IV). Im *Grundsatz* dürfte es damit auch jenseits der Meere kaum anders sein.

Daß der *Akzent* dort anders liegt, ist freilich nicht zu übersehen: Wir lernten in § 30 IV die in den USA bestehende Auffassung kennen, daß gesetzauslegende Entscheidungen durch Schweigen des Gesetzgebers Gesetzeskraft erlangen. Das klingt wie höchster Respekt vor dem Gesetzgeber, führt aber praktisch dazu, daß die Gesetze ein (für unsere Begriffe) seltsam verborgenes Dasein führen: Da ihre Interpretation durch die Rechtsprechung als authentisch gilt, sind sie gar bald von dieser überwachsen und werden selbst nicht mehr befragt, weil nunmehr eben alle aus ihnen praktisch entstandenen Fragen durch Urteile entschieden sind, die selbst schon wieder Gesetze und ihrerseits Grundlage weiterer Rechtsprechung geworden sind. Neben einer *derartigen* Interpretation hat der Gesetzestext dann keine praktische Bedeutung mehr. Weshalb der unsere Praxis beherrschende Buchtyp, der Gesetzeskommentar, dort eine nur bescheidene Rolle spielt.

Übrigens kann jenes Prinzip nur sinnvoll sein, wo das Gesetz eben doch noch Ausnahme, die Rechtsprechung, das Case-Law aber eine selbständige, sich gleichsam aus sich selber speisende Rechtsquelle ist. Auf unsere Verhältnisse übertragen, wo *jede* Entscheidung — wenigstens formal — auf gesetzlichen Bestimmungen beruht, würde es die gesamte Rechtsprechung zur Erstarrung bringen.

§ 32. Das geltende Recht in der sozialen Wirklichkeit

Indem wir uns nun ein Bild davon zu machen versuchen, in welcher Art Recht und Rechtsbildungsfaktoren in das Leben unserer eigenen Umwelt verflochten sind, ziehen wir aus dem bisher Gesagten, es teilweise wiederholend, gleichsam die Summe:

I. In unserer heutigen Welt wird das Recht vom Staate beherrscht. Recht sind die von ihm erlassenen Gesetze, ergänzt durch die Normen, die seine Gerichte, ohne ernsten Widerspruch zu finden, in ständiger Rechtsprechung als verbindlich anwenden. Ohne sie kann als Recht nichts gelten. Was Recht ist, bestimmt somit formal der Staat. Er hat das Rechtsmonopol. So gut wie alle Rechtsverhältnisse hat er — so scheint es — seiner Regelung unterworfen. Sein Gesetz dominiert. Im Rechtsunterricht erlernt man, jede Entscheidung aus dem *Gesetze* abzuleiten. Die Jurisprudenz erscheint dem Anfänger als die Kunde von den Gesetzen nebst dem technischen Umgange mit ihnen.

Das ist in gewissem Maße unvermeidlich und überdies insofern gut, als es das Denken übt und diszipliniert. Doch führt es zu der unter den Juristen — zumal den beamteten — recht stark verbreiteten Überschätzung der Wirksamkeit des Staates und seiner Gesetze. Man sollte sich deshalb folgendes klarmachen:

1. Daß die Gesetze vom Staate erlassen werden, bedeutet nicht notwendig zugleich, daß auch ihr *Inhalt* das Werk des Staates ist. Gerade bei näherem Zusehen zeigt sich hier, daß selbst Gesetze nicht bloß gemacht, sondern doch auch geworden sind. Oft waren ihre von den Gesetzgebungsorganen beauftragten Verfasser Redaktoren, die aus voraufgegangenen Entwicklungen bloß das Fazit zogen.

Beispielhaft deutlich ist das beim BGB. Sein Inhalt entstammt ganz überwiegend älterem Recht. Dem römischen zumal, d. h. der Arbeit einer Kette von Juristengenerationen, die bis zur späten Republik hinabreicht — über die der früheren, noch mehr der späten Kaiserzeit, die Redaktionskommission des Kaisers Justinian (527—565 n. Chr.), die italienischen Glossatoren (11.—14. Jhdt.) und Kommentatoren (15.—16. Jhdt.) und vollends die deutschen Pandektisten des 19. Jhdts. Doch auch das Pr. ALR, der Code civil und sogar der Sachsenspiegel haben dazu beigesteuert.

Dies ist freilich die längste Ahnenreihe, die eines unserer Gesetze aufzuweisen hat, aber kaum eines der bedeutenderen unter ihnen ist eigentlich ganz ohne eine solche. Zumal die der übrigen Justizgesetze (HGB, GVG, ZPO, KO, StGB, StPO) reicht jedenfalls bis ins frühe 19. Jahrhundert zurück. Die wenigsten sind gänzlich in Berlin „gemacht" worden. — Auch Gesetze sind Kulturgut, in dem sich die Arbeit von Generationen und Nationen kumuliert.

Es ist freilich ohnehin eine Binsenweisheit, daß keine geistige Leistung voraussetzungslos erbracht wird und jede immer — mehr oder weniger — nur *Weiter*arbeit ist. Im ganzen pflegen die *Praktiker* den Neuheitswert der Gesetze zu überschätzen, während die *Historiker*, umgekehrt, möglichst in allem Ableitungen aus Altem sehen wollen. Sie unterschätzen leicht die Bedeutung der Neubildungen, zu deren Gewicht noch der Umstand beiträgt, daß Altes in neuem Zusammenhange einen anderen Sinn bekommen und zu ganz anderen praktischen Ergebnissen führen kann.

2. Die Änderungen und Ergänzungen (Novellen) zu älteren Gesetzen sind oft nur das Ergebnis dessen, was auf Grund der in der Zwischenzeit gemachten Erfahrungen von Rechtsprechung und Literatur erarbeitet worden ist. Nicht selten bestätigen sie praktisch nur die „ständige Rechtsprechung".

3. Die Rechtsprechung ist aber nicht nur als Initiator zu Novellen des Gesetzgebers an der Rechtsfortbildung beteiligt. Ohnehin ist das Gesetz für die Praxis eben das, was die Rechtsprechung aus ihm zu machen weiß. In ihren Erkenntnissen schlagen sich dabei die sich ständig wandelnden Bedürfnisse und Gepflogenheiten des Lebens und des Verkehrs nieder. Denn ihre Aufgabe ist es, das Gesetz auf eben diese anzuwenden. Und immer wieder muß sie es dem Leben *anzupassen* wissen. Sie hat dabei die schwere Aufgabe, gesetzestreu, stetig und dennoch lebensnah zu bleiben; was ohne *schöpferische* Gedanken nie zu leisten ist.

4. Nicht umsonst wird deshalb die praktische Tagesarbeit des Juristen von Entscheidungssammlungen beherrscht. Doch auch von Kommentaren. Freilich sind die Kommentare oft selbst bloß Entscheidungsnachweise. Die besseren unter ihnen jedoch *verarbeiten* die Entscheidungen, ziehen die anderweitigen Juristenschriften — Lehrbücher, Monographien, Aufsätze — mit heran, in denen die Probleme selbständiger und distanzierter durchdacht worden sind (oder es doch sein sollten) und formen daraus *Leitsätze;* wie sich auch die Entscheidungen und ihre Herausgeber, Lehrbücher, Monographien und Abhandlungen ihrerseits um die Klarstellung solcher verallgemeinernden, den Stoff übersehbar machenden und das Gedächtnis entlastenden Sätze bemühen — Vorläufer zuweilen neuer Normen.

II. Auch im modernen Gesetzgebungsstaate also vollzieht sich die Weiterentwicklung des Rechtes, die materielle Rechtsbildung, im *Zusammenwirken* von Verkehrs- und Lebenspraxis, Rechtsprechung und

Wissenschaft mit dem staatlichen Gesetzgeber. Rechtsprechung und Rechtswissenschaft sind demgemäß nicht lediglich Rechtsanwendung und Rechtskunde. Sie sind zugleich Rechtsfortbildung und somit *Rechtsschöpfung*.

Im kodifizierenden Gesetzgebungsstaate wird das am deutlichsten, wo *Lücken* des Gesetzes zu schließen sind. Auch wo der Gesetzgeber Vollständigkeit seiner Regelung anstrebte, ergeben Wandlungen der Verhältnisse sie immer wieder von neuem. Weniger leicht, wenn der Gesetzgeber sich sehr allgemein gefaßt hat; doch überläßt er dann der Praxis *überhaupt* das meiste. Hat er aber — wie der des Pr. ALR — alles ganz minutiös selbst regeln wollen, so wird sich früher oder später zeigen, daß eben das unmöglich war.

Überdies hat unser Gesetzgeber sogar bewußtermaßen Lücken gelassen. Immer wieder liest man in den Gesetzgebungsmaterialien (den „Motiven" und „Protokollen" zum BGB z. B.), daß die Entscheidung dieser oder jener Frage „der Wissenschaft" überlassen bleiben solle. Lücken im Gesetz sind aber im Grunde auch die „Generalklauseln", die im Privatrecht eine so große Rolle spielen. Wenn der Gesetzgeber auf „Treu und Glauben" und „die guten Sitten" Bezug nimmt, gibt er dem Richter in Wahrheit den Weg zur eigenen Rechtsschöpfung frei. Man schlage einen beliebigen Kommentar zu den genannten Bestimmungen auf. Man wird dort sehen, wie sich in einem gleichsam freigelassenen Raume des Gesetzesgebäudes durch Zusammenarbeit von Wissenschaft und Rechtsprechung in ständigem Ringen mit dem Fluß der sozialen Realitäten neue Rechtssätze bilden. In diesen Leerräumen bildet sich bei uns in der gleichen Weise Recht, wie es im Case-Law überhaupt entsteht.

III. Das Gesetz thront also in Wahrheit nicht alleinherrschend auf einsamer Höhe. Sitte und Tradition haben es mit Leben erfüllt, Wissenschaft und Rechtsprechung weitergebildet und stehen als rechtsbildende Faktoren ständig neben ihm. Dabei kommt der Rechtsprechung eine besondere Bedeutung zu: Hat sich zu einer Frage — zumal einer solchen, über die das Gesetz schweigt — erst eine „gefestigte", dann eine „ständige" Rechtsprechung entwickelt, so *kann* daraus *Gewohnheitsrecht* entstehen.

Ein gutes Beispiel hierfür liefert die ständige Rechtsprechung zum Wegfall oder Fehlen der *Geschäftsgrundlage* (vgl. die Kommentare zu § 242 BGB); ein anderes die zur *culpa in contrahendo*, ein drittes die zur sog. *positiven Vertragsverletzung*, durch die eine bedeutsame Lücke im System des BGB ausgefüllt wurde (vgl. die Kommentare zu § 276 BGB). In allen drei Fällen waren es aber Schriften bedeutender Juristen gewesen, die den Stein ins Rollen gebracht hatten: *Oertmann*, Die Geschäftsgrundlage, 1921; *Rudolf v. Jhering*, Culpa in contrahendo, Jherings Jahrb. 4 (1861), S. 1 ff. (18); *Staub*, Die positiven Forderungsverletzungen, 1904 (2. Aufl. 1913). Indem die Rechtsprechung die Gedanken dieser Monographien (und der sich daran anschließenden Literatur) übernahm und praktisch anwendete, ist daraus — ohne Zutun des Gesetzgebers — praktisch *neues Recht* entstanden.

Daß über die Abgrenzung der genannten Prinzipien im einzelnen sowie über ihre Begründung (und darüber, inwieweit sie etwa im Gesetze doch schon mitenthalten gewesen seien) gestritten wird, ändert daran nichts, daß ihre Anwendung heute *Gewohnheitsrecht* ist. Die *Einstimmung* der öffentlichen Meinung war hier das Votum der *Wissenschaft*.

Doch nicht nur die Gedanken der Juristen selber können dadurch Recht erzeugen, daß sie in eine ständige Rechtsprechung eingehen, auch Verkehrssitten. Daß der Gesetzgeber oft selbst auf sie verweist, sahen wir (§ 7 II 1). Auch eine *Sitte*, die in ständiger Rechtsprechung anerkannt wird, kann damit in den Bereich des Rechtes eingehen.

Allgemein bedeutsame Beispiele hierfür sind die mannigfachen *Treuhandverhältnisse* und vor allem die *Sicherungsübereignung*, die das echte Pfandrecht an beweglichen Sachen in einer für den Verkehr nicht unbedenklichen und den Absichten des Gesetzgebers durchaus zuwiderlaufenden Weise praktisch stark verdrängt hat.

Das Rechtsmonopol des Staates besteht also darin, daß er die Gesetze gibt und ohne das Zutun seiner Gerichte anderes Recht nicht ist. Aber eben ihre Tätigkeit hält das Rechtsgebäude offen: In Generalklauseln und Lücken läßt sie die Wandlungen der Rechtsanschauungen und der gesellschaftlichen Verhältnisse einströmen, und ohne den Text des Gesetzes zu ändern, bildet sie es weiter. Oft aber übernimmt der Gesetzgeber dann in seinen Text, was in eben dieser Weise entstanden war.

IV. Indessen muß nicht nur das *Gesetz* in richtiger Proportion zum übrigen Rechte gesehen werden, sondern auch das *Recht überhaupt* zur Gesamtheit der außerrechtlichen sozialen Beziehungen. Auch in unserer heutigen Welt darf der Jurist nicht glauben, daß Gesetz und Recht schon alles seien.

1. Wir haben gesehen, daß das Recht sich von Sitte, Sittlichkeit, Brauch und Anstand dadurch unterscheidet, daß der *Staat* seinen Bereich bestimmt. Er bestimmt ihn als den Bereich seiner eigenen Entscheidungsmacht, und um seinen Entscheidungen Geltung zu verschaffen, stellt er seine Behörden und Organe als *Zwangsapparat* zur

Verfügung. Nur zur Durchsetzung von *Rechts*ansprüchen — der Bürger oder des Staates selbst — kann er eingesetzt werden.

Wer für verkaufte Waren nicht bezahlt wird, kann bei Gericht klagen (oder einen Zahlungsbefehl erwirken) und das Urteil (bzw. den Vollstreckungsbefehl) durch den Gerichtsvollzieher vollstrecken lassen. — Dem aber, der für ein wertvolles Geschenk den Dank nicht erntet, auf den er nach Sitte, Brauch und Anstand den unzweifelhaftesten „Anspruch" hat, steht (sofern wenigstens der Beschenkte nicht die Grenze des groben Undankes — § 530 BGB — überschritten hat) dennoch kein Zwangsmittel zur Verfügung.

Eben deshalb wird vielfach die *Erzwingbarkeit* als das eigentliche Kriterium des Rechtes angesehen (vgl. o. § 10 II), und in der Tat sind auch nur *Rechts*ansprüche — und diese typischerweise — erzwingbar. Doch sind sie es, schon nach dem Gesetz, nicht alle.

Unter den zivilrechtlichen Ansprüchen z. B. werden durch § 888 II ZPO mehrere eherechtliche sowie der Anspruch auf Arbeitsleistung aus einem Dienstvertrage von der Vollstreckbarkeit ausgenommen. Aber auch der Anspruch aus einer verjährten Forderung gehört hierher: Die Verjährung läßt ja den Rechtsanspruch als solchen (wenigstens nach herrschender Lehre) bestehen, nur kann der Schuldner — wenn er will — die Leistung verweigern, braucht sich also nicht verurteilen zu lassen (vgl. o. § 15 II und § 222 BGB).

Aber auch manches andere läßt sich *praktisch* durch Vollstreckungsmaßnahmen kaum erzwingen, und die Zwangsvollstreckung erweist sich einem böswilligen, dazu geschickten und starknervigen Schuldner gegenüber nur allzu oft als stumpfe Waffe. — Im *Staatsrecht* endet die Möglichkeit des Zwanges jedenfalls bei den obersten Staatsorganen: zur Erfüllung ihrer Amtspflichten kann sie niemand zwingen. Im *Völkerrecht* gibt es Zwang überhaupt nur in der unorganisierten Form der Repressalien und des Krieges.

2. Aber auch wenn man die Erzwingbarkeit, weil im übrigen doch typischerweise vorhanden, als Kennzeichen des Rechtes gelten lassen will, darf man noch immer nicht glauben, daß etwa die Furcht vor ihr der Motor des sozialen Lebens sei.

Tatsächlich wird im Leben die überwältigende Mehrzahl aller Verträge erfüllt, insbesondere fleißig und sorgfältig gearbeitet. Doch nicht aus Furcht vor Zwangsmaßnahmen, sondern weil

a) der Unternehmer und Geschäftsmann seinen guten Ruf, seinen Kredit, seine Kundschaft und seine Beziehungen (den „Goodwill") behalten will. Denn sie sind seine Existenz und er weiß — bewußt wie unbewußt — daß er sie verlieren würde, wenn er sich als unzuverlässig und unanständig erwiese. Jenen böswilligen und starknervigen Schuldner wird nicht der Gerichtsvollzieher, wohl aber, sofern er wenigstens ein Gewerbetreibender ist, der Verlust seines Kredites in die Knie zwingen.

b) Gearbeitet wird — trotz § 888 II ZPO —, weil gute Arbeit innere Befriedigung wie die Achtung der Kollegen einbringt. Der Arbeiter ist stolz auf seine gekonnte Arbeit. Er arbeitet im allgemeinen sorgfältig und sachgerecht selbst dort, wo er sich wegen Mangels an Arbeitskräften praktisch unkündbar weiß. Er will seinen Lohn *verdient* haben. Ausnahmen hiervon werden gering geachtet und bestätigen die Regel.

Wer etwa als ungeduldiger Bauherr meinen sollte, er könne mit Lieferanten, Handwerkern und Arbeitern durch Klageandrohungen besser und schneller zum Ziele kommen, dürfte bald merken, daß ihm das gar nichts nützen, wohl aber empfindlich schaden würde. — Mit dem bloßen „Druck der Rechtsordnung" *allein* ist gewiß noch nie auch nur *ein* Haus erbaut worden.

3. Tatsächlich ist Furcht vor Rechtszwang, jedenfalls in allen privaten Rechtsbeziehungen, wahrscheinlich ein seltenes Handlungsmotiv: Meist folgen wir — ganz unreflektiert — der Sitte, ohne dabei an die „Rechtslage" zu denken. In seinem privaten Alltagsleben macht es selbst der Jurist nicht anders. Erst wenn ein *Konflikt* entsteht, fragt man nach der Rechtslage und dem Juristen.

Anders ist es freilich mit der Befolgung vieler *Verwaltungsvorschriften* und besonders der Steuergesetze. Hier steht die Furcht vor dem Rechtszwang im Vordergrund. Ohne sie würde nicht viel an Steuern und Abgaben eingehen. Einsicht, Bürgersinn und Sittlichkeit versagen hier allzu oft.

Recht und Rechtswissenschaft sind am Konflikt erwachsen. Er ist ihr eigentliches Element, und vor den *Gerichten* sind sie aus ihm entstanden. Die aber müssen sein, weil die Menschheit nur zwischen Gericht und Gewalttätigkeit zu wählen hat.

4. Recht und Justiz schützen also die Gemeinschaft gegen Unfrieden und innere Feinde. Doch sind sie nicht ihr Lebensnerv, noch das, was sie zusammenhält. Ohne die *sittlichen* Bindungen von Ehe und Familie, Liebe, Freundschaft und gegenseitiger Achtung würde sie sich auflösen. Keine Rechtsordnung könnte sie dann zusammenhalten. Denn jene sind es, die als Motive das Alltagsleben der Menschen bestimmen, dazu der schlichte (doch oft durch Weitblick der Tugend ähnelnde) Eigennutz, nicht Gesetz und Recht. Eher noch können Justiz und Gesetz, wenigstens zeitweilig und partiell, entbehrt werden.

Von 1945—48 war unser Alltagsleben großenteils illegal und ging auch ohne Rechtsschutz weiter. Der Schwarzmarkt funktionierte auf seine Art trotz der Nichtigkeit aller auf ihm geschlossenen Geschäfte (§§ 134 mit 125 nebst § 817 S. 2 BGB), weil sich, wer eine Abrede brach, sofort selbst vom weiteren Geschäft ausschloß.

Vom 1. IV. 1953 bis zum 1. VII. 1958 waren wichtigste Teile des Familienrechtes ersatzlos außer Kraft, weil das Gleichberechtigungsgesetz nicht fristgerecht fertiggestellt worden war (vgl. Art. 3 II und 117 I GG). Nur die Richter, die nun ohne Gesetz entscheiden mußten (und manche Frauen), haben unter dem Gesetzesvakuum gelitten; das Familienleben nicht. Denn es waren eben nur die Entscheidungsnormen für die Richter, die da fehlten, nicht die Verhaltensnormen für die Bürger:

Wie man sich innerhalb seiner Familie verhält, entnimmt man nicht dem BGB. Fragen Eheleute nach dem Gesetz, so ist ihre Ehe schon zerrüttet. Gerade diese Sphäre ist der Einwirkung des Gesetzgebers am allerwenigsten zugänglich.

Aber auch im weiteren Bereiche des Privatrechts wird das Recht unmittelbar und bewußt fast bloß von den Richtern, Notaren und Anwälten angewendet, indem sie zur Entscheidung (bzw. Vermeidung) von Konflikten der Bürger tätig werden. Für die Bürger *selbst* ist es nur selten unmittelbare Richtschnur ihres Verhaltens. Am meisten dann, wenn sie bei der Gestaltung ihrer Geschäfte bemüht sind, sich auf das voraussichtliche Verhalten von Gerichten und Behörden einzurichten. Tatsächlich ist das Recht eben doch die Summe der Entscheidungsnormen für die Behörden und beeinflußt das Verhalten der Bürger somit nur indirekt.

Es entspricht dies freilich in gewissem Maße ohnehin der Herkunft und der Bestimmung des Rechtes im Unterschied zur Sitte (vgl. o. § 3 III), ist aber heute überdies auch die unausbleibliche Folge der schnellen Zunahme, des Umfanges und der Zahl der Gesetze — der Rotation der Gesetzgebungsmaschine —, nachdem schon seit der Rezeptionszeit die Rechtskenntnis unvermeidlich zur Geheimwissenschaft geworden war. Die dadurch beförderte Rechtsentfremdung des Volkes ist aber vollends auch eine notwendige Begleiterscheinung der *Kulturdifferenzierung* und der damit verbundenen Verteilung aller Funktionen und Tätigkeiten auf Spezialisten.

Sie ist deshalb z. B. in England und USA — ohne Rezeption und ohne das Maß unserer Gesetzesproduktion — ebenfalls eingetreten; wegen des ungeheuren Umfanges und der Unübersichtlichkeit der Entscheidungssammlungen vielleicht sogar noch stärker. — Darum ist es auch utopisch zu glauben, die Rechtsentfremdung könne durch Verbreitung von Rechtsunterricht, Staatsbürgerkunde und dergleichen durchgreifend behoben werden. Man kann nur versuchen, sie zu *mildern* und ihr den Stachel des Verbitternden dadurch zu nehmen, daß man für diesen schicksalhaften Zusammenhang der Dinge Verständnis weckt[1].

Für die heutige arbeitsteilig differenzierte Spezialistengesellschaft muß also als Ergebnis hingenommen werden, daß das Recht, weil dem Bürger als „Laien“ unbekannt, nicht mehr unmittelbar und als solches befolgt werden *kann*, also nur mittelbar befolgt wird. Einmal infolge der Einwirkung der Behördentätigkeit, für die das Recht die Richtlinien und Entscheidungsnormen liefert, zum anderen aber als gleichgerichtet mit Sitte, Moral, Anstand und praktischer Klugheit. Sie sind es, nach denen sich der Bürger in Wahrheit richtet.

Darum ist es auch ein verderblicher Irrtum für den angehenden Juristen zu meinen, nur das sei er zu tun verpflichtet, was das *Gesetz* verlangt. Wer glaubt, sich bei allem auf den „Rechtsstandpunkt“ stellen zu können, wird sich zum Abscheu seiner Mitmenschen machen und zum Scheitern verurteilen. Im Leben gilt es, mehr und ganz andere Normen zu erfüllen, als die des BGB. Der Jurist hat zwar gelernt, wie man Fälle löst, d. h. Konflikte entscheidet. Aber er wird oft mit Beschämung feststellen, daß der Laie besser weiß, wie man zu *handeln* hat.

---

[1] Dazu näher *M. Rehbinder,* Rechtskenntnis, Rechtsbewußtsein und Rechtsethos als Probleme der Rechtspolitik, in Jahrbuch für Rechtssoziologie u. Rechtstheorie 3 (1972), S. 25—46.

ZWEITER TEIL

GRUNDGEDANKEN UND PROBLEME DER HAUPTRECHTSGEBIETE

KAPITEL I
Das Rechtssystem

§ 33. Einleitung: Die Institutionen

I. Wir haben das Recht als einen Komplex von Normen erfaßt. Diese Normen müssen im selben Staate zur selben Zeit in einem sinnvollen Zusammenhange miteinander stehen, wenn sie funktionieren sollen. Jedenfalls dürfen sie einander nicht widersprechen: den gleichen Tatbestand in verschiedenem Sinne regeln, gebieten, was andere verbieten. Treten solche Kollisionen dennoch ein, so muß es weitere Normen geben, die einen Ausgleich schaffen. Mit einem Wort: der Normenkomplex eines Staates muß einen *Organismus*, d. h. ein Ganzes bilden, in dem jeder Teil, auf den anderen abgestimmt, mit ihm in Wechselwirkung steht. Und soweit eine Rechtsordnung funktioniert, *ist* sie ein solches Ganzes. Es ist nicht überflüssig, das zu bemerken, weil der Fehler, den Teil ohne das Ganze verstehen zu wollen, ein recht gewöhnlicher ist und mit der Zunahme des Spezialismus immer häufiger wird.

Indessen sind wir andererseits gar nicht imstande, einen Komplex zu begreifen — oder gar zu beherrschen —, ohne ihn zuvor in Teile zerlegt, zergliedert zu haben. Jede solche Zergliederung ist aber, mehr oder weniger, künstlich.

Wie etwa auch die des menschlichen Leibes: der Laie meint, er zerfalle in Kopf, Rumpf und Gliedmaßen; der Anatom gliedert ihn in Bewegungsapparat, innere Organe, Nerven und Blutgefäße. Er kann ihn aber auch gemäß der embryologischen Herkunft der Organe, oder, für andere Zwecke, nach wieder anderen Gesichtspunkten einteilen.

Eine „natürliche" Gliederung des *Rechtes* gibt es ebensowenig.

II. Freilich gruppieren sich die Normen um gewisse Einrichtungen, *Institutionen:* Staat, Parlament, Gerichtsbarkeit, Prozeß, Eigentum,

Ehe, Erbgang, Strafe. Weniger zentrale Einrichtungen nennen wir *„Institute“:* Verwaltungsakt, Mehrheitsbeschluß, Klage, Urteil, Berufung, Pfandrecht, Schlüsselgewalt, Vermächtnis, Strafaussetzung und noch vieles andere.

Normen und Institutionen sind genetisch gleichzeitig und bedingen einander. Aber die Institutionen erhalten *Namen,* noch ehe die Normen formuliert werden; sie treten also früher in das Licht des aktuellen Bewußtseins. Auch ändern sich die Namen langsamer als die Normen: wenige Normen etwa des mittelalterlichen Eherechtes gelten heute, die Institution aber heißt noch immer „Ehe“; wie gewaltig sich das Strafrecht gewandelt hat, werden wir später sehen, und dennoch bezeichnen wir die frühgeschichtlichen Privatsanktionen mit demselben Wort wie unsere heutige öffentliche Strafe.

Friedrich Carl v. Savigny (1779—1861), der berühmteste der deutschen Rechtsdenker, hielt deshalb die „Rechtsinstitute“ für das Ursprüngliche und ging von *ihnen* aus. Vgl. *Savigny,* System des heutigen Römischen Rechts, Bd. 1 (1840) S. 9 ff. Auch ist es verständlich, wenn dort, wo das Interesse nicht auf die juristische Technik, zumal auf die eines kodifizierten Rechtes gerichtet ist, die Institutionen, nicht die Normen, in den Vordergrund treten. So vor allem bei *Soziologen* (*Eugen Ehrlich,* Grundlegung der Soziologie des Rechts; Berlin 1913, Neudrucke 1929/1967) und *Anthropologen* (*Arnold Gehlen,* der sein Werk Urmensch und Spätkultur, 2. Aufl. 1964, als eine „Philosophie der Institutionen“ verstanden wissen will); schließlich auf einem Rechtsgebiete, das bei einer Überfülle ständig wechselnder gesetzlicher Einzelvorschriften eines allgemeinen Normengerüstes noch immer weitgehend ermangelt, wie dem *Verwaltungsrecht* (zumal in der Institutionentheorie des französischen Staatsrechtslehrers *Maurice Hauriou,* 1856—1929).

Unser Rechtsdenken ist *normativ;* spätestens durch die Kodifikationen mußte es das werden: Gesetzestext, Rechtsnorm und Rechtssatz stehen für uns im Vordergrunde. Mit ihnen ist logisch-subsumtiv zu arbeiten, sie sind abstrakt-begrifflich. Die Institution, jenes zugleich als seiend und seinsollend erlebte relativ stationäre Gesamtgefüge aufeinander bezogener Handlungen und Normen, scheint aus dem Hintergrunde und gleichsam als Substanz durch jene Begriffe hindurch; es ist konkret, *Idee,* begrifflich schwer zu fassen. Nicht selten ist es die *Sache,* in deren *Natur* man die Entscheidung sucht (vgl. o. § 26 III, IV). Argumentationen aus der „Natur des Eigentums“, dem „Wesen der Bürgschaft“ usw. sind sehr häufig; sollen sie nicht inhaltsleer sein, so setzen sie aber Institute und Institutionen als die normerzeugenden Ideen voraus.

III. Als Inbegriff der Rechtseinrichtungen schlechthin wurden die „Institutionen" zum Titel der ersten „Einführung in die Rechtswissenschaft", die auf uns gekommen ist. Eine solche nämlich war das um die Mitte des 2. Jahrhunderts geschriebene kleine Buch des *Gajus:* Institutionum Commentarii quattuor. Von Justinian wurde es seinen „Institutiones" zugrunde gelegt.

Es ist, 1816 von *Niebuhr* in Verona aufgefunden, die einzige römische Juristenhandschrift, die (annähernd) vollständig, nicht bloß in Digestenfragmenten, erhalten geblieben ist. So hat es für unsere Kenntnis des römischen Rechtes epochemachende Bedeutung gewonnen.

Gajus gliederte hier die Rechtsinstitute in die, welche sich auf Personen, auf Sachen und auf Klagen (actiones) bezogen. Als, eine Generation später, *Ulpian* seine „Institutiones" schrieb, teilte er das Recht in öffentliches und privates *(ius publicum / ius privatum);* das öffentliche verteile sich auf Kulthandlungen, Priester und Beamte, das Privatrecht zerfalle in *ius naturale, ius gentium* und *ius civile.*

Ius naturale sei, was die Natur alle Wesen gelehrt habe: die Geschlechtsverbindung, die wir Ehe nennen, Erzeugung und Erziehung des Nachwuchses; *ius gentium,* was allen Völkern gemeinsam sei; *ius civile,* was nach Abzug jener beiden Gruppen vom römischen Rechte übrigbleibe: das besondere Recht der *römischen* Bürger (vgl. Digesten I, 1 u. 6).

Diese Begriffe wurden folgenreich: Öffentliches Recht / Privatrecht ist unsere heutige Grundeinteilung. Das *ius naturale* hat, wenn auch mit gänzlich anderem (und wechselndem) Inhalt, Epoche gemacht. Das *ius gentium* wurde (mit gleichfalls verändertem Inhalt) zum Völkerrecht. „Zivilrecht" ist für uns mit „Privatrecht" praktisch synonym geworden, indem sich die Rezeption in besonderem Maße auf dieses bezog; „Zivilrecht" (in heute mißverständlicher Übersetzung „bürgerliches Recht") ist unser Privatrecht römischer Herkunft.

IV. Indessen waren diese römischen Einteilungen weder logisch noch feingliedrig genug, um die Wünsche der systematisierenden Naturrechtsdenker befriedigen zu können. Sie entwarfen neue, und die *Christian Wolffs* ging in das Preußische Allgemeine Landrecht ein (vgl. o. § 31 III).

Es verlohnt sich, das 20 Seiten lange Inhaltsverzeichnis des Pr. ALR zu durchblättern, schon weil es die einzige *Universalkodifikation* der abendländischen Geschichte ist, denn bis auf Prozeß- und Hypothekenrecht, die schon vorab (1781/93 bzw. 1783) kodifiziert worden waren, ist der Stoff vollständig erfaßt. Die römischen Einteilungen sind fast völlig verlassen, auch die Scheidung zwischen Privat- und öffentlichem Recht. Die Konzeption ist die des individualistischen Vernunftsrechts, ein System von miteinander korrespondierenden *Pflichten* und *Rechten,* das vom Einzelnen, der *Person* ausgeht: ihren *Handlungen,* ihrem *Eigentum* und dessen *Erwerb,* ihrer Stellung in *Ehe* und *Familie, Ständen, Kirche* und *Staat.* Überall sollte jeder so viel an Rechten haben, wie er benötigte, um seine Pflichten erfüllen zu können.

Die Feingliedrigkeit der weiteren Unterteilungen und die Kasuistik des Ganzen waren aber überspitzt und verringerten die praktische Brauchbarkeit des Werkes. Mit Napoleons Siegen und Gesetzen war seine Zeit dahin. Kürzere und abstraktere *Einzelkodifikationen* neben dem von den *Pandektisten* neu systematisierten römischen Recht lösten es im 19. Jahrhundert ab.

§ 34. Die Einteilung des Rechts

I. In der mittelalterlichen Welt war für die römische Scheidung zwischen Privatrecht und öffentlichem Recht kein Raum gewesen. Die Frage etwa, welchem von beiden des Lehnsrecht zugehört habe, ist gar nicht zu beantworten. Erst mit der Durchbildung echter Staaten wurde sie sinnvoll und diente im Absolutismus dazu, die Eigensphäre des Staates abzusichern. Im Preußischen Allgemeinen Landrecht, an der Wende der Zeiten, verschwand sie, um im liberalen Rechtsstaate des 19. Jahrhunderts, nun aber mit entgegengesetzter Zielrichtung wiederzuerscheinen, nämlich um die Eigensphäre des Einzelnen *gegen* den Staat zu schützen. Seitdem gehört die Unterscheidung zu den klassischen Bollwerken der bürgerlichen Freiheit, und Staatsorganisation und Gesetzgebung sind heute nach ihr ausgerichtet. Vor allem entscheidet sie über die Zuständigkeit der Gerichte: „alle bürgerlichen Rechtsstreitigkeiten" gehören gem. § 13 des Gerichtsverfassungsgesetzes (GVG) vor die „ordentlichen Gerichte", „öffentlich-rechtliche Streitigkeiten" gem. § 40 der Verwaltungsgerichtsordnung (VwGO) vor die „Verwaltungsgerichte". Es ist also auch *praktisch* notwendig, „bürgerliche" Rechtsstreitigkeiten (d. h. „zivilrechtliche" und also „privatrechtliche") von solchen des öffentlichen Rechtes unterscheiden zu können.

Die Definition der Digesten (I, 1, § 2: publicum ius est quod ad statum rei Romanae spectat, privatum quod ad singulorum utilitatem[1]) gibt dazu wenig her: auch der Staat dient letztlich dem Nutzen

---

[1] Öffentliches Recht ist das, was sich auf den römischen Staat bezieht, Privatrecht ist das, was sich auf die Interessen der einzelnen bezieht.

des Einzelnen, und *alles* Recht hat (heute wenigstens) *auch* auf den Staat Bezug. Man hat deshalb davon Abstand genommen, auf den Nutznießer, den Interessenten der jeweiligen Vorschriften abzustellen (sog. Interessentheorie), und das öffentliche Recht statt dessen als das Recht der Gemeinwesen *als Hoheitsträger* bestimmt (Subjekttheorie): dem öffentlichen Recht gehört danach jedes Rechtsverhältnis an, an dem ein Gemeinwesen *als Träger hoheitlicher Gewalt* (als Inhaber von *imperium*) beteiligt ist. Die Beteiligung des Staates, einer Körperschaft oder Anstalt des öffentlichen Rechtes (vgl. o. § 18 III) als Hoheitsträger begründet also die Zuständigkeit des öffentlichen Rechts und der Verwaltungsgerichte. Steht ihr dabei, wie meist, ein Einzelner als Privatmann gegenüber, so ist er ihr insoweit subordiniert, während er seinesgleichen koordiniert wäre. Man pflegt deshalb zu sagen, daß das Privatrecht durch *Koordination*, das öffentliche Recht durch *Subordination* gekennzeichnet sei. Das ist aber nur *typischerweise* richtig: einerseits können Hoheitsträger auch *einander* als solche gegenüberstehen, und andererseits gibt es auch im Privatrecht Subordinationsverhältnisse.

Eigentliche, nicht selbstgewählte Unterordnung freilich nur noch im Rahmen der *elterlichen Gewalt* (die von den Eltern z. T. auch auf Erzieher übertragen werden kann). Alle sonstige privatrechtliche *Weisungsgebundenheit* beruht auf Vertrag: Der aus Dienstvertrag, Auftrag, Geschäftsbesorgung (§§ 611 ff., 662 ff., 675; vgl. auch § 855 BGB) Verpflichtete hat die Weisungen des Berechtigten (Dienstherrn, Auftraggebers) zu befolgen. Ihre Nichtbefolgung ist in der Regel Vertragsbruch, aber eine der öffentlichrechtlichen oder elternrechtlichen vergleichbare Gewaltunterworfenheit erwächst daraus nicht. Und das Gewaltanwendungsrecht des Besitzers (§ 859 I BGB) verleiht ihm zwar das „Hausrecht", Besucher, wenn sie ihm mißliebig werden, seines Hauses und Grundes zu verweisen und notfalls hinauszuwerfen, *subordiniert* ihm aber seine Gäste nicht.

Schwierigkeiten entstehen indessen nicht selten, wenn entschieden werden soll, ob der Hoheitsträger gerade als *solcher* tätig geworden ist. Denn Staat und öffentliche Körperschaften können auch, sich ihrer Hoheit begebend, am Privatrechtsverkehr teilnehmen (kaufen, vermieten, Arbeiter einstellen, Bergwerke betreiben usw.). Sie treten dann als „Fiskus" auf (von lat. *fiscus*, Geldkorb; Steuern kassiert der Staat aber als Hoheitsträger, und dennoch spricht man oft vom „Steuerfiskus"!). Indem nun aber die Daseinsvorsorge für die Bevölkerung immer mehr zur öffentlichen Aufgabe wird und die Versorgungs- und Verkehrsbetriebe, zumal der Stadtgemeinden, obwohl oft in den Formen des Privatrechts betrieben, dennoch jener öffentlichen Aufgabe dienen, verschlingen sich die Gebiete zunehmend miteinander.

Doch sind diese hier nicht weiter zu behandelnden Schwierigkeiten mehr rechtstechnischer Art. Eine grundsätzliche Problematik jener Unterscheidung liegt aber darin, daß die Zunahme der Staatstätigkeit den Fortbestand einer Privatsphäre des Einzelnen überhaupt in Frage stellen könnte. Durch die Zwangswirtschaft während der beiden Weltkriege war sie stark reduziert, jeder sozialistische oder totalitäre Staat steht ihr feindlich gegenüber. Der Weg vom Rechtsstaat über den Wohlfahrtsstaat zum Versorgungsstaat weist in die gleiche Richtung. Überdies ist es nicht schwer, die tatsächliche Einheit der Rechtsordnung zu betonen und die theoretische Nichtigkeit der ganzen Unterscheidung darzutun[1]. Andererseits haben auch sozialistische Staaten Gesetzbücher bürgerlichen Rechts (Sowjetunion 1922), aber ihre Theorie behandelt es als öffentliches Recht „in der herkömmlichen Form des Privatrechts". Daß hinwiederum jene begriffliche Trennung nicht die *Ursache* der bürgerlichen Freiheit, eher nur ein Reflex derselben ist, lehrt das angloamerikanische Recht, in dem die Unterscheidung zwar bekannt ist, aber keine so große Rolle spielt.

Ohne Rücksicht auf solche Erwägungen muß es für *unser* Recht indessen schon deshalb bei der bestehenden Einteilungskonvention verbleiben, weil sie in unsere Gesetze eingegangen ist. Schließlich würde auch jede andere Einteilung (so z. B. die O. *v. Gierkes* in Individual- und Sozialrecht) ähnlichen Bedenken begegnen.

Bezeichnend für die Konventionalität der Scheidung, aber zugleich auch für das Bedürfnis nach einer festen Abgrenzung ist es, daß die Rechtsprechung sich bei der Anwendung des § 13 GVG bis zum Erlaß der VwGO von 1960 durch die Wandlungen der Theorie nicht hat beeindrucken lassen; dadurch nämlich, daß man inzwischen manche Materien dem öffentlichen Recht zuzählte, die man um 1877, bei Erlaß des GVG, als privatrechtlich angesehen hatte. Die ständige Rechtsprechung wies sie gleichwohl „kraft Überlieferung" oder „kraft historischer Zuweisung" den ordentlichen Gerichten zu. Das Ergebnis wirkt heute in § 40 II VwGO fort, indem die dort

---

[1] So u. a. mit besonderer Schärfe *Kelsen*, Reine Rechtslehre, S. 284 ff. Es ist aber nicht zu verkennen, daß die Geltung des Privatrechts eine gleichsam „natürliche" ist, weshalb es *Kant* (Rechtslehre, Vorrede, Einteilungstafel) vom öffentlichen Rechte dadurch unterscheidet, daß seine Gesetze „keiner äußeren Bekanntmachung bedürfen". *Radbruch* (Rechtsphilosophie, 7. Aufl., S. 225) sieht in ihm die *ausgleichende*, im öffentlichen Recht die *austeilende* Gerechtigkeit walten und hält die Unterscheidung damit für „apriorisch".

aufgeführten Ansprüche eben öffentlichrechtliche sind, für die trotzdem auch weiterhin die ordentlichen Gerichte zuständig bleiben sollen.

Gegenwärtig muß es also dabei bleiben, daß unser Recht in das der Gemeinwesen als Hoheitsträger einerseits und das der Einzelnen als Einzelner andererseits zerfällt. Daß beide im *Leben* eng miteinander verwoben sind, sei nochmals betont. Doch wird sich später auch zeigen, daß sie, durch Unterordnung und Gleichordnung charakterisiert, zugleich im Strukturtypus verschieden sind.

Weil beide aber eben doch nur Teile einer einheitlichen Rechtsordnung sind, können sie ähnliche Konflikte und Situationen nicht grundverschieden behandeln. Da nun das Privatrecht die ältere und reicher ausgebildete Materie ist, kommen deshalb nicht selten Grundsätze des Privatrechts auch im öffentlichen Recht zur Anwendung, so die Beachtung der „guten Sitten", das Gebot von „Treu und Glauben" (vgl. o. § 7 II) und der Gedanke der Verwirkung (vgl. o. § 24 I 1). Auch werden manche Vorschriften und Regelungen des BGB dort analog verwendet.

Indem also das öffentliche Recht vordringt, dringt das Privatrecht seinerseits *in* dieses ein. Wie eng die Gebiete praktisch notwendigerweise miteinander verflochten sind, möge nur *ein* Fall unseres täglichen Lebens zeigen:

Die Kraftfahrer A und B sind kollidiert, B's Wagen ist zertrümmert, er selbst schwer verletzt und bewußtlos. Die Verkehrspolizei entnimmt von beiden Blutproben (§ 81 a StPO), läßt B's Wagen, der ein Verkehrshindernis bildet, sofort abschleppen und zieht die Kosten von B als dem „Störer" ein: *Verwaltungsrecht* (vielleicht war A der Schuldige; B ist aber dennoch polizeirechtlich Störer, sofern er die Verfügungsgewalt über den Wagen hat!). B zeigt A wegen Körperverletzung an: *Strafprozeß* und *Strafrecht.* Er verklagt ihn auf Schadenersatz (und natürlich auch wegen jener Abschleppkosten auf Aufwendungsersatz): *Zivilprozeß* und *Privatrecht.* Die Beteiligung der Privatversicherungen ist Privatrecht (Versicherungsvertragsgesetz); war B aber als Angestellter sozialversichert und befand er sich auf einer Berufsfahrt, so kommt *Sozialrecht* (§ 636 RVO) hinzu. — Stände übrigens der Polizei wegen ihrer Abschleppkosten kein öffentliches Recht zu Gebote, so würde sie u. U. auch einen privatrechtlichen Anspruch haben können: es war B's Geschäft gewesen, seinen Wagen abschleppen zu lassen, die Polizei hatte es nur *für ihn* besorgt: Geschäftsführung ohne Auftrag (§§ 677, 683 BGB). Dann müßte sie B aber, wenn er Zahlung weigert, beim Amtsgericht verklagen. Aus öffentlichem Recht kann sie den Betrag kraft eigener Machtbefugnis beitreiben (Zwangsbeitreibungsverfahren).

II. Die weiteren Einteilungen bereiten keine grundsätzlichen Schwierigkeiten:

1. Das *Privatrecht* gliedert sich in

a) das *bürgerliche Recht* im engeren Sinne, das im BGB und

seinen Nebengesetzen enthalten ist; der Leser findet es in den üblichen Textausgaben des BGB vereint; und

b) das *Sonderprivatrecht*. Hierunter fallen

aa) *Handelsrecht* (HGB),

bb) *Gesellschaftsrecht:* HGB bzgl. Offener Handelsgesellschaft (OHG), Kommanditgesellschaft (KG) und Stiller Gesellschaft; Aktiengesetz, GmbH-Gesetz, Genossenschaftsgesetz, die in den Textausgaben des HGB angefügt zu sein pflegen, doch auch das BGB bzgl. des Vereins (§§ 21 ff.) und der Gesellschaft (§§ 705 ff.), das Pr. allgem. Berggesetz hinsichtlich der Gewerkschaft des Bergrechts,

cc) *Wertpapierrecht:* Wechsel- und Scheckgesetz (meist den HGB-Ausgaben beigefügt), aber auch BGB bzgl. Anweisung und Inhaberschuldverschreibung (§§ 783 ff.); HGB §§ 363 ff. u. a.,

dd) *Urheber- und Wettbewerbsrecht:*
die Gesetze betr. Urheberschutz (UrhG), Kunstschutz (KunstUrhG), Geschmacksmuster (GeschmMG), Gebrauchsmuster (GebrMG), Patent (PatG), Warenzeichen (WZG) und gegen den unlauteren Wettbewerb (UWG.

ee) *Internationales Privatrecht:*
Einführungsgesetz zum BGB (EGBGB) Art. 7—31; doch ist diese wichtige Materie zum geringsten Teil *gesetzlich* geregelt. Sie berührt sich mit dem Völkerrecht.

2. Das *öffentliche Recht* gliedert sich in

a) das *Staatsrecht,* das vornehmlich auf dem Grundgesetz des Bundes und den Verfassungen der Länder beruht,

b) das *Verwaltungsrecht,* beruhend auf unzähligen Gesetzen, Verordnungen, Statuten, Bekanntmachungen usw.; dazu gehört auch

c) das *Steuerrecht* (Reichsabgabenordnung, Steueranpassungsgesetz und zahlreiche Einzelgesetze für die einzelnen Steuerarten);

d) das *Strafrecht:* StGB und zahlreiche strafrechtliche Nebengesetze.

e) das *Verfahrensrecht,* worunter fallen insbesondere

aa) *Zivilprozeß:* ZPO nebst Konkursordnung (KO), Vergleichsordnung (VerglO) und Zwangsversteigerungsgesetz (ZVG),

bb) *Strafprozeß* (ZPO),

cc) *Verwaltungsprozeß* (VwGO) und

dd) *Freiwillige Gerichtsbarkeit:*
Gesetz betr. die freiwillige Gerichtsbarkeit (FGG), Grundbuchordnung (GBO), doch auch die ZPO betr. das Entmündigungsverfahren (§§ 645 ff.).

III. In diesem Schema waren indessen einige wichtige Rechtsgebiete deshalb nicht unterzubringen, weil sie befriedigend weder dem Privatrecht noch dem öffentlichen Recht zugerechnet werden können.

Dazu gehören zunächst einige sehr alte, zumeist dem Landesrecht überlassen gebliebene Materien wie *Berg-, Jagd-, Fischerei-, Wasser- und Deichrecht.* Auch das *Gewerberecht* (Gewerbeordnung) ist weder rein verwaltungs- noch rein privatrechtlich.

Ungleich wichtiger aber ist hier das in diesem Jahrhundert aus dem Dienstvertragsrecht des BGB (§§ 611 ff.), Vorschriften des HGB (§§ 59 ff.) und der Gewerbeordnung im Zusammenhange mit der Neuerscheinung des Tarifvertrages nebst vielen Arbeitsschutzgesetzen hervorgegangene, jenen alten Vorschriften entwachsene *Arbeitsrecht.* Hinzu kommt (mit recht unklarer Abgrenzung) das der Kriegswirtschaft entsprossene sog. *Wirtschaftsrecht,* dem jedenfalls die Vorschriften zur Wirtschaftslenkung angehören, soweit sie noch bestehen, nunmehr auch das Kartellrecht. Schließlich reiht sich hier das aus der Sozialversicherung und den Versorgungsgesetzen sich ergebende *Sozialrecht* an.

Wollte man das Recht des *Straßenverkehrs* als Einheit betrachten, so müßte es gleichfalls hier angefügt werden. Immerhin ist aber der Kern des Straßenverkehrsgesetzes (StVG), die Haftungsvorschriften §§ 7 ff., klar privatrechtlich, alles andere (Straßenverkehrsordnung und Straßenverkehrszulassungsordnung — StVO und StVZO —) klar Verwaltungsrecht. Ähnliches ergibt sich, wenn man das Recht der

Privatversicherung (Gesetz über den Versicherungsvertrag — VVG —) mit dem der Sozialversicherung (Reichsversicherungsordnung — RVO — u. a. m.) zum *Versicherungsrecht* zusammenfügt. Die erstere Materie bleibt dabei doch Privatrecht.

Bei den zuvor angeführten Sachgebieten ist eine solche Scheidung aber praktisch nicht mehr durchzuführen. Dort ist die alte Gliederung fragwürdig geworden.

IV. Die bisher besprochenen Sachgebiete sind Recht, das innerhalb eines Staates gilt und von ihm ausgeht. Es gibt nun aber auch *außerstaatliches* Recht. Hier hat die Scheidung zwischen Privatrecht und öffentlichem Recht vollends keinen Sinn.

Im *Völkerrecht* treten zwar Staaten als solche miteinander in Beziehung, aber die das öffentliche Recht charakterisierende Subordination fehlt hier typischerweise.

Auch auf das *Kirchenrecht* passen jene Kategorien schlecht. Es ist, wie das Völkerrecht, ein eigenständiges Gebilde. Nur hinsichtlich der äußeren Beziehungen der Kirche zum jeweiligen Staate hat es mit dessen Recht zu tun (*äußeres* oder *Staats*kirchenrecht); das innere Kirchenrecht steht jenseits der einzelstaatlichen Rechtsordnungen.

V. Ohne Zusammenhang mit der systematischen Einteilung des Rechtsstoffes und auf historischen Zufälligkeiten beruhend, wohl aber *praktisch* bedeutsam, ist die soeben schon berührte Scheidung unseres Rechtes in *Bundes*- und *Landes*recht. Sie beruht auf der bundesstaatlichen Struktur Deutschlands (weshalb sie sich in anderen Bundesstaaten: Schweiz, USA, UdSSR, Brasilien u. a. wiederfindet).

Freilich ist die Gesetzgebungskompetenz des Deutschen Reiches (im Gegensatz zu den USA) schon bei seiner Gründung sehr erheblich gewesen und später immer umfassender geworden (vgl. Art. 2 ff. der Reichsverfassung von 1871, Art. 6 ff. der Weimarer Verfassung[1] und Art. 70 ff. GG). Außer im Verwaltungsrecht hat der Rechtsstudent deshalb heute fast nur mit Bundesrecht zu tun. Wenn er aber nach immerhin so wichtigen Materien wie Bergrecht, Wasserrecht, Fischerei- und Deichrecht im „Schönfelder" vergeblich sucht, so muß ihm klar sein, warum er sie dort nicht findet.

---

[1] Diese Verfassungen finden sich abgedruckt im Anhang zu *Sartorius*, Verfassungs- und Verwaltungsgesetze, dem öffentlichrechtlichen Gegenstück des „Schönfelder".

KAPITEL II
Privatrecht

§ 35. Vorbemerkung

Eine gedrängte Übersicht über den Gesamtstoff der einzelnen Sachgebiete zu geben, empfiehlt sich in einer Einführung nicht. Sie könnte hier nur ein Skelett der Dinge liefern, das für den Anfänger nichtssagend, für den Fortgeschrittenen überflüssig wäre. Statt dessen soll in den folgenden Kapiteln versucht werden, die wichtigsten Rechtsgebiete dem Leser durch Darstellung *einiger*, dafür aber ausführlich zu behandelnder Grundgedanken und Probleme näher zu bringen.

Die Erörterung des Privatrechts soll vorangehen: Seine Behandlung durch die Juristen der Rezeptionszeit ist einst der Anfang der europäischen Rechtswissenschaft gewesen (vgl. o. § 9 I). Bis an die Schwelle unseres Jahrhunderts hat in ihr das „zivilistische" Denken geherrscht. Von ihm sind also die juristischen Grundvorstellungen ausgegangen, und die Ausbildung des jungen Juristen beginnt noch heute mit dem BGB. So soll auch hier damit begonnen werden.

§ 36. Schuldrecht und Sachenrecht

I. Die scharf und konsequent durchgeführte Scheidung des Vermögensrechts in Schuld- und Sachenrecht ist eine kennzeichnende Besonderheit des deutschen Bürgerlichen Gesetzbuches. Nur mit dem um die gleiche Zeit entstandenen schweizerischen Zivilgesetzbuch (Obligationenrecht, 1. Fassung 1881, Zivilgesetzbuch 1907) hat es sie gemeinsam.

Wie die Scheidung zwischen öffentlichem Recht und Privatrecht, so ist auch diese römisch. Wir sahen schon oben (§ 33 III), wie *Gajus* alles Recht eingeteilt hatte: ius ... vel ad personas pertinet vel ad res vel ad actiones (I, 8). Die *actiones* teilte er dementsprechend auch ihrerseits in solche *in rem* und *in personam* (IV, 1) und zeigte dann, wie verschieden die Klageformel zu lauten hatte, je nachdem, ob ich von jemandem eine Sache *als die meine* einklagte, oder als eine solche, die jener mir zu *leisten* (also zu der meinen zu machen) hatte. Diese klassische Einteilung, die Justinian seinen Digesten *nicht* zugrunde gelegt hatte, drang nun wieder durch, als die durch die Schule des Vernunftrechtes gegangenen Juristen um die Wende zum 19. Jahrhundert die Bearbeitung der Pandekten mit neuem Schwung in Angriff nahmen. In einem kleinen Büchlein, „Grundriß eines Systems des gemeinen Civilrechts zum Behuf von Pandecten-Vorlesungen“ von *Arnold Heise* stand das neue System im Jahre 1807 fertig da, die Einteilung des Zivilrechts in fünf Bücher: Allgemeine Lehren, Dingliche Rechte, Obligationen-Recht, Jura potestatis (die „Gewaltverhältnisse“ des Familienrechts), Erbrecht. Diese Einteilung ging hinfort in alle Vorlesungen und Lehrbücher des Pandektenrechtes ein, und als in der zweiten Hälfte des Jahrhunderts die Kodifikationsbewegung neu in Gang kam (nachdem der antikodifikatorische Bann *v. Savignys* — Vom Beruf unserer Zeit für Gesetzgebung und Rechtswissenschaft, 1814 — und der historischen Schule gebrochen war), auch in die Gesetzentwürfe. Ein *Vorlesungsschema* hat unser BGB geformt.

II. Die Reihenfolge der Bücher ist unwichtig (im schweizerischen ZGB ist sie ganz anders), und Familien- und Erbrecht lassen wir hier beiseite, aber die Scheidung zwischen Schuld- und Sachenrecht (Obligationen und dinglichen Rechten) hat tiefgreifende Bedeutung. Sie wird den Leser als der rote Faden des Privatrechts durch Studium und Beruf begleiten. Die Scheidung ist völlig klar und logisch, aber künstlich und *shocking to common sense,* weil sie durch die landläufigsten Geschäfte des täglichen Lebens mitten hindurchgeht.

In anderem Zusammenhange — der Einteilung der subjektiven Rechte (§ 14 III) — haben wir die Sache, um die es sich jetzt handelt, schon berührt und knüpfen nun dort an, wählen als Beispiel aber nicht den Kauf eines Klaviers unter Eigentumsvorbehalt, sondern den Kauf eines Kopfes Salat auf dem Markt: die Hausfrau nimmt den Salatkopf aus der ausgestellten Kiste, fragt was er koste, legt ihn in ihre Tasche und bezahlt.

Dieser einfache Vorgang zerfällt nach BGB in drei Verträge: 1. den Kaufvertrag (§ 433), 2. die Übereignung der Sache (§ 929), 3. die Übereignung des Preises (§ 929). Der Kaufvertrag erzeugt, als schuldrechtlicher (obligatorischer) Vertrag, nur die gegenseitigen Verpflichtungen (Obligationen) der Partner, erst die sachenrechtlichen (dinglichen) Verträge (jeder wiederum bestehend aus Einigung und Besitzverschaffung) übertragen das Eigentum an den Objekten. Daß sich das alles hier, beim sog. *Handkauf,* praktisch uno actu (durch einen Vorgang) vollzog, ändert an dieser juristischen Zergliederung nichts.

Wie vorteilhaft „lebensnah" nimmt sich daneben die Regelung des *Code civil* aus, der die Scheidung Schuldrecht / Sachenrecht nicht kennt: für ihn ist der Kauf kein schuldrechtlicher Vertrag, sondern (wie auch für das Pr. ALR) eine Eigentumserwerbsart, geregelt in Buch III (Des différentes manières dont on acquiert la propriété) und überträgt deshalb schon als solcher das Eigentum an der Kaufsache (Art. 1583: Elle (la vente) est parfaite entre les parties, et la propriété est acquise de droit à l'acheteur à l'égard du vendeur, dès qu'on est convenu de la chose et du prix, quoique la chose n'ait pas encore été livrée ni le prix payé). Die Hausfrau brauchte also nur auf den Salatkopf zu zeigen und auf die Preisangabe des Händlers hin bloß zu nicken: schon damit und im selben Augenblick war das noch in der Kiste liegende Objekt ihr Eigentum.

Die Regelung des BGB ist „unvolkstümlich" (sagen die Juristen; dem „Mann auf der Straße" ist sie ganz unbekannt; erklärt man sie ihm an einem Beispiel wie dem obigen, so findet er sie natürlich „komisch"). Sie dürfte aber die sachlich richtigere sein:

1. Die Gesetze sollen dem Richter dazu dienen, Prozesse zu entscheiden. Aus Hand-Barkäufen entstehen solche aber nicht: der Käufer hat die Ware, der Verkäufer sein Geld. Konflikte können hier praktisch nur aus Mängeln der Ware erwachsen, die sich etwa später zeigen. Dafür ist jene Sekundendifferenz zwischen Kopfnicken und Übergabe aber belanglos.

2. Prozesse entstehen aus Kredit-, Lieferungs- und Distanzkäufen, wo also Kaufeinigung, Lieferung der Ware und Bezahlung zeitlich (bzw. auch örtlich) auseinanderfallen. Hier (wo meist auch andere Werte auf dem Spiele stehen als ein Kopf Salat) ist die Zerlegung des Vorganges in drei Verträge aber völlig „natürlich ."Vor allem gewährt sie dem Verkäufer die Möglichkeit eines angemessenen Schutzes: die Lieferung unter Eigentumsvorbehalt (§ 455 BGB), die es im französischen Recht nicht gibt. Der Kaufvertrag hat den Käufer noch nicht zum Eigentümer gemacht, und der Verkäufer kann auf diese Art auch die noch nicht bezahlte Ware unbesorgter liefern: wird sie von einem anderen Gläubiger des Käufers gepfändet (oder fällt er in Konkurs), so kann der Verkäufer sie als sein Eigentum beanspruchen; er hatte sie dem Käufer nur aufschiebend bedingt übereignet; solange der sie nicht voll bezahlt hatte, war sie noch nicht sein Eigentum.

3. Dann sei, könnte man vielleicht einwenden, bei uns eben für den *Käufer* entsprechend schlechter gesorgt: liege die von ihm schon bezahlte

Ware noch beim Verkäufer und falle *der* in Konkurs, so habe der Käufer den Schaden (er habe bezahlt und erhalte „seine“ Ware doch nicht, da sie nun als Eigentum des Verkäufers zur Befriedigung *aller* seiner Gläubiger zu dienen habe, in die „Masse“ falle). Aber hier gewährt unser Recht wiederum eine entsprechende Gestaltungsmöglichkeit: die Kaufpartner können vereinbaren, daß die Ware schon jetzt dem Käufer gehören und hinfort vom Verkäufer nur noch für ihn verwahrt werden soll (§ 930 BGB: das sog. Besitzkonstitut). Und haben sich die Partner auf ein bestimmtes individuelles *Stück* (ein Kunstwerk, ein *gebrauchtes* Auto[1] geeinigt und hat der Käufer voll bezahlt, so kann meist *angenommen* werden, daß das gekaufte Stück, wenn es der Käufer beim Verkäufer beläßt, von diesem nur noch als Eigentum des Käufers verwahrt werden soll, die Einigung gem. § 930 BGB also implicite und stillschweigend vollzogen worden ist. Denn der *bezahlte* Verkäufer hat kein schutzwürdiges Interesse mehr am Eigentum der Ware; wohl aber hat es der Käufer (weshalb die Zulässigkeit jener Annahme nicht bestritten werden sollte).

So gewährt also unser Recht, indem es den Übereignungsvorgang von dem Kaufvertrage prinzipiell getrennt und für sich — eben im Sachenrecht — geregelt hat, den Partnern die Möglichkeit, den Eigentumsübergang mit der Bezahlung zu verknüpfen, und eben diese Verknüpfung ist sachgemäß. Sie ist auch „volkstümlich“: der unbefangene Laie, befragt, wann man nach seiner Meinung wohl Eigentümer einer gekauften Sache werde, antwortet *meistens:* „Wenn man bezahlt hat!“ Diese Antwort entspricht in der Tat den Gewohnheiten unseres Geschäftsverkehrs, der vom Eigentumsvorbehalt beim Kreditkauf (und vom Besitzkonstitut, soweit Stückkäufe mit Vorausbezahlung vorkommen) beherrscht wird.

Der Student des ersten Semesters freilich antwortet auf jene Frage strahlend: „Mit der Übergabe der Sache!“ Sein erster Eindruck sind — als Beispiel für die Scheidung Schuldrecht / Sachenrecht — die §§ 433 und 929. Die §§ 455 und 930 pflegt er erst später kennenzulernen und ermißt dann oft ihre praktische Bedeutung nicht. So singt er denn gern das Lied vom weltfremden BGB. Aber die französische Hausfrau, der man eröffnen würde, schon durch bloßes Fingerzeigen und Zunicken sei sie Eigentümerin jenes Salatkopfes geworden, ohne ihn noch eingesteckt oder wenigstens bezahlt zu haben, würde sich — vielleicht — ebenfalls wundern. Doch gilt der Code civil, das Kind

[1] Nicht „einen Opel-Kapitän, Baujahr 1973, Serie XY, schwarz usw.“: hier wäre nur *ein* — noch nicht individualisiertes Exemplar aus einer *Gattung* geschuldet!

der Revolution — im Gegensatz zum BGB, dem Nachkömmling des römischen Rechts — als populär.

Zu welchem Endergebnis eine *durchgehende* Vergleichung des vernunftrechtlich-französischen mit dem römisch-deutschen System führen würde, ist freilich noch eine andere, hier nicht zu entscheidende Frage. Dabei darf überdies nicht vergessen werden, daß auch in Ländern kodifizierten Rechtes (zumal wenn dies schon älteren Datums ist) praktisch nicht wenig auf die Judikatur der Gerichte ankommt; vielleicht sogar mehr als auf den Gesetzestext. Für die *Lebenspraxis* eines Landes ist ein Gesetzbuch eben das, was seine Gerichte daraus zu machen verstanden haben und jeweils daraus machen. Die Rechtsprechung zweier Länder ist aber nicht so schnell miteinander zu vergleichen, wie das System ihrer Gesetze.

III. Aus der Scheidung zwischen Schuld- und Sachenrecht ergeben sich indes noch weiterreichende Folgen: Schuldrechtliche Verpflichtungen, Obligationen, begründen — wie wir schon in § 14 III sahen — immer nur *relative* Rechte: dieses Gläubigers gegen diesen Schuldner; Sachenrechte (d. h. dingliche Rechte) aber sind *absolute:* in meinem Eigentum an einer Sache bin ich gegen *alle* geschützt. Daraus folgt nun aber:

1. Da *obligatorische* Rechtsverhältnisse nur die beiden Partner binden, andere aber grundsätzlich nichts angehen, können ihnen die Partner, soweit sie miteinander einig sind, jeden beliebigen Inhalt geben. Es gilt für sie das Prinzip der *Vertragsfreiheit.* Auch kann es hier regelmäßig nicht wesentlich sein, ob der Vertragsschluß und der Vertragsinhalt für Dritte (d. h. für Außenstehende) erkennbar ist, weil er sie eben nichts angeht.

2. Da aber aus *dinglichen* Rechten Ansprüche gegen jedermann erwachsen können, diese Rechte also die Gesamtheit der Rechtsgenossen mit Pflichten belasten, sind ihnen Grenzen gesetzt: sie dürfen

a) keinen anderen Inhalt haben, als den dieser Art Recht vom *Gesetze* zugemessenen. Neue dingliche Rechte frei zu schaffen, ist den „Partnern" hier, wo *alle* Rechtsgenossen potentielle Partner sind, verwehrt. Daraus ergibt sich das Prinzip des *numerus clausus* (der begrenzten Anzahl) der dinglichen Rechte.

b) Was alle angeht, muß für alle erkennbar sein. Die Begründung und Übertragung dinglicher Rechte ist deshalb vom Gesetz grundsätzlich an äußerlich wahrnehmbare Fakten und Vorgänge geknüpft: *Publizitätsprinzip.*

3. Da obligatorische und dingliche Rechte je durch verschiedene Verträge begründet werden, wobei der obligatorische grundsätzlich nur die Partner, der dingliche aber auch die Allgemeinheit berührt,

zogen die deutschen Pandektisten daraus seit Savigny die Konsequenz, jene Verträge selbst dann als von einander unabhängig zu behandeln, wenn der obligatorische Vertrag der Grund, die *causa*, für den dinglichen Vertrag gewesen war, ja sogar, wenn beide uno actu geschlossen worden waren. Der dingliche Vertrag — die Übereignung der Kaufsache z. B. — ist also selbständig („abstrakt") wirksam, auch wenn seine Kausa — der Kaufvertrag, zu dessen Erfüllung die Übereignung erfolgt war — nichtig oder später fortgefallen ist: *Abstraktionsprinzip*.

IV. Die sich so ergebenden vier Grundsätze — Vertragsfreiheit, numerus clausus, Publizitätsprinzip und Abstraktionsprinzip — sollen im folgenden kurz beleuchtet werden.

1. Die *Vertragsfreiheit* war uns schon in § 7 II, 3 begegnet: sie ist es, die dem weit überwiegenden Teil aller Bestimmungen des Schuldrechts den Charakter von *Dispositivbestimmungen* gibt. Sie ist das Kernstück des Schuldrechts und prägt es in ähnlicher Weise, wie das Sachenrecht durch das Eigentum geprägt wird. Das Eigentum und die übrigen dinglichen Rechte stehen aber eben nur hinsichtlich ihres Erwerbes und ihrer Übertragung „zur Disposition", nicht auch hinsichtlich der Gestaltung ihres Inhalts. — Von der Dialektik der Vertragsfreiheit, aus der sich (im Zusammenwirken mit der öffentlichrechtlichen Gewerbefreiheit) auch die *Wettbewerbsfreiheit* ergibt, sprachen wir in § 25.

2. Das Prinzip des *numerus clausus* der Sachenrechte wird nicht selten deshalb bemängelt, weil es Miete, Pacht und Treuhand vom dinglichen Rechtsschutz ausschließt. Es wird für befremdend gehalten *(O. v. Gierke)*, daß der Pächter eines Landgutes, das schon sein Vater gepachtet hatte und das sein Sohn weiterführen soll, der Mieter einer Wohnung, in der er sein Leben verbracht hat, der durch einen Treuhänder besitzende *faktische* Eigentümer kein Recht *an* den Objekten (also ein dingliches), sondern nur ein Recht *auf* sie (ein obligatorisches, nämlich gegen den Eigentümer auf Gebrauchsüberlassung usw.) haben soll.

Aber Mieter und Pächter genießen schon als *Besitzer* (vgl. o. § 17) einen gegen *Dritte* völlig ausreichenden, eigentumsähnlichen Schutz (§§ 859 ff. BGB). Ferner sind Miete und Pacht von *Grundstücken* (und Wohnungen: § 580) durch § 571 BGB („Kauf bricht nicht Miete") in gewisser Weise „verdinglicht": ein Wechsel des Eigentümers berührt die Stellung des Mieters oder Pächters nicht; der neue Grundstückseigentümer kann sie nicht mit der Begründung heraussetzen, daß er ja mit ihnen keinen Vertrag habe (wie es der Erwerber etwa eines an einen Dritten vermieteten Autos könnte!). Er tritt vielmehr *kraft Gesetzes* in den bestehenden Mietvertrag ein.

Inzwischen hat die schon seit dem Ende des 1. Weltkrieges bestehende *Mieterschutz- und Pachtschutzgesetzgebung* die Stellung von Wohnungsmietern und Landpächtern durch weitgehenden Kündigungsschutz und Preiskontrolle (Einschränkungen also der Vertragsfreiheit!) noch sehr viel stärker gefestigt. Das Wohnungseigentumsgesetz von 1951 hat überdies dem Mietwohnungswesen die Möglichkeit des Etagen*eigentums* zur Seite gestellt.

Die Treuhand (lat. *fiducia*, engl. *trust*) schließlich ist in ihren Erscheinungsformen so mannigfaltig, ihr Begriff so vieldeutig, daß eben nur die Vertragsfreiheit des Schuldrechts ihr gemäß ist. Sie kann hier nicht näher behandelt werden.

Seine Bewährungsprobe hat der numerus clausus aber im *Grundbuchrecht* bestanden: Was die Allgemeinheit angeht, wird in das öffentliche Register eingetragen und erhält so mit der Publizität zugleich seine Rechtswirkung. Ohne Eintragung ins Grundbuch kann die *dingliche* Rechtslage eines Grundstücks (vom Erbgang und kleineren Ausnahmen abgesehen) nicht geändert werden. Alle *obligatorischen* Rechtsbeziehungen bleiben — bloß die Partner angehend — außerhalb des Grundbuchs. Nur die Möglichkeit der Vormerkungseintragung (§ 883 BGB) macht hier eine Ausnahme. — Das Grundbuchsystem ist mit Recht der Stolz unseres Justizrechtes. Ohne die klare Scheidung zwischen Schuld- und Sachenrecht und den übersichtlichen numerus clausus der dinglichen als der eintragungsfähigen Rechte wäre es so, wie es ist, nicht möglich.

3. Mit der Erwähnung des Grundbuches berührten wir soeben schon das *Publizitätsprinzip*.

a) Durch die Einrichtung des Grundbuches ist es für den *Grundstücksverkehr* so gut wie lückenlos durchgeführt. Ein Interessent, der sich das Grundbuchblatt eines Grundstücks beim Grundbuchamt (Amtsgericht) vorlegen läßt — und es *muß* ihm vorgelegt werden, denn für ihn ist es da (§ 12 GBO)! — ersieht daraus sofort alle dinglichen Rechte, die an dem Grundstück bestehen.

Freilich kann er nicht sicher sein, *wem* sie in diesem Augenblicke zustehen: der als Eigentümer Eingetragene kann verstorben sein, das Grundstück seinen Erben gehören, die sich noch nicht haben eintragen lassen; eine Briefhypothek kann (durch schriftliche Abtretung und Übergabe des Briefes: § 1154 BGB) den Inhaber gewechselt haben, ohne daß dies aus dem Grundbuch zu erkennen wäre. Die Rechte als *solche* aber (die Belastungen!) sind erkennbar, und ihre *Entstehung* war an den Eintragungsakt geknüpft.

b) Problematischer ist die Durchführung des Publizitätsgrundsatzes im *Mobiliarverkehr* (dem Rechtsverkehr mit *beweglichen* Sachen). Hier geht unser Sachenrecht von dem Grundgedanken aus, daß der *Besitz*, weil äußerlich erkennbar und offenkundig, Publizitätswirkung habe. Von dem, der eine bewegliche Sache in Besitz hat, wird vermutet, daß er ihr Eigentümer sei (§ 1006 BGB). Dementsprechend soll eine Änderung des *Eigentums*, also der dinglichen Rechtslage, nicht ohne eine Änderung der *Besitzlage* stattfinden können; der bloße *consensus* der Partner, ihr bloßes Einigsein, daß das Eigentum vom einen auf den anderen übergehen solle (sog. *dingliche* Einigung im Gegensatze zur obligatorischen, dem Kaufvertrag etwa), soll, nur für sich allein, nicht ausreichen: der Erwerber muß auch *Besitz* erlangt haben *(Traditionsprinzip)*.

Da wir nun aber außer dem *unmittelbaren* Besitz — der eigenen unmittelbaren Innehabung der tatsächlichen Gewalt über die Sache — auch einen *mittelbaren* Besitz kennen (ein *anderer* — Verwahrer, Entleiher, Mieter, usw. — besitzt das Objekt *für mich:* § 868 BGB), ist die Sache kompliziert, und es ergeben sich folgende Fälle: a) Der Veräußerer hat den unmittelbaren Besitz und überträgt ihn auf den Erwerber: § 929 I, *traditio.* b) Der Erwerber hatte den unmittelbaren Besitz schon selbst (er hatte die Sache z. B. entliehen): § 929 II, *brevi manu traditio.* c) Der Veräußerer hat selbst nur den mittelbaren Besitz (ein Dritter hat die Sache geliehen, doch könnte sie der Veräußerer von ihm herausverlangen); hier tritt der Veräußerer seinen Anspruch gegen den Dritten — und damit seinen mittelbaren Besitz — an den Erwerber ab: § 931, *cessio vindicationis* (Abtretung des Herausgabeanspruchs). d) Der Veräußerer ist unmittelbarer Besitzer *und soll es bleiben;* hier muß er den Erwerber zum mittelbaren Besitzer machen: § 930, *constitutum possessorium.*

Diese letztere Operation ist logisch bedenklich: wie soll der Veräußerer dazu kommen, seine eigene Sache von dem Erwerber etwa mieten zu wollen, solange er selbst noch Eigentümer ist? Ohne sie selbst von ihm zu mieten, kann er den Erwerber aber nicht zum Eigentümer machen! Überdies führt sie das Publizitätsprinzip ad absurdum. Die Änderung der Besitzlage ist in keiner Weise erkennbar: der Veräußerer behält seinen unmittelbaren Besitz, der mittelbare des Erwerbers bleibt unsichtbar, ein reines Internum zwischen den Partnern, dem der äußere Tatbestand widerspricht.

Die herrschende Lehre glaubt gleichwohl, Publizitäts- und Traditionsprinzip auch bei § 930 retten zu können. Sie will deshalb ein „abstraktes"

Konstitut, d. h. die schlichte Einigung, daß der Erwerber Eigentümer werden solle, nicht genügen lassen.

Daß mit § 930 das *Publizitätsprinzip* dennoch verlassen ist, wird freilich inzwischen meist zugegeben. Auch mit den Anforderungen an die Vereinbarung eines „konkreten" Besitzmittlungsverhältnisses ist man immer großzügiger geworden (vgl. RGZ 118, S. 364 f.). Man sollte aber überdies auch zugeben, daß dabei in Wahrheit das *Konsensprinzip* an die Stelle des Traditionsprinzips getreten ist, indem hier die Einigung primär den Eigentumsübergang herbeiführt, während die Übertragung des mittelbaren Besitzes sekundär nachfolgt und den erfolgten Eigentumsübergang nur indizieren kann (so die Protokolle zum BGB Bd. III, 198 und *Ph. Heck*, Sachenrecht § 56, 7 u. Exkurs 5 — S. 500 ff. —).

Das *praktische* Hemmnis und der Grund für die Weigerung der herrschenden Lehre, das schlichte Konsensprinzip zuzugestehen, liegt aber darin, daß § 930 BGB nicht nur eifrig gebraucht, sondern auch reichlich mißbraucht wird: ein guter Freund des gepfändeten Schuldners erklärt, die gepfändete Registrierkasse gehöre ihm; sie sei ihm schon vor zwei Jahren zu seiner Sicherung wegen einer Darlehensforderung gem. § 930 BGB übereignet worden (sog. *Sicherungsübereignung*, der Hauptanwendungsfall des § 930 im Verkehr). Da der Zweck dieser Intervention (§ 771 ZPO) hier gerade darin besteht, die Kasse für den *Schuldner* zu retten, und beide miteinander kollaborieren, ist ein zurückdatierter Sicherungsübereignungsvertrag leicht vorgelegt.

Er muß nur angemessen alt aussehen! Meist sind solche Verträge aber schon länger vorher, jedoch eben bereits in Befürchtung der kommenden Zwangsvollstreckung und in Gläubigerbenachteiligungsabsicht geschlossen, was sie *anfechtbar* macht: vgl. das Anfechtungsgesetz (von 1898) und §§ 29 ff. KO. Und ob ein Schriftstück ein Jahr oder zwei Jahre alt ist, ist auch mit physikalischen Methoden (betr. den Grad, in dem die Tinte das umgebende Papier ionisiert hat) kaum zu ermitteln.

Diese Situation ist in Zeiten rückläufiger Wirtschaftskonjunktur, wenn Pfändungen und Konkurse sich mehren, typisch. Sie zeigt, daß das Publizitätsprinzip auch im Mobiliarverkehr nicht bloß doktrinären, sondern doch auch praktischen Wert hat. Wo es verlassen wird, mehren sich die dunklen Möglichkeiten. Es durchzuhalten ist aber schwer, und eine § 930 BGB entsprechende Übereignungsart ist im Wirtschaftsleben kaum zu entbehren.

4. Auch das *Abstraktionsprinzip* schließlich ist nicht unproblematisch: Eine Übereignung, die in Erfüllung eines Kaufvertrages geschehen ist, wäre ohne ihn nie vorgenommen worden. Lebensmäßig sind beide *ein* Geschäft. Daß die Übereignung auch dann Bestand

haben soll, wenn der Kaufvertrag nichtig war, ist deshalb nicht leicht zu begreifen.

Beispiel: Ein Minderjähriger hat sich einen gebrauchten Fernsehapparat gekauft und ihn von dem geschäftsunerfahrenen Verkäufer ohne Eigentumsvorbehalt ausgehändigt erhalten. Der Vater erklärt sich mit dem Geschäft nicht einverstanden: der Kaufvertrag ist nichtig, und der Sprößling braucht nicht zu bezahlen (§ 108 BGB); Eigentümer ist er aber trotzdem, da ihm die Übereignung rein als solche („abstrakt" gesehen) „lediglich einen rechtlichen Vorteil" gebracht hatte (§ 107).

Daß es hierbei nicht bleiben kann, ist klar. Es ließe sich sagen: da der Verkäufer noch nicht bezahlt war, habe er bei der Aushändigung des Apparates das Eigentum daran gar nicht übertragen wollen. Das wäre eine Frage der näheren Umstände des besonderen Falles („Tatfrage"). — Ferner: Verkauf und Übereignung seien nur Teile eines einzigen Geschäftes gewesen, deshalb gelte hier § 139 BGB. Erkennt man aber diese Argumentation an, so fällt das Abstraktionsprinzip schlechthin. Trotzdem wird sie in krassen Fällen angewendet.

Die im *System des Gesetzes* begründete Lösung ergibt sich aus § 812 BGB: da der Kaufvertrag nichtig war (er brachte dem Minderjährigen „nicht lediglich einen rechtlichen Vorteil", denn auf Grund seiner wurde er den Kaufpreis schuldig!), ist der Käufer durch die Übereignung der Sache „ohne rechtlichen Grund", also ungerechtfertigt bereichert. Der Käufer ist zwar noch Eigentümer des Apparates, er ist aber kraft Gesetzes (§ 812) *schuldrechtlich* verpflichtet, ihn zurückzuübereignen. Daß es für den Verkäufer nicht dasselbe ist, ob er den Apparat als den seinen, oder nur dessen Übereignung verlangen kann und seine Stellung im letzteren Falle schwächer ist (vgl. § 818 III!), leuchtet ein. Es war aber eben die Absicht des Gesetzgebers, die sachenrechtlichen Vermögensverschiebungen als von den schuldrechtlichen Vorgängen losgelöste (abstrakte) möglichst unantastbar zu machen: Was zugleich die Allgemeinheit berührt, soll verläßlicheren Bestand haben, als was nur die Partner angeht; schuldrechtlich ungerechtfertigte sachenrechtliche Vermögensverschiebungen sollen deshalb nur im Rahmen der gerade hierzu bestimmten Vorschriften der §§ 812 ff. BGB ausgeglichen werden können.

Das Abstraktionsprinzip ist die letzte und äußerste Konsequenz der Scheidung zwischen Schuld- und Sachenrecht. Es wirkt heute, jedenfalls großenteils, als eine unnötige Überspitzung. Im gemeinen Recht, für das die Pandektisten es entwickelt hatten, dürfte es dagegen einem Verkehrsbedürfnis entsprochen haben, da damals dem Erwerber sein guter Glaube an das Eigentum eines nichtberechtigten Veräußerers praktisch nur selten nützte. Deshalb war es für ihn bedeutsam, daß ihm die gekaufte Sache nicht überdies auch noch deshalb wieder abgenommen werden konnte, weil das Erwerbsgeschäft des Veräußerers *schuldrechtlich* nicht in Ordnung und jener *darum* nicht Eigentümer gewesen war. Heute nach Übernahme des germanischen Hand-wahre-Hand-Prinzips (vgl. § 16 I) in §§ 932 ff., dürfte der Verkehrsschutz durch das Abstraktionsprinzip im wesentlichen funktionslos sein. Man hätte es bei der Schaffung des BGB nicht beizubehalten brauchen.

§ 37. Der Vertrag

I. Die Überlegungen, von denen wir am Anfang dieses Buches ausgegangen waren, werden durch den Vertrag bestätigt und vollendet. Denn wenn schon auf das Wort an sich Verlaß sein muß, so mehr noch, wenn man es einander *wechselseitig* gegeben hat.

Der Vertrag steht damit Recht zeugend neben Gewohnheit und Gesetz, um die unser 1. Teil gekreist hatte. Es ließe sich fragen, ob er nicht Vorrang vor ihnen habe: die individuelle Gewöhnung wird zur verpflichtenden Gewohnheit erst, wenn andere sie übernehmen und ihr damit „beipflichten", sie so zur „Konvention" erheben. Erinnern wir uns dabei an den Kellner in § 2 I, der auf sein Extratrinkgeld einen Anspruch zu haben glaubte. Ließe sich seine Vorstellung nicht auch dahin deuten, zwischen ihm und seinem Dauergast sei stillschweigend ein *Vertrag* zustandegekommen: er habe jenem durch sein besonderes Zuvorkommen eine Sonderbehandlung angeboten, der dies Angebot durch Gewährung einer Sondervergütung angenommen; die könne er nun beanspruchen, solange er dem Gaste seine Sonderbehandlung weitergewähre und jener dieses „Dienstverhältnis" nicht etwa aus „wichtigem Grunde" kündige (indem er z. B. wegen schlechter Bedienung oder „Differenzen" das Tischrevier wechsele)? Die zur sozialverpflichtenden Gewohnheit führende Macht der Gewöhnung und der Vertragsgedanke sind hier (und nicht nur hier) kaum scharf zu unterscheiden.

Dabei empfängt der Vertragsgedanke seine Kraft nicht zuletzt aus der Gegenseitigkeit aller zwischenmenschlichen Beziehungen, ihrer *Reziprozität* (§ 24 I). Schon das *einseitig* gegebene (und gebliebene) Wort, das Erwartungen erweckt und andere im Vertrauen hierauf hat handeln lassen, *kann* — nicht nur nach Sitte und Sittlichkeit, sondern auch nach geltendem Recht — eine Verpflichtung erzeugen. In § 24 I lernten wir das als eine Folge des Grundsatzes der *Konsequenz* kennen und erwähnten dort den Gedanken des *venire contra factum proprium,* die Verwirkung und das Veranlassungsprinzip als privatrechtliche Beispiele. Hier können wir die §§ 122 und 307 BGB als weitere hinzufügen: ich habe mich durch Vertrag zu einer Leistung verpflichtet, aber bei Abgabe meiner Erklärung gem. § 119 geirrt, oder die Erbringung der Leistung war (wie ich gewußt hatte) schlechthin unmöglich; damit entfällt meine *vertragliche* Verpflichtung (§§ 142 bzw. 306), aber meine Erklärung war doch einmal da, und insoweit mein Partner bereits im Vertrauen darauf gehandelt hatte, habe ich ihn nun im Wege des Schadenersatzes so zu stellen, wie er gestanden haben würde, wenn ich sie nicht abgegeben hätte (Vertrauensschaden oder negatives Vertragsinteresse). Doch eben nur dies kann er verlangen, nicht die Erfüllung des Vertrages, der als solcher rechtsunwirksam ist. Denn Erfüllung kann nur aus gültigen Verträgen gefordert werden; einseitige Versprechungen können grundsätzlich bloß zum Ersatze eines Schadens verpflichten, den ihr Empfänger dadurch erlitten hat, daß er auf ihre Erfüllung vertraute.

Daß ein einseitiges Versprechen zur Erfüllung verpflichte, kennt unser Recht (wenn man von der Ansicht absieht, daß die Verpflichtung aus Wertpapieren durch einseitige Willenserklärung erzeugt werde — Kreationstheorie —) nur bei der *Auslobung* (§ 657 BGB): den Wiederbringer meines entlaufenen Hundes muß ich auch dann gemäß meiner öffentlichen Ankündigung entlohnen, wenn er sie gar nicht gelesen hatte. Seine Leistung hat mich auch in diesem Falle zu Dank verpflichtet, und was sie mir wert war, hatte ich selbst zu erkennen gegeben.

Das Versprechen, jemandem etwas zu schenken, ist *kein* einseitiges (wie der Anfänger meinen könnte): die *Schenkung* ist ein *Vertrag,* und ihr Versprechen verpflichtet mich deshalb nur dann zur Erfüllung, wenn der zu Beschenkende es *angenommen* hat (und die Form des § 518 BGB gewahrt ist).

Daß aber der Vertrag, jedenfalls der gegenseitige, zur Erfüllung verpflichtet, folgt, scheint mir, daraus, daß hier zum Prinzip der Konsequenz noch das der *Reziprozität* hinzutritt: indem sich die Partner einander wechselseitig verpflichten, opfert jeder dem andern seine Freiheit, anders zu handeln; dieses Opfer muß jeder dem anderen durch die Erfüllung dessen entgelten, was der andere daraufhin erwarten darf, solange er die seinerseits geweckte Erwartung nicht enttäuscht.

Doch hat jeder Versuch, ein Urphänomen erklären zu wollen, etwas Törichtes an sich. Der Vertrag aber *ist* ein Urphänomen, vielleicht *das*

Urphänomen des Rechtes. Ohne den Satz *Pacta sunt servanda* (Verträge sind einzuhalten) könnte es Recht nicht geben, weil menschliches Zusammenleben ohne ihn nicht möglich wäre.

II. Angesichts seiner fundamentalen Bedeutung gehört der Vertrag keineswegs nur dem Privatrecht an. Entwicklungsgeschichtlich steht er schon an der Wiege der *Gesetzgebung:* Nicht grundlos geben sich einige der ältesten Rechtsaufzeichnungen unserer Geschichte, der Leges Barbarorum (6. bis 8. Jahrhundert) als Verträge: Pactus legis Salicae, Pactus pro tenore pacis, Pactus Alamannorum; nämlich als Vereinbarungen des Königs mit seinen (das Volk repräsentierenden) Großen. Vollends waren die Landfrieden des hohen Mittelalters (durch die der Fehde Einhalt geboten werden sollte) Strafgesetze in Vertragsform: sie sollten nur *den* verpflichten — und freilich auch schützen! — der ihnen durch Eidschwur beigetreten war. Über das alte Recht hinaus konnte niemand ohne seinen Willen gebunden werden. Solange diese Denkweise herrschte, war Gesetzgebung anders als durch Vertragschluß (oder durch „Reformation"; vgl. o. § 6 I) eigentlich gar nicht denkbar. — Auf die Lehre vom Contrat Social werden wir zurückkommen.

Unser öffentliches Recht kennt heute auch den „verwaltungsrechtlichen Vertrag", der, wenn er zwischen Trägern öffentlicher Verwaltung oder zwischen Zivilpersonen geschlossen wird, als *koordinationsrechtlicher*, und wenn er zwischen Trägern öffentlicher Verwaltung und Zivilpersonen geschlossen wird, als *subordinationsrechtlicher* Vertrag bezeichnet wird. Im *Völkerrecht* ist der Vertrag *das* tragende Element. Auch darauf kommen wir zurück.

III. Indessen hat doch auch das *Pacta sunt servanda,* wie alle Prinzipien, seine Grenzen (vgl. o. § 25), und die Bestimmung dieser Grenzen ist eine Hauptaufgabe gerade des *Privatrechts.* Zweitausend Jahre hat es daran gearbeitet. Dabei ist ihm der Satz selbst in solchem Maße selbstverständliche Voraussetzung allen Rechtsverkehrs geworden, daß das Gesetz ihn nirgendwo unmittelbar ausspricht.

Auch die Römer haben ihn nicht unmittelbar angesprochen und so auch noch nicht gekannt, da eine Vereinbarung bei ihnen (wie in allen frühen Rechten) nur dann einklagbar *(contractus)* war, wenn sie in bestimmter Form oder sonst mit bestimmtem Inhalt (Kauf, Miete, Auftrag, Gesellschaft) eingegangen war. Andernfalls gehörte sie nicht der Sphäre des Rechtes an. Die Klagbarkeit der *nuda pacta* (nackten = unspezifischen Verträge) ist erst im kanonischen Recht durchgedrungen.

Auch unser Recht fordert in manchen Fällen eine bestimmte *Form* (so z. B. §§ 311, 312 II, 313, 518, 566, 765, 780/81, 2276 BGB). Über den Zwiespalt zwischen Recht und Sittlichkeit, der daraus entstehen kann, sprachen wir oben in § 19 II. Doch gehört auch sonst nicht *jede* Vereinbarung dem Rechte an: aus einer Verabredung zum Abendessen kann ich, wenn mir grundlos die Tür gewiesen worden ist, auch heute nicht klagen.

Über jene Formvorschriften hinaus ist aber der ganze 3. Abschnitt des Allgemeinen Teils des BGB (§§ 104 bis 185) und der weit überwiegende Teil des Schuldrechts (§§ 241 bis 808 BGB) *praktisch* durchweg Vertragsrecht. Formal sieht es freilich etwas anders aus: im Allgemeinen Teil handeln nur die §§ 145 bis 157 *ausdrücklich* vom „Vertrag", die Generalüberschrift des 3. Abschnitts lautet „Rechtsgeschäfte", und zu diesen gehören auch die *einseitigen*, während der Vertrag *das zweiseitige* Rechtsgeschäft ist. Aber auch die einseitigen Rechtsgeschäfte beziehen sich in der Praxis regelmäßig auf Verträge: „Angebot" und „Annahme", die zwei einseitigen „Willenserklärungen", deren Übereinstimmung den Vertrag erzeugt (vgl. §§ 145 ff. BGB), die Vollmachtserteilung zu seinem Abschluß (§§ 167 ff.), Bedingungssetzung und Zeitbestimmung (§§ 158 ff.); Einwilligung und Genehmigung (§§ 182 ff.), die ihn wirksam werden lassen; Anfechtung (vgl. §§ 119 ff.), Kündigung (bei allen Dauerverträgen: Dienstvertrag, Miete usw.), Rücktritt (vgl. §§ 346 ff.), die ihn beenden. — Im *Schuldrecht* entstehen Verpflichtungen zwar nicht nur aus Vertrag (§§ 305 ff.), sondern auch aus Gesetz: §§ 809 ff., insbesondere ungerechtfertigter Bereicherung (§§ 812 ff.) und unerlaubter Handlung (§§ 823 ff.). Sämtliche anderen Vorschriften finden aber auch auf vertragliche Beziehungen Anwendung, die §§ 305—361, 398—419, 433 bis 808 (ausgenommen wohl nur §§ 677—687: Geschäftsführung ohne Auftrag) handeln ausschließlich von solchen. Wenn wir das Gefüge dieser Normen unter dem Gesichtspunkte der *Anspruchsbegründung* betrachten (wie oben § 13), können wir geradezu sagen: der *unausgesprochene* Satz „Verträge sind zu erfüllen" ist hier die anspruchsbegründende Generalnorm; alle jene Einzelbestimmungen sind nur ihre *Modifikationen*. Modifikationen aber sind *Erweiterungen* (auf nicht ausdrücklich vereinbarte Nebenpflichten: Gewährleistungs-, Sicherungspflichten usw.), noch mehr aber *Einschränkungen:* Gerade wegen der fundamentalen Bedeutung des Pacta sunt servanda muß sehr genau bestimmt sein, wann Verträge *nicht* (oder nur beschränkt) zu halten sind: Mißverständnis („Dissens", §§ 154 f.), Irrtum, Drohung, arglistige Täuschung beim Abschluß (§§ 119 ff.), Formmangel (§ 125 und Einzelfälle), Scheinabschluß (§ 117), verbotener und sittenwidriger Inhalt (§§ 134, 138), Änderung der Voraussetzungen (§§ 321, 610, 779, dazu eine bedeutende, an § 242 anknüpfende Rechtsprechung betr. Irrtum über die (bzw. Fortfall der) Geschäftsgrundlage; unverschuldete Unmöglichkeit der Erfüllung (§§ 275, 323). —

Auch die Folgen verschuldeter Nichterfüllung mußten bestimmt werden. Aber ebensowenig wie der Satz „Verträge sind zu erfüllen", findet sich ein Satz „Wer seinen Vertrag bricht, muß Schadensersatz leisten". Der exakt arbeitende Gesetzgeber scheut Gemeinplätze, weil ihre Konsequenzen schwer zu übersehen sind. Hier teilte er die Folgen der „Leistungsstörung" in *Verzug* (§§ 284 ff.) und (verschuldete) *Unmöglichkeit* (§§ 280 ff., 324 ff.). Es zeigte sich später, daß diese beiden Kategorien doch zu eng gewesen waren. Die „positive Vertragsverletzung" mußte in die Bresche treten (vgl. o. § 32 III). Von „Vertragsbruch" spricht man aber auch heute juristisch-technisch wenig: der Begriff ist zu weit und unbestimmt.

Man sieht also auch hier, wie es die typische Aufgabe des Rechtes ist, die *Grenzen* seiner Grundsätze, und zwar im einzelnen und genau zu bestimmen.

§ 38. Fortsetzung: Der Vertrag im Massenverkehr

I. Schon in § 7 II, 3 wurden wir mit dem Begriff der *Dispositivbestimmung* bekannt, in § 36 VI 1 begegnete er uns wieder: das Gesetz stellt solche den Rechtsgenossen als Inhalt der von ihnen abzuschließenden Verträge je nach deren Typus (als Kauf, Miete, Pacht, Darlehen, Werkvertrag usw.) zur Verfügung; sie sollen ergänzend gelten, soweit nichts Abweichendes vereinbart wurde.

Man möchte nun meinen, daß der Gesetzgeber sich diese Mühe hätte sparen und den Umfang seines Werkes hätte verringern können, indem er sich auf die wenigen nicht dispositiven (zwingenden, unabdingbaren) Vertragsnormen beschränkte, die zu setzen waren. Doch würde er damit schlechte Arbeit geleistet haben: Selten vermögen die Partner alle Folgen einer Vereinbarung zu überblicken, die zu schließen sie im Begriffe stehen, selten wissen sie, welche Fragen bei einem Vertrage dieser Art der Regelung bedürfen, an welcherlei Umstände dabei zu denken ist und welche Konflikte sich daraus ergeben können; denn dazu gehört Rechtskenntnis, Erfahrung und Phantasie. Auch empfiehlt es sich bei Vertragsverhandlungen oft taktisch nicht, Besorgnisse wegen künftiger Mißhelligkeiten allzu laut zu äußern, weil Mißtrauen Mißtrauen erweckt. Da ist es besser, dergleichen nicht eigens anschneiden und behandeln zu müssen, sondern anderwärts geregelt zu wissen.

Doch können nicht bloß Regelungen des Gesetzes diesen Zwecken dienen:

1. Eine beträchtliche Rolle spielen in der Praxis seit je die *Formularbücher*. Vor allem auf den Büros der Notare sind sie unentbehrlich: für Grundstückskäufe, Ehe- und Erbverträge, Erbauseinandersetzungen, Gesellschaftsgründungen, Fusionen, Geschäftsübernahmen usw. finden sich hier Muster. Die Vorteile solcher Formulare leuchten ein: sie erleichtern die Vorbereitung der Urkunden und verhüten es vor allem, daß Wichtiges vergessen wird. In dem Formular hat sich die Erfahrung hinsichtlich alles dessen niedergeschlagen, was bei einem Vertrage der betreffenden Art wichtig werden *kann*, und die mißtrauischen Klauseln *(cautelae)* eines routinemäßig angewandten, leicht verzopften Formulars werden eher hingenommen, belächelt und unterschrieben, als was der andere persönlich gewünscht und in eigene Worte gekleidet hätte. Offenbar Überflüssiges hingegen kann mühelos gestrichen werden. Die freie Gestaltbarkeit der individuellen Abmachung leidet also nicht.

Solche Formularbücher gibt es schon seit römischer Zeit, und in der fränkischen (jedenfalls vom 7. Jahrhundert ab) sind diese *Formulae* geradezu *die* Rechtsliteratur. Sie gehören zum elementaren Handwerkszeug aller Rechtspflege, das zu mißachten keinerlei Grund besteht. Die Erleichterung, die diese „Kautelarjurisprudenz" und der Gebrauch solcher Muster für die Arbeit der Notariate und den Geschäftsverkehr überhaupt bedeutet, leuchtet ein.

2. Es leuchtet aber auch ein, daß die Gestaltung solcher Formulare, schon weil sie aus Bequemlichkeit hingenommen werden, die Praxis nicht unerheblich zu beeinflussen vermag. Deshalb haben z. B. die Vermieterverbände schon bald nach Schaffung des BGB in ihrem Sinne abgefaßte Formulare für Wohnungsmietverträge herausgegeben, um das mieterfreundliche, ihnen also unerwünschte Gesetzesrecht zurückzudrängen. Durch Vereinbarung der Spitzenorganisationen *beider* Parteien — Hausbesitzer und Mieter — wurde dann 1934 unter Anleitung des Reichsjustizministeriums ein *Einheitsmietvertrag* geschaffen, und dieses Formular (DEMV) hat sich durchgesetzt. Es ist im Schreibwarenhandel für 45 Pfennige zu haben. Hier findet man

den Inhalt, den Wohnungsmietverträge heute praktisch zu haben pflegen, nicht im BGB (§§ 535 ff.).

3. Indessen beschränkt auch ein solches, wenn schon leicht autoritäres Vertragsformular die Freiheit der individuellen Vertragspartner nicht; es ist ihnen unbenommen, das Blatt nach ihrem Belieben zu ergänzen, zusammenzustreichen oder ganz unbenutzt zu lassen. Anders ist es damit aber u. .U, wenn ein Unternehmer allen, die mit ihm in Geschäftsbeziehung treten wollen, seine Vertragsbedingungen als gedruckten Text unter dem Hinweis übersendet, daß diese seine *allgemeinen Geschäftsbedingungen* (AGB) Inhalt aller mit ihm abzuschließenden Verträge seien[1]. Gewiß: er *kann* von ihnen absehen — wenn er will —, und wenn er nicht will, steht es dem Interessenten frei, auf diese Geschäftsverbindung zu verzichten — wenn er kann. Oft aber kann er nicht: ist er auf diesen Lieferanten angewiesen, so bleibt ihm keine Wahl und muß er auch dessen AGB mit in den Kauf nehmen (während jener gegenüber einem sehr bedeutenden Abnehmer, dem zugleich noch eine andere Bezugsquelle zur Verfügung stünde, auch hinsichtlich seiner Lieferungsbedingungen würde mit sich reden lassen).

Inzwischen gibt es keinen Produzenten, keinen Lieferanten und kein Dienstleistungen anbietendes Unternehmen (Bank, Versicherung, Auskunftei, Transportunternehmen usw.) mehr, das solche AGB nicht hätte. Sie sind es, die dem modernen Geschäftsleben sein Gepräge geben. Daß der Massenverkehr sie unvermeidlich macht, daß sie ihn erleichtern und fördern, ist unzweifelhaft:

Die Bedingungen des einzelnen Vertrages brauchen nicht eigens ausgehandelt zu werden: der Lieferant nimmt in seinem Angebot auf seine AGB Bezug und legt seinem Schreiben das Druckblatt bei. Bestellt der Kunde, so gelten sie damit für ihn. (Freilich müssen sie ihm *vor* seiner Bestellung zur Kenntnis gebracht worden sein: sind sie nur der *Rechnung* aufgedruckt, so gelten sie für den *ersten* Auftrag nicht; wohl aber für den nächsten!) Dem Bankkunden, der sich ein Konto eröffnen läßt, werden die AGB ausgehändigt; er braucht nur einen (vorgedruckten) Revers zu unterschreiben, daß er sie erhalten hat und anerkennt. Die Zeitersparnis ist beträchtlich.

Auf der anderen Seite werden aber vorhandene Monopolstellungen verschärft: der Lieferant hat seine AGB zu seinen Gunsten gestaltet,

---

[1] Über sie eingehend, auch soziologisch: *Ludwig Raiser*, Das Recht der allgemeinen Geschäftsbedingungen, 1935, Neudruck 1961, ferner *J. Schmidt-Salzer*, Allgemeine Geschäftsbedingungen, 1971, u. *M. Rehbinder*, Allgemeine Geschäftsbedingungen und die Kontrolle ihres Inhalts, 1972.

so weit es nur geht (Haftungsausschluß für ihn selbst, Eigentumsvorbehalt, Sicherungsabtretungen, Zuständigkeit seines örtlichen Gerichts oder eines Schiedsgerichts usw.). Er kann das um so ungehemmter, je konkurrenzloser er dasteht. Nur die unabdingbaren Rechtsvorschriften setzen ihm hier Grenzen.

Dabei sind Monopolstellungen häufiger, als meist geglaubt wird, weil man mit dem Begriff des Monopols (wörtlich: Alleinverkauf) die Vorstellung des Riesenmäßigen zu verbinden pflegt. Aber jeder, der eine Spezialfertigung allein betreibt, hat für die ihrer Bedürfenden ein Monopol; der einzige Klempner eines Dorfes ist ein „Monopolist" und § 1 seiner (ungedruckten) AGB lautet: „Ich komme, wann *ich* will."

4. Ernstlicher noch kann die Vertragsfreiheit in Gefahr geraten, wenn ganze Geschäftszweige sich zu *gemeinsamen* AGB verbinden und gegenseitig (bei Meidung schwerer Vertragsstrafen) verpflichten, zu keinen anderen abzuschließen. Der Kunde wird damit gleichsam vor eine Mauer gestellt: was die *Bedingungen* betrifft, so ist es für ihn gleichgültig, zu welcher Bank, zu welchem Spediteur er geht; bei allen sind sie die gleichen. Nur hinsichtlich der Preise und der Leistungsqualität sind noch Unterschiede möglich. Damit findet innerhalb solcher Branchen ein Wettbewerb der Einzelunternehmen um die Gunst des Kunden durch Gewährung entgegenkommenderer Bedingungen (sog. Konditionenwettbewerb) nicht mehr statt und wird hier ein Berichtigungsfaktor ausgeschaltet, der einer einseitigen Verzerrung der AGB zum eigenen Vorteile des sie Gestaltenden entgegenarbeiten könnte. Gleichwohl hat auch das heutige Kartellgesetz (§ 2) solche Vereinbarungen grundsätzlich gestattet.

Vollends ist ihre vereinheitlichende und ordnende Wirkung dem Staate in Krisenzeiten zu Zwecken der Wirtschaftslenkung recht erwünscht. So wurden die 1927 erstmalig vereinbarten AGB des Speditionsgewerbes Ende 1939 durch Anordnung des Reichsverkehrsministers für alle Geschäftsabschlüsse der Mitglieder der Reichsverkehrsgruppe Spedition und Lagerei mit ihren Kunden für verbindlich erklärt. Die Rechtsgültigkeit dieser Verbindlicherklärung ist zwar schon für die Kriegszeit bestritten und besteht heute vollends nicht. Sie hat aber praktisch gewirkt, und die *Allgemeinen Deutschen Spediteurbedingungen* (ADSp.) haben sich im Verkehr durchgesetzt. Heute gelten sie als Handelsbrauch. Der Leser findet sie in den Textausgaben des HGB mitabgedruckt und in Kommentaren wie ein Gesetz erläutert. Sollte das einschlägige Gesetzesrecht (HGB §§ 407 bis 452: Speditions-, Lager- und Frachtgeschäft) einmal geändert werden, so würde die Reform dann wohl unvermeidlich großenteils auf eine Einarbeitung dieser ADSp. hinauslaufen. Auch hier wäre wieder einmal aus Vertrag Gesetz geworden.

Von allen diesen Vertragsgestaltungen läßt der BGB-Text wenig ahnen. Vom Individuum ausgehend spiegelt er das Bild des Massenverkehrs und seiner Kollektivkräfte noch nicht wider. Doch leuchtet ein, daß es eben darum eine um so dringlichere Aufgabe der heutigen Rechtspflege ist, diesen Vorgängen, Kräften und Tendenzen gegenüber dem Individuum zu seinem Rechte zu verhelfen. Gerade hinsichtlich der AGB ist deshalb dic Wahrung der unabdingbaren Gesetzesvorschriften, vollends die Anwendung der §§ 138 und 242 BGB (gegen Monopolmißbrauch, Knebelungsverträge usw.) ganz besonders wichtig. Hier muß der Staat und sein Gesetz durch die richterliche Kontrolle der Vertragsinhalte, vielleicht auch durch Spezialgesetzgebung, zum Bollwerk der Freiheit gegen die Mächte der Wirtschaft werden.

II. Freilich verlassen doch auch die AGB das Modell des alten privatrechtlichen Individualvertrages wenigstens im Prinzip noch nicht: für den einzelnen Kunden werden auch sie erst wirksam, wenn er sie durch seine Unterschrift oder wenigstens durch sein Verhalten (seine Bestellung in Kenntnis derselben) anerkannt und damit zum Inhalte des Vertrages als seiner Willenserklärung gemacht hat.

Daß er sich ihnen damit „unterworfen“ habe, ist eine unprivatrechtliche, aber freilich schon nicht mehr ungebräuchliche (weil soziologisch oftmals zutreffende) Ausdrucksweise.

Dagegen wird im kollektiven Arbeitsrecht mit seinem Kernstück, dem *Tarifvertrag*, das alte Vertragsmodell auch formal verlassen und überdies zugleich der Boden des öffentlichen Rechts betreten: hier hat ein zwischen A und B geschlossener Vertrag für C bis X Gesetzeskraft.

Privatrechtlich könnte ein Vertrag zwischen A und B nur sie selbst verpflichten, einen Dritten, C, allenfalls *begünstigen* (Vertrag zu Gunsten Dritter: §§ 328 ff. BGB); *verpflichten* könnten A und B den C nur dann, wenn er ihnen die Macht dazu gegeben, einen von ihnen bevollmächtigt oder ermächtigt hätte. Verträge zu *Lasten* Dritter ohne deren Zustimmung kennt das Privatrecht (wenn man von den gesetzlichen Gewalt- und Vertretungsverhältnissen: Eltern, Vormund u. a. absieht) nicht. Hier aber verpflichtet nun der von der Gewerkschaft mit dem Arbeitgeber oder Arbeitgeberverband geschlossene Tarifvertrag die Hunderttausende ihrer gegenwärtigen und zukünftigen Mitglieder unmittelbar und zwingend, indem er den Inhalt der von ihnen geschlossenen oder zu schließenden Einzelarbeitsverträge unabdingbar festlegt. Und in der gleichen Weise wird hier der einzelne Arbeitgeber durch seinen Verband gebunden.

Solche unmittelbare und zwingende, *normative* Einwirkung auf die Einzelarbeitsverträge mußte den Tarifverträgen deshalb im Rahmen des reinen Privatrechtes zunächst versagt bleiben (vgl. RGZ 73, S. 92 ff. vom Jahre 1910). Sie verpflichteten also damals nur die sie abschließenden Vertragsparteien selbst. Diese waren zwar gehalten, auf ihre Mitglieder dahin einzuwirken, daß sie die Einzelarbeitsverträge tarifgemäß abschlossen (Durchführungspflicht), auch konnten sich die Einzelpartner dem Tarif (den AGB vergleichbar) stillschweigend „unterwerfen" (*obligatorische* Wirkung), tarifwidrige Einzelverträge waren aber trotzdem gültig.

Um den Tarifverträgen auch jene normative Wirkung geben zu können, war deshalb ein Gesetz öffentlichrechtlichen Inhaltes erforderlich: die Tarifverordnung des Rates der Volksbeauftragten vom 23. Dezember 1918 (TVO), die 1949 durch das Tarifvertragsgesetz (TVG) abgelöst worden ist. Die in diesem (§§ 1 und 4) enthaltene *gesetzliche* Ermächtigung der Tarifparteien (Gewerkschaften und Verbände) gibt nun dem normativen Teile des Tarifvertrages die unmittelbare Wirkung rechtsetzender Kraft. Sein Inhalt ist unabdingbar und ipso iure Inhalt jedes Einzelarbeitsvertrages, gleichviel, was in diesem etwa sonst vereinbart worden war, es sei denn, daß der Tarifvertrag selbst die Abweichung ausdrücklich gestattet hatte, oder daß sie den Arbeitnehmer begünstigte. Überdies kann der Staat (Bundesarbeitsminister, Oberste Landesarbeitsbehörden) Tarifverträge über den Kreis der Vertragsparteien und ihrer „tarifgebundenen" Mitglieder hinaus für *allgemein verbindlich* erklären.

III. Im Zeichen des Massenverkehrs hat der Einzelne somit in erheblichem Maße die Möglichkeit verloren, auf den Inhalt der von ihm zu schließenden Verträge aktiv einzuwirken. Auch hat die Häufigkeit der Fälle sicherlich zugenommen, in denen Verträge wortlos, durch bloßes konkludentes („schlüssiges") Verhalten zustande kommen: die objektive, eingespielte Verkehrsbedeutung dessen, was einer tut oder unterläßt, ersetzt hier seine Worte (die, falls nicht eindeutig, ja auch gemäß der Verkehrssitte auszulegen wären: vgl. o. § 7 II 1). Im großstädtischen Lebensmittelgeschäft wird wenig, im Selbstbedienungsladen noch weniger, vor dem Automaten gar nicht verhandelt, ebensowenig beim Besteigen der Straßenbahn. Und doch ist das Aufstellen des gefüllten Automaten, das Betreiben der Straßenbahn ein Vertragsangebot (Offerte, Antrag: § 145 BGB), das mit dem Einwurf des Geldes bzw. dem Einsteigen angenommen wird. Indem der Fahrgast den Fahrschein für *diese* Fahrt löst, bezahlt er eine schon entstandene Schuld. Der Vertrag hat hier eine eigentümlich unpersönliche Note angenommen.

Es ist deshalb in Zweifel gezogen worden, ob es überhaupt noch das Abschließen eines Vertrages sei, wenn jemand sich in eine Betriebsgemeinschaft eingliedern läßt und damit „automatisch" in den Genuß der Ansprüche kommt, die ihm der Tarifvertrag gemäß seinem Alter, seiner Vorbildung und seinem Familienstande für Arbeit dieser Art zuspricht; vollends, wenn er eine Straßenbahn besteigt und damit „automatisch" den in den AGB der Bahn festgesetzten Fahrpreis schuldig wird, oder seinen Wagen auf einen bewachten Parkplatz fährt, oder dem städtischen Versorgungsnetz Gas oder Strom entnimmt. Erzeugt hier nicht das Faktische seines Verhaltens schon als solches und als „sozialtypisch" das Schuldverhältnis? Ist also die Annahme eines Vertragschlusses durch Willenseinigung hier nicht lediglich Fiktion? Eben das behauptet die Lehre von den „faktischen Vertragsverhältnissen" (*Haupt*, 1941) oder „Schuldverhältnissen aus sozialtypischem Verhalten" *(Larenz)*, die in den letzten zwei Jahrzehnten nicht wenige Anhänger und 1956 auch die Anerkennung des Bundesgerichtshofes gefunden hat (BGHZ 21, S. 333: „Parkplatzentscheidung").

Diese Theorie nimmt also an, daß in den genannten Fällen von den Beteiligten keinerlei Willenserklärung abgegeben werde und somit auch keine Willenseinigung stattfinde. Sie schwankt aber hinsichtlich der Frage, ob das Faktum des sozialtypischen Verhaltens auch ohne einen entsprechenden Willen der Parteien einen „Vertrag" begründe (und dieser dann sekundär die Rechtswirkungen), oder ob es die Rechtswirkungen (das Schuldverhältnis) ohne einen solchen Parteiwillen unmittelbar erzeuge. Um diesen Punkt hier offenzulassen, bediente ich mich oben des unklaren (von jener Lehre nicht gebrauchten) Modewortes „automatisch". Auch mußten wir es bei unseren eigenen Betrachtungen in § 37 I im Ungewissen lassen, ob sich der Zorn des enttäuschten Kellners über seinen unversehens geizig gewordenen Gast gegen diesen als einen Vertragsbrüchigen, oder nur als einen inkonsequent Handelnden richtete. Zugleich entsinnen wir uns der Probleme, die mit der Zwischenschaltung des „subjektiven Rechts" zwischen Rechtsfaktum und Rechtsfolge zusammenhingen (oben § 17). Es könnte so scheinen, als ob auch der „Vertrag" eine Zwischenschaltung, eine bloße Hilfskonstruktion wäre.

Aber bei jenen Betrachtungen bewegten wir uns noch im vorjuristischen Raume. Hier, wo es sich um die unmittelbare Anwendung unseres gegenwärtig geltenden Privatrechts handelt, müssen diese Erwägungen zurücktreten. Damit fällt aber auch die Lehre von den faktischen Vertragsverhältnissen:

Das Rechtsfaktum unseres geltenden Rechts ist der Vertrag als eine Willenseinigung seiner Partner, hervorgegangen aus Willensvorgängen, die durch äußeres Verhalten (Worte oder Taten) dokumentiert worden sind (Willenserklärungen; vgl. §§ 116 ff. und 145 ff. BGB). An dieses vom Willen der Partner getragene Faktum knüpft es als Rechtsfolgen die typischen Erfüllungsverpflichtungen an; ihr lediglich äußeres Verhalten könnte kraft seiner Sozialtypik nur Verpflichtungen zum Vertrauensschadensersatz und zur Zurückgabe einer ungerechtfertigten Bereicherung herbeiführen (vgl. o. § 37 I bzw. §§ 812 ff. BGB).

Kann also in dem Verhalten zweier Parteien zueinander ein Vertragsschluß im Sinne des Gesetzes nicht gefunden werden, so entfallen alle Rechtsfolgen, die das Gesetz ausschließlich an Verträge knüpft. Hieran hat auch der Massenverkehr nichts geändert. Freilich führt von dem notariellen Abschluß eines Grundstückskaufes bis zum Besteigen einer Straßenbahn eine kontinuierlich absinkende Kurve der Bewußtheit, daß hier ein Vertrag geschlossen werde. Das zwingt aber nicht dazu, den Vertragswillen in ihrem unteren Verlaufe gänzlich zu negieren. Er müßte dann auch beim Marktkauf und im Selbstbedienungsladen geleugnet werden.

Es stimmt auch wohl nicht, daß das Willensmoment beim Fahrgast der Straßenbahn verkehrsmäßig *gar* keine Rolle spiele: ist er in die falsche Bahn gestiegen und erschrickt er nach nicht allzu langer Zeit und vor Lösung des Fahrscheins glaubwürdig, so pflegt der Schaffner ihn in Gnaden zu entlassen; m. E. mit Recht, denn jener hatte sich über eine verkehrswesentliche Eigenschaft des Wagens (nämlich nach X, nicht nach Y zu fahren) geirrt und konnte seine Erklärung, mit diesem Wagen befördert werden zu wollen, anfechten (§§ 119 II, 142 BGB). Nach der neuen Lehre dürfte der Schaffner ihn dagegen nicht entkommen lassen. — Doch mag es sein, daß die menschenfreundlichen Schaffner, denen ich begegnete, altmodische Individualisten und nicht auf der Höhe der Zeit waren, auch ließe sich selbst bei Vorliegen eines Vertrages die Zulässigkeit der Anfechtung bestreiten und wäre es vertretbar, wenn der Schaffner sagen würde: „Wo Sie hinwollen, geht mich nichts an!"

Denn darüber ist man sich freilich schon seit langem einig, daß nicht *alle* Verträge, nur weil sie auf Willenserklärungen beruhen, notwendig auch wegen Irrtums, Drohung oder arglistiger Täuschung gemäß den Vorschriften der §§ 119 ff. BGB angefochten und mit rückwirkender Kraft (§ 142 I BGB) so wieder aus der Welt geschafft werden können, als ob sie nie gewesen wären. Nicht z. B. Erklärungen auf Wertpapieren, sobald sie in Umlauf gesetzt worden sind (ein Wechselakzept etwa) und Gesellschaftsverträge, sobald die Gesellschaft im Verkehr als solche aufgetreten ist. Das Umlaufspapier wie die Gesellschaft sind damit Gegenstände öffentlichen Vertrauens geworden; die Individualinteressen des getäuschten, bedroht gewesenen oder sich geirrt habenden Partners müssen deshalb hier, soweit erforderlich, zurücktreten; weshalb das Wechselakzept Dritten gegenüber gar nicht, der Gesellschaftsvertrag — wie (aus sozialen Gründen) auch die Einstellung eines Arbeiters — nicht mit rückwirkender Kraft angefochten werden kann. Darum sind aber Gesellschafts- wie Arbeitsvertrag eben doch Verträge und bleibt ihr Abschluß Willenserklärung, auch wo er *stillschweigend* erfolgt ist. Die Figur des „faktischen Vertragsverhältnisses" oder der „faktischen Gesellschaft" ist jedenfalls nicht nötig, um ihren Bestand in der gebührenden Weise zu sichern. Auch ohne sie können die Gläubiger der fehlerhaft begründeten Gesellschaft geschützt werden und kann der anfechtbar eingestellte Arbeiter den Lohn für seine geleistete Arbeit verlangen.

Vollends machte es die richtige Entscheidung eines *Parkplatzfalles* nicht erforderlich, das festgefügte Vertragsrecht des Gesetzes in Frage zu stellen: Der Fahrer, der seinen Wagen auf den bewachten Parkplatz fährt, laut rufend, daß er nichts zu zahlen gedenke, schließt einen Vertrag und *will* ihn auch schließen. Seine eigenen Worte zeigen, daß er das weiß, sind aber im übrigen bedeutungslos, weil sein tatsächliches Verhalten ihnen widerspricht. Sein Mund sagt nein, aber seine Hände sagen ja und drücken seinen Willen mittels des Lenkrades in verkehrsgültiger Weise aus. Was er redet, ist demgegenüber bloße *protestatio facto contraria* (eine dem tatsächlichen Geschehen widerstreitende Ablehnung).

Freilich könnte der beklagte Autohalter des Urteils BGHZ 21, S. 319—36 (vom 14. 7. 56), als der Vorgang sich abspielte (1953!), wirklich noch geglaubt haben, er habe an der Bodenfläche des Parkplatzes den unentgeltlichen *Gemeingebrauch* eines jeden Bürgers an jeder öffentlichen Straße und die Einrichtung der entgeltlichen Überwachung sei eine Usurpation. War diese Einrichtung (deren Berechtigung erst einmal klarzustellen, der Hauptpunkt der Entscheidung war!) damals aber noch nicht unbestritten und eingespielt, hatte sie sich also im Verkehr noch nicht durchgesetzt, so fehlte dem Verhalten des Beklagten *damals* auch noch die entsprechende Verkehrsbedeutung und „Sozialtypik". Er durfte dann weder aus *diesem* Gesichtspunkte, *noch* aus Vertrag zur Gebührenzahlung verurteilt werden.

Auch das Problem der „faktischen Vertragsverhältnisse" wirft also letzten Endes wieder die Frage nach den Grenzen der Prinzipien auf; hier die nach den Grenzen des Prinzips der Konsequenz (vgl. o. § 24 I): Das Vertragsrecht ist eine in zweitausendjähriger Erfahrung ausgestaltete Spezialisierung und folglich Begrenzung dieses Prinzips. Streicht man den überlieferten Vertragsbegriff und läßt man das sozialtypische Verhalten schon als solches genügen, um die bisher nur an Verträge geknüpften Rechtsfolgen entstehen zu lassen, so kann die Konsequenz allein das Maß nicht geben. Es müßten ihr neue Grenzen gezogen werden, die offenbar noch nicht gefunden sind.

§ 39. Rechtsschein, Veranlassung und Publizität

Doch hat das Prinzip der Konsequenz noch anderweitige Ausprägungen erfahren:

I. Dem berühmten Kommentator *Bartolus* († 1357 zu Perugia) wurde einst folgender Fall zur Begutachtung vorgelegt: Ein Bauer hatte an den Gehilfen eines Metzgers in dessen Laden ein Schwein verkauft. Der Metzger weigerte sich, es zu bezahlen, weil er seinen Gehilfen zu Einkäufen nicht bevollmächtigt hätte. — Der Fall kam im Corpus iuris nicht vor, aber Bartolus fand darin ähnliche: Ein entlaufener Sklave hatte in Rom als Prätor amtiert; ein Unmündiger, den man für einen *pater familias* hielt, hatte Verträge geschlossen und Ämter verwaltet: Ulpian hatte ihre Amtshandlungen wie ihre Verträge als wirksam angesehen (Dig. I, 14, 3 und XIV, 6, 3 pr.); Unfreie, die man für frei hielt, hatten als Testamentszeugen fungiert: Kaiser Hadrian hatte das Testament für gültig erklärt (Codex VI, 23, 1). — Daß diese Fälle z. T. öffentliches Recht betrafen, störte Bartolus nicht. Er fand darin ein allgemeines Prinzip und entschied, der Metzger müsse zahlen: sein Gehilfe habe den Laden öffentlich verwaltet und die Öffentlichkeit habe ihn für bevollmächtigt gehalten; *et iste communis error facit ius* (auch ein derartiger allgemeiner Irrtum begründet Recht, vgl. *Bartolus,* Consilium 79).

Der heutige Jurist braucht nicht mehr lange nach Analogien zu suchen: er findet die Entscheidung in § 56 des Handelsgesetzbuches (HGB). Diese Bestimmung aber ist uns Ausdruck eines Prinzips, das wir als *Rechtsscheinlehre* zu bezeichnen pflegen, und Bartolus war ihm nahegekommen, als er es mit dem Satze *communis error facit ius* umschrieb.

II. Indes bezeichnen beide Ausdrücke jenes Prinzip nur unvollständig. Ein anderer Anwendungsfall mag das verdeutlichen: B zeigt mir die quittierte Rechnung meines Gläubigers A vor, worauf ich an ihn zahle; B aber verschwindet mit dem Gelde: er war ein Schwindler und hatte die Quittung bei A gestohlen, der nun von mir bezahlt werden möchte. Ihm gegenüber berufe ich mich auf § 370 BGB. Diese Bestimmung schützt mich, wenn jene Quittung echt gewesen, von A unterzeichnet worden war. Sie schützt mich nicht, wenn B die Unterschrift gefälscht hatte, mag diese Fälschung noch so täuschend, mein Glaube an ihre Echtheit noch so verständlich, der Schein einer Inkassovollmacht noch so vollkommen gewesen sein. Denn dieser Anschein war von B erregt worden, nicht von A. Soll da A seine Forderung gegen mich verloren haben, weil B, der ihn nichts anging, mich beschwindelt hatte? Und soll ein Kaufmann durch Geschäfte eines B verpflichtet sein, der sich in seinen Laden eingeschlichen und hinter die Theke gestellt hatte?

In dem Falle des Bartolus und des § 56 HGB war B ein von dem Kaufmann *Angestellter,* in dem des § 370 BGB der Überbringer einer vom Gläubiger *ausgestellten* Quittung gewesen. Kaufmann und Gläubiger hatten hier also durch ihr eigenes Tun dazu beigetragen, daß eben der Anschein entstand, durch den der Ladenkunde wie der Schuldner getäuscht wurden. Sie hatten selbst das Werk des B ermöglicht und müssen dessen Folgen tragen, weil sie den Schein *veranlaßt* hatten, auf den die Außenstehenden (alle C) vertrauten. So ist denn das Rechtsscheinprinzip, hier jedenfalls, zugleich *Veranlassungsprinzip.*

III. Damit erweist sich das Rechtsscheinprinzip aber zugleich als eine Ausprägung des Prinzips der Konsequenz, und in dieser Gestalt spielt es an verschiedenen Stellen des Privatrechts eine nicht unerhebliche Rolle:

1. Hat z. B. A seinem guten Freunde B, dem er keinen Pfennig schuldet, einen Schuldschein über 10 000 DM ausgestellt (um so ärmer zu erscheinen, als er ist und seine Gläubiger oder das Finanzamt zu täuschen) und tritt dann B diese Scheinforderung nebst Schuldschein treuloserweise an den nichtsahnenden C ab, so muß A die 10 000 DM, obwohl er sie nie geschuldet hatte, an C zahlen. Denn C darf nicht in der Grube liegenbleiben, die A mit B's Hilfe anderen hatte graben wollen; vielmehr muß A dafür einstehen, daß er selbst es gewesen war, der B's Betrug gegenüber C durch dies sein eigenes Scheinmanöver möglich gemacht hatte (§ 405 BGB).

2. Praktisch häufiger, doch weniger einfach ist der Fall, daß A, der dem B unbestimmt viel, doch höchstens 1000 DM schuldet, ein ihm von B vorgelegtes unausgefülltes Wechselblankett (Blankowechsel) mit der Abrede akzeptiert, daß es auf höchstens 1000 DM ausgefüllt werden dürfe. Überträgt (indossiert) nun B dieses Akzept, mit 3000 DM

ausgefüllt, an C, so ist es für C meist gleichgültig, wieviel der A dem B tatsächlich schuldig, ja ob er ihm vielleicht auch gar nichts schuldig war: A muß an C die Summe zahlen, auf die der Wechsel lautete, als C ihn erwarb. Nur wenn er sie kannte, muß C sich A's „Einreden" gegen B entgegenhalten lassen. Sonst aber hat A, B schuldend oder nicht schuldend, dem C all das zu zahlen, was der gemäß dem Text des Wechsels, der A's Akzeptunterschrift trug, von ihm erwarten durfte. Denn zu dieser Erwartung jedenfalls hatte A durch seine Unterschrift dem C *Veranlassung* gegeben.

Gegenüber der Anscheinserregung (wie bei § 405 BGB) steht hier, beim Wechsel, die Erwartungserweckung freilich stark im Vordergrunde. Denn da der Erwerber eines Wechsels (Akzeptes) weiß, daß die Beziehungen zwischen A und B ihn, C, nur sekundär berühren (nämlich bloß, wenn und soweit er sie kennt), so macht er sich in dieser Hinsicht meist gar keine Vorstellungen und also auch keine falschen; insoweit entsteht dann auch für ihn kein Schein, denn „Schein" ist nur etwas, was falsche Vorstellungen *(error)* erweckt hat.

Indessen ist das Wertpapierrecht — die vielschichtigste und abstrakteste Spezialmaterie unseres Privatrechts — zu schwierig, um hier näher verfolgt werden zu können. Doch ist das Einstehenmüssen für veranlaßten Rechtsschein geradezu sein Leitmotiv.

3. Beim Eigentumserwerb an beweglichen Sachen findet das Prinzip sich wieder: Der Eigentümer eines Bildes, A, hat es an B verliehen; B verkauft und überträgt es treuwidrig an C. Damit hat A sein Eigentum an C verloren (§ 932 BGB). Hatte aber B das Bild von A nicht entliehen, sondern ihm gestohlen, so nützt dem C sein guter Glaube an B's Eigentum nichts und bleibt A Eigentümer (§ 935 BGB). — Die Verschiedenheit der Entscheidungen leuchtet ein: zwar schien für C in beiden Fällen B der Eigentümer zu sein; sogar eine gesetzliche Vermutung (§ 1006 BGB) sprach dafür. Aber im ersten Falle hatte A sein Bild selbst freiwillig aus der Hand gegeben und damit B ermöglicht, es zu unterschlagen; so hatte er den falschen Schein, daß B der Eigentümer sei, selbst mitveranlaßt und muß die Konsequenzen tragen: sein Eigentümerinteresse muß hier dem Interesse des Drittverkehrs, d. h. des gutgläubigen C weichen. Zu dem Diebstahl dagegen hatte A keine Veranlassung gegeben, und Rechtsschein und guter Glaube allein können deshalb hier C nicht zum Erwerb verhelfen. Nur bei Geld und Umlaufpapieren sowie in öffentlicher Versteigerung soll auch hier der Verkehrsschutz vorgehen und kann so C's Irrtum ganz ohne A's Zutun Unrecht in Recht verwandeln (§ 935 II BGB, § 365 I HGB und Art. 16 II des Wechselgesetzes für die Orderpapiere).

Daß unser Gutglaubensschutz *historisch* nicht etwa den heute daran geknüpften rationalen Erwägungen, sondern dem Hand wahre Hand-Prinzip seinen Ursprung verdankt, sahen wir o. § 16 I. Doch hat auch dies Prinzip seine *Benennung* erst im 15. Jahrhundert erhalten, ist also erst *bewußt* geworden, nachdem es tausend Jahre oder länger praktiziert worden war. Und erst im 20. Jahrhundert ist es als ein Sonderfall des Rechtsschein-Veranlassungsprinzips erfaßt worden. Das Recht *entsteht* empirisch und from case to case; die Prinzipien werden nachträglich (die allgemeinsten zuletzt) darin gefunden, sind also insofern nur Interpretation der Wirklichkeit und „Blässe des Gedankens". Wissenschaft aber ist ohne sie nicht möglich.

IV. Doch kehren wir zu unserem Ausgangsfall zurück. Auch er nämlich läßt sich als Anwendung eines Prinzips erfassen, das seinerseits ein Sonderfall des Rechtsschein-Veranlassungsprinzips ist. Man nennt es das der *Anscheinsvollmacht:* wenn A zu dem Anschein Anlaß gegeben hatte, daß B von ihm bevollmächtigt sei, so muß er dessen Geschäfte dem C gegenüber gegen sich gelten lassen, soweit der auf diese Scheinvollmacht vertraut hat.

Das ist nicht nur der Fall des Ladenangestellten (§ 56 HGB); auch bei der Handlungsvollmacht gilt dieser Gedanke: hat Kaufmann A einen B *überhaupt* zu Geschäften seines Betriebes bevollmächtigt, so soll sich jeder C darauf verlassen können, daß diese Vollmacht umfangsmäßig so weit reicht, wie der Verkehr es angesichts der Stellung erwartet, die einem solchen Angestellten mit einer solchen Vollmacht eingeräumt zu werden pflegt. Beschränkungen der Vollmacht, die der Verkehr hier nicht erwartet, braucht deshalb auch C nicht gegen sich gelten zu lassen, soweit er sie nicht kennt oder doch kennen muß (§ 54 HGB). — In den §§ 169—173 BGB findet sich der Gedanke wieder: wen A dem C oder gar der Öffentlichkeit gegenüber bevollmächtigt *hatte,* der gilt diesen gegenüber so lange als bevollmächtigt, bis sie das Erlöschen seiner Vollmacht kennen mußten. Und von dem Fall des § 172 II ist die Gedankenbrücke zu § 370 BGB leicht zu schlagen: die Quittung legitimiert ihren Überbringer gleich einer Vollmachtsurkunde; solange A sie in B's Hand beläßt, veranlaßt er den Schein, daß B ermächtigt sei.

Indem wir so die §§ 370 BGB und 56 HGB als Fälle des Rechtsschein-Veranlassungsprinzips erkennen, sind wir zugleich instandgesetzt, ihren Anwendungsbereich in angemessener Weise zu *erweitern:* war die von B dem Schuldner C vorgelegte Quittung zwar von B gefälscht, hatte aber A Quittungsformulare und Stempel in seinem Betriebe unordentlich herumliegen lassen und dadurch B seinen Betrug erleichtert, so muß er C's Zahlung an B ebenfalls gegen sich gelten lassen. Hatte Kaufmann A seinen Laden über Mittag unverschlossen allein gelassen, so muß er des Fremden B Geschäfte, der sich, diese Gelegenheit nutzend, hinter die Theke gestellt hatte, wie die eines Angestellten nach § 56 HGB hinnehmen. Nicht *nur* die Anstellung B's oder die Ausstellung der Quittung konnten die Veranlassung zur Täuschung C's gegeben haben.

Muß dann, dementsprechend, auch A, wenn er den Verlust seiner Sache durch eigene Nachlässigkeit veranlaßt hat, deren gutgläubigen Erwerb von ihrem Diebe B durch C analog § 932 BGB hinnehmen? Im Hinblick darauf, daß alle *dinglichen* Rechtsbeziehungen möglichst eindeutig sein müssen, wird man das abzulehnen haben: weil Bestohlener, Verlierer und wer seine Sache sonst nicht willentlich aus der Hand gegeben, auch ihren Verlust *typischerweise* nicht veranlaßt hat, sind eben sie in § 935 genannt. Bei dieser relativ klaren Typisierung wird es bleiben müssen. Ihr gegenüber ist die unspezifizierte „Veranlassung" als sachenrechtliche Grenzscheide zu unbestimmt. In krassen Fällen mag einem C die *exceptio doli* (Einrede der Arglist) gegen A helfen.

Nicht unerwähnt soll bleiben, daß die vorhin behandelte Anscheinsvollmacht sich nahe mit einer echten, aber stillschweigenden Vollmachts*erteilung*, der *Duldungsvollmacht* berühren kann: bei dieser läßt A den für ihn auftretenden B gewähren, weil er nichts dagegen hat; womit er ihn stillschweigend bevollmächtigt; im anderen Falle wünscht er nicht, von B vertreten zu werden, unterläßt es aber, die Täuschung des Verkehrs (C's) durch jenen zu verhindern. Mit der Duldungsvollmacht gibt A also eine *Willenserklärung* ab. Doch kann er auch diese praktisch nicht als solche (z. B. gem. §§ 119 II, 123 BGB) anfechten; erweist sich B etwa als ein vorbestrafter Gauner, der ihn betrogen hatte, so kann A's Anfechtung zwar seine (stillschweigende) Erklärung gegenüber B, nicht aber deren Außenwirkung („Drittwirkung", nämlich gegenüber C), also den einmal entstandenen „Anschein" einer Vollmacht, mit rückwirkender Kraft (*ex tunc* gem. § 142 I) wieder aus der Welt schaffen; vielmehr kann er sie nur für die Zukunft *(ex nunc)* beseitigen, d. h. „widerrufen". — Man vergleiche hierzu das o. § 38 III über die Unanfechtbarkeit gewisser Verträge Gesagte!

V. Wir hatten zu Eingang dieses Paragraphen gesagt, mit seiner Formulierung *communis error facit ius* sei Bartolus der heutigen Rechtsscheinlehre „nahegekommen". Wir können jetzt etwas genauer sein: Im Falle des Ladenangestellten, wie in den weitaus meisten Anwendungsfällen unseres Rechtsscheinprinzips wirkt der Rechtsschein nur gegen den, der ihn „veranlaßt" hat, so daß wir ein Rechtsschein-Veranlassungsprinzip lehren. Gewiß wäre es denkbar, daß der Kaufmann für jeden einzustehen hätte, der sich, gleichviel wie, hinter seine Theke geschlichen hätte; doch ist das nicht unsere Auffassung. Nur beim Gutglaubenserwerb von Geld und Umlaufpapieren lassen wir den reinen, vom Eigentümer nicht veranlaßten Schein gegen ihn wirken.

Mit dem bloßen Schein und dem dadurch bei C erregten Irrtum begnügte sich aber doch auch Bartolus nicht: der *error* mußte *publice* (öffentlich) entstanden und *communis* (allgemein) gewesen sein. Diese Momente treten bei unserer Rechtsscheinlehre stark zurück, leiten aber zu einem anderen Grundgedanken, dem *Publizitätsprinzip* über: was im Grundbuch als in einem öffentlichen Register öffentlichen Glaubens eingetragen ist, gilt als richtig; ist darin fälschlich B als Inhaber eines Rechts eingetragen, so kann C (die Unrichtigkeit der Eintragung nicht kennend) es von ihm erwerben, und A, der wahre Inhaber, verliert es damit, auch wenn er die Unrichtigkeit der Eintragung keineswegs veranlaßt hatte (§ 892 BGB), kann sich vielmehr nur am Staate schadlos halten (§ 839 BGB mit Art. 31 GG). Beim Schiffsregister (§ 16 SchiffsG) wie beim Erbschein (§ 2366 BGB) wiederholt sich dies. Und „als Standesbeamter ... gilt auch, wer, ohne Standesbeamter zu sein, das Amt eines Standesbeamten öffentlich ausgeübt und die Ehe in das Familienbuch eingetragen hat“ (§ 11 EheG). Hatte also etwa im Jahre 1946 ein untergetauchter SS-Mann bei einer Eheschließung *publice* als Standesbeamter amtiert und war er in einem *communis error* aller Beteiligten (auch der Brautleute!) für einen solchen gehalten worden, so war die von ihm vollzogene Eheschließung ebenso rechtsgültig, wie es die römischen Testamente gewesen waren, bei denen entlaufene Sklaven als Zeugen fungiert hatten. — Es ist klar, daß in Fällen dieser Art das Veranlassungsmoment keine Rolle spielt; von ihnen aber war Bartolus ausgegangen. So war es eigentlich das Publizitätsprinzip gewesen, das er gefunden und auf den Fall des Metzgergehilfen angewendet hatte.

Indessen greift das Publizitätsprinzip über den Bereich von Schein und Irrtum, die engere Bedeutung des „öffentlichen Glaubens“ weit hinaus. Von ihm ist in § 36 IV 3 schon gesprochen worden.

§ 40. Die Schadenshaftung

I. *Alterum non laedere* (dem Mitmenschen keinen Schaden zuzufügen) ist ein Grundgebot allen Rechtes (vgl. o. § 20 I). Die Reziprozität (vgl. o. § 24 I 2) leitete daraus einst ein Recht des Verletzten her, den anderen in der gleichen Weise zu schädigen. Das war für den Verletzten Genugtuung und, wenn er einen Vermögensverlust erlitten hatte, Entschädigung zugleich. Die Genugtuung ist heute im Strafanspruch des Staates aufgehoben, die Entschädigung als Zivilanspruch verfolgbar.

Doch kann nicht jede Benachteiligung eines anderen einen Ersatzanspruch erzeugen. Um rechtlich zum Schadensersatze zu verpflichten, muß die Schädigung vielmehr in besonderer Weise qualifiziert sein. Sie muß entweder gegen eine Ordnung verstoßen, oder sie muß sich aus einer Gefahr bestimmter Art ergeben haben, die der andere, wenn auch erlaubterweise, gesetzt hatte. Die Verpflichtung zum Schadensersatz ist also Haftung für ordnungswidriges oder für gefährdendes Verhalten.

II. Hier soll zunächst von der Haftung aus Ordnungsverletzungen die Rede sein.

1. Eine Verletzung der *Sittlichkeit* allein als solcher kann keine Schadenshaftung begründen: Das Mädchen, das unter Mißbrauch des ihm geschenkten Vertrauens der Freundin den Freund, der sie mit Sicherheit geheiratet haben würde, abjagt, haftet nicht, so unanständig, ja unsittlich es auch gehandelt hat. Es würde für das Zusammenleben der Menschen nicht gut sein, wenn man der Verratenen eine gerichtliche Klage geben wollte. Die Sphäre, in der dieser Vorgang sich abgespielt hat, muß, um der Sittlichkeit selber willen, justizfrei bleiben. Es wirkt peinlich genug, daß gewisse Verlobungskonflikte (§§ 1297 ff. BGB) vor Gericht gezerrt werden können. Erst wenn die Betreffende etwa mit Verleumdung und Urkundenfälschung gearbeitet hätte, könnte die Sache juristisch anders liegen (§§ 186/87, 267/72 StGB in Verb. mit § 823 II BGB).

2. Eine Verletzung der Sittlichkeit ist jedoch haftungsbegründend, wenn sie als Verletzung der „guten Sitten" vom Gesetz in Haftungstatbestände einbezogen ist (vgl. o. § 7 II 2 und § 31 IV). Das ist in zwei wichtigen Bestimmungen geschehen:

a) in § 1 UWG: „Wer im geschäftlichen Verkehre zu Zwecken des Wettbewerbes Handlungen vornimmt, die gegen die guten Sitten verstoßen, kann auf Unterlassung und Schadensersatz in Anspruch genommen werden",
b) in § 826 BGB: „Wer in einer gegen die guten Sitten verstoßenden Weise einem anderen vorsätzlich Schaden zufügt, ist dem anderen zum Ersatze des Schadens verpflichtet."

In der ersten dieser beiden Generalklauseln genügt der Verstoß gegen die positivierte Sittlichkeit, sofern er zu Zwecken des geschäftlichen Wettbewerbes geschehen war. In der anderen ist sein Zweck gleichgültig, nur muß er „vorsätzlich" begangen worden sein. Was es damit auf sich hat, werden wir später sehen.

3. Im übrigen kann nur der Verstoß gegen ein *Rechts*gebot rechtlich zu Schadensersatz verpflichten. Doch kann ein solcher sich ergeben

a) aus *Vertrag*, indem hinter einem jeden solchen das unausgesprochene Gebot der Vertragstreue steht. Davon sprachen wir in § 35;

b) unmittelbar aus *Gesetz*. Den Hauptteil solcher Ansprüche stellt das Recht der *unerlaubten Handlungen* (§§ 823 ff. BGB). Ihr Grundtatbestand setzt voraus, daß eines der vier Rechtsgüter Leben, Körper, Gesundheit und Freiheit, das „Eigentum oder ein sonstiges Recht" oder ein Schutzgesetz vorsätzlich oder fahrlässig widerrechtlich verletzt ist.

Hier ist also die Widerrechtlichkeit der Schadenszufügung Voraussetzung des Ersatzanspruches.

III. Ein an sich rechtswidriges Verhalten kann freilich durch besondere Umstände *gerechtfertigt* sein: Sachbeschädigung, Freiheitsberaubung, Körperverletzung, u. U. sogar Tötung können, sonst rechtswidrig, doch aus verschiedenen Gründen gestattet sein: die hoheitliche Gewalt kann kraft *öffentlichen* Rechtes dazu befugt sein (Waffengebrauchsrecht der Polizei, Gewaltanwendungsrecht der Vollzugsorgane: Gerichtsvollzieher, Strafvollstreckungsbehörden), Private zur vorläufigen Festnahme eines „auf frischer Tat" Betroffenen gem. § 127 StPO. Im Rahmen des *Privatrechts* können der Besitzer (§ 859 I) und der Vermieter (§ 561 BGB) Gewalt anwenden, vor allem kommen aber Notwehr (§ 227), Sachwehr (§ 228) und Notstand (§ 904 BGB) als Rechtfertigungsgründe für Schadenszufügungen in Betracht. Auch die erlaubte Selbsthilfe (§ 229 BGB) gehört hierher, ist jedoch praktisch selten.

Auch darauf sei hier nur kurz hingewiesen, daß (in den Grenzen des sittlich Statthaften) die Rechtswidrigkeit durch Einwilligung des Verletzten ausgeschlossen sein kann (volenti non fit iniuria = dem Einwilligenden geschieht kein Unrecht), so bei der ärztlichen Operation für diese selbst (nicht für Schäden durch Kunstfehler!); bei der Operation an einem Bewußtlosen als nützliche Geschäftsführung gem. § 683 BGB (denn, was dem Arzt einen Anspruch auf Ersatz seiner Aufwendungen gibt, kann nicht wohl rechtswidrig gewesen sein!). Auch kann die Haftung durch ausdrückliche Vereinbarung oder stillschweigend (Gefälligkeitsfahrt im fremden PKW) ganz oder teilweise ausgeschlossen sein.

IV. Das rechtswidrige Verhalten muß indessen auch die *Ursache* des geltendgemachten Schadens gewesen sein. Darüber wären nicht viele Worte zu machen, wenn nicht im Privatrecht der Kausalität aus praktischen Gründen ein besonderer Sinn gegeben werden müßte:

Entgegen der landläufigen Vorstellung von dem Begriffspaar Ursache—Wirkung als einer isolierten Zweiheit hat jedes Ereignis nicht *eine*, sondern unendlich viele Ursachen und seinerseits wiederum unendlich viele Wirkungen, die ihrerseits zugleich unendlich viele aus anderen Kausalreihen herrührende Ursachen haben. Dabei sind sämtliche Ursachen eines Ereignisses für dessen Zustandekommen miteinander gleichrangig (äquivalent). Man kann sie sämtlich als die „Bedingungen" ansehen, ohne die jenes Ereignis nicht hätte eintreten können (Bedingungs- oder Äquivalenztheorie).

Für die Zwecke des Schadensersatzrechtes wird nun aber unter den sich so ergebenden Wirkungen eine Auslese getroffen: bei der Beurteilung des Zusammenhanges zwischen dem Schaden des Klägers und dem dafür verantwortlich gemachten Verhalten des Beklagten scheidet man solche schädigenden Folgen aus, die als Wirkungen eines derartigen Verhaltens nach der objektiven Wahrscheinlichkeit der Lebenserfahrung nicht zu erwarten gewesen waren. Soweit also das Verhalten des Beklagten die erfahrungsmäßige Wahrscheinlichkeit des eingetretenen Schadens nicht erhöht hatte, hatte der Schaden dem Verhalten nicht „entsprochen", war er *inadäquat* gewesen. Mochte jenes Verhalten also auch „Bedingung" der inadäquaten Folge gewesen sein (indem es, als *conditio sine qua non*, nicht fortgedacht werden könnte, ohne daß sie entfiele), so wird sie dem Beklagten dennoch nicht zugerechnet.

Beispiel aus dem Grenzbereich: Der Kraftfahrer X verursacht einen Unfall. Der Verkehrsteilnehmer A erleidet dabei eine leichtere Verletzung, wird im Krankenhaus aber durch eine schlecht sterilisierte Spritze infiziert und trägt ein Leberleiden davon. Fräulein B erleidet eine entstellende Gesichtsverletzung, ihr Verlobter verläßt sie deshalb. Die Wagen der Geschäftsleute C und D werden fahrunfähig. C versäumt einen günstigen Geschäftsabschluß, D sein Flugzeug nach London; er nimmt das nächste, das abstürzt.

Einwandfrei inadäquat ist hier nur die Verursachung im Falle D: das spätere Flugzeug war nicht generell gefährlicher als das frühere, D's Risiko durch seine Benutzung (also durch den Unfall) nicht erhöht worden. Zu Fall A ist die Adäquanz in ständiger Rechtsprechung bejaht worden: Behandlungsfehler und Krankenhausinfektionen seien von der Unfallverletzung erfahrungsgemäß nicht zu trennende Gefahren. Daß im Falle B das Verhalten des Verlobten treulos war, „unterbricht" weder den Kausalzusammenhang, noch schließt es seine Adäquanz aus, denn außerhalb aller Lebenserfahrung lag dies Verhalten nicht. Der Fall C ist kausalitätsmäßig problemlos, doch wird eine solche Ursächlichkeit meist nicht leicht zu beweisen sein.

Die Adäquanztheorie soll dazu dienen, die Haftung des Schädigers für die Schadensfolgen in vernünftiger Weise zu begrenzen; allzu entfernte Folgen seines Verhaltens sollen ihm nicht aufgebürdet werden können.

Daß sie den Zweck einer klaren Grenzziehung einwandfrei erfülle, kann man indessen nicht sagen, denn über ihre genauere Formulierung und ihre Anwendung im Einzelfalle bestehen beträchtliche Meinungsverschiedenheiten (vgl. z. B. *Enneccerus-Lehmann,* Schuldrecht § 15, *Esser,* Schuldrecht §§ 60, 61). Die Entscheidungen schwanken, und andere Gesichtspunkte, solche der Begrenztheit des Schutzzweckes der verletzten Rechtsgebote und der „Billigkeit" müssen zuhilfe genommen werden. Doch würden diese Probleme hier zu weit führen.

Der Anfänger vergesse über den diesbezüglichen Kontroversen nie, daß die Adäquanz — als das Erfahrungsgemäße — die *Regel,* Inadäquanz — als das nicht Erwartbare — *Ausnahme* ist. Nur bei solchen Auswirkungen eines rechtswidrigen Verhaltens besteht deshalb überhaupt Veranlassung, die Frage ihrer Adäquanz zu prüfen, über die man sich *wundern* muß. Kann man dagegen von den eingetretenen Folgen beruhigt sagen „Sowas kommt von Sowas!", so sind sie sicherlich adäquat. Für den Anfang ist das jedenfalls eine praktische (wenn auch nicht zitierfähige!) Faustregel.

Im Gegensatze zum Strafrecht ist nun aber eine derartige Begrenzung der Tatfolgen im Privatrecht, bei aller Schwierigkeit der Sache, doch deshalb vonnöten, weil es Schadenshaftung hier auch *ohne Schuld* gibt, während im Strafrecht der Satz *nulla poena sine culpa* (keine Strafe ohne Schuld) gilt. Schuldig (jedenfalls im Sinne des Strafrechts) kann der Täter an den Folgen seines Verhaltens aber nur insoweit sein, als er sie erkannt hatte oder ihr Nichterkennen *ihm* — diesem individuellen Täter — zum Vorwurf gemacht werden kann. Die individuelle Vorwerfbarkeit ist es deshalb, die hier die Grenzen steckt, innerhalb deren die Kausalität unbedenklich im Sinne der Äquivalenztheorie behandelt werden kann. Die Grenzziehung gemäß der Adäquanztheorie, die Frage also, welche Folgen *man* — generell und erfahrungsmäßig — von einem solchen Verhalten zu erwarten hatte, ist deshalb hier entbehrlich.

Nur bei der „Verursachung" durch *Unterlassung* kann selbst im Strafrecht jenes generelle Wahrscheinlichkeitskalkül nicht wohl entbehrt werden. Eine Unterlassung ist kein Geschehen im Sinne der natürlichen Kausalität. Sie kann aber juristisch relevant sein, sofern das Tätigwerden *Rechtspflicht* gewesen war (unterlassene Aufsicht, Fürsorge, Benachrichtigung, Aufklärung, Gefahrenabwendung usw.). Dann läßt uns diese rechtliche Bewertung der Unterlassung als Pflichtwidrigkeit das Nichtgeschehene als „Ursache" in den Kausalnexus eingliedern und eine Unterlassung dann „kausal" nennen, wenn die unterlassene Handlung „nicht hinzugedacht werden könnte", ohne daß zugleich der eingetretene Erfolg entfiele (vgl. RGStr. 63, S. 392; 75, S. 50). „Hätte der Arzt X dem Kranken Y eine Seruminjektion gemacht, so wäre er nicht gestorben; *also* hat er durch deren Unterlassung dessen Tod verursacht." Es ist klar, daß dies keine wirkliche Kausalitätsaussage, sondern immer nur ein Wahrscheinlichkeitskalkül sein kann. Eine „an Sicherheit grenzende Wahrscheinlichkeit" muß der Jurist bei seinen Tatsachenfeststellungen aber auch sonst nicht selten genügen lassen.

V. Im Privatrecht gibt es also Haftung auch ohne Schuld. Doch ist das im BGB nicht die Regel. Seine Regel ist die *Verschuldenshaftung*. Sie ist es im Vertragsrecht hinsichtlich der *Leistungsstörungen* (Verzug, Unmöglichkeit, positive Vertragsverletzung), sie ist es im Recht der unerlaubten Handlungen, der *deliktischen* Haftung (§§ 823 ff. BGB).

Die in der Lehre des Privatrechts übliche Bezeichnung der unerlaubten Handlung als *„Delikt"* erinnert daran, daß sich Privatrecht und Strafrecht an dieser Stelle eng miteinander berühren: unerlaubte Handlungen sind häufig zugleich strafbar, strafbare Handlungen, die einen Schaden angerichtet haben, fallen meist zugleich unter § 823 II BGB, da sie regelmäßig Strafbestimmungen verletzt haben, die „den Schutz eines anderen" bezwecken, also Schutzgesetze sind.

Einst hatte das Delikt typischerweise auch nur *eine* Folge gehabt: *Buße*, die Sühne und Schadensersatz zugleich war. Wir haben sie heute noch bei solchen strafbaren Handlungen, bei denen das Interesse des privaten Verletzten stark im Vordergrunde steht: Beleidigung, Körperverletzung (§§ 188, 231 StGB), strafbarem Wettbewerb (§ 26 UWG) und im gewerblichen Rechtsschutz. Die Buße wird vom *Strafrichter* zugesprochen, schließt dann aber eine Schadensersatzklage vor dem Zivilrichter aus, hat also jeden weiteren Schadensersatzanspruch konsumiert.

Auf diesem (strafrechtsnahen) Gebiete des Zivilrechts herrscht also das Verschuldensprinzip. Nur für den Biß seines zahmen Affen oder Luxushundes haftet man *gänzlich* ohne alle Rücksicht auf das mögliche Fehlen einer Schuld (§ 833 BGB); auch haben Kinder und Geisteskranke trotz ihrer Schuldunfähigkeit u. U. für von ihnen angerichtete Schäden einzustehen (§ 829 BGB).

In anderen Fällen wird, wenn ein Schaden entstanden ist, ein Verschulden dessen, der die Gefahr ihres Eintritts typischerweise beherrscht hatte, *vermutet:* so beim Halter eines Gebrauchshundes

(§ 833 S. 2), beim Tierhüter (§ 834), beim Besitzer eines eingestürzten Hauses (§ 836 ff.), beim Aufsichtspflichtigen (§ 832), vor allem aber bei dem Geschäftsherrn, der einen anderen zu einer (gefahrbringenden) Verrichtung bestellt hatte (§ 831). Doch steht ihm die Möglichkeit offen, diese Vermutung seines Verschuldens zu widerlegen. Aber freilich ist dann er es, der den Beweis seiner Unschuld zu erbringen, sich zu exkulpieren hat (Entlastungsbeweis). Auch ist es für die Anwendung von § 831 *nicht* erforderlich, daß der Verrichtungsgehilfe selbst den von ihm angerichteten Schaden verschuldet hatte: vielleicht hatte er *sein* Bestes getan, war aber (ohne das selbst zu wissen!) nicht hinreichend sachkundig gewesen; es war dann eben (vermutlich) ein Verschulden seines Geschäftsherrn gewesen, daß er ihn trotzdem zu dieser Verrichtung ausgewählt hatte (culpa in eligendo = Verschulden bei der Auswahl).

VI. Was aber ist nun endlich *Verschulden*? Ein Verhalten, das dem in Anspruch Genommenen als schuldhaft, d. h. als *vorsätzlich* oder *fahrlässig* vorgeworfen werden kann. Es erscheint also in zwei Formen, als Vorsatz und als Fahrlässigkeit.

1. Das Wort „*Vorsatz*" erweckt die Vorstellung, als solle damit bezeichnet sein, was einer zu tun sich „vorgesetzt" habe. So verstanden führt es aber in doppelter Hinsicht irre:

a) In diesem Sinne des Wortes würde *alles* menschliche Handeln „vorsätzlich" sein, denn niemand handelt je, ohne sich etwas vorgesetzt zu haben. Alles *bewußte* menschliche Verhalten — das allein aber heißt „Handeln" — ist auf einen Zweck gerichtet. Eben dadurch ist es gekennzeichnet und somit als solches *final*. Das Wort „vorsätzlich" will aber nur ein *rechtswidriges* Verhalten in bestimmter Weise qualifizieren; kein anderes als ein rechtswidriges Verhalten kann also zugleich auch „vorsätzlich" sein.

b) Damit ein rechtswidriges Verhalten vorsätzlich sei, ist nicht erforderlich, daß der in Anspruch Genommene sich den von ihm herbeigeführten schädigenden Erfolg „vorgesetzt" hatte. Er muß ihn nur „gewollt" haben. Dieser Erfolg braucht also nicht der *Zweck* seines Handelns gewesen zu sein. Es genügt schon, wenn er einen anderen, vielleicht sogar erlaubten Zweck anstrebend, auf dem Wege zu diesem jenen Erfolg herbeiführte, obwohl er dessen Eintritt vorausgesehen hatte. War ihm jener den anderen schädigende Erfolg überdies auch Zweck seines Tuns gewesen, war es ihm auf diesen Erfolg „angekommen", so hatte er *absichtlich* gehandelt, was eine (im Privatrecht nie, im Strafrecht nur in Einzelfällen geforderte) Steigerung des

Vorsatzes bedeutet. Hatte er den Eintritt jenes Erfolges als eine notwendige Nebenfolge seines Tuns vorausgesehen, so war sein Vorsatz ein *direkter* (dolus directus); hatte er seinen Eintritt zwar bloß für möglich gehalten, aber gleichwohl gebilligt oder doch in Kauf genommen, so war sein Vorsatz ein *bedingter* (dolus eventualis) gewesen; auch in diesem Falle hatte er ihn aber eben *gewollt.*

2. Hätte er dagegen von der Verfolgung seines Zieles Abstand genommen, wenn ihm der Eintritt jener nur für möglich gehaltenen Nebenfolge *gewiß* gewesen wäre, so hatte er sie nicht gewollt, wohl aber *fahrlässig* gehandelt; freilich war seine Fahrlässigkeit in diesem Falle eine *bewußte* (luxuria) gewesen: er hatte gewußt, was kommen konnte. Fahrlässig handelte er indessen auch, wenn er den Eintritt jenes Erfolges weder vorausgesehen noch für möglich gehalten hatte, der Mangel dieser Voraussicht ihm aber deshalb zum Vorwurf gereichte, weil er dabei „die im Verkehr erforderliche Sorgfalt" außer acht gelassen hatte (§ 276 BGB). Er hätte alsdann *wissen müssen,* welchen Schaden sein Verhalten anrichten konnte. Dieses Verschulden kann, je nach Lage des Falles, verzeihlicher oder schwerer, *leichte* oder *grobe* Fahrlässigkeit sein.

VII. 1. Die Unterscheidung zwischen den hiermit skizzierten Abstufungen des Verschuldens, doch auch die zwischen Verschulden und bloßer Verursachung bereitet mancherlei Schwierigkeiten. Das ist verständlich, weil es sich hier ausschließlich um Momente der inneren Willensbildung des in Anspruch Genommenen handelt und man „falschen Mut nicht sehen kann". Solchen inneren Vorgängen nachgehend ist die Rechtspflege genötigt, den sicheren Boden des äußerlich Erkennbaren zu verlassen. Unsere juristischen Unterscheidungen sind deshalb oft schwer zu verifizieren:

Ein mit der Erneuerung eines Daches beschäftigter Dachdecker hat, die alten Dachziegel hinabwerfend, einen Passanten verletzt: War der getroffene Passant gerade sein erklärter Feind gewesen, so darf man annehmen, daß er absichtlich gehandelt hatte. Wie kann man aber, wenn er einen ihm Gleichgültigen getroffen hat, erkennen, mit welcherlei Verschulden, ja ob er nicht vielleicht sogar schuldlos gehandelt hatte? Wußte er, daß er jemand treffen werde oder treffen könne, und hätte er den Abwurf unterlassen, wenn er das gewußt hätte? Oder hätte er es bloß wissen müssen? Oder hielt er sich zum blinden Abwerfen vielleicht gar deshalb für berechtigt, weil die Straße abgesperrt war? Und wie wäre es, wenn er den Ziegel nur deshalb hätte fallen lassen, um sich selbst vor einem Absturz zu retten?

2. Zum Glück für den Kläger braucht nun zivilrechtlich die Frage, ob jener wußte, oder nur wissen mußte, gewollt oder nicht gewollt

hätte, ob er also vorsätzlich oder fahrlässig gehandelt hatte, nicht entschieden zu werden; die Folgen sind, wie im privatrechtlichen Deliktsrecht meist, die gleichen. Deshalb würde es auch an seiner Haftpflicht nichts ändern, wenn er sich ein Recht zum Ziegelabwerfen eingebildet haben sollte; mangelndes Bewußtsein der Rechtswidrigkeit würde allenfalls seinen Vorsatz (wenn er nämlich, unten seinen Feind erkennend, gemeint hätte: „hier darf ich ihn treffen!"), nicht aber seine Fahrlässigkeit (nämlich solch leichtfertig-formalistische Ansicht zu hegen) ausschließen können. Selbst eine Notstandslage würde ihn von seiner Zahlungspflicht (jedenfalls aus analoger Anwendung von § 904 BGB) nicht befreien. — Sein Schadensersatzanspruch gegen den Täter dürfte dem Verletzten also ohne Rücksicht auf alle jene Unterscheidungen sicher sein; es sei denn, der Beklagte könnte dartun, daß der Kläger durch eigene Unaufmerksamkeit und Nichtbeachtung der Absperrung sein Unglück ganz oder teilweise *mitverschuldet* hätte (§ 254 BGB).

VIII. Träte der Dachdecker aber als Angeklagter vor die Schranken des *Strafgerichts*, so käme es auf alle jene Möglichkeiten an, da die Strafmaße für vorsätzliche und fahrlässige Körperverletzung verschieden sind (vgl. §§ 223 ff. und 230 StGB) und Notstand (§ 54 StGB) eine Bestrafung auch wegen fahrlässiger Körperverletzung ausschließen würde.

Dabei wäre auch der Begriff der Fahrlässigkeit für ihn ein günstigerer als vor dem Zivilgericht. Hier soll nicht lediglich ein privater Kläger von einem Beklagten für einen erlittenen Verlust (Heilungskosten, Verdienstausfall, erlittene Schmerzen) entschädigt werden: eine öffentliche Anklage trifft die *Persönlichkeit* des Täters; die Tat steht als ein Ausdruck eben dieser Persönlichkeit zur Untersuchung, und es kann das Lebensschicksal des Angeklagten entscheiden, ob er vom Schuldvorwurf befreit, oder als ein Vorbestrafter den Saal verläßt. Der *Erfolg* der Tat, der Schaden, den sie dem Verletzten zugefügt hat, tritt demgegenüber zurück. Hier braucht es einen Verletzten gar nicht zu geben, und der erfolglose Versuch schon kann zu Strafe führen (vgl. §§ 43 ff. StGB). Den privaten Kläger dagegen interessiert nichts, als eben der eingetretene Erfolg. Auch kann der Spruch des Zivilrichters, daß der Beklagte zu zahlen habe, diesen zwar schwer treffen: einen persönlichen Makel heftet er ihm nicht an.

Deshalb ist es denn völlig angemessen, daß der Begriff der Fahrlässigkeit im Strafrecht einen auf die Individualität des Täters bezogenen, also subjektiv-persönlichen Vorwurf enthält, im Privatrecht aber eine erfolgsbezogen-objektive Feststellung ist. „Die im Verkehr erforderliche Sorgfalt“ des § 276 BGB ist ein objektives Maß: die Sorgfalt, die *man* bei dieser Tätigkeit aufzuwenden hatte. Ob, der sie außer acht ließ, Lehrling oder Meister, Laie oder Fachmann, Greis oder Jugendlicher, Phlegmatiker, Choleriker, Kurzsichtiger oder Nervöser war, ändert dieses Maß nicht; im Strafrecht muß es auf eben jene Umstände ankommen.

§ 41. Fortsetzung: Die Gefährdungshaftung

I. Indessen kann nicht nur schuldhaftes Verhalten des einen den anderen schädigen, auch für schuldlos verursachte Schäden kann Haftung angemessen sein. Das ist der Fall, wenn eine bestimmte Tätigkeit ihrer Natur nach besonders gefahrbringend ist, als sozialwichtig aber dennoch erlaubt sein muß. Dann soll, wer sie zu seinem wirtschaftlichen Nutzen treibt, das Risiko der mit ihr verbundenen Gefahren tragen. Er soll es nicht Dritten oder denen aufbürden können, die auf die Inanspruchnahme seiner Dienste angewiesen sind. Der Unternehmer ist es, der die von ihm geschaffene Gefahrenquelle, soweit das möglich ist, beherrscht; die Benutzer seiner Einrichtungen, die sie Bedienenden und andere sind den von ihnen ausgehenden Gefahren oft wehrlos ausgesetzt. Für ihre aus dieser Gefährdung erwachsenden Schäden soll er deshalb auch ohne Verschulden haften.

Darum haften die Unternehmer von Eisenbahnen (einschließlich der Straßenbahnen), die Halter von Kraftfahrzeugen und Flugzeugen auch ohne Verschulden für die von diesen Verkehrsmitteln ausgehende *Betriebsgefahr.* Doch auch die Unternehmer von Bergwerken, Steinbrüchen, Gruben und Fabrikbetrieben gehören hierher: ihr Betrieb ist untrennbar mit Gefahren für die arbeitende Belegschaft verbunden; Elektrizitäts- und Gasleitungen wiederum mit solchen auch für Außenstehende. Nur der Beweis, daß dieser Unfall nicht der Betriebsgefahr entsprungen oder daß er auf das eigene Verhalten des Verletzten zurückzuführen war (§ 254 BGB), kann Unternehmer oder Fahrzeughalter hier entlasten.

Die Haftung für Schäden, die aus diesen typischen Gefahrenquellen unserer technisierten Umwelt hervorgehen, ist außerhalb des Bürgerlichen Gesetzbuches geregelt worden: im Reichshaftpflichtgesetz von 1871, dem Eisenbahnsachschädengesetz von 1940, dem Kraftfahrzeuggesetz von 1909 (seit 1952 als Straßenverkehrsgesetz) und dem Luftverkehrsgesetz von 1922 (Neufassung 1968).

Doch darf die seit 1883 aufgebaute und seit 1911 in der Reichsversicherungsordnung (RVO) zusammengefaßte *Sozialversicherung* in diesem Zusammenhange nicht vergessen werden: indem sie der Arbeiterschaft gegen die industriellen Berufsgefahren Versicherungsschutz gewährt, entlastet sie zugleich die Unternehmerschaft von ihrer Haftung (§§ 898 f. RVO). Die Gefährdungshaftung der Unternehmer gegenüber ihren Betriebsangehörigen (§ 2 HaftpflG) ist somit durch die Sozialversicherung (deren Beiträge heute die Unternehmer zahlen) abgelöst.

Im BGB kommt Gefährdungshaftung in reiner Form bloß noch als Haftung für Luxustiere vor (§ 833 S. 1), im übrigen nur umgebildet zur Haftung für vermutetes Verschulden: §§ 833 S. 2 (Gebrauchstier) und 836 (Gebäudeeinsturz).

II. Sind die Voraussetzungen von Verschuldens- und Gefährdungshaftung verschieden, so ist es auch ihr Inhalt: die Ansprüche des Verletzten aus Gefährdungshaftung sind zumeist der Höhe nach beschränkt (vgl. die *Höchstbeträge* §§ 7 a, 7 b HaftpflG, § 4 SachhaftpflG, § 12 StVG, § 33 LuftVG). Dem Deliktsverletzten dagegen wird über den *vollen* Ersatz seines Vermögensschadens hinaus ein *Schmerzensgeld* gewährt (§ 847 BGB): es soll ihm eine persönliche (und darum unübertragbare!) Genugtuung für seine physischen Schmerzen und die erlittene Unbill als solche gewähren; historisch ist es ein Rest des die Rache ablösenden, Täter und Verletzten miteinander aussöhnenden („sühnenden"!) Bußanspruches. Einem *schuldigen* Verletzer gegenüber ist ein solcher Anspruch auch heute wohl nicht unangemessen; daß ihn das BGB aber auch gegen den schuldlosen Tierhalter gibt, ist weniger verständlich und schwerlich konsequent, da er bei allen anderen Fällen der Gefährdungshaftung fehlt.

III. Die säuberliche Trennung beider Haftungsprinzipien entspricht aber auch nicht mehr unserer Wirklichkeit. Vielmehr ist die Verschuldenshaftung des BGB durch die Gefährdungshaftung in praktisch recht erheblichem Maße ausgehöhlt worden:

1. Schon seit der Jahrhundertwende hat das Reichsgericht im Anschluß an § 823 I BGB eine *Verkehrssicherungspflicht* entwickelt: jeder, der eine Gefahrenquelle eröffnet, also eine Gefahr für den Verkehr gesetzt hat, hat die Rechtspflicht, alles, was ihm den Umständen nach zugemutet werden kann, zu tun, um diese Gefahr zu mindern (zuletzt RGZ 163, S. 21 ff. [26]; BGHZ 9, S. 373 ff. [387], 14, S. 83 ff. [85]). Sie ist als eine Verpflichtung aus vorangegangenem gefahrschaffendem Tun begründet worden, und wir erkennen in ihr eine Ausprägung des Grundprinzips der Konsequenz (vgl. o. § 24 I 1),

zugleich aber auch den Grundgedanken der Gefährdungshaftung. Die Rechtsprechung hat diese Verkehrssicherungspflicht inzwischen auf alle irgend in Betracht kommenden Lebensbereiche ausgedehnt: sie trifft den Eigentümer eines Einfamilien- wie den eines Mietshauses, den Haushaltungsvorstand als solchen, den Fabrikherrn wie den kleinen Gewerbetreibenden, den Arzt, den Friseur, den Gastwirt, den Ladenbesitzer, Theater-, Kinounternehmer und Sportveranstalter, die Eigentümer öffentlicher Gebäude, Wege und Plätze, ja Radfahrer und Fußgänger.

Gleichzeitig ist diese Verkehrssicherungspflicht aber auch inhaltlich immer höher gespannt und nicht ganz selten überspannt worden: keine Treppen- oder Straßenbeleuchtung konnte schließlich hell, kein Bodenbelag stumpf genug sein, nie oft genug konnten Flur, Wirtschaftsraum oder Laden gekehrt worden sein; *eine* Bananenschale (die, auf welcher der Kläger ausgeglitten war) bewies, daß es nicht oft genug geschehen war. Verdunkelung und Kriegsumstände (die keine Zunahme derartiger Unfälle brachten: man lernte es schnell, sich *selbst* in Acht zu nehmen!) zeigten dann, wie wenig eigentlich „erforderlich" gewesen war. Doch dürften diese Erfahrungen schon wieder vergessen sein.

2. Bei der Gehilfenhaftung (§ 831 BGB) wurde der Entlastungsbeweis des Geschäftsherrn durch das Prinzip der Haftung für *Organisationsmängel* erschwert: Der kleine Gewerbetreibende kann jeden seiner Gehilfen persönlich kennen und beaufsichtigen; nur für ihn ist der Entlastungsbeweis des Gesetzes wirklich praktikabel. Der Großunternehmer kann ihn in dieser Form unmöglich führen. Man mußte ihm deshalb einen „dezentralisierten" Entlastungsbeweis gestatten: daß er nämlich die mit der Personalaufsicht betrauten *höheren* Angestellten seinerseits entsprechend ausgewählt und beaufsichtigt habe (RGZ 78, S. 107; BGHZ 4, S. 1 ff.; zurückhaltend BGH-NJW 68, S. 247 ff. [248]). Zugleich muß er aber den Nachweis einer Organisation erbringen, die dazu ausreicht, die ordnungsmäßige Geschäftsführung und Kontrolle des gesamten Personals und jedes einzelnen Angestellten zu gewährleisten (RGZ 87, S. 1 ff.; BGHZ 4, S. 1 ff.; 11, S. 155 f., BGH-NJW 68, S. 247 ff. [248]). Ein unentdeckter Gefahrenherd liefert den Beweis, daß sie gefehlt hat (RG in JW 1923, S. 1026; 1932, S. 2076).

IV. Es ist klar, daß damit bei der Haftung aus Verkehrssicherungspflicht schlechthin und bei der Haftung des Großunternehmers für seine Verrichtungsgehilfen ein Unterschied zur Gefährdungshaftung *praktisch* kaum noch spürbar ist. Die Lage des Kraftfahrers, des Radfahrers und des Bauunternehmers, die einen Unfall verursacht haben, ist nur noch wenig voneinander verschieden. Zwar richtet sich der vom Kraftfahrzeughalter zu erbringende Entlastungsbeweis nach § 7 II StVG, geht also dahin, daß der Unfall ein nicht zur Betriebsgefahr gehörendes „unabwendbares Ereignis" gewesen sei, während sich der des Bauunternehmers nach § 831 I S. 2 BGB richtet. Aber je größer der Betrieb des Bauunternehmers ist, um so mehr kommt der von ihm zu erbringende Beweis dem des Kraftfahrers an Schwierigkeit gleich. Dem Radfahrer endlich muß zwar eigentlich der angefahrene Fußgänger ein Verschulden gem. § 823 BGB nachweisen, praktisch aber wird doch er es sein, der darzutun hat, wie er denn den Fußgänger anfahren konnte, *ohne* „die im Verkehr erforderliche Sorgfalt" außer acht zu lassen? Und in allen drei Fällen wird am Ende meist entscheidend sein, ob und in welchem Grade das eigene Verhalten des verletzten Klägers zu dem Unfall beigetragen hatte (§ 254 BGB). Der Beweis solchen „Mitverschuldens" des Klägers aber liegt grundsätzlich dem Beklagten ob.

Der Zug der modernen Rechtsentwicklung zur Gefährdungshaftung stand in Wechselwirkung mit zwei soziologischen Faktoren: dem nach dem 1. Weltkriege und der Vernichtung der mittelständischen Vermögen einsetzenden Streben nach Rentenversorgungen sowie der Ausbreitung des Versicherungsgewerbes. Indem mitleidige Richter jenem Streben nachgaben, förderten sie „Rentenpsychosen" aller Art. Manchen wurde es unvorstellbar, daß jemandem irgend ein Unfall zustoßen könne, ohne daß ein *anderer* dafür zu zahlen habe. Die potentiellen Beklagten schützten sich dagegen ihrerseits durch Eingehung von Haftpflichtversicherungen. Haftpflichtversicherte Beklagte konnten die Richter aber wiederum leichteren Herzens zur Zahlung verurteilen: sie konnten nun dem Kläger helfen, ohne dem Beklagten wehezutun. Den Schaden trugen die Versicherungen, deren Prämien freilich mit ihrem Risiko steigen mußten.

Trotz dieser zuweilen allzu menschlichen Seiten der Sache hat sich hier indessen keine Fehlentwicklung, sondern etwas Notwendiges vollzogen: wirklich ist die Gefährdungshaftung den Verhältnissen der technisierten Industriegesellschaft weithin angemessener, als das individualethische Verschuldensprinzip des spätrömischen Rechtes und des 19. Jahrhunderts. Frühzeit und Spätkultur — das deutsche Mittelalter mit seiner Erfolgshaftung, die großenteils echte Gefährdungshaftung gewesen war, und unser Jahrhundert — begegnen hier einander (wenn schon aus sehr verschiedenen Gründen).

Aber auch hier mußte das Notwendige *gegen* das Gesetz vollzogen werden: um dem Kläger helfen zu können, mußten die Gerichte, an das Verschuldensprinzip des BGB gebunden, oft ein Verschulden des Beklagten konstruieren, wo keine Schuld war, nur eben die sozialnotwendige Verantwortung für eine erlaubterweise gesetzte Gefahr. Um solche in Wahrheit schuldlos Haftpflichtigen *überhaupt* verurteilen zu können, blieb ihnen nur übrig, sie Schuldigen gleichzusetzen und damit auch zu Schmerzensgeld zu verurteilen, einer Leistung, die der Verletzte von einem schuldlosen Schädiger zu verlangen kein Recht haben sollte.

In theoretischer Hinsicht aber hat diese Entwicklung uns vor die schwere Aufgabe gestellt, das Recht der Schadenshaftung, von inneren Widersprüchen und Ungleichheiten gereinigt, nach festen Prinzipien neu zu richten. Darüber, daß sie bis heute nicht geleistet ist, herrscht Einigkeit.

§ 42. Fortsetzung: Verschulden und Rechtswidrigkeit

Nicht nur hat die moderne Gesellschaftsentwicklung das Verschuldensprinzip des Bürgerlichen Gesetzbuches praktisch ins Wanken gebracht: inzwischen ist auch der Theorie problematisch geworden, wie das Verhältnis des Verschuldens zur Rechtswidrigkeit zu denken sei. Daß Verschulden Rechtswidrigkeit voraussetzt, ist unstreitig; könnten aber nicht zugleich auch Vorsatz und Fahrlässigkeit Elemente der Rechtswidrigkeit sein?

I. Diese Fragestellung ist nun freilich nicht vom Zivilrecht, sondern von der neueren *Strafrechtslehre* ausgegangen. Im Strafrecht stand dabei die Frage hinsichtlich des *Vorsatzes* im Vordergrunde, denn nur recht wenige Taten sind schon als fahrlässige strafbar; der eigentliche Gegenstand des Strafrechts ist der böse Wille. Ist also hier der Vorsatz ein notwendiges Element der Rechtswidrigkeit, oder ist er nur die „Schuld", die hinzukommen muß, damit die an sich schon rechtswidrige Handlung zugleich auch strafbar sei? — Daß er, als das rein innere Verhältnis des Täters zu seiner Tat, nur Schuld sei und also deren Rechtswidrigkeit schon voraussetze, ist die Ansicht der bisher herrschenden Lehre. Dagegen lehrt die seit den letzten 25 Jahren hervorgetretene *finale Handlungslehre* (Welzel), daß der Vorsatz selbst erst die Rechtswidrigkeit der Handlung konstituiere, die Schuldfrage dagegen sich nur darauf richte, ob dieser Vorsatz diesem Täter vorgeworfen (zugerechnet) werden könne.

Es ist hier nicht der Ort, auf diesen Schulenstreit näher einzugehen, der die Strafrechtslehrer in die beiden Lager der „Finalisten" und „Nichtfinalisten" zerspalten hat. Ein begründetes Urteil darüber kann nur abgeben, wer die Konsequenzen der neuen Lehre für das gesamte Strafrecht durchdacht hat. Ihr theoretischer Ausgangspunkt, daß nämlich eben ihre Zweckgerichtetheit, ihre Finalität, die menschliche Handlung als solche von anderem — nur kausalem — Naturgeschehen unterscheide und deshalb auch ihre Rechtswidrigkeit konstituieren müsse, weil ja nur *menschliches* Handeln rechtswidrig sein könne, ist jedoch überzeugend.

Auch kann man zwar sicherlich sagen, daß das Rechtswidrigkeitsurteil die Tat, das Schuldurteil den Täter treffe. Aber der Täter kann doch nur wegen seiner Tat, die Tat nur wegen der Zielrichtung verurteilt werden, die ihr der Täter gegeben hat. Es leuchtet deshalb ein, daß der Vorsatz (und ihm ähnlich die Fahrlässigkeit) auf beide Seiten zu stehen kommen kann, auch wenn er damit aufgespalten wird und nun ein neuer Schuldbegriff gefunden werden muß, weil Vorsatz und Fahrlässigkeit nicht mehr allein bloß *Schuld* sind. Die gegenseitige Annäherung, die sich neuerdings zwischen den dogmatischen Lagern zu vollziehen scheint, dürfte deshalb sachgerecht sein und könnte (nach Überwindung der inzwischen entstandenen Verwirrung) sehr wohl zu einer fruchtbaren Synthese führen.

II. Indessen handelt es sich hier nur um die Übertragung dieses Grundgedankens auf das *Privatrecht*. Was den einzigen Deliktstatbestand des BGB betrifft, der *Vorsatz* erfordert, § 826, so ist es klar, daß dieses Erfordernis hier die Rechtswidrigkeit konstituiert: die lediglich sittenwidrige Vermögensschädigung ist an sich nicht rechtswidrig, sofern nicht ein auf Schadenszufügung gerichteter Vorsatz hinzutritt (so wie in § 1 UWG, statt des Schädigungsvorsatzes, der Wettbewerbszweck hinzutreten muß).

Aber wie das Strafrecht vom Vorsatz, so wird die privatrechtliche Schadenshaftung, soweit sie Verschulden überhaupt erfordert, von der *Fahrlässigkeit* beherrscht. Und hier ist die Entscheidung schwieriger. Insbesondere hat man Verletzungen der durch § 823 I BGB geschützten Rechtsgüter (Leben, Körper, Gesundheit, Freiheit) bisher stets schon an sich als widerrechtlich angesehen und deshalb bereits aus ihrer objektiven, nicht fahrlässigen Verletzung die Abwehrklage entsprechend § 1004 BGB gegeben (quasi-negatorische Unterlassungsklage). Nur Rechtfertigungsgründe (vgl. o. § 40 III) konnten auch diese Rechtswidrigkeit aufheben.

Am 4. III. 1957 hat nun aber der Große Zivilsenat des Bundesgerichtshofes auf Anfrage des VI. Zivilsenats, der Bedenken trug, von der bisherigen Rechtsprechung in dieser grundsätzlichen Frage abzuweichen (§ 137 GVG) den Satz beschlossen, „daß bei verkehrsrichtigem (ordnungsgemäßem) Verhalten eines Teilnehmers am Straßen- oder Eisenbahnverkehr eine rechtswidrige Schädigung nicht vorliegt" (BGHZ 24, S. 21 ff.). Anlaß zu dieser Entscheidung gab ein Fall, in dem ein Straßenbahnunternehmer von einem Verletzten (des Schmerzensgeldes wegen) aus § 831 BGB in Anspruch genommen wurde, ein ordnungswidriges Verhalten des Wagenführers aber nicht erwiesen schien.

Es fragt sich, ob diese Entscheidung Beifall verdient:

Das Gericht hat es dahinstehen lassen, ob die Einhaltung der Verkehrsordnung als ein neuer Rechtfertigungsgrund gelten, oder „Sozialadäquanz" eines Verhaltens dessen Rechtswidrigkeit schlechthin ausschließen soll. Indem aber die Rechtsordnung den gefahrvollen Verkehr zulasse, spreche sie jedenfalls aus, daß sich ein Verhalten unter Beachtung der Verkehrsvorschriften im Rahmen des Rechtes halte. „Es geht nicht an, ein Verkehrsverhalten, das den Ge- und Verboten der Verkehrsordnung voll Rechnung trägt, trotzdem mit dem negativen Werturteil der Rechtswidrigkeit zu versehen." Der eingetretene Erfolg gebe dazu keinen ausreichenden Grund, da die zu ihm führende Handlung nicht unberücksichtigt bleiben könne (S. 26).

Soll aber wirklich der Kraftfahrer, auch wenn er alle Gebote der Straßenverkehrsordnung von § 2 bis § 24 eingehalten hatte, zu dem von ihm Überfahrenen sagen können: „Pech gehabt!"? Mir scheint, daß er hier doch nicht bloß ein Unglück verursacht, sondern auch Unrecht getan hat. Denn das oberste Gebot des § 1, nämlich sich so zu verhalten, „daß kein Anderer ... verletzt ... wird", hat er nicht gehalten. Hätte es *keiner* in seiner Lage halten können („unabwendbarer Zufall"; vgl. o. § 41 II), so haftet er nicht, Unrecht aber sollte man es dennoch nennen. § 1 StVO positiviert das *neminem laedere,* und seine Einschränkung („oder mehr, als nach den Umständen unvermeidbar") bezieht sich, von „gefährdet" und „geschädigt" deutlich abgesetzt, nur auf Behinderungen und Belästigungen. Auch im Hinblick auf Art. 2 II GG: „Jeder hat das Recht auf Leben und körperliche Unversehrtheit ... In diese Rechte darf nur auf Grund eines Gesetzes eingegriffen werden", ist jede Verletzung eines Mitmenschen grundsätzlich rechtswidrig. Die StVO gibt keinen Rechtfertigungsgrund her und gewährt kein Eingriffsrecht. Im Gegenteil: ihr einziges Ziel ist, solche „Eingriffe" zu verhüten. Eine den Körper eines Menschen ohne einen Rechtfertigungsgrund verletzende Handlung ist also, auch schuldlos begangen, an sich rechtswidrig. Sie ist als solche nicht rechtsadäquat und sollte auch, vor allem im Straßenverkehr, nicht sozialadäquat werden[1].

III. Verschuldens- und Gefährdungshaftung können deshalb nicht ohne Rest als Haftung für Unrecht einer-, für Unglück andererseits getrennt werden: Gefährdungshaftung ist großenteils Haftung *auch* für Unrecht. Die Anlegung einer Eisenbahn, das Halten eines Autos sind als solche nicht rechtswidrig (keine „kulpose Handlungsweise", wie das bayrische Oberappellationsgericht 1861 — Seuff. Arch. 14, S. 358 — noch sagen konnte), die Handlung aber, welche die generelle Betriebsgefahr unmittelbar durch Verletzung eines Menschen konkretisiert, der Akt des Überfahrens also, ist es dennoch. Wohl kann man von dem Unternehmer als solchem, dem nicht selbst fahrenden Fahrzeughalter, dem Eigentümer einer Ferngasleitung sagen, daß sie nur für *Unglück* haften. Sie haben generelle Gefahren handelnd gesetzt, nicht aber auch handelnd konkretisiert.

Ich halte diese Unterscheidung nicht für unnatürlich und für die einzige Möglichkeit, dem Dilemma zu entgehen, daß die zugelassene Gefahrensetzung offenbar erlaubt, die aus ihr entspringende Verletzung offenbar unerlaubt ist, zugleich aber nur eine Handlung, nicht auch ein bloßer Erfolg als solcher, rechtswidrig sein kann.

Um dem aus § 831 BGB verklagten Unternehmer zu helfen, hätte dem BGH übrigens noch ein weniger problematischer Weg zur Verfügung gestanden: § 831 I entlastet den Geschäftsherrn im letzten Halbsatz auch dann, wenn der Schaden auch bei Anwendung der im Verkehr erforderlichen Sorgfalt entstanden sein würde. Ein besseres als ordnungsgemäßes Fahren hätte der Geschäftsherr aber weder durch bessere Auswahl, noch durch bessere Beaufsichtigung seiner Leute erreichen können. Er hat also durch sein vermutetes Auswahl- und Überwachungsverschulden die Gefahr für den Kläger nicht erhöht, den Unfall also nicht adäquat verursacht. Diesen einst vom Reichsgericht begangenen Weg hat der BGH (S. 23 oben) jedoch ausdrücklich verschmäht.

Mit Recht hat er aber m. E. Bedenken dagegen angemeldet, den gespaltenen Fahrlässigkeitsbegriff der finalen Handlungslehre aus dem Strafrecht zu übernehmen, ihn also auch im Zivilrecht in ein Rechtswidrigkeits- und ein Vorwerfbarkeits-(Schuld-)urteil zu zerlegen, weil

---

[1] Zu der in Rede stehenden Entscheidung und dem hier aufgeworfenen Fragenkreis vgl. bes. *Rudolf Wiethölter,* Der Rechtfertigungsgrund des verkehrsrichtigen Verhaltens; *Karlsruhe 1960; Erwin Deutsch,* Fahrlässigkeit und erforderliche Sorgfalt, Köln 1963, S. 284 ff.

das zu der dem Zivilrecht unangemessenen Notwendigkeit führen würde, „daß auch im Haftungsrecht stets unter dem Gesichtspunkt einer besonderen Schuldprüfung an das Verhalten des Schädigers ein individueller, die besondere Persönlichkeitsartung berücksichtigender Beurteilungsmaßstab anzulegen wäre". In der Tat wird es wohl für das Privatrecht bei dem objektiven, erfolgsnahen Fahrlässigkeitsbegriff des § 276 BGB als dessen Schuldmaßstab verbleiben müssen. Das Vordringen der Gefährdungshaftung im Gefolge der Technik zeigt, in welche Richtung die soziologischen Tendenzen und Notwendigkeiten der Industriegesellschaft weisen.

Auch darf dabei die praktisch meist entscheidende Beschränkung selbst der strengsten Haftung durch § 254 BGB nicht übersehen werden. Hierin liegt auch ein Schutz für den Minderbegabten, der der ihm zugemuteten Aufgabe nicht gewachsen gewesen war, deshalb trotz besten Willens versagt und Schaden angerichtet hat und dem die Übernahme dieser Aufgabe deshalb nicht vorgeworfen werden kann, weil er zugleich unfähig gewesen war, deren Schwierigkeit zu erkennen (vgl. *Enneccerus-Nipperdey,* Allgemeiner Teil, 15. Aufl. S. 1324). — Gewiß mutet es hart an, daß auch ein solcher (sofern er nicht unter §§ 827 f. fällt), weil er die im Verkehr bei dieser Aufgabe objektiv erforderliche, ihm aber unmögliche Sorgfalt außer acht gelassen, haften soll. Da er jedoch fremdbestimmte Arbeit geleistet hat, so haftet hier neben ihm zugleich sein (meist auch haftpflichtversicherter) Geschäftsherr, dessen Auswahlverschulden klar ist, nach § 831. Mit seiner Zahlung erlischt die Haftung des Angestellten gegenüber dem Verletzten. Sollte der Geschäftsherr aber an seinem Gehilfen gem. § 840 II Regreß nehmen wollen, so könnte *dieser* Gehilfe ihm sein eigenes mit einer so falschen Auswahl auch ihm, dem Gehilfen gegenüber begangenes Verschulden im Wege der Arglisteinrede und entspr. § 254 (der eigentlich nur ein Unterfall derselben ist) entgegenhalten.

IV. Mit allem dem konnte dem Leser nicht mehr als ein kleiner Einblick in die heutigen Probleme des Haftungsrechtes gegeben werden. Daß die Rechtswissenschaft in so fundamentalen Fragen so unsicher sein kann, wird ihn vielleicht verwundert haben. Er wird es aber noch öfter erleben, daß gerade die wichtigsten Dinge streitig bleiben, *weil* sie so wichtig sind. Auch ist das Haftungsproblem überdies ungemein komplex. Will er sich später in diese Fragen vertiefen, so wird er an der (hier z. T. bekämpften) Theorie *Nipperdeys,* der sich für die Übertragung der finalen Handlungslehre wie auch ihres gespaltenen Fahrlässigkeitsbegriffes ins Zivilrecht einsetzt, zumal aber an seiner überaus material- und gedankenreichen Darstellung (*Enneccerus-Nipperdey,* Allgemeiner Teil 15. Aufl. §§ 208—219) nicht vorübergehen können. Für die Probleme der Gefährdungshaftung sei er besonders auf Josef *Esser*, Grundlagen und Entwicklung der Gefährdungshaftung (2. Aufl., München 1969) hingewiesen.

KAPITEL III

Gerichtsverfassung und Prozeß

§ 43. Allgemeines

I. Mit diesem Kapitel betreten wir das Gebiet des *öffentlichen* Rechtes. Die Rechtsbeziehungen, mit denen wir es hinfort zu tun haben werden, sind also solche, die mit der hoheitlichen Betätigung des Staates zusammenhängen. Dabei sind die Bestimmungen der Gerichtsverfassung *Staatsrecht:* sie regeln Aufbau und Zusammensetzung der Gerichte als Staatsorgane. Die Vorschriften über den Prozeß gehören zum *Verfahrensrecht,* das man dem „materiellen" Recht als *„formelles"* entgegenzustellen pflegt. Dabei werden unter materiellem Recht die Normen verstanden, aus denen sich die Ansprüche der Beteiligten ergeben, unter formellem die Vorschriften, nach denen sie durchzusetzen sind. *Zivilprozeß* und *Strafprozeß* sind also das dem Privatrecht und Strafrecht zugeordnete formelle Recht.

Indessen würde auch das *Verwaltungsstreitverfahren* hierher gehören; es dient der Durchsetzung subjektiver öffentlicher Rechte gegen den Staat vor den Verwaltungsgerichten. Das *Disziplinarstrafrecht* des Beamtenrechts ist ein Seitenstück zum Strafprozeß, und dem Zivilprozeß nähert sich das Gebiet der *freiwilligen Gerichtsbarkeit.* Aber der Zivilprozeß ist wesentlich Rechts*streit:* er dient der Durchsetzung und Verteidigung privater Rechte gegen einen konkreten Angreifer (streitige Gerichtsbarkeit); die freiwillige Gerichtsbarkeit ist Fürsorge des Staates für private Rechte zu deren generellem Schutze durch Mitwirkung seiner Organe bei ihrer Entstehung, Gestaltung und Endigung.

Solchen Zwecken dient die Führung aller öffentlichen Register (Vereinsregister, Güterrechtsregister, Grundbuch, Schiffsregister, Handelsregister, Patentrolle, Gebrauchsmusterrolle, Zeichenrolle u. a.), es dienen ihnen die Rechtsakte der Standesämter und Vormundschaftsgerichte, die Amtstätigkeit der Notare, Entmündigungsverfahren, Aufgebotsverfahren und manches andere. Daß Entmündigungs- und Aufgebotsverfahren aus technischen Gründen ihre Regelung nicht im FGG, sondern in der ZPO gefunden haben

(§§ 645 ff. und 946 ff.), darf nicht darüber täuschen, daß sie deren eigentlichem Stoffgebiete, der streitigen Gerichtsbarkeit, nicht angehören.

Freiwillige Gerichtsbarkeit und Verwaltungsgerichtsbarkeit sind praktisch von größter Bedeutung, doch sollen sie hier (als für den Anfänger minder wichtig) ebenso beiseite gelassen werden wie die Sozialgerichtsbarkeit, eine Verwaltungsgerichtsbarkeit, die dem Sozialrecht dient. Wir beschränken uns also im wesentlichen auf die streitige Gerichtsbarkeit, die von den ordentlichen Gerichten (Amtsgericht, Landgericht, Oberlandesgericht und Bundesgerichtshof) ausgeübt wird, auf Zivil- und Strafprozeß als die klassischen Materien des Verfahrensrechtes. Dabei übergehen wir auch die Zwangsvollstreckung sowie die „Rechtsmittel" (Berufung, Revision, Beschwerde) und begnügen uns mit dem Erkenntnisverfahren in erster Instanz, dem also, was sich bei uns in den Sälen der Amts- und Landgerichte abspielt. Vergleichend werden wir aber auch den Zivilprozeß vor dem Arbeitsgericht heranziehen.

II. Zivilprozeß und Strafprozeß sind voneinander erheblich verschieden, nicht aber in dem gleichen Maße, wie es das materielle Zivil- vom Strafrecht ist. Als Verfahrensrecht haben beide manche Probleme miteinander gemeinsam. Überdies entstammen beide historisch derselben Wurzel: erst mit dem Ausgange des Mittelalters begannen sich bei uns die beiden Prozeßformen voneinander zu scheiden, und nicht zufällig werden beide noch heute von derselben ordentlichen Gerichtsbarkeit und (überwiegend) von denselben Richtern in denselben Gebäuden ausgeübt. So soll sich hier die Problematik beider Gebiete, gemeinsam behandelt, dem materiellen Privatrecht anschließen und dem Strafrecht voraufgehen.

§ 44. Ist Prozeßrecht nötig? (Die Bedeutung der Schiedsgerichtsbarkeit)

I. Dem Gericht haben wir in unserer Darstellung einen hohen Rang gegeben (§ 3, doch auch §§ 15, 29 und 30); wir haben es als die Geburtsstätte des Rechtes bezeichnet, weil vor ihm nur ungerichtete Sitte gewesen sei. Diese (genetische) Rangfolge kehrt sich aber um, sobald das materielle Recht ausgeformt und vollends, wenn es kodifiziert ist: funktional erscheint das Gericht nunmehr als bloßes Werkzeug zur Durchsetzung jenes Rechtes. Demgemäß gilt uns denn auch das formelle Recht, zumal der Zivilprozeß, nurmehr als sekundär zum materiellen. Daß aber das materielle Recht, auch heute, praktisch doch eben nur das ist, was die Gerichte daraus machen; ferner, daß manche Einrichtungen des Strafprozesses gleichzeitig dazu bestimmt sind, den Angeklagten vor der Übermacht des Staates zu schützen und damit den Rang verfassungsrechtlicher Garantien haben (vgl. Art. 10, 13 II, 103, 104 GG), sollte darüber nicht vergessen werden. Gleichwohl haben die Verfahrensnormen im ganzen eben doch eine dienende Aufgabe, und vielleicht sind zwar wohl gute Gerichte nötig, nicht aber unbedingt auch Verfahrensvorschriften, denn es gibt Gerichte, die ohne solche auskommen. Sollten sie nicht überhaupt entbehrlich sein?

II. Dafür könnte die *Schiedsgerichtsbarkeit* sprechen, die zu allen Zeiten und wohl auch schon vor der Konsolidierung öffentlicher Gerichte eine beträchtliche Rolle gespielt hat. Heute ziehen viele die Schiedsgerichte nicht zuletzt gerade wegen der Formlosigkeit ihres Verfahrens den staatlichen Gerichten vor. Sie betrachten es als keinen geringen Vorzug, daß jene (abgesehen von den Minimalanforderungen der §§ 1034 I und 1039 ZPO wie etwaigen Bestimmungen des Schiedsvertrages selbst) an keinerlei Prozeßvorschriften gebunden sind, und versprechen sich davon vor allem größere Schleunigkeit.

In der Tat gibt es Umstände, unter denen ein nach dem freien Ermessen des Richtenden von Fall zu Fall gestaltetes Verfahren angebracht, ja optimal sein kann: Einen überragenden Richter, der das unbedingte Vertrauen beider Parteien genösse, an Verfahrensvorschriften binden zu wollen, würde unnütz, eher schädlich sein. Denn jeder Fall wird am besten auf seine Art behandelt, und jener ideale Richter würde diese jeweils beste Art herausfinden, ohne sein Vertrauen durch die „Ungleichheit“ aufs Spiel zu setzen, mit der er einfache und komplizierte, eilige und nicht eilbedürftige Sachen, gewandte und ungewandte, redliche und unredliche Parteien behandeln würde.

Leider aber sind solche Richter selten, und die staatliche Rechtspflege tut gut, sich auch auf andere einzurichten. Doch selbst mit den allerbesten Eigenschaften steht der staatliche Richter den Parteien anders gegenüber als der Schiedsrichter, ihr erwählter Vertrauensmann; er ist ihnen fremd, sie haben ihn sich nicht ausgesucht.

Auch pflegt er arg überlastet zu sein und für die einzelne Sache nicht genug Zeit zu haben: ein häufiges und chronisches Übel der Justiz, ein Hauptgrund aller Prozeßverschleppung.

Vollends kommen viele (zahlenmäßig wohl die meisten) Schiedsverträge als Bestandteile von AGB, die abzulehnen der Kunde nicht die Wahl hatte, also nur mit halber Freiwilligkeit zustande. Ohne die Kontrollmöglichkeit der staatlichen Gerichte aus §§ 1041 ff. ZPO (Aufhebungsklage) könnten hieraus schlimme Mißbräuche erwachsen.

Andererseits wird die Hoffnung auf das schnelle Arbeiten der Schiedsgerichte aus anderen Gründen nicht selten enttäuscht: eine Partei, die von dem vertraglich vorgesehenen Schiedsverfahren (vgl. §§ 1025 ff. ZPO) für sich nichts Gutes erwartet, kann seine Einleitung meist schon dadurch unliebsam verzögern, daß sie sich weigert, bei der Bildung des Schiedsgerichtes (das entgegen § 1028 ZPO meist aus drei Richtern zu bestehen pflegt) ihrerseits mitzuwirken.

Dort aber hat das Schiedsgericht seine unleugbaren Vorzüge, wo Standesgenossen in Standesangelegenheiten miteinander streiten und dort, wo Fach- und Branchenkundigkeit den Ausschlag gibt. Auch sind solche Lebensbereiche wie Bühne und Börse Welten für sich, die deshalb nicht grundlos ihre eigenen Gerichte haben.

Sonst aber sind es doch wiederum nicht selten die Juristen, aus denen die Parteien ihre Schiedsrichter erwählen. Die Juristen aber bringen zugleich die ihnen geläufigen Prozeßformen in das Schiedsverfahren mit und lernen dafür ihrerseits die Vorzüge seiner Ermessensfreiheit schätzen. Auch werden sie sich meist strenger als die Laien an das geltende materielle Recht halten, obwohl sie als Schiedsrichter sogar von dessen Vorschriften (bis zur Grenze eines Verstoßes gegen die guten Sitten und die öffentliche Ordnung: § 1041 Ziff. 2 ZPO) entbunden sind, sofern nicht etwa der Schiedsvertrag es anders will.

III. Aber selbst von Laien besetzte Schiedsgerichte werden, sofern sie *ständig* tagen, bald ihre eigene Tradition entwickeln: materiell eine Rechtssprechung, an die sie sich hinfort halten (denn das Gegenteil wäre ebenso unbequem für sie selbst, wie abträglich für die Rechtssicherheit), formell einen bestimmten Verfahrensstil, der sich als für die Zwecke eben dieses Gerichtes passend herausgestellt hat und an den sich Richter und Rechtssuchende deshalb gewöhnt haben.

Anders kann es im Prinzip auch nicht gewesen sein, wenn ein Häuptling der Vorzeit, ein homerischer König etwa, von Gruppengenossen um die Schlichtung einer Streitigkeit angegangen wurde und sich das wegen der Autorität, die er dabei erwarb, dann öfter wiederholte: er wird bestimmte Gewohnheiten angenommen und man wird erwartet haben, daß er sich an sie hielt. Mit willkürlichen Abweichungen würde er seiner Autorität nicht gedient haben. Und war er etwa der Nachfolger eines anderen bedeutenden Häuptlings, so wird er gut daran getan haben, dessen Stil zu übernehmen.

Man wird dann aber auch kaum sagen können, ob solch ein Häuptling damit nun „öffentliche" oder Schiedsgerichtsbarkeit geübt habe; es wäre sinnlos zu fragen, ob er dabei „im Amt", oder als „Privatmann" handelte, sofern wenigstens nicht bereits die feste Gerichtsbarkeit eines Rates oder eines Things entwickelt war. Welche dieser Einrichtungen der anderen voraufging, dürfte aber von Volk zu Volk verschieden sein. Eine allgemeingültige Stufenfolge der Gesellschaftsentwicklung ist hier kaum zu erwarten. Je nachdem, was bei dem betreffenden Volke voranging, kann also auch Schiedsgerichtsbarkeit am Anfang der Rechtsbildung gestanden haben. Und es nimmt nicht wunder, wenn auch die Gerichtsbarkeit jener Versammlungen (wie zumal die des germanischen Things) mit schiedsgerichtlichen Zügen begonnen hat.

IV. So beweist gerade der Entwicklungsgang der Schiedsgerichtsbarkeit, daß es auf die Dauer ohne Verfahrensrecht nicht abgeht: sobald sie sich institutionalisiert, bringt sie selbst Verfahrensnormen hervor; entfaltet sie sich zu sozialer Dominanz, so verschmilzt sie mit der öffentlichen Gerichtsbarkeit und teilt so deren Schicksal. Mit einem Richter, der der ideale Vertrauensmann der Parteien wäre, ist alsdann nicht mehr zu rechnen. Ist er aber ein solcher nicht, so bedarf er fester Verfahrensnormen, um durch ihre Befolgung gegen den Verdacht der Parteilichkeit geschützt zu sein. Ohne derartige Bindung wird er, selbst ohne seine Schuld, bald in den Ruf geraten, „Kadijustiz" zu üben. Auch wäre die Gefahr dann nicht gering, daß er es wirklich täte.

Ob zu Recht oder zu Unrecht, gilt der islamische *Kadi,* mit dem man wohl schlechte Erfahrungen gemacht haben muß, in der europäischen Literatur als Inbegriff des Willkürrichters. Angesichts der Unbestimmtheit und Zwiespältigkeit der Rechtsquellen, nach denen er zu judizieren hatte (Koran, Überlieferung und die Lehre der miteinander streitenden Rechtsschulen), nähme es nicht wunder, wenn er versagt haben sollte. Auf religiös-ethische Schriften als Grundquellen angewiesen, befand er sich in einer Lage ähnlich der, in welcher sich auch die Bischöfe und Gerichte der frühen christlichen Gemeinden befunden haben würden, hätten sie nicht, die heidnischen *Richter* ablehnend (1. Kor. 6, 1—8), doch recht bald auf deren Prozeßrecht zurückgegriffen.

Mag also auch die öffentliche Gerichtsbarkeit aus Schiedsgerichtsbarkeit entstanden sein, so ist der normierte Prozeß vor staatlichen Gerichten doch keinesfalls mehr zu entbehren. Unzufriedenheit mit ihm darf nicht zu dem Gedanken verführen, er könne gänzlich durch

Schiedsgerichte abgelöst werden. Es wäre das nicht anders, als wenn man die Geldwirtschaft, weil sie Gebrechen hat, durch ihre Vorgängerin, die Naturalwirtschaft, würde ersetzen wollen.

§ 45. Die Zwecke des Prozeßrechts

I. Wenn auch von sekundärer Bedeutung, sind also Verfahrensnormen auf die Dauer, zumal in differenzierten gesellschaftlichen Verhältnissen, eben doch nicht zu entbehren. Dabei sollen sie bestimmten Zwecken dienen:

1. sollen sie das Verfahren durch ihr Gleichmaß vertrauenswürdig machen, Parteilichkeit und Willkür des Richters ausschließen; sie sollen ihn dazu nötigen, sein Urteil so zu finden, daß es nicht nur ihn, sondern auch die öffentliche Meinung und, wenn möglich, sogar beide Parteien überzeugt; den Unterlegenen wenigstens davon, daß Wahrheit und Gerechtigkeit doch jedenfalls *erstrebt* worden waren; nur so kann es befriedigen und befrieden;

2. soll dies auf dem kürzesten Wege bewirkt werden, also so sparsam und so schleunig wie möglich. Denn mit unnötiger Umständlichkeit verfahrend, verschwendet der Richter Kraft, Zeit und Geld der Parteien, zu langsam prozedierend, kann er das beste Urteil schließlich seines Sinnes berauben.

II. Es ist klar, daß die zwei letztgenannten Zwecke, *Prozeßökonomie* und *Schleunigkeit,* sekundäre und vernunftmäßige sind; aber schon in der römischen Republik dürfte man an sie gedacht haben, und in skeptischen Zeiten gewinnen sie steigend an Bedeutung. Wir kommen später auf sie zurück.

Der erstgenannte Zweck steht im Vordergrunde und dürfte ursprünglich — soweit er überhaupt ins Bewußtsein trat — sogar der einzige gewesen sein. Wir wollen ihn den der *Richtigkeitsgarantie* nennen: die Gestaltung des Prozesses soll gewährleisten, daß die in ihm ergehenden Urteile richtig sind.

Was aber heißt hier *richtig*? — Für uns bedeutet es einmal, daß das Urteil, in sich selbst widerspruchsfrei, mit dem geltenden materiellen Recht übereinstimme, daß es also die von ihm festgestellten Tatsachen juristisch richtig eingeordnet, „subsumiert" habe (als eine „Bürgschaft" gem. § 765 BGB, als einen Diebstahl gem. § 242 StGB). Zum anderen bedeutet es uns aber auch, daß jene Tatsachenfeststellungen mit dem wirklichen Hergange der Sache übereinstimmen, daß sie (historisch) wahr seien: ist es in Wirklichkeit nicht der Angeklagte gewesen, der die verschwundene Sache weggenommen hat, so ist das ihn bestrafende Urteil trotz logischer Korrektheit und richtiger Anwendung des materiellen Rechtes (§ 242 StGB) falsch.

Erklärt der Richter, daß er den Sachverhalt nicht habe aufklären können, so ist uns ein Strafurteil richtig, wenn es den Angeklagten freispricht, ein Zivilurteil, das die Klage abweist dann, wenn den Kläger hinsichtlich des ungeklärten Faktums die Beweislast traf, wenn also der Richter die *Beweislastregeln* richtig angewendet hat.

Urteile, die diesen Grundsätzen entsprechen, halten wir für richtig, weil sie uns überzeugen. Der Rekonstruktion eines Verkehrsunfalles, die der Richter auf Grund korrekter Vernehmung von Augenzeugen, Augenscheinseinnahme der Unfallstelle und Begutachtung Sachverständiger vorgenommen hat, schenken wir Glauben. Daß zu den tragenden Elementen solcher Konstruktionen zuweilen Aussagen über das Geschehen einer knappen Sekunde von Zeugen gehören, die auf dessen Beobachtung gar nicht gefaßt gewesen waren und über den Hergang dennoch Monate später genaue Angaben gemacht haben, sich sogar zutrauen, Entfernungen und Geschwindigkeiten ex post richtig zu schätzen (oft kann man beobachten, daß ihre Angaben um so genauer werden, je mehr Zeit verstrichen ist) pflegt uns dabei nicht immer so zu stören, wie es uns stören sollte.

Andere Zeiten überzeugte anderes: Daß der Kläger den Beklagten (oder der Berufskämpe des Klägers den Berufskämpen des Beklagten!) im Zweikampf mit Keule und Schild besiegt hatte, überzeugte unsere Vorfahren von seinem Recht. Daß der Beklagte im Verein mit zwölf Sippengenossen (die in einer Reihe, jeder seine Hand auf die Schulter seines Vordermannes legend, hinter ihm standen) ohne auch nur einen seiner Finger von dem vor ihm stehenden Reliquienschrein zurückzuziehen und ohne eine Silbe zu verschlucken geschworen hatte, daß er Recht habe, überzeugte sie davon, daß eben dies wahr sei (wobei sie Rechts- und Tatfrage nicht voneinander schieden); trug er beim Griff in den wallenden Kessel eine eiternde Brandwunde davon, so überzeugte sie das von seiner Schuld. Und ging die der Hexerei Bezichtigte bei der Wasserprobe nicht unter, so glaubte sie selbst, das Nichtbegangene begangen zu haben. Sicherlich werden manche dieser „Gottesurteile" (Ordale) „falsch" gewesen sein. Sind aber unsere Urteile immer richtig?

Auch waren jene Urteile sicherlich nicht so häufig falsch, wie wir, aus unserer Perspektive, meinen möchten: Unter Menschen, denen die

Wahrheit der Ordale Wirklichkeit war, dürfte kaum ein sich schuldig Wissender bereit gewesen sein, sich dem Ordal zu stellen. Und in einer Welt, in der es als gewiß gilt, daß den Meineidigen und seine mitschwörende Sippe unverbrüchlich eben das Unheil trifft, das sie auf sich herabgeschworen haben, ist der Eid ein vorzügliches Beweismittel.

Seinem ursprünglichen Sinne nach ist er eine bedingte Selbstverfluchung: das Gut, bei dem ich schwöre (mein Leben, mein Haupt, mein Haar, mein Vieh) will ich verlieren, wenn mein Eid „mein und nicht rein" ist. „So sei mir Gott (oder *die* Götter?) hold und meinen Eideshelfern, wenn ich die Wahrheit sage, und gram, wenn ich lüge", lautete die altschwedische Eidesformel. Auf dem *zweiten* Halbsatz lag ursprünglich der Akzent. Wir haben ihn fortgelassen, und den Sinn: „wenn das wahr ist, so helfe mir Gott!" läßt unsere abgeschliffene Formel „... so wahr mir Gott helfe" kaum noch bewußt werden. Einst war eine Meineidsstrafe gar nicht denkbar gewesen, denn ein Meineid hätte sich selbst bestraft; hatte aber das Unheil den Eidesleister nicht getroffen, obwohl er es silbengenau und ohne den mindesten rituellen Verstoß beschworen hatte, so *war* sein Eid rein gewesen. — Daß die hier vorausgesetzten Glaubensvorstellungen schon im späteren Mittelalter verfielen, steht auf einem anderen Blatt.

III. Die vorstehenden Ausführungen hatten nicht dazu dienen sollen, die mittelalterlichen Beweismethoden anzupreisen. Vielleicht konnten sie aber das Maß deutlich machen, in welchem Rechtseinrichtungen von der Gesamtkultur des jeweiligen Volkes und der jeweiligen Zeit abhängen; wie, was dort Sinn hat (oder hatte), hier völliger Unsinn wäre. Gerade im Verfahrensrecht wird das drastisch sichtbar. Zum andern aber konnten sie zeigen, daß die Richtigkeit eines Gerichtsverfahrens von seiner Überzeugungskraft nicht zu trennen ist: Solange Eid und Ordal überzeugten, waren sie richtig; sie waren richtig, *weil* sie überzeugten. Denn ein überzeugendes Verfahren schreckt die sich (materiellrechtlich und damit typischerweise auch moralisch) schuldig Wissenden ab und zieht die an, denen sie Unrecht getan haben; es flößt ihnen das Vertrauen ein, daß sie hier zu ihrem Rechte kommen werden. Das ist aber ein entscheidendes Element seiner Wirksamkeit überhaupt. Daß die Justiz des deutschen Mittelalters diese Wirksamkeit nur nach unten hin zu entfalten vermochte und innerhalb der Aristokratie die Fehde blühte, lag an den zerfahrenen politischen Verhältnissen mit den sich daraus ergebenden Mängeln der *Gerichtsverfassung*. Freilich sind auch Gerichtsverfassung und Prozeß nicht voneinander zu trennen, wie wir bald sehen werden.

Im übrigen darf alle Kritik des Beweisverfahrens und der Unvollkommenheit aller Beweismittel, auch der unseren, eines nie vergessen: Die Erhaltung des Gemeinschaftsfriedens gebietet, daß Streit, sofern er nicht verglichen werden kann, *entschieden* wird. Der Richter ist deshalb vor die Notwendigkeit gestellt, auch dort zu entscheiden, wo er nicht wissen kann. War über den Sachverhalt in einer Strafsache keine Gewißheit zu erlangen, so muß er den Angeklagten freisprechen; in einer Zivilsache muß er im gleichen Falle gegen den entscheiden, der die *Beweislast* trug. Würde man aber verlangen, daß jene Gewißheit eine *vollkommene* sei, so müßten alle Angeklagten freigesprochen werden und würde stets, wer die Beweislast trägt, damit auch schon verloren haben. Deshalb müssen eben auch wir uns mit einer Gewißheit begnügen, die man in Strafsachen als eine „an Sicherheit grenzende Wahrscheinlichkeit", in Zivilsachen als eine solche zu bezeichnen pflegt, an der „vernünftige Zweifel ausgeschlossen" sind (vgl. dazu auch §§ 286 und 287 ZPO!).

Wie schwer und notwendig das Amt des Richters ist, läßt eben dieser Zusammenhang erkennen.

§ 46. Volksgericht und Juristengericht

I. Daß es Juristen gibt und daß die Gerichte mit Juristen besetzt sind, versteht sich nicht von selbst. Auch in unserem Kulturkreis ist es noch heute nicht die ausnahmslose Regel: in den meisten Einzelstaaten der USA werden die Richter von den Einwohnern der Gerichtsbezirke (unter Führung der politischen Parteien) gewählt. Daß die Kandidaten Juristen sind, ist erst in den letzten Jahrzehnten üblich geworden und noch immer nicht völlig durchgedrungen. Ähnlich ist es in den Schweizer Kantonen.

In England wird die Masse der kleinen Strafsachen und ein Teil der kleineren Ehestreitigkeiten von Friedensrichtern (justice of the peace) abgeurteilt (deren es etwa 16 000 geben soll). Noch heute sind sie überwiegend ehrenamtlich tätige Laien, die von dem rechtskundigen Gerichtsschreiber (clerk) nur angeleitet und beraten werden.

Im Gegensatz zu ihnen sind die Richter der hohen englischen Gerichtsbarkeit (es gibt ihrer nur etwa 200) Fachleute ersten Ranges; ihr Ansehen und ihre gesellschaftliche Stellung sind einzigartig, ihre Leistung ist es nicht minder. Dennoch sind sie, nach kontinentalen Schulbegriffen, nicht notwendig auch „Juristen". Für diese gibt es nicht einmal eine einheitliche Bezeichnung (denn nur die Anwälte werden *lawyers* genannt, die Richter nicht), und ein Universitätsstudium ist für sie nicht obligatorisch. Der auf Vorschlag des Lord Chancellor von der Krone ernannte und an ihrer Souveränität teilhabende Richter entstammt der Elite des Anwaltsstandes; er war ein führender *barrister* und ist damit vor allem ein Erfahrener der Praxis. Denn die Qualifizierung des künftigen Anwalts (ob er nun *solicitor*, Geschäftsanwalt, oder *barrister*, Gerichtsanwalt werden will; Richter kann man in England nicht „werden wollen"!) liegt in den Händen der Standesorganisationen (der *Law-Association* für die solicitors, einer der vier Londoner *Inns of Court* für die barrister).

Ob der Bewerber sein Wissen durch Privatstudium, in Privatschulen, bei einem Anwalt oder aber auf einer Universität bezogen hat (noch heute hat das nur eine Minderzahl der solicitors und etwa die Hälfte der künftigen barrister) ist der Organisation gleichgültig, aber sie übt eine strenge Examensauslese. Streng jedenfalls bei den Geschäftsanwälten, in deren Händen die unmittelbare Beratung und Betreuung des rechtsunerfahrenen Publikums liegt und die dabei in größeren „Firmen" assoziiert zu arbeiten pflegen. Dem künftigen Gerichtsanwalt macht es seine Innung weniger schwer: die *bar-examination* ist leichter; dafür hat es der barrister schwerer, sich durchzusetzen: er darf sich nicht assoziieren, steht also allein, und seine Auftraggeber sind die solicitors; trauen die ihm nichts zu, bekommt er keine Sachen. So wartet denn mancher von ihnen vergebens, während ein anderer durch den Titel eines *Kings*, jetzt *Queens counsel* (K. C. bzw. Q. C.) geehrt wird und nunmehr eine seidene Robe trägt. Daß sich in dieser kleinen Spitzengruppe der sogen. *silks*, aus der die Richter genommen werden, ganz überwiegend Schüler der alten Universitäten zusammenfinden, spricht für deren Leistungen. Auch ergibt sich aus diesem Werdegange zugleich ein hohes Lebensalter der Richter: vor Erreichung seines 50. Lebensjahres wird kaum jemand ernannt, meist erst später, und eine Altersgrenze gibt es für ihn nicht[1].

Auch in den USA wird der künftige Lawyer von der *Bar Association* des Einzelstaates, also der Organisation der Anwälte geprüft; zwar hat er dort fast stets auf einer *law school* studiert, aber auch sein Wissen ist praktisch-empirische Rechtskunde, nicht *science* (was nicht hindert, daß sie von bedeutender Qualität sein kann und in der sozialen Wertschätzung hoch steht). Die Auffassung der Jurisprudenz als einer „Wissenschaft" und der von ihr getragene Typ des dogmatisch gelehrten „Juristen" reicht eben eigentlich nicht weiter, als die Rezeption des römischen Rechts, besser: der italienischen Rechtswissenschaft gedrungen ist (vgl. § 9 I).

---

[1] Vgl. *Ernst J. Cohn*, Richter, Staat und Gesellschaft in England (1958), S. 15.

II. Und wie der Jurist eine Schöpfung der Rezeption, so ist das Juristengericht eine solche des absoluten Fürstenstaates: Die italienischen, später auch die übrigen Universitäten des Kontinents hatten im Juristen einen neuen intellektuellen Berufsstand geschaffen, der neben den des Theologen und des Arztes trat. Als Stadtschreiber (syndici) und Ratgeber der Fürsten begannen die Juristen ihren Einzug zu halten, und immer mehr setzten ihr Sachverstand und ihre dialektische Schulung sich durch. Gesellschaftlich erlangte der Doctor iuris die Standesgleichheit mit dem schöffenfähigen Ritter, in der Reichskammergerichtsordnung von 1495 die Parität: die Hälfte der Urteiler (assessores) des neuen Gesichts sollte „der Recht gelert und gewirdigt, darzu die fürbrachten rechtlichen Sachen zu referirn geschickt und der ander halb Tail aus der Ritterschaft geboren seyn, auch der Recht gelert, sofern man die gehaben kan, vor andern; so man aber der nicht genug bekommen möcht, die von der Ritterschaft, so sunst gerichtlicher Übung erfahren und gebreuchig" (Fassung von 1521).

„Die Recht" waren hier „des Reichs gemaine Rechte", die Reichskammergerichtsordnung eine offizielle Anerkennung der Rezeption. Sie folgte damit dem Zuge der Zeit und verstärkte ihn ihrerseits, indem sie den Landesfürsten für die Gestaltung von Gerichtsverfassung und Prozeß zum Vorbild wurde. Dabei war dann die Aufnahme der Rechtsgelehrten in die Gerichte implicite eine solche auch des (materiellen) römischen Rechtes, die ihrerseits wiederum den gelehrten Richter nötig machte, den ungelehrten aber seiner Autorität berauben mußte.

„Das römische Recht ist zur Herrschaft gelangt, weil es dem Rationalisierungswillen des Staates der frühen Neuzeit den Juristen bereitstellte, dessen Vorherrschaft schließlich auch die gelehrte Besetzung der Gerichte und den gelehrten Prozeß nach sich zog... Wie die meisten Erscheinungen der Rezeption wirkte auch diese im allgemeinen von oben nach unten: Zentralgerichte zwangen Obergerichten, diese den Niedergerichten ihre Rechtsanwendung und ihr Verfahren auf, selbst wenn diese noch lange mit ungelehrten Männern besetzt bleiben" (*Franz Wieacker*, Privatrechtsgeschichte der Neuzeit, 2. Aufl., Göttingen 1967, S. 175 f.).

Zugleich war damit aber die alte ständische Gesellschaftsordnung an einer wichtigen Stelle durchbrochen worden: jeder hatte bis dahin verlangen können, von *Standesgenossen* oder solchen, die standesmäßig über ihm standen, gerichtet zu werden; in Sachen, die an Leib und Leben, Ehre oder Grundbesitz gingen, brauchte niemand sich von Untergenossen aburteilen zu lassen. Eben das aber wurde nun anders:

ein promovierter Bürgerssohn konnte über Adelige zu Gericht sitzen. Um das Unmögliche gleichsam doch möglich zu machen, billigte man ihm zwar persönlichen Adelsrang zu, aber eines änderte sich dadurch nicht, nämlich daß der neue Mann nicht mit dem eingesessenen Adel versippt war und keine Familie hinter sich hatte, die mitzählte. Nahm deshalb ein Fürst einen solchen Emporkömmling in seinen Dienst, so blieb dieser von ihm abhängig und konnte von ihm auch *gegen* den Adel ausgespielt werden. Es war deshalb nicht lediglich ihr Fachwissen, das den Juristen vom 16. bis zum 18. Jahrhundert den Weg in den Rat, die Verwaltung und die Gerichte der Fürsten öffnete: daß sie von eben dem Stande unabhängig waren, durch dessen Entmachtung die absolute Monarchie errichtet wurde, hat nicht wenig dazu beigetragen. Neben den Schwertadel, die alte *noblesse de sangue,* war in ihnen eine neue *noblesse de robe* getreten, der Lehnsmann durch den Fachbeamten abgelöst. Und vollends mußten nach der französischen Revolution die letzten Rechtshonoratioren alten Stils den beamteten Juristen die Richterstühle räumen.

III. Indessen wurde diese zum Justizmonopol der Juristen führende Bewegung später von einer bürgerlich-demokratischen Gegenbewegung abgefangen, die auf die Beteiligung von *Laienrichtern* hinwirkte: mit der napoleonischen Gerichtsverfassung waren deren Kaufmanns- und Gewerbegerichte (conseils de prud'-hommes) ins Rheinland gelangt, in denen Kaufleute bzw. Arbeitgeber und Arbeitnehmer zu Gericht saßen. Unsere Kammern für Handelssachen bei den Landgerichten (§§ 93 ff. GVG) und unsere Arbeitsgerichte (seit 1926) wurden später deren Nachfolger. Auch die französischen Schöffengerichte und die Schwurgerichte, die schon 1848 in der Paulskirchenverfassung gefordert und seitdem in den meisten deutschen Einzelstaaten eingeführt worden waren, wurden 1877 in die Gerichtsverfassung des Reiches übernommen.

IV. Die *Schwurgerichte* sind bei uns mit der Justizreform von 1924 der Sache nach wieder abgeschafft worden. Ihr Name ist auf ein Gericht übertragen worden, das, mit drei Berufsrichtern und bloß noch sechs Laien besetzt, die über Schuld- und Straffrage mit jenen gemeinschaftlich beraten und entscheiden, eigentlich nur ein großes Schöffengericht ist (vgl. §§ 79 ff. GVG). Ebenso ist es ihnen 1941 in Frankreich ergangen. In ihrer Heimat England und in den USA bestehen sie aber fort. Ihre Zuständigkeit wird freilich immer mehr eingeschränkt und kann in manchen Fällen abgedungen werden. Dem deutschen Publikum pflegen sie von Film und Bühne her geläufig zu sein. Weniger bekannt, aber nicht unwichtig ist, daß die angloamerikanische Jury nicht nur über schwere Verbrechen, sondern auch über manche Zivilansprüche, insbesondere solche auf Schadensersatz, zu urteilen hat.

Diese zwölfköpfige *Jury* also ist das letzte Gericht, in welchem Laien *selbständig* in großen Sachen öffentliche Gerichtsbarkeit ausüben, Volksgericht im eigentlichen Sinne und sehr verschieden vom Schöffengericht; denn die Schöffen beraten und urteilen eben mit den Berufsrichtern gemeinschaftlich, und ihr unmittelbarer Einfluß auf die Entscheidung pflegt dabei, auch wenn sie in der Überzahl sind, praktisch nur unbedeutend zu sein; meist überzeugt sie die Meinung der Juristen. Die Jury aber, die echte Geschworenenbank, entscheidet nach Anhörung der Beweisaufnahme, der Plädoyers und einer öffentlichen Rechtsbelehrung durch den vorsitzenden Richter, wenn auch nur über die Tatfrage, in eigener Beratung allein. Der Richter hat danach aus ihrem „Wahrspruch" (engl. *verdict*) nur noch die Rechtsfolgen zu ziehen: den Angeklagten zu entlassen, oder die Höhe seiner Strafe zu bestimmen; in Schadensersatzklagen entscheidet die Jury über Grund *und* Höhe des Anspruchs, so daß dem Richter nur die Ausfertigung des Urteils bleibt.

Daß die Schwurgerichte sich in Deutschland (und vermutlich auch in Frankreich) nicht bewährt haben und schließlich mit Fug abgeschafft worden sind, ist kein Zufall, da sie hier eben doch Fremdkörper gewesen waren: das kodifizierte Recht und die formfreie, auf den Juristen als Urteiler zugeschnittene Beweisaufnahme paßten nicht für sie:

a) Das kodifizierte Recht stellt den Richter unvermeidlich vor die Aufgabe, den Sachverhalt, den er gefunden zu haben glaubt, unter einen festen Gesetzestext zu subsumieren; das aber will gelernt sein und ist des Laien Sache nicht.

Diese Aufgabe sollte den Geschworenen dadurch erleichtert werden, daß ihnen gemäß dem Gesetzestext formulierte konkrete Fragen auf einem nach Abschluß der Beweisaufnahme formulierten Fragebogen zur Beantwortung vorgelegt wurden. Es ließ sich dabei aber oftmals nicht vermeiden, daß diese Fragen so zahlreich und verzwickt ausfielen, daß sie die Geschworenen in Verwirrung setzten; worauf gewissenlose Anwälte es überdies oft anlegten. So kamen gerade dadurch nicht selten wirklich unsinnige Wahrsprüche heraus.

b) Aber nicht nur scheidet diese Schwierigkeit im Case Law aus, zugleich ist im angloamerikanischen Prozeß auch die *Beweiserhebung* ganz auf die Jury zugeschnitten: die strengen Regeln, denen dort die Vernehmung von Parteien und Zeugen unterworfen ist (sie laufen u. a. darauf hinaus, daß jene nur auf die präzisierten Fragen der Anwälte antworten, nicht aber außer Zusammenhang mit diesen erzählen dürfen), muten den kontinentaleuropäischen Juristen wie eine Zwangsjacke an; doch finden sie ihre Erklärung eben darin, daß sie die Jury als Urteilsfinder voraussetzen: nur aus unmittelbar berichteten relevanten Fakten, nicht aus Erzählungen vom Hörensagen (by hear-say), Stimmungen und Mutmaßungen der Beteiligten soll sie ihr Urteil schöpfen können. Ein Juristengericht voraussetzend, stellen *wir* dem Vorbringen solcher Dinge kein formales Hindernis entgegen und sehen darin keine Gefahr; dem Juristen trauen wir zu, sich dadurch nicht beirren zu lassen. Der Laienjury soll es erst gar nicht zu Ohr gebracht werden dürfen.

Die Anwälte bemühen sich freilich nach Kräften, das Hindernis zu umgehen, und oft gelingt es ihnen auf den kunstvollen Umwegen ihrer Fragetechnik.

Ihre Triumphe feiert diese Fragetechnik vor allem bei der Vernehmung der Partei (des Klägers, des Beklagten, des Angeklagten) *in eigener Sache:* niemand *braucht* in seiner eigenen Sache auszusagen, der Ankläger jedenfalls darf es nicht gegen ihn ausspielen, wenn er es unterlassen hat; er kann auch eine uneidliche Erklärung abgeben. Macht er aber von seinem Rechte Gebrauch, das, was er sagen will, auf seinen Eid zu nehmen, so muß er sich auch dem Kreuzverhör *(cross-examination)* unterwerfen. Zuerst befragt ihn sein eigener Anwalt; er fragt aus seinem Klienten kunstvoll heraus, was dieser ihm selbst erzählt hat und auch dem Gericht erzählen würde, sofern das zulässig wäre (vgl. oben!). Danach examiniert ihn der Gegenanwalt: harmlos-liebenswürdig fängt er an, bemüht, den Gegner sich festlügen zu lassen; dann beginnt er ihn zu fragen, was dessen Anwalt ihn *nicht* gefragt hatte, und ihn in Widersprüche zu verwickeln, um ihn am Schluß (vielleicht noch eine überraschende Urkunde aus der Tasche ziehend) dramatisch zu entlarven. — Viel hängt hier von den Nerven, der Kaltblütigkeit, Geistesgegenwart und Geschicklichkeit der Gegner ab; Skeptiker sind geneigt zu meinen: alles. Das dürfte übertrieben sein: auch auf diesem Wege kann die Wahrheit an den Tag kommen. Aber unleugbar hat jene *cross-examination* einen sportlich-agonalen Zug und etwas von einem Kampfordal an sich. Daß der Richter während des Vorganges lediglich auf die Einhaltung der Spielregeln durch die Anwälte zu achten hat, verstärkt noch diesen Eindruck.

V. Ob die Schwurgerichte, die in der Revolution von 1848 als ein Ausdruck der Volkssouveränität verstanden und gefordert worden waren, historisch wirklich ein Abkömmling des germanischen Volksgerichtes, der alten Thinggemeinde sind und nicht vielmehr eine

Schöpfung des Amtsrechtes der normannisch-englischen Könige (wie es heute als wahrscheinlich gilt), ist in der Forschung umstritten. Jedenfalls aber hat die Geschworenenbank in *unserer* Zeit als *Volks*gericht, als der Justiz einverleibte „organisierte öffentliche Meinung" gegolten. Auf dem Kontinent hat sie sich nicht bewährt und ist bei uns von einer demokratischen Regierung (1924, wenn auch nur mit der Begründung, daß sie zu teuer sei) beseitigt worden. Schon lange hatten ihre „Wahrsprüche" nicht mehr überzeugt.

In England und USA wird sie gut sein, solange sie überzeugt und selbst die (einheimischen) USA-Juristen von ihr zu sagen pflegen, es sei trotz allem (was nämlich die kontinentaleuropäischen Kollegen zu räsonnieren hätten) erstaunlich, wie gut sie doch arbeite; nicht einmal durch die (zuweilen schwache und für den Laien meist unverständliche) Rechtsbelehrung des Richters lasse die Jury sich beirren. Und in den USA kann man erkennen, was die Teilnahme des Volkes an der Rechtspflege bedeutet: Wohl die meisten älteren Amerikaner sind schon einmal Geschworene gewesen und wissen von den Fällen zu erzählen, die sie damals erlebt haben. Diese Zeit ist ihnen nicht nur eine stolze und interessante Erinnerung: sie haben dadurch Verständnis für die Aufgaben der Rechtspflege erworben, denn in eigener Verantwortung richtend haben sie erlebt, wie schwer Richten ist. Auch haben sie Vertrauen zu ihren Einrichtungen gewonnen, denn sie sind mit dabei gewesen.

Diese Erfahrung sollte aber in dem deutschen Juristen das ihm oft fehlende Verständnis für die Bedeutung erwecken, welche die Teilnahme der Laien auch für unsere Rechtspflege nach wie vor hat. Ihr Einfluß auf den Ausgang der einzelnen Sache mag nicht sehr groß sein: daß sie *dabeigewesen* sind, ist niemals gleichgültig. Nicht nur wegen des Verständnisses, das es in ihnen und wegen des Vertrauens, das es in ihren Kreisen wirkt: Die Anwesenheit der Laien am Richtertisch erzwingt die Mündlichkeit des Verfahrens.

§ 47. Aktenprozeß und mündliche Verhandlung

I. Nicht nur Schwurgerichte hatte die Revolution gefordert, auch Öffentlichkeit und Mündlichkeit der Verhandlung. In der Tat gehören diese Dinge zusammen: vor Laien *kann* nur mündlich verhandelt werden, und ihre und der Parteien Anwesenheit im Gerichtssaal ist selbst schon eine, wenn auch beschränkte, Öffentlichkeit.

Im alten Volksgericht, dem Thing, war die Öffentlichkeit selbst der Richter gewesen: ihr Waffenlärm bestätigte das Urteil. Bei uns kann sie ausgeschlossen werden, „wenn sie eine Gefährdung der öffentlichen Ordnung, insbesondere der Staatssicherheit, eine Gefährdung der Sittlichkeit oder die Gefährdung eines wichtigen Geschäfts- oder Betriebsgeheimnisses besorgen läßt" (§ 172 GVG). Freilich pflegt auch die Zusammensetzung des Publikums unserer Strafgerichtssäle (in denen der Zivilgerichte findet sich keines ein) nicht sonderlich achtunggebietend zu sein.

Andererseits verbietet es die Würde des *Gerichtes*, daß die Verhandlung zu einer *show*, sein Saal zu einem Film- und Fernsehstudio degradiert wird. Vor *dieser* Form der *publicity* muß es auch im Interesse des Angeklagten geschützt werden (§ 169 S. 2 GVG). Schriftliche Berichterstattung genügt und sollte aus *allen* Gerichtsverhandlungen (ausgenommen nur bei Gefährdung der Staatssicherheit) gestattet sein, *contempt of court* jedoch bestraft werden. Sehr zu begrüßen wäre es, wenn die Berichterstattung nur von juristisch Gebildeten geübt würde, denn entstellende, weil verständnislose Berichte sind an der Tagesordnung.

II. Wie Öffentlichkeit, so setzt die Beteiligung der Laien auch *Mündlichkeit* des Verfahrens voraus. Diese ist von höchster Bedeutung, da sie die Lebendigkeit, Konzentration und überzeugende Gründlichkeit des Verfahrens garantiert. Die Laien aber sind die Garanten dieser Mündlichkeit, da sie sich ihre Meinung (sollte sie sonst auch weniger wichtig sein) *ohne Aktenkenntnis* müssen bilden können. Vor ihnen muß also so verhandelt werden, daß sie dazu imstande sind. Und diese ihre mittelbare Wirkung ist gewiß ihr größter Nutzen.

Denn die Mündlichkeit des Verfahrens durchzuhalten, kostet Energie und Zeit. Für den darin Geübten ist Aktenlesen bequemer.

Mit dem Juristen hat denn auch historisch die Schriftlichkeit ihren Einzug gehalten. Schon unter der Reichskammergerichtsordnung mit ihren „Rezessen" (Schriftsätzen) war die mündliche Verhandlung zu einer bloßen Scheinverhandlung herabgesunken; denn was gibt es noch viel zu reden, wenn alles schon geschrieben ist? Im „gemeinen deutschen" Prozeß des 17. und 18. Jahrhunderts war sie gänzlich abgeschafft, das Verfahren völlig schriftlich und geheim geworden; nur, was in den Akten stand, galt *(quod non est in actis, non est in mundo)*. Wenn wir erfahren, daß selbst der Strafprozeß *jener* Zeit (auf Grund der *Carolina*, der Peinlichen Gerichtsordnung Karls V. von 1532) im wesentlichen schriftlich und geheim war, so erscheint uns dieses unvorstellbar. Und erst auf diesem Hintergrunde begreifen wir den Eindruck der Gesetze Napoleons und was die Forderung nach Öffentlichkeit und Mündlichkeit zu ihrer Zeit bedeutet hat.

III. Inzwischen ist die Mündlichkeit des Verfahrens unseren Prozeßgesetzen selbstverständlich (§§ 128 I ZPO, 226 ff., insbes. 261

StPO). Die Praxis aber hat ihn längst weitgehend in sein Gegenteil verkehrt.

Am stärksten im normalen Zivilprozeß über größere Objekte in 1. Instanz, d. h. vor den *Zivilkammern der Landgerichte* (§ 75 GVG). Die „vorbereitenden" Schriftsätze (§ 129 I ZPO) haben dort die mündliche Verhandlung praktisch verdrängt. Die Verhandlungstermine dienen den Anwälten (ohne die vor dem Landgericht nicht prozessiert werden darf, § 78 ZPO) oft lediglich zur Überreichung ihrer Schriftsätze — die eigentlich schon vorher hätten überreicht sein sollen —, worauf die Sache meist vertagt wird. Ist sie „ausgeschrieben", so wird sie „zum Spruch gestellt": die Anwälte benennen die Schriftsätze, aus denen sie ihre Anträge stellen und erklären, daß sie auf diese und ihre sonstigen Schriftsätze „Bezug nehmen". Damit *gilt* deren Inhalt als vorgetragen, und diese Bezugnahme „ist" die „mündliche Verhandlung", auf welche hin das Gericht erklärt, nach einer (oder mehr) Wochen eine Entscheidung verkünden zu wollen (§ 310 I ZPO). Für die nicht stattgehabte wirkliche mündliche Verhandlung bietet dann oft ein „Aufklärungsbeschluß" des Einzelrichters (vgl. §§ 348 ff., insbes. 349 II in Verb. m. § 139 ZPO), zu dem sich die Anwälte schriftlich äußern, einigen, aber eben wiederum schriftlichen Ersatz.

Die gesetzliche Zulässigkeit eines solchen Verfahrens ist heute insoweit nicht mehr zu bestreiten, als beide Anwälte es selbst nicht anders wollen (§ 137 III ZPO). Bedenklich ist aber, daß es in derartigem Maße zur selbstverständlichen Routine geworden ist, daß ein Anwalt, der ausnahmsweise doch einmal *wirklich* mündlich verhandeln möchte, Gefahr läuft, sich mißliebig zu machen. Der Zeitaufwand für solche Extratour ist nicht mehr eingeplant. Es wird glaubhaft berichtet, daß in den 20er Jahren in Berlin der Richter den Verhandlung wünschenden Anwalt nur zu fragen pflegte, ob, was er vorzubringen gedenke, schon in seinen Schriftsätzen stehe; bejahte er es, so erklärte ihm der Richter, sein Vortrag sei „überflüssig"; verneinte er, so erklärte jener ihn für „unzulässig" (was, außer in Sonderfällen — § 272 ZPO — dem Gesetz zuwider ist). So herrscht hier, im Zeichen der Mündlichkeit, *praktisch* das alte *Quod non est in actis* ... des 17. Jahrhunderts.

Infolgedessen erscheinen denn auch bei vielen größeren Landgerichten die Anwälte, anderwärts sinnvoller beschäftigt, überhaupt nicht mehr persönlich zu dieser Art „Verhandlung". Anwesend sind nur ihre Handakten, die auf einem großen Tisch im Saale bereitliegen, während zwei Kollegen, die in der betreffenden Sitzung turnusmäßig sämtliche Anwälte des Bezirks gleichzeitig vertreten („Kartelldienst"), das Gericht mit den zu überreichenden Schriftsätzen und den Bezugnahmen auf besagte Akten bedienen.

Auch vor den *Amtsgerichten* wird in Zivilsachen praktisch eben nur soweit mündlich verhandelt, wie schreibungewandte Parteien sich nicht durch Anwälte vertreten lassen. Den gewandteren wird meist aufgegeben, ihr Vorbringen schriftlich abzufassen, und in den Sachen, in denen beide Parteien durch Anwälte vertreten sind, wird auch hier wie vor den Zivilkammern der Landgerichte verfahren.

IV. Anders geht es vor den Kammern für *Handelssachen* (§§ 93 ff., 105 GVG) zu, weil und soweit hier Laien mitwirken: vor ihnen, den beiden Handelsrichtern, die die Akten nicht zu lesen pflegen, muß eben wirklich mündlich verhandelt werden.

Doch kostet das Zeit, und auch die Kammern für Handelssachen sind überlastet. Den Anwälten wird deshalb immer häufiger von dem vorsitzenden Richter nahegelegt, ihn selbst gem. §§ 349 III, 350 I ZPO als *Einzelrichter,* also ohne die beiden Laien, entscheiden oder ihnen den Akteninhalt mitteilen zu lassen. Bürgert sich das aber erst einmal ein (und die Anwälte können es schwer verhindern, da sie, wenn sie einen Vorschlag ablehnen, dem Richter unvermeidlich ein gewisses Mißtrauen bekunden und ihn überdies mit größerem Zeitaufwand belasten), so ist es auch hier bald um die Mündlichkeit geschehen, und mit dem Auszug der Laien zieht abermals die Aktenroutine ein.

Ungeschmälert behauptet sich die mündliche Verhandlung dagegen vor den *Arbeitsgerichten,* deren Laienbeisitzer als Interessenvertreter (Arbeitgeber und Arbeitnehmer: §§ 16 ff. des Arbeitsgerichtsgesetzes) schon wegen ihres sozialpolitischen Eigengewichtes nicht so leicht auszuschalten sind, zumal auch das ArbGG die Befugnis des Vorsitzenden, allein zu entscheiden, in § 55 II an engere Voraussetzungen geknüpft hat. So werden vor den Arbeitsgerichten nicht bloß die einfachen Routinesachen (von denen die meisten von dem Vorsitzenden vorab im Güteverfahren gem. § 54 ArbGG verglichen werden), sondern auch große und schwierige Fälle in *einer* wirklich mündlichen Verhandlung erledigt.

Überdies haben die Laienbeisitzer in den Handels- und Arbeitsgerichten, als gewerblichen Fachgerichten, noch eine besondere wertvolle Funktion: ihr Rat eröffnet dem Juristen die Kenntnis von Lebensbereichen, Berufsverhältnissen und -tätigkeiten, von denen er eine eigene Vorstellung unmöglich haben kann. Sie können ihm dadurch seine Arbeit erleichtern und ihn vor Fehlbeurteilungen des Tatsächlichen bewahren. — Wer je in diesen Gerichten mit ihnen zusammengearbeitet hat, dürfte das zu schätzen gelernt haben. Die oben berichtete Entwicklung in den Kammern für Handelssachen wäre deshalb, wenn sie sich weiter durchsetzen sollte, besonders traurig.

Daß die *Obergerichte* (die Gerichte vom Oberlandesgericht aufwärts), auch ohne die Beteiligung von Laien, aber weniger zeitbedrängt und besser besetzt, ein gewisses Maß von Mündlichkeit durchhalten (obwohl in Berufungs- und Revisionssachen das schriftliche Verfahren sachlich noch am ehesten gerechtfertigt wäre), verdient vermerkt zu werden.

Seit einigen Jahren werden Versuche unternommen, schon vor einer gesetzgeberischen Reform des Zivilprozeßrechts die mündliche Verhandlung zu intensivieren und wieder zum Mittelpunkt des Zivilprozesses zu machen. So hat vor allem eine zu Beginn des Jahres 1967 neu eingerichtete Zivilkammer des Landgerichts Stuttgarts unter dem Vorsitz des damaligen Landgerichtsdirektors Bender ein neues Verfahren, das sog. Stuttgarter Modell, entwickelt, das seitdem von einer ganzen Anzahl von Gerichten übernommen worden ist[1]. Grundlage dieses Verfahrens sind Vorschläge, die Fritz Baur gemacht hatte[2]. Der Prozeß beginnt danach mit einer etwa acht- bis zehnwöchentlichen Vorbereitung der mündlichen Verhandlung durch einen Schriftwechsel der Parteien. Zeugen und Sachverständige können schon in diesem Stadium zur Beweisaufnahme geladen werden. So können sie, wenn zu Beginn der mündlichen Verhandlung ein Vergleichsgespräch gescheitert ist, sofort vernommen werden. Im Anschluß daran erklärt der Vorsitzende, warum die Kammer die Klage für begründet oder unbegründet hält. Die darauf folgenden Plädoyers der Anwälte können sich also schon mit der Auffassung der Kammer auseinandersetzen und dieser Gelegenheit zur Überprüfung ihrer Ansicht geben. Auf Grund einer erneuten Beratung kann in etwa 80 % der Fälle bereits ein Urteil ergehen. Insgesamt bringt nach den bisherigen Erfahrungen dieses Verfahren eine Zeitersparnis von 60—80 %. Dies zeigt einmal mehr die Bedeutung der Mündlichkeit auch für die Beschleunigung des Verfahrens, wobei freilich zu beachten ist, daß die mündliche Verhandlung gründlich und d. h. in der Regel schriftlich vorbereitet sein muß.

V. *Der Strafprozeß*, von zwingenden Normen beherrscht und nicht, wie der Zivilprozeß, zur Disposition der Parteien stehend (wie wir bald sehen werden), kann ohne offene Rechtsbeugung nicht in die volle Schriftlichkeit abgleiten. Doch zeigt auch seine Praxis (zumal bei

---

[1] Darüber ein Bericht von *Bender* in der DRiZ 1968, 163 ff. und der ZRP 1969, S. 58—60. Vgl. auch *Arens*, Mündlichkeitsprinzip und Prozeßbeschleunigung im Zivilprozeß, Berlin 1971, S. 30 ff.

[2] Wege zu einer Konzentration der mündlichen Verhandlung im Prozeß, Berlin 1966.

den Amtsgerichten), wie sehr es eines ist, die Gebote der Mündlichkeit nur um des Gesetzes willen zu befolgen, und ein anderes, weil es sachlich notwendig ist, indem die Mitwirkung von Schöffen es erfordert.

Der Richter hat bei uns die Akten vor sich liegen und weiß, was sie enthalten: der Angeklagte und alle Zeugen sind von der Polizei und anderen Stellen (oft mehrmals) vernommen worden; er weiß, was sie gesagt haben und wird, trotz aller Bedenken, die er gegen Polizeivernehmungsprotokolle zu haben pflegt, doch damit rechnen, daß sie heute dasselbe (eher weniger Zuverlässiges als damals!) sagen werden. Als er die Akten las, hat er sich ein Bild von der Sache gemacht (niemand *kann* Akten lesen, ohne sich ein Bild zu machen!). Auch der Staatsanwalt und der Verteidiger kennen die Akten; der Angeklagte kennt den Zusammenhang ohnehin. Die Zeit ist längst zu knapp. Wozu kann der Richter in dieser Lage noch verhandeln wollen, als um die Formalien zu erledigen und um sich das Bild zu bestätigen, das er aus den Akten gewonnen hat? Und mit wem soll er, ohne Partner, am Ende beraten, als mit sich selbst, mit dem er schon einig *ist*? — Dies ist die vorgeprägte Gestalt der meisten Strafgerichtsverhandlungen vor dem *allein* entscheidenden Amtsrichter (§§ 25, 26 GVG).

Hat er Schöffen neben sich (§§ 28 ff. GVG), so hat die Verhandlung einen echten Sinn: ihnen den Fall vorzuführen. Denn *ihre* Urteilsgrundlage kann nur die mündliche Verhandlung sein. Zwar kann das Aktenbild des Richters auch jetzt seine Rolle spielen: vielleicht wird er — bei allem Bewußtsein seiner Pflicht, jedem neuen Eindruck offenzustehen — unbewußt dennoch danach streben, die Partner von diesem Bilde zu überzeugen. Da er das aber durch die lebendige Verhandlung selbst am ehesten bewirken kann, so wird es deren Intensität zugute kommen sowie die Chance vergrößern helfen, daß dabei Neues herauskommt und er auch selber seine Meinung ändert. Nicht minder kann die Beratung solche Wirkung haben: den Segen aller Kollegialgerichte, Zwang und Gelegenheit zu geben, sich klarzusprechen, führt auch das Schöffengericht mit sich.

Der englische Prozeß dagegen (ob in Zivil- oder Strafsachen, ob mit oder ohne Jury) ist nicht bloß mündlich, er ist fast *aktenfrei:* die Anwälte haben nur kurze Aufstellungen ihrer Behauptungen (die *pleadings*) untereinander gewechselt[1]; nur die Kopien dieser wenigen Blätter hat der Richter in Zivilsachen, nur die Vernehmungsprotokolle der Anklage hat er in Strafsachen

---

[1] Vgl. *Ernst J. Cohn*, Die Lehre vom Schriftsatz nach englischem Recht, ZZP 73 (1960), S. 324—335.

selbst) die Sache vorführt: die Anwälte entwickeln das Drama vor ihm, dem nur Entscheidenden. Sein kontinentaler Kollege muß, die Akten vor sich und in seinem Kopfe, auch das selber machen. Daß er dabei seine Unbefangenheit vor sich liegen. Auch ist nicht er es, der jemandem (etwa der Jury oder sich und seine Würde bewahren kann, erscheint jenseits des Wassers als kaum glaublich.

Doch wird hier ein Vergleich leicht unbillig: gegenüber den etwa 200 Berufsrichtern, die es in ganz England und Wales gibt[1], gibt es deren in der Bundesrepublik z. Z. etwa 13 000, und wir pflegen auch nicht den Bundesgerichtshof neben das Amtsgericht zu halten. Überdies kann das Bagatellverfahren, schon aus ökonomischen Gründen, in keinem Lande der Welt ein auserlesenes sein und ist es das der englischen Friedensrichter wohl noch weniger.

Aber der erste Diebstahl, dessen jemand bezichtigt wird, ein Einbruch, den begangen zu haben der Angeklagte (und sei er auch vorbestraft!) bestreitet, ist niemals eine Bagatelle. Für solche und manche anderen Sachen, die unter §§ 25, 26 GVG fallen, sollten die Schöffen nicht zu teuer sein.

VI. So wirft die Frage nach der Mündlichkeit des Verfahrens Licht auf den Wert der Laienrichter. Zugleich aber macht sie deutlich, warum sie vielen Juristen, indem sie ihnen ein langsameres Tempo aufnötigen und sie so Zeit kosten, als lästige Bremsklötze gelten. Auch erscheinen sie ihnen oft, weil nicht vom Fach, als unnütze Staffage. Ein Landgerichtspräsident begann (zu Anfang der 20er Jahre) seinen Bericht über die Bewährung der Schöffengerichte mit dem Satz: „Die Schöffen sind die Mannequins im Schaufenster der Justiz". Der Leser dürfte gelegentlich auch heute der Sache nach Ähnliches zu hören bekommen. Jedoch zu Unrecht: Die Beteiligung von Laien an der Rechtspflege ist die einzige wirksame Verbindung des Volkes mit dem Recht, die heute noch möglich ist. Zugleich ist sie ein gutes Mittel, um deren Qualität zu heben, ihr Abgleiten in die Routine zu verhindern.

Mag das Recht schon zur Geheimwissenschaft geworden sein (vgl. § 32 IV 4), so ist es doch keine theoretische Physik. Verliert auch seine praktische Handhabung für den Laien alle Verständlichkeit, so hört es auf zu überzeugen. Dann aber wird nichts mehr *richtig* sein, was immer in seinem Namen gesprochen wird.

---

[1] Nach den Civil Judicial Statistics for the Year 1970 entfallen davon auf den High Court 68, auf die County Courts 103 und auf den Court of Appeal und das Oberhaus 26.

§ 48. Parteiherrschaft und Richterprozeß

I. Zivil- wie Strafprozeß sind für die Gemeinschaft lebenswichtig und deshalb vom Staate organisiert. Sein Interesse aber ist am Zivilprozeß weniger unmittelbar als am Strafprozeß: im Zivilprozeß wird über Ansprüche Privater gegeneinander verhandelt, im Strafprozeß über Strafansprüche des Staates selbst. Und lassen wir dabei die zivilistische Denkfigur des „Strafanspruches" aus dem Spiel, so leuchtet auch ohne sie ein, daß die Auflehnung gegen die von ihm gesetzte (oder doch garantierte) Ordnung und seine Strafgebote den Staat ganz anders auf den Plan rufen muß als ein Konflikt, bei dem nur Interessen Privater auf dem Spiele stehen.

Freilich kann ein und dasselbe Verhalten zugleich als strafbare und (gem. § 823, insbes. Abs. 2 BGB) zivilrechtlich unerlaubte Handlung, „Delikt" in beiderlei Sinne, vor Straf- *und* Zivilgericht verfolgbar sein (vgl. o. § 40 V). Auch setzt die Scheidung eine feste Staatsorganisation voraus. Frühe Zeiten (wie unser Mittelalter) kannten deshalb nur *eine* Prozeßart, in der (vereinfacht gesagt) Private aus Straftaten klagten. Auch im römischen Recht wurden die *delicta privata* (Diebstahl nebst Unterschlagung, Raub, Sachbeschädigung, Beleidigung und Körperverletzung, Betrug und Erpressung) nur von dem privaten Geschädigten und also nur in *einem* Prozeß verfolgt.

II. Als die Staatsgewalt mit der eigenen Verfolgung von Verbrechen begann, lag es nahe, den Richter selbst mit dieser Verfolgung zu betrauen und ihn gegen die Täter einschreiten zu lassen. Die verfolgende und aufklärende (Vor-)untersuchung der Sache (inquisitio), ihre Ingangsetzung *und* ihre Aburteilung lagen dann zugleich in seiner Hand. Wir pflegen zu sagen, daß hier der Richter Ankläger und Urteiler in einer Person war und bezeichnen das Verfahren als *Inquisitionsprozeß.*

Das Wort riecht heute wegen seiner besonderen Beziehung zur päpstlichen Inquisition nach Ketzerverfolgung und Scheiterhaufen, hat hiermit aber nicht mehr zu tun als mit anderen Taten und Strafen auch. Schon die römischen Provinzialstatthalter dürften gegen gemeingefährliche Delikte verfolgend und richtend zugleich eingeschritten sein. Auch verwendeten sie die Folter. Das karolingische „Rügeverfahren" war (auch ohne Folter) Inquisition. Und wo immer im Mittelalter Verbrechensverfolgung von Amts wegen stattfand, geschah es in der Form des Inquisitionsprozesses. Seit 1532 war dieser (einschließlich der Anwendung der Folter) durch die Carolina geregelt und hat bei uns (in Preußen seit Friedrich d. Gr. ohne Folter) bis zur Mitte des 19. Jahrhunderts gegolten.

Erst die Einführung der *Staatsanwaltschaften* als Anklagebehörden nach französischem Vorbild machte das *Akkusationsverfahren* möglich und löste damit den eigentlichen Inquisitionsprozeß ab. Vor unserem Strafrichter tritt seitdem der Staatsanwalt (procureur d'état) als Ankläger auf. Er ist es, der inquiriert, die Sache vorbereitet und das Verfahren in Gang gebracht hat. In besonderen Fällen hat er dabei den Untersuchungsrichter einzuschalten (§§ 178 ff. StPO), der aber *nur* untersuchend, nicht richtend tätig wird.

Doch auch der urteilende Strafrichter hat nach unserer Auffassung bei der Ermittlung der Wahrheit aktiv mitzuwirken: weder ist er an die vom Staatsanwalt gestellten Anträge gebunden noch auf die von ihm erbotenen Beweise angewiesen; er kann von Amts wegen, also aus eigener Initiative, weitere Zeugen oder Sachverständige laden oder sonstige Beweismittel heranziehen, und er kann den Angeklagten auch *schwerer* bestrafen, als es der Staatsanwalt beantragt hatte (§§ 155 II, 244 II StPO). Das besagt aber, daß der urteilende Strafrichter auch inquirierend tätig wird. Vom Inquisitionsrichter unterscheidet er sich in dieser Hinsicht nur insofern, als er das Verfahren von sich aus nicht in Gang bringen, sondern erst handeln darf, wenn der Staatsanwalt Klage erhoben hat; auch bleibt er stets auf die Untersuchung der Tat beschränkt, die jener in seiner Klage bezeichnet hat (Akkusationsprinzip). Die hierdurch eingeschränkte Inquisitionsaufgabe des Richters pflegt man als „Instruktionsprinzip" oder „Ermittlungsgrundsatz", vielfach aber doch auch als „Inquisitionsmaxime" zu bezeichnen.

Es versteht sich, daß der Richter hierbei ebensowohl zugunsten, wie zuungunsten des Angeklagten tätig werden darf. Doch gilt dasselbe auch für den Staatsanwalt: er hat „nicht bloß die zur Belastung, sondern auch die zur Entlastung dienenden Umstände zu ermitteln" (§ 160 II StPO) und kann Rechtsmittel auch zugunsten des Beschuldigten einlegen (§ 296 II StPO). Der Strafprozeß ist also als ein *Zusammenarbeiten* des Richters mit dem Staatsanwalt (und dem Verteidiger!) zur Ermittlung der objektiven Wahrheit gedacht.

Dabei bleibt aber der Richter immer der Herr des Verfahrens: sobald er das Hauptverfahren eröffnet hat — ob er die Sache für verhandlungsreif hält und das Verfahren demgemäß eröffnen will, steht bei ihm (vgl. §§ 198 ff., insbes. 202 StPO) — gestaltet er dessen weiteren Verlauf. Nicht einmal durch Zurücknahme seiner Klage kann der Staatsanwalt es ihm mehr entziehen (§ 156 StPO). Selbst ein Schuldbekenntnis des Angeklagten bindet den Richter nicht; ist er von dessen Richtigkeit nicht überzeugt (es kann Gründe dafür geben, warum jemand die Strafe für einen anderen auf sich nehmen will), so muß er ihn freisprechen. Im Strafprozeß zählt nur die objektive Wahrheit — soweit sie wenigstens „mit an Sicherheit grenzender Wahrscheinlichkeit" festzustellen ist. Reicht das so Festzustellende zu einer Bestrafung nicht aus, so *muß* er den Angeklagten freisprechen, auch gegen dessen Willen. Es ist das seine Amtspflicht in der gleichen Weise, wie es die des Staatsanwalts ist, gegen jede gerichtlich strafbare und verfolgbare Handlung einzuschreiten, „sofern zureichende tatsächliche Anhaltspunkte vorliegen" (§ 152 II StPO: Legalitätsprinzip). Nur in den Grenzen der §§ 153 ff. StPO kann er auf den Strafanspruch des Staates verzichten (Opportunitätsprinzip).

III. Im Zivilprozeß geht es um Ansprüche privater Parteien. Über diese können sie typischerweise frei verfügen: sie abtreten, ganz oder teilweise auf sie verzichten, sich über sie vergleichen usw. Das Zivilrecht ist dementsprechend typischerweise dispositiv (vgl. § 7 II 3). Demgemäß wird auch unser zivilprozessuales Verfahren von der Dispositionsmaxime beherrscht.

Schon die Zuständigkeit der Gerichte ist es: der Schuldner kann zwar darauf bestehen, vor dem Gerichte seines Wohnsitzes verklagt zu werden (§§ 12, 13 ZPO); hat der Gläubiger aber seine Klage anderwärts erhoben und macht der Beklagte die Unzuständigkeit des fremden Gerichts nicht geltend, so *wird* dies zuständig. Auch können die Parteien schon vorab ein an sich unzuständiges Gericht durch Vereinbarung zuständig *machen* (was in AGB häufig ist: vgl. o. § 38 I 3). Und das betrifft nicht nur die örtliche Zuständigkeit, sondern auch die sachliche: sind die Parteien sich in dieser Hinsicht einig, so können sie (etwa weil sie keine Anwälte zuziehen wollen) über 100 000 DM vor einem Amtsgericht prozessieren oder, umgekehrt, das Landgericht mit einer 10-Mark-Sache belästigen. Unter den Gerichten der 1. Instanz (Amts- und Landgerichten) haben sie freie Wahl, nur eine vom Gesetz bestimmte *ausschließliche* Zuständigkeit (§§ 24 ZPO, 71 II GVG; sonst nur in Zwangsvollstreckungs- — § 802 ZPO — und in Ehesachen) setzt dieser Wahlfreiheit eine Grenze (§§ 38 ff. ZPO). Alles das nimmt indessen nicht wunder, wenn man bedenkt, daß die Parteien durch einen Schiedsvertrag die staatlichen Gerichte sogar ausschließen können (§ 274 II Ziff. 3 ZPO). Die ausführlichen Bestimmungen des Gesetzes über die Zuständigkeit (insbes. §§ 12—37 ZPO) sind aber gleichwohl wichtig, weil die streitenden Parteien über das anzurufende Gericht typischerweise eben *nicht* einig sind und danach trachten, einander auch in dieser Hinsicht möglichst viele Schwierigkeiten zu machen.

Diese *Parteiherrschaft* durchzieht den ganzen Zivilprozeß: Wollen es beide Seiten, so können sie das Verfahren jederzeit zum Stillstand bringen; seit 1924 muß zwar auch der Richter zustimmen (§ 251 ZPO), doch hat er selten Grund, sich dem zu widersetzen. Mit Einwilligung des Beklagten kann der Kläger seine Klage jederzeit zurückzuziehen, womit die Sache erledigt ist (§ 271 ZPO). Ebenso kann er sie auch ändern, womit der Streitgegenstand ein anderer wird (§ 264 ZPO). Erkennt der Beklagte den Klageanspruch an, so kann der Kläger ein Urteil gegen ihn verlangen, gleichviel ob der Anspruch wirklich bestanden hatte oder nicht (§ 307 ZPO). Die Parteien verfügen somit über den *Inhalt* des Streites, wozu vollends gehört, daß der Richter nicht befugt ist, einer Partei etwas zuzusprechen, was sie nicht beantragt hat (§ 308 ZPO).

Sie verfügen aber auch über die Beibringung des *Streitstoffes:* Der Richter darf bei seinem Urteil nur solche Tatsachen berücksichtigen, die von einer der Parteien vorgebracht worden sind; dabei hat er Behauptungen einer Partei, die die andere nicht bestritten hat — was also zwischen ihnen unstreitig ist —, als wahr zu unterstellen (§§ 138 Abs. 3, 288 ZPO); nur über Streitiges darf er somit Beweise erheben. Hierbei wiederum darf er keine Urkunden heranziehen, auf die sich keine der Parteien bezogen (§ 142 I ZPO), niemanden als Zeugen vernehmen, auf den sie sich nicht berufen hat.

Der Leser versteht nunmehr, warum man hinsichtlich des Zivilprozesses, im Gegensatz zu dem vom Richter beherrschten Strafprozesse, von *Parteiherrschaft* sprechen kann. Dabei pflegt man die Verfügungsmacht der Parteien über den Streitinhalt als *Dispositionsmaxime,* die über den Streitstoff als *Verhandlungsmaxime* zu bezeichnen und sie der *Offizialmaxime* des Strafprozesses gegenüberzustellen.

Diese Terminologie liegt freilich nicht allzu fest. Die Scheidung zwischen **Dispositions- und Verhandlungsmaxime** ist ebensowenig eindeutig, wie die zwischen Ermittlungsgrundsatz und Offizialmaxime. Dem „Richterprozeß" könnte man den „Parteiprozeß" gegenüberstellen, wenn dieser Ausdruck nicht schon für *den* Prozeß vergeben wäre, in dem sich die Parteien nicht durch Anwälte vertreten zu lassen brauchen, der also nicht „Anwaltsprozeß" ist (§ 78 I ZPO).

Daß im übrigen jedem der beiden Typen meist einiges vom anderen beigemischt ist, werden wir bald sehen. Vor allem gilt das für den Parteiprozeß.

IV. Bei reiner Parteiherrschaft nämlich kann ein sich schrittweise abspielender Prozeß nur dann ideal funktionieren, wenn beide Seiten eine möglichst schnelle Entscheidung des leidigen Streites erstreben und nach Kräften dazu beitragen. So aber ist es nicht immer. Mögen beide auch wirklich in diesem Sinne begonnen haben, so ändert sich später nur zu oft das Bild: merkt eine Partei, daß ihre Sache schlecht steht, so verliert sie an der Fortsetzung die Lust. Ist sie klug und kann sie es sich leisten, so wird sie nun Vergleichsverhandlungen anstreben. Ist sie aber etwa der zahlungsschwache Schuldner, so wird sie eher danach trachten, das Urteil hinauszuschieben. Sie wird auf Zeitgewinn ausgehen und den Prozeß zu verschleppen suchen. Dazu bieten aber Dispositions- und Verhandlungsmaxime gute Möglichkeiten, vor allem, wenn Überlastung der Gerichte und Entartung des Verfahrens zum bloßen Schriftsatzwechsel hinzukommen.

Dabei verschlimmern diese Übel einander wechselseitig: Verschleppungsschreiberei der Parteien kompliziert die Sachen; je weniger Zeit aber der Richter hat, um so williger läßt er sie schreiben, denn solange sie schreiben, braucht er nicht zu entscheiden; je mehr die Parteien schreiben, um so mehr Zeit kostet die Entscheidung später den Richter; womit die Aktenstapel immer höher, die Erledigungszeiten immer länger werden. Das Schicksal manches „müden" Richters, der die Kraft zur Entscheidung nicht aufzubringen, Unwichtiges von Wichtigem nicht zu sondern vermochte, vollendete sich in einem solchen *circulus vitiosus*. Bei dauernder echter Überlastung eines ganzen Gerichts mußte er aber zu dessen Gesamtschicksal werden.

Auf diesem Wege nämlich kam es beim Reichskammergericht nach dem 30jährigen Kriege schließlich so weit, daß die Parteien über ihren Prozessen hinwegzusterben pflegten und, wenn endlich doch ein Urteil gefällt wurde, zuweilen niemand mehr da war, der es dem Gerichte abnahm. Nur mit vorläufigen Maßnahmen ähnlich denen, die wir heute im Wege der „einstweiligen Verfügung" gem. §§ 935, 940 ZPO treffen und die über Recht und Unrecht nichts entscheiden, konnte noch für die Lebenden gesorgt werden[1]. Auch die Gerichte der deutschen Länder, einschließlich Preußens, arbeiteten mit dem „gemeinen deutschen" Prozeß wenig befriedigend. Daß dieser Prozeß rein schrift-

---

[1] Man vergleiche dazu *Goethes* lebenskluge Schilderung der Zustände, die er 1772 in Wetzlar antraf, im 12. Buche von Dichtung und Wahrheit (Bd. 24, S. 93 ff. in der Jubiläumsausgabe). „Zwanzigtausend Prozesse hatten sich aufgehäuft, jährlich konnten sechzig abgetan werden, und das Doppelte kam hinzu" (S. 100). Am Juristisch-Fachlichen weniger interessiert als am Menschlichen und Historisch-Soziologischen, spricht Goethe freilich von dem Prozeßverfahren nicht, mißt vielmehr alle Schuld allein der unzulänglichen Zahl der Richter bei.

lich war, hatten wir gesehen. Wie der Kammergerichtsprozeß, war er aber — abgesehen von seiner Umständlichkeit — zugleich auch parteibeherrscht.

V. In dieser Lage unternahm die preußische Justiz im 18. Jahrhundert einen radikalen Reformversuch, der zwar schließlich gescheitert, aber ein einzigartiges Experiment gewesen ist: sie ersetzte die bisherige reine Parteiherrschaft durch einen reinen Richterprozeß, führte also im *Zivilprozeß* die Offizialmaxime, ja das *Instruktionsprinzip* ein.

Nach einem Vorversuch mit einem mündlichen Offizialverfahren in Bagatellsachen (1739) wurde diese Reform im Corpus iuris Fridericianum (1781) und abschließend, wenn auch abgemildert, in der Allgemeinen Gerichtsordnung (AGO von 1793) für den gesamten Zivilprozeß durchgeführt. Ihr Grundgedanke war, die Anwälte auszuschalten und an die Stelle ihrer Schriftsätze die persönliche Vernehmung der Parteien zu setzen: Der Kläger meldet seine Klage beim Gericht an, worauf der Präsident einen Richter zur Untersuchung (Instruktion) der Sache abordnet (deputiert). Dieser vernimmt zunächst den Kläger, dann den Beklagten, dann stellt er beide einander gegenüber, um auf diese Weise Streitstand und Sachverhalt genauestens zu ermitteln, und unternimmt darauf einen Sühneversuch. Wollen sich die Parteien nicht einigen, so stellt er eine Übersicht des Streitstandes, einen *Status causae et controversiae* zusammen, spezifiziert also, was unstreitig und was streitig, erheblich und unerheblich ist und läßt die Aufstellung des Unstreitigen, die *Species facti*, nebst dem Verzeichnis der streitigen Punkte von den Parteien unterschreiben. Über die hiernach verbliebenen erheblichen Streitpunkte erhebt er alle zur Verfügung stehenden Beweise, ohne auf die von den Parteien erbotenen Beweismittel beschränkt, noch an ihre Anträge gebunden zu sein. Scheitert nach Abschluß der Beweisaufnahme ein letzter Sühneversuch, so werden die Akten geschlossen und einem zweiten Richter, dem vom Präsidenten bestellten Referenten, zugleitet. Dieser erarbeitet daraus ein Gutachten (eine *Relation;* als Referendar wird der Leser diese Hauptkunst des Juristen erlernen!) und trägt es dem Gerichtskollegium (Senat oder Gesamtgericht) vor, das daraufhin durch Abstimmung entscheidet.

Den Hauptgedanken seines Werkes hatte der Verfasser der AGO (Svarez) in Ziff. 10 der Einleitung mit den Worten ausgesprochen:

„Die Pflichten des Richters bei der Instruktion eines Prozesses beruhen also auf dem wesentlichen Grundsatze:

daß er sich bemühen müsse, die Wahrheit der dabei zum Grunde liegenden erheblichen Tatsachen auf dem sichersten und zugleich nächsten Wege zu erforschen und auszumitteln."

Das Bestreben, die Entscheidung auch des Zivilprozesses auf Tatsachenwahrheit zu gründen und diese auf dem „nächsten und sichersten Wege", nämlich bei den Parteien selbst zu ermitteln, war ideal, und es darf angenommen werden, daß dieser Instruktionsprozeß solchem Streben wirklich besser entsprochen hat, als der „gemeine deutsche" schriftliche, parteibeherrschte Anwaltsprozeß; auch waren die Möglichkeiten zur Prozeßverschleppung sicherlich verringert. Das Vertrauen des Volkes hat er gleichwohl nicht gewonnen:

Zunächst war er nicht so einfach, wie er sich hier liest. Allein die Bestimmungen über das oben geschilderte Erkenntnisverfahren. 1. Instanz machen in der AGO 295 Seiten aus; das Gesamtwerk zählt deren 1380. Daß alles umständlich protokolliert werden mußte (denn nur die Akten konnte der Referent seiner Relation zugrundelegen!) hob die Vorteile der mündlichen Parteivernehmung teilweise wieder auf. Ferner wohnten nicht alle Parteien am Sitze des Prozeßgerichts, und auch sonst konnte nicht jede von dem deputierten Richter persönlich vernommen werden. So war ohne Bevollmächtigte nicht auszukommen, und überhaupt konnten den Parteien Rechtsbeistände nicht gänzlich versagt werden. Diese fanden sie jedoch nur in den beim Gericht beamteten *Justizkommissarien,* die zwar objektiv, aber auch uninteressiert waren.

Entscheidender war indessen wohl noch, daß, mindestens aus der Perspektive der Parteien, praktisch alles bei dem Instruktionsrichter lag. Nur ihn bekamen sie zu Gesicht. Zugleich aber hatte er sich mit ihnen allzu unmittelbar befassen müssen, um ihnen noch als objektiv gelten zu können: Niemand vermag eine Untersuchung durchzuführen, ohne sich (so wenig wie beim Aktenlesen) ein Bild von der Sache zu machen; das Bild kann sich im Laufe der Untersuchung wandeln, aber immer ist eines (als eine „Theorie", eine Vermutung) da. Ebenso ist es schwer zu vermeiden, daß dieses Bild bei der Vernehmung durchscheint. Vollends erregt es das Mißtrauen einer Partei, wenn der Richter ihr die Schwierigkeiten ihres Vorhabens, die Unwahrscheinlichkeit dessen, was sie sagt, und den Standpunkt ihres Gegners vorhält. Eben das aber mußte der Instruktionsrichter immer wieder tun, es war ihm sogar ausdrücklich vorgeschrieben (Tit. V § 7, Tit. IX § 10 AGO) und konnte auch bei den möglichst oft zu wiederholenden Sühneversuchen (Tit. XI) schwerlich ausbleiben. Zugleich durften die Parteien mit Recht vermuten, daß die Art, wie dieser sie voreingenommen dünkende Richter die Untersuchung führe, protokolliere und den Status causae abfasse, für die Entscheidung das größte Gewicht haben werde.

So konnte der Eindruck des Verfahrens in der Öffentlichkeit, trotz allen guten Absichten, denen es entsprungen war, nicht günstig sein. Seit 1833 kehrte man zum gemeinen Prozeß zurück, und nach 1848 folgte dessen Verschmelzung mit den Grundsätzen des *Code de Procédure Civile* (Hannöversche ZPO von 1850), die zu der jetzigen ZPO geführt hat.

§ 49. Verhandlungsmaxime und Wahrheitsfindung

I. Damit kehren wir zur Verhandlungsmaxime unserer ZPO zurück. Als sie in Kraft trat (1877), war die Parteiherrschaft in ihr fast unbeschränkt. Es zeigte sich bald, daß dies der Prozeßverschleppung Vorschub leistete, und die späteren Reformen zielten, neben technischen Vereinfachungen, vor allem darauf ab, dem Richter die Möglichkeit zu geben, Verschleppungen zu verhindern und das Verfahren von Amts wegen zu beschleunigen. Das war aber nicht möglich, ohne seine Befugnisse dazu zu vermehren, von Amts wegen einzugreifen, und ihm sogar in gewissem Maße zu gestatten, ja zur Pflicht zu machen, die Ermittlung des Sachverhaltes aktiv zu fördern. So enthalten die §§ 139—144 ZPO, zumal in ihrer heutigen Fassung, dazu die §§ 272 b, 279 a, nicht unerhebliche Einbrüche in die Verhandlungsmaxime: Fragend, vorhaltend und vorschlagend soll der Richter für die Aufklärung des Sachverhaltes sorgen (§ 139); er kann auf diesem Wege das Vorbringen der Parteien mitgestalten, die Benennung ihm wichtig erscheinender Beweismittel anregen. Er kann die Vorlegung von Urkunden und Akten verfügen, von Amts wegen Sachverständige befragen und Augenscheinseinnahmen anordnen (§§ 142 ff.). Vor allem aber kann er das persönliche Erscheinen der Parteien anordnen und sie über alles befragen, was ihm wichtig scheint (§ 141); ihr Erscheinen kann er sogar erzwingen (wenn schon leider mit der Einschränkung des § 141 III S. 2); ihre Aussagen zwar nicht, aber keine Antwort ist oft auch eine Antwort. Schließlich kann er (seit 1933) die Parteien, auch ohne ihren Antrag, unter bestimmten Voraussetzungen im Wege der Beweisaufnahme eidlich vernehmen (§§ 448, 452 ZPO). Macht der Richter von diesen Möglichkeiten einen energischen Gebrauch, so kann der Zivilprozeß in starkem Maße den Charakter eines Offizialverfahrens annehmen.

II. Indessen ist es dabei geblieben, daß der Richter die beigezogenen Urkunden und Akten nicht verwerten darf, soweit die Parteien sie nicht zum Gegenstande der Verhandlung machen, und daß er keine Zeugen vernehmen darf, auf die sie sich (vielleicht, obwohl er es ihnen nahegelegt hat) nicht berufen wollen. Auch darf er nur über streitige

Tatumstände Beweis erheben; was die Parteien einander nicht bestreiten, hat auch er als „zugestanden“ hinzunehmen und also seinem Urteil zugrundezulegen (§ 138 III ZPO).

Letzteres war nun freilich, obwohl logisch ein Element der Verhandlungsmaxime, selbst im alten preußischen Instruktionsprozeß nicht anders und bereitet praktisch auch nur selten Schwierigkeiten. Treten solche aber dennoch ein, so zeigen sich die Grenzen der Maximen: Wie ist es nämlich, wenn das Zugestandene sachlich unwahr ist, wenn etwa der Beklagte das von ihm zugestandene Darlehen nie erhalten hat, wenn der Unfall des Klägers sich anders abgespielt hat, als beide Parteien ihn darstellen?

In der Tat kommt dergleichen vor: ein Stammgast ist in der Wirtschaft zu Schaden gekommen; er behauptet, auf einem Zigarrenstummel ausgeglitten zu sein. Der haftpflichtversicherte Wirt weiß, daß nichts auf dem Boden gelegen hatte, möchte aber den Gast nicht vergrämen, will ihm vielmehr im Hinblick auf seinen Versicherungsschutz „wohl“ und bestreitet besagten Stummel nicht. — Ein gläubigerbedrängter Schuldner läßt sich von einem guten Freund auf 10 000 DM aus einem angeblichen Darlehen verklagen, damit der mittels des Urteils seine Habe pfänden und sie so vor den wirklichen Gläubigern schützen soll.

Weiß der Richter (etwa von einem Zeugen, der es ihm zugetragen hat) um diesen Zusammenhang, so verbietet ihm die Verhandlungsmaxime, sein Wissen in den Prozeß einzubeziehen, es sei denn, daß eine Partei bereit ist, sich ihrerseits auf diese Tatsache und den Zeugen dafür zu berufen. So kann er, was er weiß, den Parteien nur gem. § 139 ZPO vorhalten und sie zur Erklärung darüber auffordern. Geht aber keine von beiden darauf ein, so sind seine prozessualen Mittel nach der Verhandlungsmaxime erschöpft; nach der Offizialmaxime wäre er dagegen nicht gehindert, den Zeugen von Amts wegen zu vernehmen und demgemäß zu entscheiden.

Wäre er übrigens zufällig selbst Augenzeuge jenes Unfalles mit dem angeblichen Zigarrenstummel gewesen, so könnte er sein Wissen, auch nach der Offizialmaxime, nicht unmittelbar verwerten, da der Richter nicht sein eigener Zeuge sein darf (§ 41 Ziff. 5 ZPO = § 22 Ziff. 5 StPO). Doch könnte er, sich selbst für befangen erklärend (§ 48 ZPO), die Sache an einen anderen, unbeteiligten Richter abgeben, der ihn dann seinerseits als Zeugen würde vernehmen dürfen; was aber, nach der Verhandlungsmaxime, immer noch zur weiteren Voraussetzung hätte, daß eine der Parteien ihn als Zeugen *benennen* würde.

III. Können die Parteien den Richter also gemäß der Verhandlungsmaxime letzten Endes doch zwingen, ein Urteil zu erlassen, das nach seiner Überzeugung falsch wäre und von den Parteien zu betrügerischem Zweck erstrebt wird? Bleibt ihm nur noch die Möglichkeit übrig, die Sache der Staatsanwaltschaft anzuzeigen, damit sie die Parteien daran hindern kann, von seinem Urteil den erstrebten Gebrauch zu machen?

Um unwahrhaftige Parteibehauptungen zu bekämpfen, hat die Reform von 1933 den Parteien eine *Wahrheitspflicht* auferlegt: sie „haben ihre Erklärungen über tatsächliche Umstände vollständig und der Wahrheit gemäß abzugeben" (§ 138 I ZPO). Der Satz hebt die Verhandlungsmaxime nicht auf, setzt ihr aber eine sachgerechte Grenze: Herrschaft verpflichtet, auch die Parteiherrschaft; so wenig wie irgendein Recht darf sie mißbraucht werden, und, wer lügt, mißbraucht sie.

Daß der Richter in einem Falle wie dem der fingierten Darlehnsklage das Urteil zu verweigern habe, ist schon vor 1933 anerkannt worden: er ist „weder verpflichtet noch berechtigt . . ., bewußt dazu mitzuwirken, daß verfahrensrechtliche Einrichtungen zu unlauteren Zwecken mißbraucht werden" (RGSt. 58, S. 106 — 1925 —). Der Mißbrauch liegt in einem solchen Falle schon darin, daß die Klage, auch subjektiv, nicht dem Schutze eines bestehenden Rechtes dienen soll. Ihr fehlt deshalb das *Rechtsschutzinteresse*, das Voraussetzung einer jeden Klage ist und dessen Fehlen der Richter deshalb von Amts wegen zu beachten hat; der „Prozeß" ist von Anbeginn Schein und Schwindel gewesen.

Im Falle des vermeintlichen Zigarrenstummels ist die Frage schwieriger: der Kläger *glaubt* an jene Unfallursache. Daß der Beklagte den Prozeß bewußt lax führt, macht ihn noch nicht zu einem fingierten. Der Beklagte unterläßt es lediglich, einen Punkt zu bestreiten, den er bestreiten könnte. Doch sollte man meinen, daß dieses Nichtbestreiten unwahrhaftig im Sinne der Wahrheitspflicht sei, da es bewußt darauf abzielt, die Ermittlung der Wahrheit zu vereiteln und einen Dritten, die Versicherung des Beklagten, zu schädigen. Die herrschende Meinung will aber § 138 I ZPO nur auf unwahres Bestreiten zuungunsten des *Gegners* anwenden: „ihr ungünstige gegnerische Behauptungen gegen sich gelten zu lassen oder erhebliche Gegenbehauptungen nicht vorzubringen, ist die Partei regelmäßig nicht gehindert" (*Stein-Jonas-Pohle*, ZPO, 19. Aufl. § 138 Anm. 1 d und die herrschende Lehre; a. M. *W. Bernhardt*, Die Aufklärung des Sachverhalts im Zivilprozeß; Festgabe f. Leo Rosenberg, München 1949, S. 29 ff.).

IV. Die Erörterung dieser Frage ist geeignet, den Sinn der Verhandlungsmaxime klarzulegen: Die Verhandlungsmaxime ist Maxime eines *Streit*verfahrens und ein guter Grundsatz, solange die Parteien *streiten*. Sie sind dann selbst am eifrigsten bemüht, jede ihnen abträgliche Unrichtigkeit der gegnerischen Behauptungen zu widerlegen, und werden alles tun, die dazu erforderlichen Beweise beizubringen. Es ist deshalb durchaus richtig, diese Aufgabe hier grundsätzlich den Parteien selbst zu überlassen. Insofern war der preußische Instruktionsprozeß verfehlt und dürfte er die Kraft des Richters unnötig verschwendet haben. Doch war selbst jener Instruktionsrichter angewiesen, das zwischen den Parteien Unstreitige herauszuarbeiten und, von ihnen unterschrieben, zur Basis seines weiteren Vorgehens zu machen. In der Tat darf man annehmen, daß, was beide Streitteile unbestritten lassen, der Wirklichkeit entspricht, oder, technisch gesprochen, daß sich in ihm die prozessuale Wahrheit mit der historischen deckt — soweit das überhaupt erreicht werden kann und sofern die Parteien einander in einem echten Interessenkonflikt gegenüberstehen. In der Regel wird dann auch der Richter keine besseren Erkenntnisquellen haben und keine besseren Beweismittel anzugeben vermögen, als eben die Streitenden selbst. Ist es aber doch einmal der Fall, so braucht er sie nur im Rahmen seiner Aufklärungspflicht (§ 139 ZPO) darauf hinzuweisen; die durch das Beweismittel begünstigte Partei wird dann den Hinweis sofort dankbar aufnehmen und sich auf den vorgeschlagenen Zeugen oder die ihr unbekannt gewesene Urkunde berufen. Tut sie das nicht, so kann der Richter auch daraus (mit Vorsicht!) seine Schlüsse ziehen.

All das setzt aber eben einen echten Streit voraus. Fehlt ein solcher, so versagt der ganze Mechanismus. Begünstigen sich die Parteien gegenseitig, statt einander zu bekämpfen, so bindet die Verhandlungsmaxime dem Richter die Hände und verwehrt sie ihm den Zutritt zur Wahrheit. Gerade hier müßte ihm also die Verpflichtung der Parteien zur Wahrhaftigkeit Hilfe bieten können. Nicht zuletzt um der Würde der Rechtspflege willen ist sie eingeführt worden. Sie soll die Parteien davor schützen, durch Lügen des Gegners geschädigt, den Richter davor, angelogen zu werden. Dabei ist er schutzbedürftiger als jene, denn die Partei darf alles tun, um die ihr abträgliche Lüge des Gegners aufzudecken. Machen aber die Parteien miteinander gemeinsame Sache oder begünstigt auch nur eine die andere ohne deren Wissen unredlich, so ist der Richter machtlos.

V. Wie aber soll der Schutz des Richters verwirklicht werden? Soweit die Parteien ernstlich streiten und jede sich gegen die Lüge der anderen zu schützen bemüht ist, schützen sie zugleich den Richter und bewährt sich die Verhandlungsmaxime auch in dieser Richtung. Begünstigt jedoch eine Partei die andere, so muß der Richter sich selber schützen können. Hier verliert aber auch die Verhandlungsmaxime ihren Sinn und muß sie deshalb weichen. Den ihm von den Parteien vorenthaltenen Zeugen, durch dessen Aussage er eine Arglist aufdecken und einen beabsichtigten Prozeßbetrug verhindern zu können mit Wahrscheinlichkeit erwarten darf, sollte der Richter von Amts wegen vernehmen können.

Ob ihn unsere Zivilprozeßordnung in ihrer heutigen Fassung dazu allgemein befugt, ist freilich eine andere Frage und wird wohl zu verneinen sein. In einem Sonderfalle, in welchem wahrheitsfälschendes Zusammenwirken der Parteien häufig vorkommt und öffentliche Belange stärker beteiligt sind als im vermögensrechtlichen Prozeß, hat das Gesetz dem Richter diese Befugnis aber schon von Anbeginn erteilt: im Eheprozeß durch §§ 617, 622 ZPO (die gem. §§ 640, 644 auf andere Familienstandssachen entsprechende Anwendung finden). Bei einer Scheidungsklage insbesondere kann er auch von Amts wegen Beweise erheben und Tatsachen berücksichtigen, die von den Parteien nicht vorgebracht worden sind; über ihren Widerspruch dagegen darf er hinweggehen, soweit die Tatsachen geeignet sind, der Aufrechterhaltung der Ehe zu dienen.

Gleichwohl lehrt die Erfahrung, daß Eheleute, die übereinstimmend geschieden werden wollen und sich zugleich über die Regelung ihrer Beziehungen, Schuldfrage und Unterhalt einig sind, die Scheidung auch mittels fingierter Gründe zu erreichen pflegen. Die Richter können die Vorgeblichkeit dieser Gründe zwar wohl des öfteren vermuten, haben aber meist nicht die Möglichkeit, ihren Verdacht zu verifizieren.

Eine grundstürzende Veränderung unserer Praxis wäre deshalb auch von einer Ausdehnung der Offizialmaxime auf den vermögensrechtlichen Zivilprozeß kaum zu erwarten. Sie könnte aber dazu beitragen, den Gerichten Sachen fernzuhalten, in denen sie zu unwürdigen Schiebungen mißbraucht werden sollen.

Keine solche ist aber wiederum der heute nicht ganz seltene Fall des *Testprozesses:* Großunternehmer, A und B etwa, wollen miteinander ein wichtiges Vertragswerk abschließen, über dessen juristische Haltbarkeit ihre Rechtsberater sich nicht einig sind. Um Gewißheit zu erlangen, verklagt A den B auf Zahlung von 26 000 DM (die Revisionssumme beträgt nach dem Gesetz zur Entlastung des BGH in Zivilsachen vom 7. 8. 1969 bis zum 15. 9. 1975 nicht, wie in § 546 Abs. 1 ZPO an sich vorgesehen, 15 000 DM, sondern 25 000 DM) aus dem geplanten Vertrage. B bestreitet seine Gültigkeit, nicht aber seinen Abschluß, so daß über seine Gültigkeit entschieden werden muß, als ob er abgeschlossen wäre. Gleichgültig, wie das Landgericht entscheidet, legt der Unterlegene Sprungrevision beim BGH ein, dessen autoritatives Urteil den Parteien die gewünschte Rechtsgewißheit verschafft. — Obwohl über eine fingierte Forderung und einen fingierten Streit geführt, ist ein solches durch die Verhandlungsmaxime ermöglichtes Verfahren völlig legitim, jedenfalls, soweit es einem schutzwürdigen Bedürfnis nach Rechtssicherheit entspricht. Freilich ist es kostspielig und nur bei großen Objekten lohnend.

Übrigens hat der Scheinprozeß auch *geschichtlich* eine nicht unbedeutende, ja fruchtbare Rolle gespielt: Solange es die entsprechenden Einrichtungen des privatrechtlichen Verkehrs sowie der freiwilligen Gerichtsbarkeit (vgl. o. § 43 I) nicht gab, bestand für Scheinprozesse vor den Organen der streitigen Gerichtsbarkeit in gewissem Maße ein legitimes Bedürfnis: die römische *in jure cessio*, die fränkische Grundstücksauflassung vor dem Königsgericht seit dem 7. Jahrhundert, die *common recovery* des älteren englischen Rechts waren Übereignungsformen gewesen, die man aus Scheinprozessen entwickelt hatte, und unser Grundbuch ist aus der Sammlung von Protokollen über Scheinprozesse entstanden.

§ 50. Deutsche und englische Justiz

I. Es ergab sich also, daß die Verhandlungsmaxime unseres Zivilprozesses in einem nicht unbeträchtlichen, vielleicht noch zu steigernden Maße durch Elemente der Offizialmaxime hat ergänzt werden müssen. Deshalb ist es besonders bemerkenswert, daß anderwärts und unter anderen Bedingungen sich eine Verhandlungsmaxime im Zivil-, ja selbst im Strafprozeß bewährt, die kompromißloser ist, als die der ZPO es jemals war.

Nach angloamerikanischer Auffassung nämlich enthält der gesamte kontinentale Prozeß, in Straf- wie in Zivilsachen, schon dadurch ein inquisitorisches Element, daß es der Richter ist, der die Beweise erhebt, vor allem aber Parteien und Zeugen vernimmt. Man befürchtet, daß er schon dadurch als Urteiler befangen sei und hält es für keinen geringen Vorzug der Jury, daß sie rein passiver Zeuge der Verhandlung ist. Doch auch der Richter, ob mit oder ohne Jury urteilend, beschränkt sich dort auf die notwendigsten Weisungen zur Verhandlungsleitung. Während der Vernehmungen entscheidet er über die Zulässigkeit der Fragen, denen sich der Gegenanwalt widersetzt, hört aber im übrigen schweigend zu. Am ehesten greift er bei den Plädoyers in die Erörterung der Rechtsfragen ein. Beim Kampf der Parteien um die Tatsachen wacht er über die Befolgung der Spielregeln, hält sich aber vom Mitspielen nach Kräften fern. Zwar hat er, auch in Zivilsachen, *gesetzlich* das Recht, Zeugen zu laden und selbst zu vernehmen, die keine der Parteien benannt hat, doch kommt das praktisch nicht vor. Die Existenz der Vorschrift ist aber um so beachtlicher in einem Lande, in dem man auf die Zurückhaltung des Richters gegenüber dem, was die Parteien nicht zur Diskussion stellen wollen, den größten Wert legt.

Sogar im Strafverfahren wird hier die äußerste Konsequenz der Verhandlungsmaxime gezogen: hat sich der Angeklagte im offenen Gerichtssaal vor dem Gericht für „schuldig" *(guilty)* erklärt, so bedarf es keines weiteren Beweises. Hat er keinen Verteidiger, so muß sich der Richter freilich noch vergewissern, daß jener verstanden hat, worauf sich seine Schuld beziehen soll und daß er zurechnungsfähig *(fit to plead)* ist; ist das festgestellt, so bleibt allein die Strafzumessung übrig. Selbst wenn der Richter aus den Vernehmungsprotokollen ersehen kann, daß dieser Angeklagte sich sehr wohl verteidigen könnte, *a good defence* haben würde, hat er ihn als einen Schuldigen zu richten.

II. Den Weg der Rechtsverschleppung aber hat die Verhandlungsmaxime den englischen Prozeß deshalb nicht geführt, weil hier zugleich die *Mündlichkeit* des Verfahrens absolut verwirklicht ist.

Daß der englische Zivilrichter keine den unseren ähnliche Akten vor sich hat, sahen wir schon. Die Vorbereitung der Sache hat zwischen den Anwälten unter Mitwirkung eines an der Entscheidung nicht beteiligten Richtergehilfen, des *master,* stattgefunden[1]. Hat sich die Sache nicht schon in diesem Vorstadium erledigt, so konzentriert sich alles auf die Hauptverhandlung vor dem Richter, technisch *trial,* in der Umgangssprache *day in court* genannt. In diesem Gerichtstag ist Wirklichkeit, was in § 272 b I der ZPO seit 1924 Wunschtraum ist, daß nämlich der Rechtsstreit in *einer* mündlichen Verhandlung erledigt wird: in einem Zuge wird dem Richter der ihm noch unbekannte Fall vorgetragen, werden die Urkunden vorgelegt, werden Zeugen, Sachverständige und Parteien vernommen (im Zivilprozeß pflegt man zu erwarten, daß sie Manns genug sind, in eigener Sache in den Zeugenstand zu treten), plädieren die Anwälte und verkündet der Richter sein Urteil, es meist in freier Rede ausführlich begründend.

Dieser Gerichtstag kann Stunden, er kann Tage, notfalls auch Wochen dauern; nur durch die Mittagspause und den Abend wird er unterbrochen. Er dauert so lange, bis der Fall entschieden ist, und im Gerichtssaal „steht die Uhr still". Solch Verfahren *kann* nicht verschleppt werden: durch überflüssiges Reden kann man Stunden, allenfalls Tage, gewinnen, durch über-

[1] Der *master* (oder *registrar*) ist kein „Rechtspfleger" im deutschen Sinne, sondern Lawyer und erhält ein Gehalt, das fast dem eines deutschen Richters am Bundesgerichtshof entspricht.

flüssiges Schreiben Monate, manchmal Jahre. So nimmt es nicht wunder, daß die englische Justiz die schnellste Europas ist. Eher setzt es in Erstaunen, daß die Rechtsverfolgung vor den englischen Gerichten nicht wesentlich teurer sein soll als vor den deutschen[1].

III. In diesem Verfahren ist zugleich auch das Ideal der *Unmittelbarkeit* der Beweisaufnahme verwirklicht, von dem unser Zivilprozeß fast nur den Namen kennt: Der englische Richter hat die Zeugen selbst gehört und gesehen. Bei uns hat sie oft nur der miturteilende Berichterstatter (Referent) erlebt, der sie als „Einzelrichter" vernommen hat; § 355 ZPO bleibt leider regelmäßig Papier, von § 361 wird aus Zeitnot der Kammer so gut wie stets Gebrauch gemacht. Da es aber erst Monate später zur Entscheidung kommt, hat auch der Referent dann meist nur noch den Eindruck seines Protokolls und nicht mehr den der Vernehmung — sofern er überhaupt noch mitwirkt und nicht inzwischen in eine andere Kammer versetzt worden ist. Häufig aber ist der Zeuge, weil auswärtig, gem. § 362 ZPO im Wege der Rechtshilfe vom Amtsrichter seines Wohnortes vernommen worden (vgl. §§ 156 ff. GVG), der dabei nur die dürren Sätze des ihm zugesandten Beweisbeschlusses kannte und dessen Protokoll deshalb meist wenig intensiv, zuweilen mißverständlich ist. — Zwar läßt sich solche Rechtshilfevernehmung nicht immer vermeiden; das Maß, in dem von ihr Gebrauch gemacht wird, ist aber manchmal mit dem Unmittelbarkeitsgrundsatz kaum zu vereinbaren.

IV. Indessen werden wir die Gebrechen unseres Zivilprozesses mit unseren eigenen Mitteln heilen müssen. Teilstücke des englischen zu übernehmen, kann nichts helfen; in unser Verfahren eingegliedert, würden sie sofort zu etwas anderem werden (wie es die Schwurgerichte auf dem Kontinent geworden sind). Das Ganze zu rezipieren, würde vollends unmöglich sein. Die Justiz Englands ist ein gewachsenes Organ seiner Gesellschaft und so nur in dieser Gesellschaft möglich. Ebensogut könnten wir die traditionalen Elemente der Demokratie jenes Landes, seinen Verfassungsstaat ohne Verfassungsurkunde kopieren wollen.

Wie verschieden die beiden Justizsysteme im ganzen sind, mögen folgende *Zahlen* verdeutlichen: In der Bundesrepublik (einschl. West-Berlins) sind an den ordentlichen Gerichten rund 10 300 Berufsrichter tätig[2]. Gemäß der Proportion geschätzt, die bei der preußischen Justiz

[1] So *Ernst J. Cohn*. Der englische Gerichtstag, 1956, S. 54, Anm. 44.

[2] Nach dem Statistischen Jahrbuch f. d. Bundesrepublik Deutschland 1972, S. 98 sind es 10 356 von 12 954 Richtern insgesamt (Stand v. 1. I. 1971).

bestanden hatte, dürften von diesen 10 300 Richtern etwa 1000 auf die Obergerichte (Bundesgerichtshof und Oberlandesgerichte), etwa 3500 auf die Landgerichte, etwa 5800 auf die Amtsgerichte entfallen. Für den Vergleich mit den englischen Berufsrichtern mögen die 5800 Amtsrichter, als überwiegend mit Angelegenheiten der freiwilligen Gerichtsbarkeit und Bagatellsachen befaßt, hier ausscheiden (obwohl *jedenfalls* die Schöffengerichtssachen keine Bagatellen sind!). Da die Landgerichte zu etwa einem Drittel mit Berufungen und Beschwerden gegen Entscheidungen der Amtsgerichte belastet sind, mögen hierfür von den 3500 Landrichtern ebenfalls etwa 1200 ausgeschieden werden. Die damit beiseite gelassenen 7000 deutschen Berufsrichter bearbeiten dann also Angelegenheiten, die in England von den 16 000 Friedensrichtern und nichtrichterlichen Stellen erledigt werden. Danach verbleiben aber immer noch 4300 deutsche Berufsrichter für die größeren Zivil- und Strafsachen, eben die Sachen also, die in England (einem Lande, das, ohne Schottland, nur etwa 15 % weniger Einwohner und eine sehr ähnliche Sozialstruktur wie die Bundesrepublik hat) von kaum 200 Berufsrichtern erledigt werden[1].

Da nun die deutschen Richter von ihren englischen Kollegen an Fleiß gewiß nicht übertroffen werden und diese ihrerseits auch keine Übermenschen sind (mit unseren Senatspräsidenten und Bundesrichtern — von denen es etwa je 100 gibt — können sie wohl jedenfalls verglichen werden), so dürfte das hier errechnete Leistungsmißverhältnis von rund 1 : 17[2] in immerhin erheblichem Maße auch auf der *verschiedenen Verteilung der Arbeitslast* beruhen: Die Vorarbeit der Anwälte und der Richtergehilfen befreit den englischen Richter selber gänzlich von allem, was den deutschen als sein „Dezernat" belastet: den Berg der Akten, die er immer von neuem wälzen muß, gezwungen, seine Kraft in kleine Münze zerstückelt zu verausgaben. Nur in einem Bruchteil aller dieser Fälle, die so durch seine Hände gehen, kommt es schließlich zu einem streitigen Urteil, nur einen Bruchteil seiner Kraft kann ihnen aber auch der „Dezernent" noch widmen.

[1] Vgl. oben S. 208, Anm. 1.

[2] Nach Abzug der Einwohnerzahldifferenz. — Indem er einerseits die Gesamtzahl von 12 000 deutschen Richtern zugrundelegt, andererseits aber den 150 „eigentlichen" Richtern Englands die richterlichen Hilfskräfte zuzählend ihre Zahl auf 500 Richter in weiterem Sinne erhöht, errechnet *Mann* ein Verhältnis von 1 : 15, kommt also auf anderem Wege zu einem ähnlichen Ergebnis. Vgl. *F. A. Mann.* Die deutsche Justizreform im Lichte englischer Erfahrung (1965), S. 5.

Sein englischer Kollege verwendet alle seine Kraft allein auf sie, und *einmal* nur braucht er sich jeden von ihnen durch den Kopf gehen zu lassen: in eben der Verhandlung, in der er ihn mit einem Schlag erledigt.

Man hört in diesem Zusammenhange oft, in England werde „überhaupt weniger prozessiert". Aber was heißt das? Daß die Zahl der zwischenmenschlichen Konfliktsfälle dort kleiner sei als bei uns, ist kaum zu vermuten, entzieht sich auch jeder Feststellung; ebensowenig, ob man dort weniger leicht zum Anwalt geht. Daß aber so vieles erledigt wird, ehe es vor den Richter kommt, ist schon die positive Leistung der *master* und der Anwälte. Mitsprechen könnte dabei freilich auch die Arbeitsteilung in der Anwaltschaft: da die den unmittelbaren Publikumsverkehr erledigenden *solicitors* das Prozessieren den *barristers* überlassen müssen, dürften sie daran weniger interessiert und außergerichtlicher Erledigung geneigter sein. Daß jedenfalls bei uns die wachsende Zahl (schlecht verdienender) Anwälte, da sie zugleich beraten *und* klagen können, die Zahl der Prozesse vermehrt, wird niemand bestreiten.

V. Daß also das Heil nicht in der Zahl der Richter, noch aber auch in Maximen liegt, dürfte deutlich geworden sein: den preußischen Gesetzgebern des 18. Jahrhunderts erschienen die Anwälte und die Verhandlungsmaxime als die Wurzeln allen Übels; alle unsere Prozeßreformen bestanden im wesentlichen darin, letztere immer mehr einzuschränken. Und wirklich war bei uns Grund genug dazu. Aber eben mit ihr arbeitet eine Justiz, die uns als Gegenbild jedenfalls zeigen kann, wie wenig Grund wir haben, mit unserer Zivilrechtspflege zufrieden zu sein. Der Anblick des Unnachahmlichen sollte uns aber zugleich auch mahnen, wenigstens das eigene Maß zu halten. Vermöchten wir es, den Sinn unserer Zivilprozeßordnung zu erfüllen, statt ihre Buchstaben zu benutzen, um sie zu umgehen und ihre Ausnahmevorschriften zur Regel zu machen, würden wir ihre Gebote der Mündlichkeit und Unmittelbarkeit, so wie sie hier verstanden sind, befolgen, so wäre — auch ohne Nachahmung des englischen Beispiels — für die Schnelligkeit und Überzeugungskraft unseres Verfahrens und für die Sachwahrheit unserer Urteile nicht wenig getan. Dazu würde es schon genügen, dem Beispiel unserer Arbeitsgerichte zu folgen. Was ihnen möglich ist, sollte für die ordentlichen nicht utopisch sein.

KAPITEL IV

Strafrecht

§ 51. Allgemeines

I. Mehr als alle anderen Rechtsgebiete pflegt das Strafrecht Gegenstand des öffentlichen Interesses zu sein. Denn in besonderem Maße erregen die Vorgänge, mit denen es zu tun hat, die menschliche Anteilnahme, und schärfer greift nur noch das Kriegsrecht in die Existenz des Bürgers ein. Eben darum pflegen aber auch Strafgesetzbücher und ihre Neuentwürfe am allerheftigsten umstritten zu werden.

So gilt unser heutiges Strafgesetzbuch (von 1871, zurückgehend auf das preußische von 1851) schon seit der Jahrhundertwende als veraltet. Nach mannigfachen Entwürfen für eine Neukodifikation und mehr als 60, zum Teil einschneidenden Änderungen wird nunmehr eine völlige Neubearbeitung in Teilabschnitten vorgenommen, bei der die einzelnen Teile gesondert verabschiedet und in Kraft gesetzt werden.

II. Nicht nur die einzelnen Straftatbestände: die Strafe selbst ist fraglich geworden. In § 12 haben wir das schon gesehen: Strafe setzt Schuld, Schuld Freiheit voraus, und mit der Freiheit wanken Schuld und Strafe. Doch nicht nur die Existenzberechtigung des Begriffes Schuld als eines Vorwerfbaren steht in Streit und spaltet die Strafrechtslehrer in eine „klassische" (Binding) und eine „moderne Strafrechtsschule" (v. Liszt), auch sein Verhältnis zur Rechtswidrigkeit, der Streit um die finale Handlungslehre, hat unter ihnen „Lager" gebildet (vgl. o. § 42 I). In zweifachem Sinne also wird um die Schuld gestritten, d. h. aber um einen Zentralbegriff des Strafrechts, denn *nulla poena sine culpa*.

III. Daß weder der Streit um die Stellung des Schuldbegriffes, noch gar die Ungewißheit über das Schicksal des ganzen Strafrechts die Aufgabe der Praxis erleichtert, ist begreiflich, die Unsicherheit fühlbar. Die Praxis vermag aber gerade im Strafrecht die Mängel eines veralteten Gesetzes und ein Versagen des Gesetzgebers nicht in derselben Weise auszugleichen, in der sie es etwa im Privatrecht könnte, wo sie z. B. die am 1. IV. 1953 entstandene Gesetzeslücke im Familienrecht in einigen Jahrzehnten auch ohne den Gesetzgeber würde ausgefüllt haben. Im Strafrecht sind der Rechtsneubildung durch den Richter engere Grenzen gesetzt, hier ist er auf ein festes Gesetz *angewiesen,* denn der Fundamentalsatz des kontinentalen Strafrechts lautet: *nulla poena sine lege,* keine Strafe ohne Gesetz (vgl. auch Art. 103 II GG). Die Eingriffe in die Existenz des Bürgers, zu denen das Strafrecht den Richter befugt, sind eben derart schwer, daß man sie jeder Möglichkeit zu willkürlicher Verhängung entzogen sehen möchte; auch soll der Täter sie als Folge seiner Tat haben voraussehen können. Und beides erfordert einen präzisen Gesetzestext, aus dem sich die Strafe ergab, bevor noch die Tat begangen wurde.

Deshalb ist es für kontinentales Rechtsdenken so befremdlich, daß selbst das *Strafrecht* in England (weniger in USA) noch großenteils *case law* und nicht gesetzgebunden ist. *No punishment without law* ist zwar auch dem Engländer selbstverständlich, übersetzt aber unser ... *sine lege* keineswegs (vgl. zur theoretischen Rechtfertigung der Sache § 31 VI). Doch zeigt sich eben hier am besten, welch Maß von Vertrauen das englische Volk in seine Richter setzt.

Zwar könnte man formal auch für das kodifizierte Privatrecht, zumal für unser BGB, ein *Nulla actio sine lege* aufstellen, doch würden hier die *Generalklauseln* ihm einen anderen Inhalt geben, als ihn der strafrechtliche Grundsatz hat: eben sie nämlich (die §§ 138, 257, 242, 826 BGB, § 1 UWG usw.) gestatten es dem Richter, Ansprüche zu gewähren, wo man sie früher nicht gewährt hatte (vgl. o. §§ 15 III, 16 II). Es gibt aber keine Generalklausel, die es ihm gestatten würde, *Strafen* für Taten zu verhängen, die vorher nicht strafbar gewesen waren. Auch *darf* es, unserer Ansicht nach, eine solche Generalklausel nicht geben: sie würde unserer Vorstellung vom Rechtsstaate zuwider sein. Nur dem Gesetz, das einen scharf präzisierten Tatbestand mit einer Strafdrohung verknüpft, gestehen wir die Wirkung zu, einen Strafanspruch des Staates zu begründen.

Der totale Staat dachte hierüber anders. Durch ein Gesetz vom 28. VI. 1935 faßte er § 2 StGB wie folgt: „Bestraft wird, wer eine Tat begeht, die das Gesetz für strafbar erklärt oder die nach dem Grundgedanken eines Strafgesetzes und nach gesundem Volksempfinden Bestrafung verdient. Findet auf die Tat kein bestimmtes Strafgesetz unmittelbar Anwendung, so wird die Tat nach dem Gesetz bestraft, dessen Grundgedanke auf sie am besten zutrifft." — Indem man es hier genügen ließ, daß eine Tat dem *Grundgedanken* eines Strafgesetzes zuwiderlief, gestattete man dem Richter dessen *analoge* (entsprechende, „rechtsähnliche") Anwendung; indem man diese

Gestattung zugleich an einen vagen Wertbegriff, die Verletzung des *gesunden Volksempfindens* knüpfte, schuf man dabei eine Generalklausel. Damit erübrigte sich für den Gesetzgeber hinfort die Schaffung von Sondertatbeständen, wie sie für die strafrechtliche Erfassung z. B. solcher mit der technischen Entwicklung neu aufgekommenen Unredlichkeiten wie Entziehung elektrischer Energie, unbefugter Gebrauch von Fahrzeugen (§§ 248 c, 248 b, 265 a StGB) u. a. m. erforderlich gewesen war. Zugleich aber hatte man damit der Justiz eine Macht in die Hand gegeben, wie sie nur dem idealen Richter anvertraut werden könnte.

Indessen bestehen rechtsstaatliche Bedenken nur gegen Analogien zu *Lasten* des Angeklagten: wohl darf seine Lage durch analoge Rechtsanwendung *erleichtert* werden, ja selbst durch Anwendung generalklauselartiger Begriffe. So sind die Notstandsbestimmungen des Gesetzes (§§ 53, 54 StGB, 228, 229, 904 BGB) durch den Gedanken des übergesetzlichen Notstandes (Erhaltung eines höherwertigen Rechtsgutes durch Aufopferung eines minderen) ergänzt worden: RGSt. 61, 242; 62, 137 (Rettung der Schwangeren durch Tötung des keimenden Lebens) u. a. m. Nur in dieser Richtung also steht in unserem Strafrecht der Weg zu richterlicher Rechtsschöpfung offen.

Freilich kann das Verbot analoger Rechtsanwendung zu Lasten des Angeklagten den Richter nicht daran hindern, Strafbestimmungen erweiternd, Entlastungsvorschriften einengend auszulegen. Die Grenze zwischen Auslegung und Analogie liegt aber nicht allzu fest. Auch hier ist also letzten Endes die Vertrauenswürdigkeit des Richters wichtiger als sein Ermessen einengende Maximen.

IV. Schon dieser erste Anblick also zeigt die Problemgeladenheit des Strafrechts; ein weites Feld von Fragen tut sich mit ihm auf. Für unseren Zweck indes empfiehlt es sich, bei seinem Grundproblem, der Strafe selber, einzuhalten. Die klassische Schule sieht sie nicht zuletzt aus der Geschichte gerechtfertigt, die moderne möchte sie Zwecken unterordnen und durch Maßnahmen anderer Art ersetzen. Wir wollen uns deshalb hier darauf beschränken, Ursprung und Zweck der Strafe zu behandeln.

§ 52. Privatstrafe und öffentliche Strafe

I. Das Wort Strafe ist uns Ausdruck für ein Übel, das der Staat einem Menschen wegen eines von ihm begangenen Rechtsbruchs zufügen läßt. Nur der Staat kann heute Kriminalstrafen verhängen und vollstrecken, und das Übel, das den Täter treffen soll, ist unabhängig von dem Schadensersatz, den er einem etwa durch seine Tat Geschädigten schuldet (vgl. o. § 40 II). Eine Vertragsstrafe, eine Geldzahlung an den Partner, wie sie jemand in einem Vertrage für den Fall auf sich nehmen kann, daß er diesen Vertrag bricht (indem er z. B. mit seiner Arbeit nicht rechtzeitig fertig wird), und die dann gegebenenfalls vor dem Zivilgericht eingeklagt werden kann (vgl. §§ 339 ff. BGB), ist uns nicht Strafe in jenem Sinne. Kriminalstrafe ist uns begriffsnotwendig *öffentliche* Strafe.

Solche Strafe setzt aber eben, in ihrem vollen Sinne verstanden, einen schon entwickelten, als solchen bewußt gewordenen Staat voraus, dazu die Scheidung zwischen öffentlichem und Privatrecht; sie wurde also erst mit beiden möglich. Was vorher war, kann Strafe nur in einem anderen Sinne gewesen sein. Früher schon sahen wir, daß unser Mittelalter nur *eine* Prozeßart gekannt hatte, und lernten die *delicta privata* der Römer kennen. Insoweit bestand also unsere Scheidung zwischen Straf- und Zivilanspruch noch nicht, und ehe es einen Staat gab, der als solcher in Erscheinung trat, konnten auch Strafansprüche nur von Privaten geltend gemacht werden.

Ein Rest dieser Entwicklungsstufe lebt in unserem *Privatklageverfahren* (§§ 374 ff. StPO) fort: in den dort angeführten Fällen (von denen einige den *delicta privata* der Römer entsprechen) kann der Verletzte, sofern der Staatsanwalt ein öffentliches Interesse an der Strafverfolgung verneint (§ 376), die Klage vor dem Strafrichter selbst erheben. Hat der Staatsanwalt öffentliche Klage erhoben, so kann er sich ihr als *Nebenkläger* anschließen (§§ 395 ff. StPO). Er kann dann auch die Zuerkennung einer *Buße* für sich beantragen (§§ 403 ff.): eine persönliche Genugtuung in Geld, die einen etwaigen Schadensersatzanspruch einschließt, weshalb ein solcher dann nicht mehr vor dem Zivilgericht eingeklagt werden kann (§§ 188 II, 231 II StGB und anderwärts). Hier spricht also der *Straf*richter dem Verletzten gleichsam einen *Zivil*anspruch als Genugtuung, somit zu seiner Versöhnung zu; doch muß der verurteilte Beklagte dazu noch seine Kriminalstrafe „ab*büßen*" oder, als Geldstrafe an den Staat bezahlend, *sühnen*. Auch ein Vergleich der Streitparteien ist hier möglich.

So läuft denn heute die Buße, selbst keine Strafe und eher dem Schmerzensgeld ähnlich (vgl. § 847 BGB und o. § 41 II), in kleineren Strafsachen von überwiegendem Privatinteresse als ein Relikt der Vorzeit neben der Strafe her. Einst hatte sie als Hauptfolge der Tat, ja als Primärfolge fast aller Delikte, im Vordergrund gestanden. War sie trotzdem auch damals keine Strafe gewesen?

II. Vielleicht finden wir darauf Antwort, wenn wir uns die Zeit vergegenwärtigen, in der „Privatstrafe" (ein Ausdruck unserer Rechtshistoriker) nicht eine Anomalie oder gar einen Widerspruch in sich bedeutet hätte, sondern Regel war. Sie war *die* Regel, solange noch nicht die Macht eines Stammes oder Volkes, eines Fürsten oder Königs, zur Institution geworden, die Souveränität der Sippen eingeschränkt hatte; sie überwog, solange aus jener Macht ein echter Staat noch nicht erwachsen war. Was damals war, ist uns schon in § 8 III und § 24 I 2 begegnet: Sippenfehde, Blutrache und Totschlagssühne.

Nur die Ausrottung eines oder beider Streitteile („Sippenmord") konnte damals die sich fortzeugende Kettenrache enden, oder eben ein Vergleich, nach dessen Abschluß man einander „Urfehde" (Fehdebeendigung) schwor und Frieden gelobte. Der Friedensschluß, den meist eine autoritative Persönlichkeit als Schiedsrichter zustandegebracht hatte, pflegte zum Inhalt zu haben, daß die beiderseitigen Toten nach ihrer Zahl und Würde (gemäß dem Urteile des Schiedsrichters) gegeneinander aufgerechnet wurden, die Wunden der Überlebenden nach ihre Schwere, ein Saldo aber in Sklaven, Vieh, Waffen, Tuchen oder Edelmetallen, in Armringen oder gemünztem Gelde, von einer Sippe an die andere zu begleichen war. Fast jede der großen isländischen Sagas erzählt von solchen Vergleichen. Die altnorwegischen Rechtsbücher machen ausführliche Angaben über die Wertverhältnisse der Naturalien, Leistungsmodalitäten und Verteilungsschlüssel: für die leistende wie für die empfangende Sippe. Nicht eines jeden Stolz vertrug sich freilich mit einem solchen Handel und der Abkaufung der Rache: „Ich mag meinen Bruder nicht im Beutel tragen" blieb der Wahlspruch manches Isländers. Dieser Saldo aber, diese Zahlung, diese *satisfactio* war die Urgestalt der Buße: „Besserung" (von *baz*, besser) und „Sühne" *(suôna)*; „Wiedergutmachung" und „Versöhnung" könnten wir übersetzen, *compositio* nennen es unsere lateinisch geschriebenen Quellen.

Es liegt nahe, daß für bestimmte Verletzungen — Delikte also — bestimmte Bußbeträge üblich wurden. *Wergeld* (Manngeld) hieß, was für die Tötung eines Freien zu entrichten war: 100 Rinder etwa in unserer Vorzeit. Für die Tötung eines Adligen war ein Mehrfaches, für die eines Halbfreien ein Bruchteil jenes Wergeldes zu zahlen. Wieder andere Sätze wurden für Verwundungen, Beleidigungen und anderes üblich. Die gesetzliche Fixierung dieser und aller weiteren Bußenbeträge war überall die dringlichste Aufgabe für das frühe Königtum, wenn es bestrebt war, die Fehde zu bekämpfen und einen Volksfrieden zu schaffen. Darum sind Bußtaxen der erste Gegenstand aller Rechtsaufzeichnung, und unsere Volksrechte (die Leges Barbarorum, angefangen von der Lex Salica Chlodwigs um 500) bestehen weit überwiegend, einige geradezu gänzlich, eben aus solchen. „Verbrechenspreislisten" hat sie *Andreas Heusler* nicht unzutreffend genannt, denn der Sinn dieser Festsetzungen war, daß der Verletzte (oder die Sippe des Getöteten) auf Fehde und Rachenahme verzichten mußte, sofern die Gegenseite diesen Bußbetrag aufzubringen bereit und in der Lage war.

III. Doch nicht selten werden jene Bußsätze ihren Zweck verfehlt haben, als unbefriedigend empfunden worden sein: Blut und Gut blieben inkommensurabel. Diesem Dilemma entgingen viele frühe Völker durch das Prinzip der *Talion* (vgl. o. § 24 I 2), das haargenaue Gleichheit des vergeltenden mit dem erlittenen Leiden garantieren sollte. Soweit nicht der Einfluß des Alten Testamentes gereicht hat (wie besonders in der Lex Visigothorum), ist es den germanischen Völkern im Gegensatz zu den Römern fremd geblieben. Der Orient aber kannte es seit je, und seltsame Anwendungen hat es dort gefunden:

„Wenn ein Baumeister einem Bürger ein Haus gebaut, aber seine Arbeit nicht fest ausgeführt hat, das Haus, das er gebaut hat, eingestürzt ist und den Hauseigentümer ums Leben bringt, so wird dieser Baumeister getötet; wenn es den Sohn des Hauseigentümers ums Leben bringt, so tötet man den Sohn dieses Baumeisters" (Hammurabi, ed. Eilers, §§ 229/30).

IV. Die Weiterentwicklung der Privatstrafe, deren Anfänge wir hiermit kennenlernten, verfolgen wir später. Neben sie trat aber, sobald sich eine die Sippen übergreifende Autorität, etwas wie „Obrigkeit" gebildet hatte, die *öffentliche* Strafe:

„Beim Thing ist es auch gestattet, anzuklagen und Todesstrafe zu fordern. Verräter und Überläufer hängt man an Bäumen auf, Feiglinge, Schwächlinge und Schändlinge versenkt man in Schmutz und Sumpf und wirft Gestrüpp darüber" (*Tacitus,* Germania, c. 12).

Hier haben wir die Urgestalt der öffentlichen Strafe vor uns (sofern man die Lynchjustiz, die ihr vorausgegangen sein mag, nicht mitzählt). Hier ist kein Einzelner und keine Sippe verletzt: die Gemeinschaft ist als Ganzes in Gefahr gewesen; in Kriegsnot hat der Angeklagte sie im Stich gelassen. Inquisition oder eine Staatsanwaltschaft gibt es noch nicht, auch keinen Scharfrichter; doch kann hier jeder im Volke als Ankläger auftreten (*Popular*klage; wenn es schon meist nur einer der *principes* getan haben wird), und alle gemeinsam vollstrecken das Urteil.

V. Nun lassen sich aber *delicta privata* und *delicta publica* (deren erstes auch in Rom der Kriegsverrat, die *perduellio* gewesen ist) nicht säuberlich voneinander getrennt halten. Meist finden wir einen (privaten) Verletzten und das Gemeinwesen *zugleich* betroffen. Schon bei dem zweiten der römischen delicta publica, dem *parricidium* (aus *patris-cidium*, Vatertötung?), der „argen Tötung", dem Morde also, wird das sichtbar; noch deutlicher an der germanischen Auffassung der Tötungstatbestände: In einer Gesellschaft, in der die Blutrache noch Institution war, konnte die Menschentötung, rein als solche, kein Verbrechen sein: sie war Privatsache der beteiligten Sippen; ob Wergeld dafür zu zahlen war, hing (abgesehen von der Waffenstärke der Parteien) davon ab, ob sie Anerkennung als Rachetötung fand. Geschah das, so lag der Erschlagene „unvergolten bei seinem Werke". Ob aber Rachetötung oder nicht: verheimlichte der Täter seine Tat, genauer: machte er sie nicht im nächsten Hause (wenn aber in diesem Sippegenossen des Erschlagenen wohnten, dann im übernächsten; spätestens im dritten) kund, so war sie, mochte sie sonst noch so gerechtfertigt gewesen sein, ein *Mord*, und keine Buße konnte sie mehr sühnen. Denn eben durch den unbekannten Täter fühlte die Gemeinschaft sich bedroht; waren aber, mit der Kundmachung, die Parteiverhältnisse geklärt, so war die Tat ehrlich und ging nurmehr die beteiligten Sippen an.

Zur Qualifizierung der Tötung durch Unterlassung der Kundmachung traten dann andere Fälle hinzu, bei denen die Tat durch die Art ihrer *Ausführung* als unfair und gemeingefährlich empfunden wurde, nicht mehr als ehrlich galt. Klassisch ist ihre Aufzählung im altnorwegischen Recht (Gulathingsbuch c. 178, Germanenrechte Bd. 6, S. 115 f.):

„Nun fügt ein Mann Heimsuchung einem Manne zu, erbricht sein Haus und tötet ihn; das heißt Neidingstotschlag[1]. Das ist Neidingstotschlag, wenn ein Mann einen Mann unter Treubruch erschlägt. Das ist auch Neidingstotschlag, wenn ein Mann einen Mann unter freiem Geleit erschlägt. Das ist auch Neidingstotschlag, wenn ein Mann einen Mann gegen Stamm oder Stein schlägt. Das ist auch Neidingstotschlag, wenn ein Mann einen Mann in seinem Hause verbrennt. Das ist auch Neidingswerk, wenn ein Mann Leichenberaubung verübt, dem Toten die Kleider auszieht und seine Waffen nimmt. Das ist Neidingstotschlag, wenn ein Mann einen Mann *mordet*. Das ist auch Neidingstotschlag, wenn ein Mann einen Dieb rächt[2]; er leugne das mit Sechsereid. Und wenn immer ein Mann Neidingstotschlag verübt, da

[1] „Neiding" von *nið* (Hohn, Schande), also Ausdruck für einen Schändlichen.

[2] D. h. für einen Verwandten Rache nimmt, der als Dieb, also zu Recht, gehängt worden ist. Wer eine rechtmäßige Strafe vollstreckt hatte, sollte vor Blutrache sicher sein!

fahre er hin friedlos und unheilig und habe verwirkt jeden Pfennig seines Vermögens an Land und losem Gut und komme nie wieder in das Land, weder mit dem König, noch mit dem Jarl, außer er bringe wahre Kunde eines Kriegsangriffs."

VI. Inzwischen ist das Privatstrafrecht bis auf einen Rest im öffentlichen Strafrecht aufgegangen. Übriggeblieben sind die unerlaubten Handlungen nach § 823 BGB, soweit sie nicht zugleich auch strafbar sind (vgl. o. § 40 V) und, gleichsam als Erinnerungsposten, die in § 374 StPO aufgezählten Vergehen, bei denen Privat- und Nebenklage zugelassen sind. Aber schon einfachen Diebstahl, Unterschlagung und Betrug, vollends Raub und Erpressung — delicta privata noch bei den Römern — betrachten wir als Sache der Gemeinschaft. Damit ist auch die Privatstrafe der öffentlichen Strafe gewichen, besonders ist aus der einstigen Buße die an den Staat zu zahlende *Geldstrafe* geworden, nachdem sich, bis an die Schwelle der Neuzeit, die verletzte Partei mit der Obrigkeit in sie geteilt hatte. Als dann im Mittelalter der Anteil der öffentlichen Hand allmählich immer größer wurde, blieben schließlich, als privatrechtlicher Rest, allein noch das Schmerzensgeld des § 847 BGB und die nach §§ 403 ff. StPO verfolgbaren Bußansprüche des Verletzten, beide nicht mehr Strafen, übrig. So konnte es denn sogar dahin kommen, daß man die nach dem Ordnungswidrigkeitsgesetz verwirkbaren meist kleineren Strafgelder, obwohl sie ganz an den Staat abzuführen und durchaus *Strafen* sind, „Geldbußen" genannt hat, um sie von den Geldstrafen, als weniger diskriminierend, unterscheiden zu können. Und indem sich der Staat zum Inhaber des Strafanspruches machte und die Rolle des Anklägers übernahm, trat der Verletzte in den Hintergrund.

Immerhin ist der private Verletzte bei uns, auch abgesehen von §§ 374 ff. StPO, gleichwohl nicht gänzlich ausgeschaltet: stellt die Staatsanwaltschaft das Ermittlungsverfahren gegen den vom Verletzten angezeigten Täter als nicht erfolgversprechend ein, so kann der Verletzte Beschwerde beim Generalstaatsanwalt erheben und, wenn auch dieser ablehnt, gerichtliche Entscheidung beantragen (§ 172 StPO: Klageerzwingungsverfahren). Überdies kann er u. U. als Privat- und Nebenkläger auftreten (vgl. o. unter I).

Auch sonst ist seine Haltung für das Schicksal des Täters nicht immer bedeutungslos: Manche, zumal der Intimsphäre angehörende Delikte (ihr Kreis überschneidet sich z. T. mit dem der Privatklagesachen) können nur auf *Antrag* des Verletzten verfolgt werden; so Eheerschleichung (§ 170), Verschleuderung der Familienhabe (§ 170 a), Ehebruch (§ 172), Verführung (§§ 179, 182), Beleidigung (§ 194), leichte Körperverletzung (§ 232), Entführung (§§ 236, 237), Haus- und Angehörigendiebstahl (§ 247), Notentwendung (§ 248 a), Gebrauchsanmaßung (§ 248 b StGB) und manches andere (Antragsdelikte).

Und schließlich wird es für das *Strafmaß* selten ganz gleichgültig sein, ob sich der Täter um die Wiedergutmachung des von ihm angerichteten Schadens bemüht, als Kraftfahrer etwa um den Überfahrenen gekümmert hat, oder nicht. Bei Bewilligung einer Bewährungsfrist kann der Strafrichter dem Verurteilten die Wiedergutmachung des von ihm verursachten Schadens sogar auferlegen (§ 24 a Abs. 2 Nr. 1 StGB). Und schließlich kann geleisteter Schadensersatz die Folgen kleinerer Vergehen (eines kleinen Diebstahls z. B.) so „unbedeutend" erscheinen lassen, daß § 153 II und III StPO anwendbar wird: indem der Bestohlene sich als Zeuge wegen seines Schadens für „befriedigt" erklärt und „ein gutes Wort" für den Angeklagten einlegt, wird manches derartige Strafverfahren nach § 153 III StPO eingestellt und so gewissermaßen durch „Vergleich" erledigt.

VII. Eine Wiedergeburt der Privatstrafe, allerdings nicht vor den staatlichen Gerichten, sondern vor privaten „Gerichten", finden wir in jüngerer Zeit bei der sog. *Betriebsjustiz.* In größeren Unternehmungen werden oft Verstöße der Arbeitnehmer gegen die Betriebsordnung durch *betriebliche Ordnungsstrafen* geahndet. Als solche kommen Verwarnungen, Verweise und *Betriebsbußen* vor. Betriebsbußen, meist in Form wirtschaftlicher Nachteile, werden als Form der Vertragsstrafe angesehen, jedoch treten sie häufig an die Stelle einer an sich verwirkten Kriminalstrafe, da die Betriebe in vielen Fällen auf Strafanzeigen verzichten. Die Arbeitsgerichte können Betriebsbußen auf ihre Angemessenheit überprüfen und ihre Verhängung aufheben, falls die mit Buße bedrohte Handlung nicht im vorhinein hinreichend beschrieben war oder das Verfahren vor den Betriebsgerichten nicht rechtsstaatlichen Anforderungen genügte[1].

§ 53. Die Funktion der Rache

I. Inzwischen ist unsere Frage von § 52 I, ob nämlich die Buße der Frühzeit *Strafe* gewesen sei, noch immer nicht unmittelbar beantwortet worden. Doch haben wir nun die Voraussetzungen für einige Einsichten gewonnen:

1. Ebensowenig wie der Begriff des *Rechtes* kann der der *Strafe* für alle Entwicklungsstufen der menschlichen Gesellschaft der gleiche sein. Wenden wir unsere heutigen Begriffe von Recht und Strafe auf die Frühzeit an, so können wir die Dinge nicht erfassen. Daß es die Sippe des Getöteten war, die das Wergeld für ihn einklagte und

---

[1] W. *Herschel,* Betriebsbußen, 1967.

erhielt, braucht nicht auszuschließen, daß dieses Wergeld dennoch Strafe war.

2. Gehen wir nicht von unseren Rechtsbegriffen, sondern vom Wirkungszusammenhang, d. h. von der *Funktion* der sozialen Erscheinungen in ihrer eigenen Zeit aus, so müssen wir nicht nur die Buße, sondern selbst die durch sie abgelöste *Rache* als Strafe ansehen.

3. Die Rache nämlich war *die* Strafe auf der Stufe des Sittenrechtes, auf der „öffentliche Strafe" allenfalls als Ausstoßung aus der Sippe oder als Lynchjustiz des Stammes möglich war. Denn wie die Strafdrohung heute, so bewirkte einst Rachedrohung *Sicherheit*. Deshalb war die Rache damals, was die Strafe heute ist, und ebenso waren es Buße und Talion.

II. 1. Wir erkennen also die Sicherheit als eine allen vier genannten Erscheinungen: Rache, Talion, Buße und Strafe gemeinsame Funktion. Die hier gemeinte Sicherheit ist freilich nicht die gleiche, wie die von der Privatrechtsordnung ausgehende Sicherheit des Rechtsverkehrs. Sie ist nicht, wie diese, Verlaß der Menschen *auf* einander, sie schützt sie *vor* einander. Primär ist sie die Sicherheit von Leib und Leben, dann die der Rechtsgüter vor rechtswidrigem Eingriff. Wir wollen diese elementarste Sicherheit, die uns heute Polizei und Strafjustiz gewähren, als *Sekurität* bezeichnen.

Der Ausdruck „Rechtssicherheit" pflegt zugleich auch für den Privatrechtsverkehr gebraucht zu werden, das Wort „Verkehrssicherheit" ist zweideutig: teils wird es auf den Privatrechtsverkehr, teils auf den Straßenverkehr angewendet. Die Sicherheit des letzteren fällt unter die Sekurität in unserem Sinne.

2. Diese Sekurität, die Sicherheit der Menschen vor einander also, war in der Vorzeit gewiß nicht groß; ohne die Rache würde sie noch geringer gewesen sein: die des einsamen Fremdlings reichte nicht weiter als seine Speerspitze.

„Als ich mit meinen Leuten von Hunger geplagt wurde, erzählt ein alter Beduine, da bescherte mir Gott einen Mann, der allein mit seinem Weibe und seiner Kameelheerde des Weges zog; ich schlug ihn todt und nahm mir die Kameele und das Weib." Er hält den Mord für durchaus legitim und wundert sich nur, daß ein Fremder sich herausnimmt, ohne sicheres Geleit allein mit Weib und Vieh durch das Land zu streichen (so *J. Wellhausen*, Ein Gemeinwesen ohne Obrigkeit, 1900, S. 3.)

Der Mann hatte eben keiner Sippe angehört, deren Rache zu fürchten gewesen wäre; also hatte er kein „Recht". Niemand hatte es, dessen Sippe zu fern oder zu schwach war. Unusquisque tantum iuris habet, quantum potentia valet, hatte *Spinoza* einst formuliert[1]. Er hatte dabei an eben jenes *bellum omnium contra omnes* (Krieg aller gegen alle) gedacht, als welches *Hobbes* damals den Naturzustand der Menschheit gekennzeichnet hatte; doch war es historisch nur der Zustand der Sippenfehde, ein *bellum gentium contra gentes* gewesen, und wirklich hatte in ihm jeder eben soviel Sicherheit genossen, wie seine Sippe Furcht einflößte.

3. Diese Furcht war aber von der zu erwartenden *Rache* ausgegangen und hatte auf ihrer Unverbrüchlichkeit beruht: der Angehörige einer machtvollen Sippe, von der man wußte, daß sie noch den letzten der Ihren rächen werde, war aller Sekurität teilhaftig, die damals möglich war. Dessen aber war man sich wohl bewußt, und deshalb war damals *Rache Pflicht:*

„Die Rache selber ist von Hause aus gar nicht bloß menschliche Leidenschaft, sondern zugleich religiöse Pflicht. Es ist freilich ursprünglich nicht der höchste Gott, der die Pflicht auferlegt, sondern ein Dämon. Und dieser Dämon ist der zürnende Geist des Gemordeten selber, der seiner Sippe keine Ruhe läßt, bis sie ihm das Blut seines Mörders zu trinken gegeben hat, nach welchem er lechzt. Es lassen sich noch Spuren entdecken, daß dieser Glaube einst auch bei den Arabern geherrscht hat. Der Rächer steht bei den Arabern unter einem heiligen Gelübde, genau wie der, der ein Opfer zu bringen oder eine andere religiöse Pflicht zu erfüllen hat; er darf sich nicht waschen, sich das Haar nicht kämmen und scheeren, keinen Wein trinken und was dergleichen Abstinenzen mehr sind. Bei dem Vollzug der Rache muß er den Namen dessen, für den sie genommen wird, in einer kurzen Formel ausrufen; dann ist er quitt und tritt aus dem geheiligten und unreinen Zustand wieder zurück in den profanen und reinen — gerade wie der Opferer nach Darbringung des Opfers" (*Wellhausen,* a. a. O. S. 14).

Nicht anders war es im Alten Testament, und noch das christliche Gulathingsbuch (c. 186) erklärt, daß niemand einen Bußanspruch öfter als dreimal habe, „wenn er sich nicht dazwischen rächt". Auch erinnere der Leser sich an Hamlet. Die Rachpflicht der Frühzeit entsprach der Anklagepflicht, dem Legalitätsprinzip von heute (§ 152 II StPO). Sie hatte dieselbe Funktion.

4. Freilich ist die Rache nicht als ein Mittel zur Schaffung von Sekurität *erdacht* worden. Sie war schon mit dem Menschen da. Fast kann man sagen, daß sie vor-menschlich sei: das Tier schon verteidigt sich selbst, seine Jungen, sein Nest und seine Beute. Es handelt dabei nicht plan- und zweckbewußt; doch wer es in diesen seinen „Gütern" angegriffen hat, der ist ihm mit der Erinnerung an Böses verknüpft.

---

[1] Ein jeder hat soviel Recht, wie er Macht besitzt; Tractatus Politicus, C. I., VIII.

Begegnet es ihm wieder, so entsinnt es sich dessen und greift ihn, je nach den Umständen, selber an.

Der zugrundeliegende Vorgang kann hier an einem sehr einfachen Erlebnisse erläutert werden: Der große lebhafte Schäferhund unseres Nachbarn war vom Tierarzt mit Injektionen gegen Staupe behandelt worden. Der Patient wurde geheilt, aber die Spritzen hatten ihn geschmerzt. Er reagierte hinfort jedesmal mit wütendem Gebell, sobald er den Tierarzt sah, und erstreckte seine Feindseligkeit eine Zeitlang auf alle Motorradfahrer, da der Arzt mit dem Motorrade zu kommen pflegte. Die Erinnerung an die erlittenen Schmerzen hatte sich ihm mit der Person des Arztes und dem Motorrade verbunden (assoziiert). Das war wohl alles. Wäre er aber in dem entsprechenden Augenblick in Freiheit gewesen, so hätte sein Verhalten ganz wie „Rache" (sogar wie Kollektivrache!) ausgesehen und *gewirkt*.

Denn, gleich diesem einfachen Assoziationsmechanismus, wirkt auch die überlegte Menschenrache als *präventive Verteidigung:* Wer mich einmal angegriffen hat, kann mich leicht wieder angreifen; es ist typischerweise sogar nicht unwahrscheinlich, daß er es tun wird, solange das Ziel lohnt. Vor allem der erfolgreiche und folgenlos gebliebene Übergriff reizt zur Wiederholung. Gegen solche Wiederholung gewährt heute die Privatrechtsordnung die vorbeugende Unterlassungsklage: § 1004 BGB, der von der Rechtsprechung in analoger Anwendung auf den Schutz aller Rechtsgüter ausgedehnt worden ist (deliktische oder quasinegatorische Unterlassungsklage). Die *Wiederholungsgefahr* ist ihre wesentliche Rechtsschutzvoraussetzung. Sie war es, gegen die einst Rache und Racheerwartung schützten.

5. Der erfolgreiche und folgenlos gebliebene Übergriff reizt aber auch zur *Nachahmung:* „Wenn das so leicht ging ..." wird sich manch anderer sagen. Hiergegen soll uns heute die Strafjustiz schützen. Einst war dagegen nur geschützt gewesen, wer durch seine oder seiner Sippe Rache furchtbar war.

III. 1. Ob aber als bedingter Reflex, ob als impulsive oder als wohlüberlegte Handlung auftretend (nur als letztere flößte sie im Norden Achtung ein: „Ein Knecht rächt sich sofort, ein Feiger nie", hieß es auf Altisland), bewirkte also einst die Rache, was heute die Strafe leistet: *Spezialprävention:* die Abschreckung, u. U. die Unschädlichmachung des Täters, und *Generalprävention:* die Abschrekkung anderer.

Freilich war der Friede, den sie gewähren konnte, stets nur ein labiler: geringer Anlaß schon konnte Kettenrache auslösen und zum Sippenmord führen. Auch brauchte die Rache nicht notwendig den *Täter* zu treffen: war er ein geringer Mann, so wirkte es stärker (und brachte größeren Ruhm), wenn man statt seiner den Besten seiner Sippe fällte. Diese *vindicta transversa* war das erste, dem Kirche und Königsmacht entgegentraten:

„Jedermann dürfte die große und üble Unsitte bekannt sein, die lange in diesem Lande geherrscht hat, daß nämlich, wenn jemand getötet wird, die Verwandten des Toten *den* aus der Sippe (des Täters) nehmen wollen, der der Beste ist, obwohl er weder durch sein Wissen, noch durch seinen Willen, noch durch seine Anwesenheit an der Tötung beteiligt war, sich aber nicht an dem rächen wollen, der erschlug, obwohl sie es vermöchten. Und so hat der Nichtige Nutzen von seinem Unheil, und der Unschuldige büßt seine Besonnenheit und männliche Rechtschaffenheit, und manch einer hat davon großen Sippenverlust erlitten, und wir haben die besten unserer Leute im Lande verloren. Und darum erklären wir es für unbüßbar und lassen den sein ganzes Vermögen verwirken, der sich an einem andern rächt, als an dem, der tötet oder anstiftet" (Frostathingsbuch, Einl. c. 8; Germanenrechte Bd. 4, S. 4 f.).

2. Auf diesem Hintergrunde und weil Rache in sich selber keine Grenze hat, wirkte sogar die Talion der Orientalen als ein Fortschritt: sie gab Maß für Maß und schreckte ab, ohne Gegenrache herauszufordern. „In der Talio habt ihr das Leben", heißt es deshalb im Koran[1]. Auch die alte Buße wirkte präventiv, gleichgültig, wem sie zugute kam: die zu leistenden Werte waren sehr erheblich. Die Aufbringung eines Wergeldes konnte das Vermögen mehrerer Familien ruinieren. Die Leistung der Buße bedrohte somit u. U. die wirtschaftliche Existenz der Sippe, ihre Nichtleistung konnte den Täter das Leben kosten. Solche Buße hatte durchaus die Funktion der Strafe. Denn zwar trat die Sippe nach Vermögen extern für ihren Mann ein; wie sie ihn dann ihrerseits im eigenen Kreise behandelte, war aber eine Frage des (uns wenig bekannten) Sippenstrafrechts.

Erst als sich gegen Ende des Mittelalters Sippenbande und Sippenzucht lösten, entfiel die Abschreckungswirkung für asoziale Elemente. Deshalb verordnete der dänische König Christian III. i. J. 1537: „Wir haben festgestellt, daß es hier im Reiche eine allgemeine Plage ist, daß einer dem anderen aus geringer Ursache nach dem Leben trachtet, was von nichts anderem herrührt, als daß man Geld für Menschentötung nimmt, und des Totschlägers unschuldige Sippegenossen, ja selbst das Kind, das in der Wiege liegt, Geld zusammenschießen und helfen müssen, den Toten damit zu büßen; worauf sich denn mancher verläßt und Taten begeht, die er nicht begangen haben würde, wenn er gewußt hätte, daß ihm Lebensstrafe dafür drohte. Deshalb soll es hinfort mit Totschlägen so gehalten werden: ...[1]".

---

[1] Sure II, 173, 175.

[1] *Kolderup-Rosenvinge*, Samling af gamle danske Love, IV, Kopenhagen 1824, S. 176.

Die alte Einstandspflicht der Gesippen erschien nun als eine den Strafzweck der Abschreckung gefährdende Begünstigung des Täters entsprechend unserem § 257 StGB: als Bezahlung seiner Geldstrafe, „um denselben der Bestrafung zu entziehen" (vgl. RGSt. 30, S. 232!).

IV. 1. Rache, Talion und Buße stärkten also, spezial- wie generalpräventiv wirkend, die Sekurität des Einzelnen und der Gemeinschaft. Als Privatstrafen hatten sie damit die gleiche Funktion, die auch die öffentlichen Strafen, als Todesstrafe und Friedlosigkeit beginnend, von vornherein gehabt haben. In diesem Sinne sind sie zu ihrer Zeit wirkliche Strafen gewesen. Die Rache ist deren früheste Erscheinungsform und eine der beiden Wurzeln auch der heutigen Strafe.

2. Den assoziativ bedingten Angriffsreflex des Tieres zwar können wir noch kaum schon „Rache" nennen, doch ist er auch der menschlichen Affektstruktur nicht fremd. In das finale menschliche Handeln einbezogen, wird er indes zu etwas anderem. Erst der Mensch, der, diesem Affekte folgend, den Beleidiger angreift, *um* ihm den erlittenen Schmerz heimzuzahlen, der erst nimmt *Rache.* Doch wäre er nicht Mensch, sofern er jenen Affekt — wie jeden seiner Triebe — nicht zu gestalten: zu kultivieren wie zu sublimieren vermöchte. Die frühen Völker bedurften seiner um ihrer Existenz und Sicherheit willen. So haben sie ihn kultiviert und in die Rache ihren Stolz gesetzt. Die späteren haben ihn im Rechte *aufgehoben.*

3. Das aber geschah durch die *Abschaffung der Selbsthilfe,* und freilich nicht von heute auf morgen. Die lange Geschichte der *Vollstreckung* ist die Geschichte dieses Vorganges gewesen. Indem der Staat erwuchs, nahm er sie Schritt für Schritt in seine Hand. Einst war sie gänzlich Sache des Anspruchsinhabers gewesen.

Es galt das auch für Zivil-, nicht bloß für Strafansprüche: Selbst nahm der Gläubiger sein Pfand beim Schuldner weg, legte er Hand an ihn und brachte er ihn als Knecht auf seinen Hof, ließ er ihn dort seine Schuld abarbeiten oder verkaufte er ihn. Und was einst die XII Tafeln den mehreren Gläubigern eines Zahlungsunfähigen gestattet hatten: seinen Leib unter sich zu teilen (in partes secare); was Shakespeare seinen Shylock hatte fordern lassen, das gestattete noch das Gulathingsbuch (c. 71 a. E.) dem einzelnen Gläubiger:

„Nun trotzt ein Mann seinem Gläubiger und will nicht für ihn arbeiten. Der führe ihn zum Thing und fordere seine Verwandten auf, ihn aus der Schuld zu lösen. Nun wollen die Verwandten ihn nicht lösen. Da soll der Gläubiger das Recht haben, von ihm abzuhauen, von wo er will, von oben oder von unten" (Germanenrechte Bd. 6, S. 61).

So durfte einst selbst der zivile Gläubiger, persönlich handelnd, an seinem Schuldner etwas wie Rache nehmen.

4. Und eben wie diese Selbstvollstreckung des Gläubigers von der des Staates durch Gerichtsvollzieher und Vollstreckungsgericht (gem. §§ 704 ff. ZPO, Zwangsversteigerungsgesetz und Konkursordnung) abgelöst worden ist (nur §§ 229 ff. und 561 BGB gestatten sie noch in engen Grenzen), so hat auch die vom Staate vollstreckte Strafe die Rache ersetzt. In keinem Falle kann heute noch ein Privater eine Kriminalstrafe vollstrecken. Eben damit aber ist die Rache abgeschafft, denn Rache ist etwas von einem Privaten in Selbsthilfe Genommenes.

Auch die Talion war also Rache — wenn auch schon Rache nach Maß — gewesen: der Verletzte oder sein Gesippe war es, der selbst dem Täter das entsprechende Glied gebrochen hatte. Die Buße dagegen war von Hause aus ein Recht des *Täters:* durch ihre Aufbringung konnte er sich vor der Rache schützen; wurde sie nicht geleistet, so nahm die Blutrache ihren Lauf. Erst später wurde sie zum primären Anspruch des Verletzten, der an die Stelle der Rache trat, und langsam nur schied so auch die subsidiäre Rache aus dem Gefüge des Rechtes aus.

§ 54. Der Zweck der öffentlichen Strafe

I. Die Rache ist also ihrer Form nach Selbsthilfe, die öffentliche Strafe staatliche Vollstreckung. Doch hatte die Rache einst die gleiche Sekuritätsfunktion wie die Strafe und fügte, wie diese, dem Täter (oder doch dessen Sippengenossen) wegen eines von ihm begangenen Rechtsbruches ein Übel zu. Es fragt sich, ob auch ihr Zweck der gleiche war.

Der Zweck einer Handlung ist die vom Handelnden mit ihr verfolgte Absicht. Er kann mit ihrer Funktion zusammenfallen, sofern sie dabei erfüllt wird und subjektiv eben dieser Erfolg bezweckt war. Den Nordleuten etwa war die Sekuritätsfunktion der Rache zwar wohl generell bewußt, doch war sie kaum der Zweck der Bluträcher im Einzelfalle. Ihr Zweck war wesentlich *Vergeltung:* dem Feinde heimzuzahlen, was man selbst von ihm erlitten hatte. Auch befriedigte man damit seinen Stolz, erhöhte man den Glanz der Sippe und ehrte man den Gerächten. Und eben diese Zwecke waren wohl auch meist mit Talion und Buße verknüpft. Dazu kam noch der Geldgewinn. Öffentliche Sekurität erstrebte der einzelne Rächer und Bußeheischende vermutlich kaum mehr, als heute etwa der einzelne Fabrikant oder Händler den Volkswohlstand *bezweckt;* obwohl er sich doch aus der Betätigung ihrer konkurrierenden Egoismen *ergibt.*

II. Mit der öffentlichen Strafe dürften demgegenüber von Haus aus andere Zwecke verbunden worden sein: der Kriegsverräter hatte die Gemeinschaft im Stich gelassen, gefährdet oder gar geschädigt. Damit war er ihr ein Feind geworden, den es zu vernichten galt. Daß seine Tat Empörung, Haß und Abscheu ausgelöst hatte, daß seine Vernichtung als Genugtuung empfunden wurde, stand hier in zweiter Linie; anders als bei der Privatstrafe, war hier Genugtuung nicht *bezweckt*.

Nur wenige Delikte aber waren *ausschließlich* gegen die Gemeinschaft gerichtet: schon beim Morde war es anders und folglich mischten sich hier auch die Zwecke. Bei der Friedloslegung des Neidings z. B. können zwar die sie aussprechenden Thingmannen an die Sekurität, den Volksfrieden gedacht haben, die Sippe des Verletzten aber erstrebte ihre Genugtuung durch Rache an dem von der Gemeinschaft Preiszugebenden, bezweckte somit Vergeltung.

Freilich ist diese Darstellung in Wahrheit rationalistisch-simplifizierend. Zumal die „Sekurität" erschien der Vorwelt in anderen Bildern als uns Heutigen. Die Tat war *ungeheuer* gewesen. Sie hatte einen Gott erzürnt, der nun Krieg, Hunger und Pestilenz über das Volk würde kommen lassen; so mußte der Täter zu dessen Versöhnung, zur *Entsühnung* des Volkes also, getötet werden[1]. Noch in *Kants* Rechtslehre klingt dieser Strafzweck nach: „Selbst wenn sich die bürgerliche Gesellschaft mit aller Glieder Einstimmung auflösete (z. B. das eine Insel bewohnende Volk beschlösse aus einander zu gehen und sich in alle Welt zu zerstreuen), müßte der letzte im Gefängnis befindliche Mörder vorher hingerichtet werden, damit jedermann das widerfahre, was seine Taten wert sind, und die Blutschuld nicht auf dem Volke hafte, das auf diese Bestrafung nicht gedrungen hat: weil es als Teilnehmer an dieser öffentlichen Verletzung der Gerechtigkeit betrachtet werden kann" (Rechtslehre, Allgemeine Anmerkung E, I, nach § 49).

Magische und religiöse Zwecke hatten deshalb von Anbeginn die Formen der Todesstrafen bestimmt. Schon bald kam im Mittelalter der bewußt verfolgte Zweck der Generalprävention, der Abschreckung also, hinzu und gab den öffentlichen Hinrichtungen jenes schaurige Gepräge, das aus der Dichtung bekannt zu sein pflegt und dessen historischer Wirklichkeit sie Übertreibungen kaum hat hinzufügen können.

III. Indem nun aber die öffentliche Strafe die alten Privatstrafen immer mehr ablöste und sich gleichsam einverleibte, mußte sie auch deren Zwecke übernehmen. Das Vergeltungsstreben des Verletzten

[1] Vgl. *Bernhard Rehfeldt*, Todesstrafen und Bekehrungsgeschichte; Berlin 1942, insbes. S. 11, 46 ff. und 118 ff.

und der Seinen konnte dem Gesetzgeber nicht gleichgültig sein. Die öffentliche Strafe mußte den Verletzten Genugtuung verschaffen, wenn sie dafür auf ihre Rache sollten verzichten müssen; sie wäre von ihnen sonst nicht als eine *gerechte Sühne* empfunden worden. Und mit der Versöhnung der beleidigten Gottheit zu einem allgemeinen Sühnezweck. Indem ferner die Strafe aus den Händen der verletzten Partei in die des Staates überging, *ethisierte* sie sich zugleich: jene hatte nur auf ihren Schaden gesehen und nach der Schuld des Täters wenig gefragt; *ihrem* Interesse entsprach seine *Erfolgshaftung*. Neutraleren Instanzen, König, Kirche und Staat erschien nur strafwürdig, was dem Verfolgten *vorgeworfen* werden konnte. So wurde die Strafe Sühne für *Schuld* (vgl. o. § 40 IV, V). Nachdem aber über die Öffentlichkeit der Strafe die verletzte Partei den Blicken entschwunden war, entschwand ihnen auch die Grundbedeutung des Ausdrucks *Sühne:* wer da *versöhnt* werden sollte (und vielleicht noch soll), wurde über dem neuen Pathos des Wortes vergessen.

IV. So waren denn zu Beginn der Neuzeit als Zwecke der öffentlichen Strafe bei einander: sühnende Vergeltung, Abschreckung des Täters und anderer (Spezial- und Generalprävention) und Unschädlichmachung (Schutz der Allgemeinheit). Zu ihnen trat i. J. 1595 mit der Begründung des Zuchthauses zu Amsterdam der Zweck der *Besserung* des Täters.

An die Stelle der mittelalterlichen Leibes- und Verstümmelungsstrafen und des Kerkers (der freilich in erster Linie der Untersuchungshaft hatte dienen sollen) war damit die moderne Freiheitsstrafe getreten: durch zwangsweise Erziehung zur *Arbeit* sollten die Insassen der neuen Anstalt (die schon in den nächsten Jahrzehnten weithin Nachahmung fand) gebessert werden, um wieder in die Gesellschaft eingegliedert werden zu können.

„Damals ging den Zeitgenossen ein völlig neuer Horizont auf. Das öffentliche Strafrecht wurde hier auf die sittliche Natur des Menschen gegründet. Und es zeigte sich, daß diese neue Strafe ebenso sehr humaner als wirksamer war. Die Schaffung und vorzügliche Durchführung solcher Grundsätze zu einer Zeit, in der das bestehende Strafrecht unter dem Zeichen der Abschreckung und Unschädlichmachung stand, das ist die große Tat, die dem Amsterdamer Zuchthaus für alle Zeit eine hervorragende Stellung in der Geschichte des Strafensystems und der Strafzwecke sichert" (*Robert v. Hippel*, Deutsches Strafrecht I, 1925, S. 246/47).

V. Inzwischen sind die Freiheitsstrafe und mehr und mehr auch die Geldstrafe zu unseren Universalstrafmitteln geworden. Sie müssen nunmehr allen Strafzwecken zugleich dienen: der Besserung wie der Unschädlichmachung, der Sühne wie der Abschreckung.

Allerdings hat sich inzwischen auch herausgestellt, daß diese Zwecke schwer gemeinsam zu erreichen sind. So hat manch harmloser, aber labiler und suggestibler Verurteilter, der eine vielleicht nur kurze Freiheitsstrafe verbüßen mußte, das Gefängnis, in dessen Mauern er in die Gesellschaft echter Gauner geraten war, verdorben statt gebessert verlassen (kriminelle Ansteckung). Zwar lassen sich Gefahren dieser Art durch eine sinnvollere Organisation des Strafvollzuges mindern, aber es sind auch *grundsätzliche* Antinomien der Strafzwecke zutage getreten: Strafzeiten, die der vergeltenden Sühne Genüge tun, genügen oft zur Erzielung einer Besserung des Täters nicht, eine zur Generalabschreckung (der „Statuierung eines Exempels") dienliche Dauer wiederum bessert den Täter nicht, wohl aber verbittert sie ihn. Schließlich reichen bei gefährlichen Gewohnheitsverbrechern die gegebenen Strafrahmen oft nicht dazu aus, die Allgemeinheit vor ihren mit Sicherheit vorauszusehenden Rückfällen gebührend zu schützen. Hier muß eine über die Strafzeit hinausreichende, u. U. lebenslängliche Einschließung möglich sein.

Im Hinblick darauf wurden bereits durch das Gesetz vom 24. XI. 1933 „gegen gefährliche Gewohnheitsverbrecher und über Maßregeln der Sicherung und Besserung" die §§ 42 a bis 42 n dem Strafgesetzbuch eingefügt. Diese (in § 42 a aufgezählten) *Maßregeln* der Sicherung und Besserung sind nun aber keine *Strafen* mehr. Sie sind nicht *für* seine Tat über den Täter verhängte Übel, sondern *durch* seine Tat nur ausgelöste Maßnahmen, um die Gefährlichkeit seiner Person und ihrer Artung für die Gemeinschaft zu beseitigen. In dieser Hinsicht sollen sie die Wirkung der vergeltenden Strafe ergänzen, soweit der Schutz der Allgemeinheit es erfordert. Eine Schuld des Täters setzen sie deshalb nicht voraus. Mit ihnen kann also auch der schuldunfähige, insbes. der geisteskranke Täter erfaßt und die Gemeinschaft gegen ihn gesichert werden.

Diese „Zweispurigkeit" unseres Strafrechts, die inzwischen von der Reform noch weiter ausgebaut worden ist — insbesondere durch die Möglichkeit, den unter einer „schweren Persönlichkeitsstörung" leidenden Täter in eine „sozialtherapeutische Anstalt" einzuweisen —, soll die vergeltende Strafe von Aufgaben entlasten, denen sie als solche nicht genügen kann. Denn nur, soweit die Schuld des Täters reicht, darf er und seine Tat sozialethisch mißbilligt werden. Was über diese Schuldsühne hinaus mit ihm (oder dem ganz Schuldunfähigen) im Interesse der öffentlichen Sicherheit geschieht, soll sittlich neutral, nicht *Strafe* sein. Innerhalb des Rahmens der Schuldsühne sollen freilich die bisherigen Strafzwecke, zumal der Besserungszweck, weiterverfolgt werden, soweit das möglich ist. Strafe und Sicherungsmaßnahmen sollen im übrigen zusammenwirken und bei der Vollstreckung einander vertreten, „vikariieren" können. Auch ist der Resozialisierung des Täters, d. h. seiner Wiedereingliederung in die Gesellschaft nach Strafverbüßung, besondere Aufmerksamkeit zu widmen.

VI. Die Zwecke der Strafe sind damit beschrieben. Ob und wieweit sie *erreicht* werden, ist eine andere Frage. Die Abschreckungswirkung ist im einzelnen umstritten und schwer zu erfassen. Vollends ist es die der Besserung. Der Enthusiasmus des 17. Jahrhunderts ist einer tiefen Ernüchterung gewichen: „Wenn ein Jugendlicher oder auch ein Erwachsener ein Verbrechen begeht, und wir lassen ihn laufen, so ist die Wahrscheinlichkeit, daß er wieder ein Verbrechen begeht, geringer, als wenn wir ihn bestrafen", sagte *Franz v. Liszt* zu Anfang unseres Jahrhunderts. Das Jugendgerichtsgesetz (JGG) von 1923 (Neufassung 1953) hat sich seitdem bemüht, die Dinge zu bessern. Aber die mit Wohlstand und Jugendfürsorge *steigende* Jugendkriminalität bereitet erneute Enttäuschung. Und wer Leute der Praxis hört, der fühlt den Boden der gesamten Strafrechtspflege wanken. Er findet dort tiefste Skepsis und könnte zu dem Schlusse neigen, es bleibe uns nur übrig, die Strafe abzuschaffen und die Gerichte zu schließen.

VII. Dieser Schluß wird aber dennoch von niemandem gezogen und kann auch nicht gezogen werden. Statt dessen gilt es, nüchterne Bilanz zu ziehen:

1. *Abschreckung* bewirkt die Strafrechtspflege schon im ganzen, auch wenn wir uns um solche Wirkung nicht bemühen, sie also nicht bezwecken. Mag diese Wirkung auch in Einzelfällen umschlagen, indem die Strafvollzugsanstalt dem Gewohnheitsverbrecher schließlich zu einer Heimstätte wird, in die er zurückstrebt: der *psychologische Zwang*, der von der Existenz der Strafe und ihren möglichen Folgen ausgeht, bedeutet dennoch viel; auch wenn wir nie werden berechnen, ja selbst nur schätzen können, wieviele Verbrechen allein aus diesem Grunde unterblieben sind.

Vermutlich wird man *unterscheiden* müssen: Bei Delikten, deren Aufdeckung gesellschaftliche Ächtung folgt — die Ächtung des Mörders, des Diebes, des Betrügers —, ist schon diese furchtbare Drohung; die Strafjustiz vermag ihr nur wenig an Abschreckungswirkung hinzufügen; die, auf welche jene nicht wirkt, wird auch sie kaum noch beeindrucken. Bei Verkehrsdelikten bedeutet sie dagegen viel, bei Steuervergehen fast alles.

2. Mögen selbst alle auf *Besserung* abzielenden Bestrebungen letzten Endes illusorisch sein, mögen wir bloß Heuchelei erzeugt haben, wo wir innere Wandlung zu sehen glauben (aber wer kann das wirklich unterscheiden?), mag schon die Schwierigkeit, den Verurteilten nach langer Haftzeit in die Gemeinschaft wieder einzugliedern, ihn zu resozialisieren, alle in dieser langen Haft erzielten Erfolge schließlich immer wieder zunichte machen: wir können mit dieser Haftzeit gar nichts anderes tun, als den Versuch zu machen, ihn zu bessern; sei es selbst nur, um die sicherlich oft vorhandenen schädlichen Wirkungen der Haft, so gut es geht, zu kompensieren.

3. Die Frage, ob *Sühne* erreicht werde, ist freilich hinfällig, wenn man diese mit der Strafe (oder ihrer Vollstreckung) gleichsetzt. Aber die Strafe *ist* nicht Sühne, sie soll Sühne *bewirken*. Das Leid der Strafe soll den Täter wegen seiner Tat *versöhnen:* mit seiner Gemeinschaft, mit dem Verletzten und, nicht zuletzt, auch mit sich selbst. Doch bleibt der Vorgang problematisch:

a) Die Versöhnung des Täters mit der *Gemeinschaft* vollzieht sich formal zwar schon durch die Rechtskraftwirkung des gegen ihn ergangenen Urteils, und gleichviel, wie es lautet: wegen *dieser* Tat darf er nicht noch einmal verfolgt werden (ne bis in idem); hat er die erkannte Strafe abgebüßt (oder ist sie ihm, vielleicht nach Bewährung, erlassen worden), so ist er mit dem Staate quitt und offiziell entsühnt.

Wie seine *Mitbürger* sich zu dem Vorbestraften stellen werden, liegt aber nicht in der Hand des Staates. Auch kann es vom Richter durch die Strafbemessung kaum beeinflußt werden. War die Strafe allzu milde, mag Rachsucht aufkeimen, war sie allzu streng, so könnte man Gefühle des Mitleids und der Sympathie erwarten. Aber die Logik der Menschen ist oft anders: aus schwerer Strafe schließen sie auf schwere Schuld.

Daß bei der Resozialisierung des Vorbestraften immer wieder Schwierigkeiten entstehen, beruht freilich zur Hauptsache darauf, daß die Tat den *Charakter* des Täters offenbart zu haben pflegt, und den Charakter läßt die Lebenserfahrung als konstant voraussetzen; an Besserung zu glauben, fällt nicht leicht. So übt die Vorsicht der Umwelt nicht Rache, aber doch passiven Selbstschutz.

b) Auch die Versöhnung mit dem *Verletzten* hat der Staat nur formal in seiner Hand. Soweit dem Verletzten strafprozessuale Mittel überhaupt zur Verfügung standen, sind sie schon mit der Rechtskraft des Urteils „verbraucht". Seine zivilrechtlichen Ansprüche sind es mit der Wiedergutmachung des Schadens, spätestens durch die Rechtskraft eines hierüber ergangenen Zivilurteils. Ob er dem Täter aber je verzeiht, liegt nicht bei Staat und Richter.

c) Und ob der *Täter* seinerseits sich mit der Gemeinschaft, mit dem Verletzten und mit sich selber aussöhnt, liegt vollends ganz bei ihm. Diese Sühne ist ein rein sittlicher Vorgang, und nur vor dem *forum internum* seines eigenen Gewissens kann sie vollzogen werden (vgl. o. § 19 I). Am allerwenigsten ist der Richter hierüber Herr. Zwar mag eine allzu milde Strafe die innere Läuterung nicht begünstigen (doch mag es auch einen Verurteilten geben, den gerade unerwartete Milde am stärksten ergreift!), und überstrenge Strafe kann Haß gegen die Gesellschaft zeugen. Es gibt aber kein Strafmaß, das hierbei sicher ins Schwarze träfe; fast dünkt es schon Anmaßung, dies Ziel nur treffen zu *wollen.*

Ist aber der Verurteilte solch innerer Läuterung wirklich fähig (die Fähigkeit dazu ist eine religiöse und heute wohl eher Ausnahme als Regel), so wird ihr Eintritt schwerlich davon abhängen, ob er der *Zweck* der Strafe war. Auch bessernde und sichernde Maßnahmen sind Leid. Der Sühne*suchende* wird auch sie als Sühnung seiner Tat empfinden. Daß sie ihm nicht *wegen* dieser Tat, sondern nur aus *Anlaß* derselben auferlegt wurden, wird *ihn* nicht berühren. Ja, *bessernde* Maßnahmen werden ihn eher versöhnlich stimmen als Leid, das als „vergeltende Sühne" beabsichtigt war. Erkennt er die ehrliche Absicht, ihn bessern zu wollen, so wird weniger leicht Trotz und Haß in ihm aufkommen.

In dieser Hinsicht also besagt es nichts, ob man die Reaktion des Staates „Maßregel" oder „Strafe" nennt.

4. *Einen* Zweck nur können wir ziemlich zuverlässig erreichen: den Schutz der Gemeinschaft durch die Einsperrung des Täters, gleichviel, was sonst mit ihm geschieht. Und einzig darüber, daß diese Möglichkeit — so oder so — bestehen muß, sind alle miteinander einig, die Befürworter der Strafe wie ihre Gegner. Die Bestrebungen der letzteren, die Strafe abzuschaffen, betreffen nur die *vergeltende.* Sichernde und bessernde Maßregeln sollen als *einzige* Antwort auf den Rechtsbruch übrigbleiben. Einige süd- und mittelamerikanische Staaten haben diesen Weg zuerst beschritten, die auf *Lombroso* zurückgehende italienische Schule der *défense sociale* (Ferri, Garofalo, Gramatica) hat sich dort durchgesetzt; Schweden hat inzwischen Ähnliches ver-

wirklicht, starke Kräfte befürworten es auch bei uns[1]. Und von Deutschland *(Franz v. Liszt)* ist einst der Gedanke ausgegangen, den Richtenden „die schwarze Robe mit dem weißen Kittel des Arztes vertauschen“ zu lassen, den Juristen durch den Psychologen abzulösen.

Die Bekämpfung der Rechtsbrecher würde sich also hinfort wieder mit nur *einem*, dem bisherigen zweiten Geleise begnügen; das erste würde stillgelegt werden. Könnte es aber anders sein, als daß nun das zweite Geleise die Funktion des ersten mitübernehmen müßte?

---

[1] Hauptvertreter jetzt: *Fritz Bauer*, Das Verbrechen und die Gesellschaft, München/Basel 1957; dort auch ausführliche Literaturangaben. International führend: *Marc Ancel*, Die neue Sozialverteidigung (Übersetzung M. Melzer), Stuttgart 1970.

KAPITEL V
Vom Staate

§ 55. Vorbemerkungen

I. Mit der Erörterung des Staates beschließen wir die Darstellung des innerstaatlichen Rechtes. Aber schon bei der Betrachtung der Rechtsbildung war der Staat in unser Blickfeld getreten, denn wir lernten dabei den Menschen als ein *staats*bildendes Wesen kennen und hätten ganz wohl auch mit dem Staate begonnen haben können. Denn der alte Streit, ob wohl der Staat oder das Recht zuerst war, hängt eigentlich nur von Definitionen ab: Recht im modernen Sinne ist ohne den Staat nicht denkbar (vgl. unsere Definition c in § 10 II); und ebenso ist der Staat, wie man ihn heute zu bestimmen pflegt, seinerseits später als das Sittenrecht. Doch wenn wir etwa, entsprechend einer hypothetischen Definition *Georg Jellineks,* „jede Organisationsform herrschaftlichen Charakters, die keine höhere über sich hat", bereits als „Staat" bezeichnen[1] oder gar schon die Sippe als solchen gelten lassen, so geben wir Staat und Recht das gleiche Alter.

II. Indem wir also mit dem Rechte begannen, haben wir somit zugleich dem Staat in manchen wesentlichen Hinsichten gestreift (wie denn ja, umgekehrt, auch jede allgemeine Staatslehre notwendig zugleich eine Art von allgemeiner Rechtslehre, nur eben aus anderer Blickrichtung ist) und können nun folgendes ergänzend rekapitulieren:

1. Der Staat, jedenfalls unser heutiger, gehört zu den *Körperschaften,* ist also eine vom Wechsel ihrer Mitglieder — Regierenden wie Regierten — unabhängige, d. h. selbständige Einheit und überdies juristische Person (vgl. o. § 5 IV u. § 18 III). Als Träger hoheitlicher Gewalt (vgl. o. § 34 I) gehört er zu den Körperschaften des öffentlichen Rechts.

---

[1] *Jellinek* hat sie (Allgemeine Staatslehre, Neudruck 1960, S. 266) zwar beiseite gelassen; unsere genetische Bestimmung des Rechtsbegriffes könnte sie aber nahelegen.

2. Unter diesen ragt er dadurch hervor, daß seine hoheitliche Gewalt, sein *imperium*, von niemandem abgeleitet, also eigenständig und *souverän* ist (vgl. o. § 5 III): sie ist *ursprüngliche* Herrschermacht. Alle anderen Körperschaften des öffentlichen Rechts, die Gemeinden insbesondere, und wer immer sonst noch Imperium ausübt (die Anstalten und Stiftungen des öffentlichen Rechts) leitet es stets vom Staate her.

3. Öffentlichrechtliche Körperschaften, Anstalten und Stiftungen üben also das Imperium des Staates, somit als ein von ihm entliehenes, wenn schon zugleich aus eigenem Rechte aus (indem sie auch öffentlichrechtlich eigene Rechtspersönlichkeit haben). Doch bedürfen sie dazu ihrerseits — eben wie der Staat selbst (und auch die private juristische Person bei ihren Rechtsgeschäften!) — der *Organe*, ihrer Werkzeuge also, die als solche keine eigenen Rechte, sondern nur Zuständigkeiten haben.

Indessen pflegen nur die obersten unter ihnen, die ihre Organstellung unmittelbar auf Grund der Verfassung des Staates (bzw. der Gemeinde oder des sonstigen Verbandes), also auf Grund seiner obersten Organisationsnorm haben, auch als „Organe" (Staats-, Gemeinde- oder Verbandsorgane) bezeichnet zu werden. Die diesen unmittelbar oder mittelbar untergeordneten und verantwortlichen („mittelbaren") Organe pflegt man *Behörden* zu nennen. Bundestag und Bundesrat, Bundespräsident und Bundeskanzler sind somit „Staatsorgane" (wie Stadtrat, Bürgermeister und Oberstadtdirektor „Organe" der Stadtgemeinde sind), während die einzelnen Ämter eben „Behörden", Amtsträger „Beamte" heißen.

4. Auch die drei Grundfunktionen des Staates — Gesetzgebung, Rechtsprechung und Verwaltung — haben wir schon berührt (vgl. o. §§ 6, 30, 34), zumal seine Macht und Ohnmacht als Gesetzgeber (§ 32).

III. Schließlich glauben wir beim Leser auch einige Kenntnis vom Aufbau unseres eigenen Staates voraussetzen zu können — das einzige Wissen in Rechtsdingen, das billigerweise von ihm erwartet werden darf. So wollen wir denn im folgenden, statt eine gedrängte Staatskunde zu liefern, uns den zum Teil schon angeschnittenen Fragen der allgemeinen Staatslehre zuwenden: was der Staat sei und in welchem Verhältnis er zur Gesellschaft sowie zur Freiheit seiner Bürger stehe. Die Behandlung dieser Grundprobleme wird zugleich auch seine wichtigsten Einrichtungen in Sicht bringen und dem Leser verdeutlichen, was ihm etwa schon bekannt ist.

§ 56. Was ist der Staat?

I. Eine unbestrittene Definition des Staates gibt es nicht. Es gibt sie ebensowenig wie eine solche des Rechts, der uns zu nähern wir in § 10 nur tastend hatten versuchen können. Indem wir die Dinge genetisch zu fassen bemüht waren, entglitten sie vollends der Eingrenzung in feste Begriffe. Und diese Schwierigkeit wiederholt sich hier: kann der moderne Staat mit seinen Vorläufern in Frühzeit und Mittelalter auf einen Nenner gebracht werden? Doch auch schon, wie er an sich selbst zu bestimmen sei, ist streitig.

II. Indessen pflegt man fast einhellig von drei Grundelementen auszugehen, die jeder Staat voraussetze: einer *Landfläche, Menschen,* die sie bewohnen, und einer *Gewalt,* die diese Menschen ordnet. Ist diese Gewalt „Staatsgewalt", so sind auch jene Menschen „Staatsvolk", ihr Land ein „Staatsgebiet". Als „Staatsgewalt" aber erkennt man sie an, sofern sie *Herrschaft,* d. h. eine Ordnung der Befehlsgebung ist. Ferner muß sie auf dauernden Bestand angelegt, *statisch* sein. Auch pflegt man zu verlangen, daß sie selbst weiterer Befehlsgebung ihrerseits nicht unterworfen und also *souverän* sei.

III. Die hiermit aufgeführten Erfordernisse dafür, daß ein Gebilde als „Staat" gelten kann, sind für die Gegenwart im ganzen außer Streit (wennschon das Staatsgebiet nach einigen, die Souveränität nach anderen fehlen darf). Sie müssen demnach gegeben sein, damit ein Staat da sei. Wird nun darüber hinaus weitergefragt, was ein Staat sei, so ließen sich mit gleicher formaler Berechtigung folgende drei Antworten geben:

a) ein *Land,* dessen Bewohner von einer statischen souveränen Herrschaft regiert werden;
b) die *Bewohner* eines Landes, die von einer statischen souveränen Herrschaft regiert werden;
c) die statische souveräne *Herrschaft* über die Bewohner eines Landes.

In der Tat sind alle drei Antworten wirklich gegeben worden:

1. Die Auffassung, daß das *Land* die eigentliche Substanz des Staates sei, liegt uns zwar heute fern. Sie entsprach aber einem Denken, dem „Land und Leute" als des Fürsten Erbgut, *patrimonium* galten (patrimoniale Staatstheorie).

2. Auf die *Bewohner,* die Bevölkerung, die Menschen also den Akzent zu legen, ist uns im Zeichen der Volkssouveränität natürlich. Es entspricht überdies antiker Überlieferung: ihre *Bürger* machten für

die Griechen die Polis aus; nicht „Athen" und „Sparta" führten den Peloponnesischen Krieg, sondern „die Athener" gegen „die Lakedämonier"; „*der* Syrakusaner", „*der* Neapolitaner" stand auf ihren Münzen, „Romanorum" hatte auch auf den frühen römischen Drachmen gestanden (wich freilich bald der Inschrift „Roma").

In Rom jedoch standen dann die Bürger in ihrer Verbundenheit als *Volk* im Vordergrunde: *Populus Romanus, Senatus Populusque Romanus* (S. P. Q. R.). Der gleiche Ausgangspunkt ist es aber auch, wenn wir die Menschen als *Verband* ins Zentrum unserer Definitionen stellen und den Staat etwa als einen „befehlsunabhängigen territorialen Herrschaftsverband" bestimmen.

3. Mit dem Worte „Herrschaftsverband" (wie mit der Formel S. P. Q. R.) beginnt der Akzent sich dann freilich schon von den Menschen auf die sie verbindende *Herrschaft* zu verlagern. Wo ein allmächtiger Fürst sie führte, hatte der Gedanke, daß am Staate die Herrschaft das Wesentliche sei, vollends einen sichtbaren Anhalt.

IV. Indessen haben wir nicht nur keine absoluten Könige mehr, in denen uns der Staat sichtbar entgegentreten könnte: so wenig wie im Lande, vermögen wir auch in seinen Menschen noch den Staat zu sehen. Und eben hierin liegt die Eigenart des modernen Staatsbewußtseins (die freilich auch seine große Schwäche ist): Dem Bürger der antiken Polis konnten seine *Mitbürger* der Staat sein; in Ämtern und Gerichten traten dem Athener überall nur Bürger entgegen, die Stimmzettel oder Los dorthin gestellt hatten und an deren Stelle er im nächsten Jahr selber stehen konnte. Etwa 50 000 Vollbürger mögen es gewesen sein, von denen jährlich 6000 allein zu Richterämtern ausgelost wurden, um im nächsten Jahre wieder anderen Platz zu machen. Dem Bewohner unserer Länder tritt der Staat als „Apparat" entgegen. Auch die in diesem Apparate tätigen *Beamten* sind seine Mitbürger. Doch erlebt er sie nicht als solche: sie sind Fachleute, deren Tätigkeit ihm fremd und häufig undurchschaubar bleibt; nie wird er an ihrer Stelle stehen. Augenfällig aber ist ihm, daß jeder dieser Beamten, an strenge Zuständigkeitsgrenzenn und Vorschriften gebunden, nur Rädchen in einer Maschine, seiner Behörde ist, die ihrerseits, als eine von vielen, in einer gewaltigen Apparatur an ihrem Orte mitwirkt. Diese ständig wachsende Behördenapparatur, die *Bürokratie* (hinter der Armee und Polizei, die „Machtmittel" des Staates, inzwischen stark zurückgetreten sind) ist das, was ihm vom heutigen Staate am meisten sichtbar wird, und manchem Laien ist sie selbst „der Staat".

Mit seinen Organen und Behörden, besonders den letzteren, identifizierte ihn im Einparteistaat[1] aber auch die Theorie: nachdem die Partei zu seinem Herrn erhoben worden war („die Partei befiehlt dem Staate", hieß es bald nach 1933), hatte allein noch seine Behördenorganisation, der „Apparat", Bedeutung behalten.

Indessen hatte damit der Staat eigentlich schon aufgehört, ein *Staat* zu sein, denn er war jetzt von einer außerhalb seiner selbst stehenden Macht abhängig geworden und somit nicht mehr souverän. Souverän war nunmehr die Einheit von Partei und Staat, die aber unorganisch blieb und beide in ein Rivalitätsverhältnis brachte: von den Gerichten des Staates Verurteilte oder von seinen Verwaltungsbehörden in Anspruch Genommene wandten sich an die Partei, während mancher von der Partei Verfolgte bei Staat und Wehrmacht eine Zuflucht fand.

Diese „Apparattheorie" entsprach dem Bilde eines entmündigten Staates: Behörden können als solche eben nur Organe sein. Faßt man sie als „Apparat" zusammen, so wird es nur noch deutlicher, daß sie bloß Werkzeuge sind und die in ihnen tätigen Menschen Diener, die auf einen Herrn warten; womit die zäh-beharrende Kraft, die sie in Umstürzen wiederholt bewiesen haben, weder unterschätzt noch mißachtet werden soll.

V. Aber die „Apparattheorie" spiegelt doch wohl das Staatsbewußtsein auch des modernen Laien nicht ganz richtig wider. Meist dürfte es eher eine vereinfachende Ausdrucksweise sein, wenn von den Behörden als vom „Staate" gesprochen wird. Nicht nur der Beamte, auch der Mann im „Publikum" pflegt zu wissen, daß der Staat *jenseits* der Behörden, daß er ein Etwas ist, das die Beamten, selbst die höchsten unter ihnen, immer nur *vertreten.* Wie er sich ihn des näheren denkt, ist freilich schwer zu sagen. Nur, daß er ihm nicht die Summe seiner Mitbürger ist, kann leider als sicher gelten.

Das moderne Staatsbewußtsein dürfte vielmehr dadurch gekennzeichnet sein, daß ihm der Staat ein *Unsichtbares* ist. Da aber ein solcher Staat ein subjektives ebenso wie ein objektives Phänomen ist (indem ihn jeder in sich trägt und außerhalb seiner selbst nur im Verhalten der anderen wahrnimmt), können wir, sofern wir den *modernen* Staat bestimmen wollen, nicht mehr von seinen körperlich sichtbaren Elementen ausgehen. Land und Menschen, Regierende und

---

[1] Doch nicht nur dort: *Kelsen* ist der Apparat „Staat" in einem zweiten, engeren Sinne (vgl. Reine Rechtslehre, S. 296 f.), und *G. Scelle* nennt ihn „ein Bündel öffentlicher Dienste" (L'Etat n'est, en effet, qu'un faisceau de services publics; Manuel de Droit international public, Paris 1948, p. 67).

Regierte, stehen, wenn wir an ihn denken, nicht mehr im Vordergrunde unseres Bewußtseins. Wesentlicher ist uns, was das Verhalten jener Menschen *zusammenordnet* und so das Phänomen konstituiert. So würden wir auf die nicht mehr in einem Fürsten verkörperte, abstrakt gewordene *Herrschaft* zurückzugreifen und etwa die Definition c) zu wählen haben. Welche Anforderungen an diese Herrschaft im übrigen zu stellen sind, damit sie als *Staats*gewalt gelten könne, sahen wir.

Nun wird aber diese abstrakt gewordene Herrschaft zugleich auch als ein *Handelndes* gedacht: zwar handeln *physisch* die Beamten, jedoch als Werkzeuge (Organe), was eben besagt, daß *sie* durch jene handelt und also *personifiziert* ist. Dem entspricht es auch, daß uns der Staat als juristische Person, als Rechtssubjekt gilt.

Damit tritt zu der bewußtseinsmäßigen Personifizierung der Herrschaft (als der unsichtbaren Nachfolgerin des sichtbaren Herrschers) die juristisch-technische Rechtsfolgenverweisung (vgl. o. § 18 VII). Freilich *braucht* sie nicht hinzuzutreten: zwar ist sie unserem kontinentalen Rechtsdenken geläufig, ja selbstverständlich; in England (wo „die Krone" eine Sonderstellung einnimmt) bedient man sich ihrer nicht. Dort ist aber auch „the state" im Sprachgebrauch nicht heimisch: der Ausdruck riecht nach Tinte, gilt als „bookish"; „commonwealth" ist offiziell. Was man *sagt*, ist „King and Country", „the Country", oder auch „the Nation".

So ist uns denn, wo nicht der Staat, so doch die Staatsgewalt, personifizierte Herrschaft: ein gedachter Herrscher. Daß die so personifizierte Herrschaft Befehle nur zu geben, nicht zu empfangen, *souverän* zu sein hat, auch daß sie auf Dauer gerichtet sein muß, fügten wir schon hinzu. Damit bestimmen wir den Staat als

einen gedachten Souverän, dem die Bewohner eines bestimmten Gebietes als Untertanen, die sie Regierenden als Organe zugerechnet werden und der, in dieser Weise als überdauernd vorgestellt, das Verhalten der ihn denkenden Menschen koordiniert.

VI. Diese Begriffsbestimmung läßt Land und Leute nicht außer Betracht, läßt aber auch deutlich werden, daß der Staat außerhalb des Bewußtseins der ihn bildenden Menschen keinen Ort hat. Neben seiner üblichen Erklärung als eines qualifizierten *Verbandes* mag diese Definition allzu spiritualisiert wirken. Aber auch jene Erklärung ist in Wahrheit weniger handfest, als es den Anschein hat: daß auch die Verbände nur im Bewußtsein der beteiligten Menschen leben, wurde in § 18 II gezeigt. Nur ihre *Vorstellungen* binden die Menschen aneinander (wie sie sie auch voneinander trennen) und bilden die Realität ihrer sozialen Beziehungen. Nur als ein gemeinsamer Bewußtseinsinhalt vieler und ihr Verhalten koordinierend ist auch der Staat soziale Realität. Indem er sie als Inhalt ihres Bewußtseins befehlen und gehorchen läßt, *ist* der Staat. Erlischt Befehl *oder* Gehorsam, so ist der Staat nicht mehr. Staat wie Verbände sind also Phänomene des Bewußtseins und (im Sinne *Hegels*) „objektiver Geist".

„Objektiver Geist" ist aber ebenso das *Recht* (wie freilich auch die Sprache!). Darüber hinaus ist es *Kelsens* ebenso allgemein bekannte wie befehdete Lehre, daß Staat und Rechtsordnung *identisch* seien[1]. Der für Kelsen zwingende Grund ist, daß der Staat, befehlend Sollen setzend, selber ein Sollen sein muß. Da wir aber die Brücke vom Sein zum Sollen in der Natur des Menschen gefunden zu haben glauben (der sie *praktisch* leichter überschreiten kann als logisch) und das positive Recht ohnehin als ein *seiendes* (nämlich *befolgtes*) Sollen erkennen mußten (vgl. o. § 28), zwingt uns dieser Schluß nicht. Wohl erscheint es uns als eine Funktion des Staates, Sein in Sollen und Sollen in Sein zu *transformieren* (indem er etwa Verkehrsgepflogenheiten zum Gesetz erhebt, ethische Forderungen durch Gesetzgebung zu Gepflogenheiten zu erheben sich bemüht); womit er die soziable Menschennatur widerspiegelt und eher Sein als Sollen ist.

Doch ist nicht zu verkennen, daß das Sein des Staates auf der Geltung seines Rechts beruht. Da aber die Geltung des Rechts voraussetzt, daß es im großen und ganzen befolgt wird, so wäre auch der Staat ohne den überwiegenden Gehorsam seiner Bürger nicht; eine Feststellung, die niemand überraschen sollte.

Zwar kann wohl eine kleine Gruppe von Eroberern oder Revolutionären den Gehorsam einer großen Bevölkerung zeitweilig und in begrenztem Umfange erzwingen. Doch wird sie zugleich unverzüglich eine wirksame Propaganda zuhilfe nehmen und überzeugende organisatorische Leistungen erbringen müssen. Denn erst, wenn der zunächst durch unmittelbaren Zwang erpreßte Gehorsam durch einen mittelbarer erzwungenen, dann der durch einen freiwillig geleisteten abgelöst worden ist und schließlich dieser durch Wiederholung und Allgemeinheit die Vorstellung eines Sollens geschaffen hat (weil man nunmehr der neuen Ordnung zu gehorchen *pflegt*), ist diese neue Ordnung etabliert; eine Herrschaftsordnung, die ein Staat sein kann, sofern dessen sonstige Voraussetzungen gegeben sind.

Dabei ist die *Zeit* in den späteren Stadien dieses Vorganges stets ein bedeutsamer Faktor; nicht nur, weil sie Gewöhnung zeitigt, sondern weil „auch der auf lauter Fluch errichtete Staat" gezwungen wird, „mit der Zeit eine Art von Recht und Gesittung zu entwickeln, weil sich die Gerechten und

---

[1] Dieser Gedanke durchzieht (ebenso wie die Grundnormlehre) sein ganzes Werk. Vgl. bes. Reine Rechtslehre, 2. Aufl. S. 289 ff.

Gesitteten seiner allmählich zu bemächtigen wissen" (*Jacob Burckhardt*, Weltgeschichtliche Betrachtungen, Kröner-Ausgabe S. 37).

VII. Dem Leser wird nicht entgangen sein, daß uns, indem wir von der Herrschaft unseren Ausgang nahmen, die Staats*gewalt* unter der Hand selbst zum Staate wurde. Das könnte aber zur Sache gehören, denn zwar setzt eine Herrschaft Menschen voraus, Menschen aber sind auch ohne Herrschaft denkbar. Der Begriff der Herrschaft impliziert also schon die herrschenden und beherrschten Menschen, und mir scheint, daß wir damit in ihm den *Kern* des Staatsbegriffes vor uns haben, zu dem Gebiet und Souveränität als konventionelle Erfordernisse nur hinzutreten.

Ein Blick auf die geschichtliche Entwicklung dürfte das bestätigen:

a) Die „Reiche" der germanischen Völker nach der Völkerwanderung pflegt man allgemein als „Staaten" zu bezeichnen, ebenso aber auch ihre „civitates" (wie *Tacitus* sie nannte) vor der Wanderung. Wanderten diese Völker aber, so wanderten sie mit Weib und Kind und aller Habe, dazu in guter Ordnung und straffer („herrschaftlicher") diszipliniert, als sie zuvor gewesen waren (denn anders sind erfolgreiche Kriegszüge nicht möglich). Spricht man ihnen „staatliche" Ordnung *überhaupt* zu (worüber sich streiten läßt), so wird man sie ihnen deshalb sachlich auch für die Wanderzeit kaum absprechen können, als sie kein „Staatsgebiet" besaßen. Daraus aber, daß in der heutigen politischen Welt Wandervölker keine Rolle spielen, versteht sich unsere *Konvention*, für einen Staat ein Staatsgebiet zu fordern.

b) Auch der in Frankreich entstandene Begriff der *Souveränität* ist nur aus seiner geschichtlichen Bedingtheit zu verstehen. „Superanus" (= superior) sein, bedeutet an sich bloß etwas Relatives: die höhere Stufe innerhalb einer Rangordnung innehaben. In seiner Baronie ist der Baron, im Königreich der König *superanus*. Als dann der König seine Ordnung im Innern gegen die Barone durchsetzte, zugleich nach außen seine Unabhängigkeit von Kaiser und Papst, konnte ihm *Bodin* (1576) die *puissance souveraine* als seine alleinige *suprema potestas* zuschreiben[1]. Und da diese Souveränität dazu dienen sollte, die Einheit der Staatsgewalt in der Person des Königs zu sichern und

[1] Freilich definiert er sie als die absolute und dauernde Macht eines *Staates* (la puissance absolue et perpetuelle d'une Republique, que les Latins appellent *maiestatem*). Auch hielt er den Souverän für verpflichtet, seine Verträge (wenn schon nicht seine eigenen Gesetze) zu erfüllen und ordnete er ihn Gott und der Natur als Gesetzgebern unter. Vgl. *Bodin*, Six Livres de la Republique, L. I ch. VIII.

überstaatliche Mächte vom Staate fernzuhalten, erhielt die alte Rangbezeichnung zugleich einen neuen Inhalt: sie wurde nun die Summe eben der Rechte, die damals dem König von Frankreich zugeschrieben werden konnten. Gesetzgebung, Entscheidung über Krieg und Frieden, Ernennung der obersten Beamten, höchste Gerichtsbarkeit, Recht auf Treue und Gehorsam, Begnadigungsrecht, Münzrecht und Besteuerungsrecht galten *Bodin* als die wahren Kennzeichen der Souveränität[1]; und auch in den anderen Ländern des absolutistisch werdenden Europa wurde so die Souveränität als Inbegriff der jeweiligen Herrschermacht, der Majestätsrechte des Souveräns verstanden.

Ihre so erworbene *Doppelbedeutung* hat die Souveränität seitdem nicht mehr verloren. Sie ist es, die diesen Zentralbegriff des Staatsrechts schillern und schwanken läßt. Denn als ein Bündel von Majestätsrechten (moderner: Staatskompetenzen) verstanden, ist die Souveränität *teilbar*, als Rangstufe ist sie *unteilbar*, kann logischerweise niemand sie mit einem ihm Übergeordneten zugleich haben.

Schließen sich also mehrere Staaten zu einem Bunde zusammen, so kann die Souveränität als *Rangstufe* nur entweder den Gliedstaaten, oder dem Bunde zukommen; in diesem Falle ist er ein *Bundesstaat*, in jenem bloß *Staatenbund*. Schreibt man aber (wie es üblich ist) auch den *Gliedstaaten* eines Bundesstaates „Souveränität" zu, so kann sie in diesem Zusammenhange nur als Inbegriff der Staatskompetenzen verstanden und angenommen werden, daß die Gliedstaaten bloß einen Teil davon auf den Bund übertragen haben, obwohl er doch nach außen hin allein *supremus* ist.

So also wird das Verhältnis von Bund und Gliedstaaten bei uns seit 1867, der Gründung des Norddeutschen Bundes verstanden. Der diesem voraufgegangene Deutsche Bund von 1815—66 war dagegen nur Staatenbund gewesen. Aber freilich gibt es zwischen einem festen Staatenbund und einem lockeren Bundesstaat kaum eine sichere Grenze.

Halten wir indessen an der Souveränität als einem Wesensmerkmal des Staates und zugleich an ihrer Grundbedeutung als höchster Rangstufe fest, so kann es keine „halbsouveränen" Staaten geben und sind auch die Gliedstaaten eines Bundesstaates keine Staaten. Halten wir uns an die Souveränitäts*rechte*, so kann ein Teil davon bei ihnen sein; doch wird dann fraglich, welche von jenen Rechten unentbehrlich sind, sofern noch „Souveränität" und also „Staat" vorhanden sein soll. Das Recht der Gesetzgebung werden wir *jedenfalls* dazu rechnen.

---

[2] *Bodin*, a. a. O. L .I ch. X. Vgl. dazu *G. Jellinek*, Allgemeine Staatslehre, S. 453 f. und 461 f.

VIII. Woraus denn folgt, daß die Begriffsbestimmung des Staates, die wir gegeben haben, für unsere abendländische Welt (die antike sei hier ausgeklammert) vor dem 18. Jahrhundert (in dem der Staat sich von der Person des Fürsten zu lösen begann und damit eben zu einem *gedachten* Souverän wurde) nicht angewendet werden kann. Dafür gibt sie aber das Wesen unseres, des *modernen* Staates deutlich wider. Schreiten wir in die Vergangenheit zurück, so müssen wir nacheinander: die Gedachtheit des Souveräns, dann (jenseits des 15. Jahrhunderts) die Souveränität selbst (sofern wenigstens die Gesetzgebung für sie entscheidend sein soll) und schließlich, uns der Völkerwanderung nähernd, auch das Erfordernis des Staatsgebietes fallen lassen. Übrig blieben für den „Staat" der Frühzeit die Bestimmungen als „Herrschaftsverband" (vielleicht bei mehr republikanischer), als „Herrschaftsordnung" (bei mehr monarchischer Struktur). Ob solche Gebilde aber „Staat" zu nennen sind, ist eine sehr umstrittene, wenn schon im Grunde terminologische Frage[1].

Will man, trotz aller Bedenken, „jede Organisationsform herrschaftlichen Charakters, die keine höhere über sich hat" (vgl. o. § 55 I) gleichwohl als „Staat" bezeichnen, so darf man nicht verkennen, daß dieser Staat auf jener frühesten Entwicklungsstufe in der *Gesellschaft* aufgeht, ganz wie (und *weil*) hier Recht und Sitte nicht zu trennen sind. Im *Sittenrecht* wären Staats- und Volksverfassung eins.

§ 57. Staat und Volk

Dem Rechte gleich ist auch der Staat in eine gesellschaftliche Wirklichkeit gestellt, die nicht bloß staatlich ist. Sie ist im gleichen Sinne Wirklichkeit wie er; sie lebt im Bewußtsein eben derselben Menschen, in dem auch er nur seinen Ort hat und die nicht stets nur *seinen* Geboten folgen. Von dem verschlungenen Geflecht der soziologischen Zusammenhänge ist auch der souveränste Staat nicht unabhängig.

I. So muß denn klar sein, daß *Volk* und *Staatsvolk* nicht dasselbe sind. Als „Staatsvolk" bezeichnet man den Inbegriff der einem Staate Angehörenden oder, wo es (wie in den Gliedstaaten der Deutschen

---

[1] Vgl. hierzu das grundlegende Werk von *Otto Brunner*, Land und Herrschaft, Wien (Rohrer) 4. Aufl. 1959, bes. S. 111 ff. Ferner *E. W. Böckenförde*, Die deutsche verfassungsgeschichtliche Forschung im 19. Jahrhundert (Berlin 1961) sowie die Sammlung „Herrschaft und Staat im Mittelalter", hrsg. von Hellmut Kämpf, Darmstadt 1964.

Bundesrepublik mit Ausnahme Bayerns) eine formelle Staatsangehörigkeit nicht gibt, aller auf seinem Staatsgebiete ansässigen Menschen. Ein solches „Staatsvolk" ist aber eben nicht notwendig zugleich auch ein Volk im historisch-soziologischen Sinne. Andererseits gibt es Völker ohne Staat: dem deutschen Volke ist staatliche Einheit während der weitaus längsten Zeit seiner Geschichte versagt gewesen, aber die Bewohner des Landes Nordrhein-Westfalen bilden ein Staatsvolk, ohne doch ein Volk zu sein.

Die Präambel seiner Verfassung spricht denn, anerkennenswerterweise, auch nur von den „Männern und Frauen des Landes Nordrhein-Westfalen", während die übrigen Länderverfassungen meist in die Formulierung „das Volk von ..." ausweichen. Allein die Verfassung des Freistaates Bayern konnte von einem „Bayerischen Volke" sprechen.

II. Was aber macht ein Volk zum Volke? Ein Zusammengehörigkeitsgefühl seiner Menschen. Dies Gefühl kann in vielerlei Ursachen, *Integrationsfaktoren* seinen Grund haben: Blutsverwandtschaft in der Frühzeit, späterhin in Glauben, Sprache und Kultur, dazu in geographischen Gegebenheiten. Nicht zuletzt jedoch sind es gemeinsame Schicksale und Erlebnisse, Siege wie Niederlagen, die ein Volk geeint und geformt haben können, und jedes Volk ist ein Produkt seiner Geschichte.

Zu jenen Integrationsfaktoren kann aber auch der *Staat* gehören, und manches Volk ist eben durch seine Herrschaftsordnung integriert worden: das russische durch die Herrschaft der Waräger, das englische durch die eiserne Faust des normannischen Eroberers. Auch hat das französische Königtum eine starke Integrationswirkung entfaltet, und soweit es ein preußisches Volkstum gegeben hat (im Osten stärker als im Westen), war dies durchaus ein Werk des preußischen Staates. Daß schließlich die besondere Art einer politischen Ordnung aus Menschengruppen verschiedenen Blutes, verschiedener Sprache und verschiedenen Glaubens ein echtes Volk zu formen vermag, beweist die Schweiz. Ein ähnliches, doch weniger eindeutiges Beispiel liefert der „Schmelztiegel" (melting pot) der USA.

Dem italienischen und dem deutschen Staate dagegen war die Nation (das Volk in pathetischer Bedeutung) schon vorgegeben: ihre Völker waren ohne politische Einung, ja *trotz* ihrer staatlichen Zersplitterung zum Volk geworden; sofern man nicht etwa auf das Imperium Romanum, das Regnum Longobardorum und das Deutsche Reich des Mittelalters zurückgreifen will. Greift man aber auf so ferne Vergangenheiten zurück (was nicht ganz ohne Grund ist), so eröffnet sich der Anblick eines dynamischen Wechselspiels: Herrschaftsordnungen und Staaten formten Völker und wurden von ihnen überlebt, die später ihrerseits wieder zur Grundlage für neue Staatsbildungen wurden.

Doch nur, wo entweder Staatsvölker zu Völkern wurden, oder schon vorhandene Völker sich *ihren* Staat — den Nationalstaat — schufen, wurde der Staat zu einem affektiven Wert. Und mag auch unser Staatsbürgerbewußtsein (verglichen mit dem des antiken Menschen) noch so schwach sein: für Volk und Heimat sind die Millionen auch des letzten Weltkriegs willig in den Tod gegangen. Der „gedachte Souverän" hat dabei ihr Verhalten zwar koordiniert, doch würden sie für ihn allein sich kaum geopfert haben.

Freilich ist der Krieg eine ungeheure kollektive Emotion, das Steuerzahlen nicht. Ein kümmerliches Verhältnis zum zivilen Staate steht deshalb zur Opferbereitschaft desselben Volkes im Kriege zwar in logischem, doch nicht in psychologischem Widerspruch.

Indem wir ihm aber das Volk als *Volk* hinzufügten, gewinnt der Schemen jenes „reinen" Staates Fleisch und Blut. Erst so wird der juristische Staat zum metajuristischen Machtträger: zum Staate der Geschichte.

III. Redet man indes vom Staat in *diesem* Sinne, so ändert sich oft zugleich der Sprachgebrauch, denn Macht kann eigentlich eben doch nur Menschen zukommen. Spricht man von ihr, so treten die herrschenden Männer, die „Machthaber" in den Vordergrund und sondern sich vom „Volke"; obschon doch selbst König und Kanzler dem Staatsvolke sowohl wie ihrem Volke im historisch-soziologischen Sinne angehören.

Und spricht man von „starken Staaten", so sind damit nicht selten solche gemeint, deren Verfassungen Regierung und Verwaltung umfassende Vollmacht geben (wie in der Diktatur) und so dem Einsatz staatlicher Machtmittel keine Schranken setzen. Die Wurzeln, die sie im Volksbewußtsein haben, sind zwar zuweilen schwach, auch ist es oft ihr Recht. Der „Apparat" jedoch ist eben dadurch stark (sofern er seine Macht zu brauchen weiß) und wird nun „Staat" genannt.

In ähnlichem Sinne verstanden, kann aber auch der Staat sehr starker Völker schwach sein: In China war er es seit dem Anfange des 19. Jahrhunderts, im Zarenreich (trotz seiner riesigen Armee) seit dessen Ende, und auf der Höhe der britischen Weltmacht war der englische Staatsapparat es ebenfalls. Private Unternehmer wie Raleigh, Clive, Cecil Rhodes und andere sind es gewesen, die das britische

Commonwealth geschaffen haben; das Empire ist weniger Werk eines Staates, als vielmehr des englischen Volkes als Gesellschaft gewesen.

Auch eine *gesellschaftliche* Ordnung kann also mächtig machen. Was aber seit dem letzten Jahrhundert in unserer eigenen Geschichte mächtig machte, ist freilich staatliche Ordnung gewesen: das (bis 1814) an Menschenzahl kleine, an Naturreichtümern arme Preußen war eben durch seine Staatsordnung eine Macht geworden. Es war der Staat par exellence, neben dem seit der Reichseinigung das Volk als Gesellschaft in den Hintergrund trat. Wohl darum liegt uns, anders als englischem Denken, die Vorstellung einer anderen als staatlichen Macht eines Volkes fern. Auch haben wir „mehr Staat", indessen England mehr gesellschaftliche Bindungen und wohl auch mehr Gemeinsinn hat.

Der Gegensatz zwischen dem englischen Case-Law-System und der Kodifikationsbewegung, die vom absoluten Königtum Frankreichs ausgehend über die preußische Universalkodifikation des ALR und Napoleons *Cinq Codes* fortschreitend dem kontinentalen Recht sein heutiges Gepräge, nämlich als (theoretisch) reines Gesetzesrecht gegeben hat, gehört ebenfalls hierher. Denn Gesetzesrecht ist (jedenfalls formal) staatlich, Gewohnheitsrecht gesellschaftlich hervorgebrachtes Recht. — Freilich bürokratisiert sich inzwischen auch England immer mehr: Indem der Wohlfahrtsstaat wächst, vermehren sich Gesetze und Behörden, und den Versuchungen unentgeltlicher ärztlicher Betreuung nebst kostenlosen Krankseins hat auch der englische Gemeinsinn sich nicht gewachsen gezeigt.

IV. Ebenso wie Staat und Volk, dazu Recht und soziale Wirklichkeit im allgemeinen (oben § 32), müssen wir aber auch Verfassung und *Verfassungswirklichkeit* zu unterscheiden wissen. Auch die Verfassungsurkunde braucht nicht das Schicksal eines Volkes, ja nicht einmal das seiner Staatsordnung zu sein. Die Verfassung, in der sich ein Volk (als Gesellschaft) *befindet,* ist nicht dieselbe, die es (als Staatsvolk) *hat.*

Ein bekanntes Beispiel dafür bietet die preußische Verfassung von 1850: in Nachwirkung der Revolution von 1848 war sie weitgehend der aus der Revolution von 1830 hervorgegangenen belgischen Verfassung nachgebildet worden, der es keineswegs um eine Stärkung des Königtums und der Regierungsgewalt zu tun gewesen war. Da aber das Ansehen der angestammten Dynastie im preußischen Volke stark und Heer wie Beamtentum ihr ergeben waren, konnte Bismarck in den Konfliktsjahren (1862—66), gegen Verfassung und Parlament regierend, den Staatsapparat zum Siege führen und blieb Preußen bis 1918 ein „starker Staat".

Umgekehrt ist auch das Versagen der deutschen Republik von 1919 bis 1933 nicht, oder doch gewiß nicht allein durch die Weimarer Verfassung „verschuldet" worden. Wesentlicher war, daß damals keine stabile Mehrheitsbildung gelang, die Parteienzersplitterung Parlament wie Regierung handlungsunfähig machte und das Ansehen des ganzen Systems im Volke untergrub. Das Verhältniswahlrecht (Art. 22) und das absolute Mißtrauensvotum (Art. 55) haben dem Unglück zwar den Weg geebnet, es aber nicht herbeigeführt.

Ebensowenig ist es das Verdienst der auf jenen Erfahrungen beruhenden Abweichungen des heutigen Grundgesetzes von der Weimarer Verfassung gewesen, daß die ersten dreizehn Jahre seiner Geltung so viel günstiger verlaufen sind als die dreizehn Jahre, die jener Verfassung insgesamt beschieden waren. Weder würde diesmal das Verhältniswahlrecht eine stabile Mehrheitsbildung verhindert haben, noch ist die kluge Regelung des Mißtrauensvotums (das *konstruktive* Mißtrauensvotum des Art. 67 GG) bisher unmittelbar zum Tragen gekommen. Die Umstände, denen wir (in dem bescheidenen uns verbliebenen Rahmen) unsere Wiederaufrichtung verdanken, haben ganz außerhalb des Bereiches unseres Verfassungsrechts gelegen.

§ 58. Der Staat und die Freiheit

A. Die Freiheit

I. *Frei* sein bedeutet an sich nur eine Negation: die Abwesenheit eines Zwanges, einer Beeinträchtigung „los und ledig" sein. Daher gibt es ebensoviele Freiheiten, wie es Beeinträchtigungen gibt, und erst die jeweils gemeinte Beeinträchtigung gibt so dem Worte „Freiheit" jeweils seinen Sinn.

Aber wie das Wort „Freiheit", als Freiheit *zu* etwas, zugleich auch eine positive Bedeutung erlangt hat: die Macht und das Recht, fremden Einfluß ausschließend die eigene Lebenssphäre zu gestalten und aktiv am Staate teilzunehmen, so ist auch die Grundbedeutung des Wortes *frei* einst eine positive gewesen. Es bezeichnete die Verwandten und Freunde (vgl. engl. *friend*), die eigenen *Leute* (lat. *liberi*), die Stammesgenossen also. Die aber waren zugleich die Nicht-Sklaven, nicht kriegsgefangene oder eingehandelte Stammesfremde, deren Kinder gleichfalls unfrei waren. Freiheit war also damals ein *Stand*, sie war angeboren. Man hatte sie nach Stammesrecht, auch wenn man in fremden Ketten lag.

Den Freien aber erwuchsen im Adel Herren, gegen die sie sich ihrer Freiheit wehren, denen sie, als Bürger der später erstehenden Städte, ihre Freiheiten abringen mußten. Und auf den Marktplätzen der norddeutschen Städte erhoben sich die Säulen des schützenden Ritters Roland als Sinnbilder solcher Freiheiten[1], die später immer mehr als Sinnbilder der Stadtfreiheit schlechthin, ihrer schließlich errungenen Reichsfreiheit gedeutet wurden. Diese selbst war Freiheit als Negation der Herrschaft des Landesherrn. Denn der war nahe und seine Herrschaft sehr fühlbar gewesen. Das Reich aber war groß und der Kaiser fern.

In Frankreich jedoch, wo es keinen Kaiser gab und der König, nachdem er den Adel (mit der Niederwerfung der Fronde i. J. 1653) politisch entmachtet hatte, zum alleinigen Selbstherrscher emporgestiegen war, erwuchs schließlich aus dem Freiheitsstreben der Bürger der Feuersturm, der mit dem Feldgeschrei „Freiheit" (nämlich vom König) und „Gleichheit" (nämlich mit dem Adel) König und Adel hinweggefegt und unsere Zeit geprägt hat. Denn aus ihm und der gemäßigteren Entwicklung, die diese Dinge in England und USA genommen haben, ist die liberale Demokratie erwachsen.

II. Diese nämlich hat sich zum Ziele gesetzt, das staatliche Zusammenleben *in Freiheit* zu ermöglichen. Freiheit nun, wie sie hier gemeint ist, ist Freiheit von fremdem Willen. Solche ist aber im Staate offenbar nur möglich, sofern der Wille des Staates der Bürger eigener Wille ist. Denn nur dasselbe wollend wie der Staat, ist der Bürger, dessen Befehle befolgend frei. Wie aber kann das gedacht oder gar bewerkstelligt werden?

B. Der Grundvertrag

I. Aus den Anfängen der Rechtsordnung sind uns der Vertrag und das Einstimmigkeitsprinzip als Mittel der Rechtsbildung bekannt, als die einzigen, durch die das überkommene Sittenrecht *bewußt* geändert werden konnte (vgl. o. §§ 6 I, 37 II). Nun kann man aber die Rechtsbildung durch Gewohnheit wie die durch einstimmigen Beschluß, wenn schon ungenau, als eine solche durch Vertrag auffassen: nennen wir doch Bräuche häufig „Konventionen", und ein einstimmig gefaßter Beschluß hat mit einem Vertrage jedenfalls soviel gemein, daß beide ihre Teilnehmer, aber eben auch primär *nur* diese binden. Durch beide kann somit niemand zu etwas verpflichtet werden, was er nicht selbst gewollt hat.

[1] Markt-, Zoll-, Gerichtsfreiheit usw. Vgl. *Gathen,* Rolande als Rechtssymbole, Berlin 1960.

Die Freiheit des Staatsuntertanen wäre demgemäß gerettet, sofern der Staat als ein Vertragsverhältnis dargetan werden könnte. Die *Vertragstheorie*, die Lehre also, daß Rechtsordnung und Staat, weil und soweit auf einem Vertrage beruhend, gerechtfertigt seien, gehört denn auch zum geistigen Erbgute Europas. Schon bei den Sophisten, den Epikureern und Cicero taucht sie auf[1], und man könnte sich wundern, daß sie dem Mittelalter nicht geläufiger war: hatte sich doch schon der Staat des Alten Testamentes als einen Bund zwischen dem jüdischen Volke und seinem Gotte verstanden und spielten doch „Einungen" und „Beliebungen" der Bürger, die auf (erst allmählich fiktiv werdender) Einstimmigkeit beruhten[2], Lehnsverträge und Bünde vieler Art als Elemente der eigenen mittelalterlichen Herrschaftsordnungen damals eine weitaus größere Rolle, als von einem „Hoheitsträger" durch einseitigen Rechtsakt erlassene Gesetze. Wenn eine solche Zeit die „Grundnorm" ihres Rechtes suchte, so hätte sie ihr, wie wir meinen möchten, geradezu als ein Vertrag erscheinen *müssen*. Aber dem Mittelalter war die Grundnorm Gott („Got is selve recht" heißt es im Prolog zum Sachsenspiegel), das Recht von Ewigkeit. Im Kampfe zwischen Kaiser und Papst indessen tritt die Vertragslehre dennoch hervor: Niemand kann sich, sagt ein Parteigänger des Papstes, *Manegold von Lautenbach* um 1080, selbst zum König machen; das Volk hat ihn eingesetzt, damit er allen Recht gewähre; bricht er den Vertrag, nach dem er gewählt worden, so ist das Volk seines Gehorsams ledig[3]; und *Marsilius von Padua*, der frühe Künder dessen, was später die „Volkssouveränität" genannt worden ist, ficht in seinem Defensor Pacis (Paris 1324) mit der gleichen Waffe *gegen* den Papst: eben deshalb, weil die Königsmacht auf dem Willen des Volkes beruhe, sei sie von der Kirche unabhängig[4].

Da es den mittelalterlichen Denkern hierbei vornehmlich um die Frage nach der Rechtfertigung einer *Herrschaft* zu tun gewesen war, stand für sie das Verhältnis zwischen Volk und Herrscher, als Unter-

[1] De re publica, L. I, XXV, 39 und L. III, XXXI. — Vgl. auch die Auffassung der römischen Juristen vom Ursprunge des Gewohnheitsrechts *tacito consensu omnium* und als *tacita civium conventio:* Dig. I, III, 32 (Julian) bzw. 35 (Hermogenian).

[2] Vgl. *Wilhelm Ebel,* Die Willkür (1953), bes. S. 46 ff.

[3] Monum. Germaniae Hist. Libelli de lite T. I p. 391/92. Vgl. auch p. 365.

[4] Vgl. Defensor Pacis I, IV § 5.

werfungsvertrag verstanden, im Vordergrunde[1]. Später, zumal nach der Reformation aber wurde stärker bewußt, daß das Volk, um als Vertragspartner eines Herrschers auftreten zu können, erst einmal selber eine Einheit, eine *societas* bilden müsse, daß also das *pactum subjectionis* logisch ein *pactum unionis* voraussetze.

II. Diese beiden Verträge vereinigte nun *Hobbes* (1588—1679), den Absolutismus des Hauses Stuart gegen die Kongregationalisten (Independents) mit ihrer (religiösen) Gemeindevertragslehre verteidigend und so den Spieß des Gegners gegen ihn selber kehrend, in seiner berühmten Formel. Es sei, sagte er, „as if every man should say to every man,

I Authorise and give up my Right of Governing my selfe, to this Man, or to this Assembly of men, on this condition, that thou give up thy Right to him, and Authorise all his Actions in like manner"[2].

Die Vereinigung der Elemente jener beiden Verträge beruhte hier darauf, daß der Unionsvertrag der Bürger (später „Grundvertrag" oder „Gesellschaftsvertrag", *contractus originarius* oder *pactum sociale* genannt) als Vertrag *zugunsten eines Dritten* aufgefaßt war[3]: Durch einen untereinander geschlossenen Vertrag jedes mit jedem hatte jeder sein persönliches Selbstbestimmungsrecht — bedingt durch den gleichen Schritt des anderen — auf König oder Parlament übertragen; womit er sich zugleich dem anderen gegenüber verpflichtete, dem König (bzw. Parlament) Gehorsam zu leisten und den König wie die Mitbürger berechtigte, diesen Gehorsam von ihm zu verlangen. Damit war die Grundaufgabe des Herrschers konstituiert, jeden gegen jeden zu schützen, d. h. die Selbsthilfe zu unterdrücken und die Sekurität zu garantieren (vgl. § 53). Zur Erfüllung dieser Aufgabe war der Herrscher unbeschränkt ermächtigt worden (... Authorise all his

---

[1] Zur mittelalterlichen Lehre vom Unterwerfungsvertrag vgl. *Otto v. Gierke*, Das deutsche Genossenschaftsrecht Bd. III, Berlin 1881, S. 569 ff.

[2] Vgl. Leviathan II ch. XVII (p. 87). — Wer übrigens *Hobbes'* grimmigen Witz verstehen will, mit dem er den Staat „Leviathan" taufte, der lese im Buch Hiob cap. 40, 20 ff. und cap. 41 nach. Der Prophet bezweifelt dort ausdrücklich, daß man besagten Drachen je durch Verträge werde zähmen können: „Meinest du, daß er einen Bund mit dir machen werde, daß du ihn immer zum Knechte habest?" (40, 23). Und wirklich bindet er sich ja nach Hobbes nicht!

[3] Vgl. § 323 ff. BGB. Das römische Recht kannte diese Figur noch nicht. Freilich war *Hobbes'* Grundvertrag zugleich ein *dinglicher* Vertrag zugunsten Dritter, den auch wir nicht kennen.

Actions ...) und seine Macht doch mit der Freiheit seiner Untertanen vereint; denn eben um dem *bellum omnium contra omnes* des „Naturzustandes" zu entgehen, hatten sie ihm jene selber übertragen.

III. Auch in *Rousseaus* Contrat Social sind Unions- und Unterwerfungsvertrag vereint, hier aber dadurch, daß die Vertragschließenden des Unionsvertrages sich selbst zum Herrscher machen und sich damit sich selber unterwerfen:

„Chacun de nous met en commun sa personne et toute sa puissance sous la suprême direction de la volonté générale; et nous recevons encore chaque membre comme partie indivisible du tout[1]."

Die Unterwerfung des Einzelnen ist hier nicht weniger vollständig als bei *Hobbes*[2], aber an die Stelle des Königs ist die Gesamtheit der Vertragschließenden selber gesetzt, so daß sich jeder einem Ganzen unterwirft, von dem er zugleich ein Teil ist[3].

Was aber ist der Gesamtwille, *Rousseaus volonté générale*? Er ist ihm der Wille, den jeder als *Bürger* hat, auch wenn er als *Mensch* vielleicht den entgegengesetzten hegt: dann muß man ihn *zwingen*, frei zu sein (C. S. I, 7), da jener Wille als solcher stets den gemeinen Nutzen anstrebt und deshalb „immer recht" hat (C. S. II, 3), dazu noch unzerstörbar, beständig, unveränderlich und rein ist (C. S. IV, 1). Auch eine bloße Mehrheit vermag ihn auszudrücken: wer der unterlegenen Meinung seine Stimme gab, hatte sich nur über den Inhalt dieses Willens, also darüber geirrt, was er als *Bürger* selbst gewollt

---

[1] Du Contrat Social I, 6.

[2] Eine „aliénation totale de chaque associé avec tous ses droits à toute la communauté (C. S. I, 6). Vgl. auch C. S. II, 4: zwar soll der Staat an Kraft Freiheit und Gut seiner Untertanen nur beanspruchen, was für den gemeinen Nutzen wichtig ist; „mais il faut convenir aussi que le souverain seul est juge de cette importance".

[3] Einen solchen Akt enthält auch eine jede Gesellschaftsgründung (vgl. §§ 705 ff. BGB und 105 ff. HGB): Verbinden sich A, B und C zu einer offenen Handelsgesellschaft A & Co., so besteht diese aus A, B und C, und dennoch schuldet ihr z. B. A seine Einlage und seine Arbeitsleistung und kann, sofern nach dem Gesellschaftsvertrage Stimmenmehrheit entscheidet (vgl. § 119 II HGB), durch B und C überstimmt, von ihr, der Firma A & Co., vertreten etwa durch B, verklagt werden; wobei er implicite, sich selber etwas schuldend, sich für sich selbst verklagen läßt; auch kann A seinerseits gegen A & Co. auf Auszahlung seines Gewinnes klagen, womit er implicite sich selbst verklagt usw. A & Co. ist hier, wie wir sagen, eine *Gesamthand*, die eben aus A, B und C besteht.

hatte (C. S. IV, 2). Das vom Volke beschlossene Gesetz ist somit stets der Ausdruck dieses Willens: *der Gesamtwille ist das Gesetz selbst*[1].

Hält man Rousseau an dieser Gleichsetzung fest, so verliert seine *volonté générale* freilich einiges von ihrem mystischen Schimmer. Denn wirklich kann man die jeweils geltende Rechtsordnung als den jeweiligen Gesamtwillen des Volkes ansehen: sie gilt, solange es sie befolgt, ja *wie* es sie befolgt. Eben dadurch bekundet es seinen Willen, und diese „tägliche Volksabstimmung" wiegt manche auf dem Forum und im Parlament auf. Setzt man also in Rousseaus Vertragsformel für volonté générale *„la loi"* ein, so übernimmt in ihr jeder die Verpflichtung, der Rechtsordnung zu folgen, wie sie auch von den anderen im großen und ganzen befolgt wird, so daß dann jeder tun soll, was man zu tun pflegt; auch hätte die volonté générale als Gesetz, solange dies eben *gilt*, wirklich „immer recht"[2].

IV. Freilich hat weder *Hobbes* den monarchischen Absolutismus seiner Zeit zu retten vermocht, noch auch *Rousseau* die Erde mit Schweizerkantonen übersät. Großreiche bedecken sie, die mit seinem Staatsideal kaum eine Ähnlichkeit haben.

Zwergstaaten (in denen jeder jeden kennt und das Volk sich leicht auf dem Forum versammeln kann) hatte er empfohlen, weil nur in ihnen Demokratie möglich sei. Aber das Utopische seines Ideales war ihm selber klar: „A prendre le terme dans la rigueur de l'acception, il n'a jamais existé de véritable démocratie et il n'en existera jamais. Il est contre l'ordre naturel que le grand nombre gouverne et que le petit soit gouverné." Zudem erfordere Demokratie Männer, die gefährliche Freiheit bequemer Knechtschaft vorzögen: „S'il y avait un peuple de dieux, il se gouvernerait démocratiquement. Un gouvernement si parfait ne convient pas à des hommes" (C. S. III, 4). Das Repräsentationssystem (C. S. III, 15) lehnt er mit Verachtung ab; in der Demokratie müssen die Bürger dem Staate *persönlich* dienen und jedenfalls die Gesetze selber geben. Gewählte Abgeordnete gelten ihm Söldnern gleich, wie sie satt gewordene Bürger (Menschen, die den Gewinn mehr

---

[1] C. S. II, 6: „Tout gouvernement légitime est républicain. Je n'entends pas seulement par ce mot une aristocratie ou une démocratie, mais en général tout gouvernement guidé par la volonté générale, qui est la loi." (Der zweite Satz schließt sich als Anmerkung an den ersten an.) — Übrigens hatte schon *Montesquieu* die Gesetzgebung als Macht *(le pouvoir législatif)* mit der *volonté générale* identifiziert (Esprit des Lois L. XI ch. VI: ... n'étant ... que la volonté générale de l'état).

[2] Der *Volksgeist* der historischen Schule (vgl. o. § 29 II) ist gleichsam ein Wiedergänger der *volonté générale,* das konservative Gegenstück zu *Rousseaus* revolutionärer Konzeption. Auch *Puchtas* Volksgeist hat „immer recht".

schätzen als die Freiheit, die Knechtschaft weniger fürchten als die Armut) dingen, um selbst zu Hause bleiben zu können: „A force de paresse et d'argent, ils ont enfin des soldats pour asservir la patrie, et des représentants pour la vendre." Denn „gebt ihr nur Geld, so liegt ihr bald in Ketten". Auch seien Parteien ein Verderben, denn sobald es sie gebe, stimmten nicht die Bürger, sondern jene (C. S. II, 3). Das englische Volk wähne sich frei, sei es aber bloß während der Wahl seiner Abgeordneten zum Parlament; „sitôt qu'ils sont élus, il est esclave, il n'est rien. Dans les courts moments de sa liberté, l'usage qu'il en fait mérite bien qu'il la perde".

Auch hier ist er sich selbst der Utopie bewußt: Die Bürger der griechischen Städte hätten nur deshalb ständig, mit ihrer Freiheit beschäftigt, auf der Agorá versammelt sein können, weil Sklaven ihre Arbeit taten. „Quoi! la liberté ne se maintient qu'à l'appui de la servitude? Peut-être. Les deux excès se touchent. Tout ce qui n'est point dans la nature a ses inconvénients, et la société civile plus que tout le reste." Wirklich gäbe es Lagen, in denen die eigene Freiheit nur auf Kosten der Freiheit anderer zu erhalten sei. „Pour vous, peuples modernes, vous n'avez point d'esclaves, mais vous l'êtes; vous payez leur liberté de la vôtre." Freilich *dürfe* man keine Sklaven halten und die Sklaverei sei Unrecht, wie er ja selbst bewiesen habe. Dennoch aber sei es so: sobald ein Volk sich durch Abgeordnete vertreten lasse, sei es nicht mehr frei (C. S. III, 15).

V. Nicht so sehr durch Scharfsinn, Konsequenz und Begriffsklarheit wie Hobbes, noch auch durch utopische Phantasie und zündende Formulierungen wie Rousseau hat *Locke* (1632—1704) Mit- und Nachwelt für sich eingenommen: die plausible Wirklichkeitsnähe eines nüchternen *common sense* war es, die über seine logischen Schwächen hinwegsehen und seine Gedanken für das Staatsdenken Englands, aber auch Frankreichs und der USA klassisch werden ließ.

Seine Vertragslehre (im zweiten seiner Two Treatises of Civil Government von 1690) ist deshalb leichter zu lesen als zu referieren: nirgends legt er seinen Grundvertrag textmäßig fest, und ob durch ihn eine Gesellschaft oder eine Regierung zustande kommen soll, bleibt unklar. Klar ist aber, daß der „Naturzustand" bei ihm, anders als bei *Hobbes*, eigentlich schon ein rechtlicher ist. Stärker als bei jenem ähnelt das hier geltende „Naturrecht" schon dem positiven Rechte: jeder hat des anderen Leben, Gesundheit, Freiheit und Eigentum (vgl. § 823 I BGB!) zu respektieren, vor allem aber das letztere das *Hobbes* betont als eine Schöpfung des Staates angesprochen hatte; nur achte man es nicht gehörig, solange eben der Zwang der Staatsmacht fehle. Aber indem die Einzelnen sich ihr vertraglich unterwerfen (sie zu ihrem Treuhänder — *trustee* — machend), übertragen sie ihr nicht *mehr* Macht, als sie dazu *benötigt*, um jeden gegen jeden (wie gegen alle auswärtigen Feinde) in seinen ihm als einem Menschen angeborenen, somit schon vorstaatlichen Privatrechten, seinen Menschenrechten also, zu schützen; denn übertrügen sie (wie *Hobbes* es lehre) dem Staat auch diese Rechte, so bedürften sie solchen Beschützers nicht mehr und hätten nur einen großen Bedrücker gegen viele kleine eingetauscht. Wohl aber hätten sie Mehrheitsbeschlüsse, gleich ihrem eigenen Willen, gegen sich gelten zu lassen, denn andernfalls sei eben eine geschlossene Willensbildung des Ganzen nicht möglich und der Zusammenschluß sinnlos („For what appearance would there be of any compact? What new engagement if he were no farther tied by any decrees of the society than he himself thought fit and did actually consent to? This would be still as great a liberty as he himself had before his compact, or any one else in the state of Nature, who may submit himself and consent to any acts of it if he thinks fit." — Ch. VIII, 97). So könne der Staat zwar nicht ohne die eigene Zustimmung des Bürgers in dessen Rechte eingreifen (z. B. ihn besteuern), aber diese seine eigene Zustimmung *sei* die Zustimmung der Mehrheit (... with his own consent — *i. e.*, the consent of the majority, Ch. XI, 140).

Im übrigen ist jener Grundvertrag für *Locke* — im Gegensatz zu *Hobbes, Rousseau* und *Kant* (der auf Rousseau fußt) — nicht etwa nur ein transzendental-logisches Postulat, eine „bloße Idee der Vernunft", sondern eine historische Erfahrung: immer und überall — nicht nur Rom oder Venedig gründend — hätten sich die Menschen vertraglich zusammengefunden, auch wo wir keine Kunde davon hätten (Government is everywhere antecedent to records — Ch. VIII, 101); daß monarchische Staatsgründungen dominierten und erobernde vorkämen, spreche nicht dagegen, denn auch sie könnten ohne die Einwilligung, den *consent* der Unterworfenen nicht bestehen und würden erst durch ihn legalisiert (was er freilich, im Gegensatz zu Hobbes, nicht auch hinsichtlich der Eroberung — *conquest,* Ch. XVI —, wohl aber bei der Usurpation — Ch. XVII — ausdrücklich sagt).

Daß diese Vorstellung vom Vertrage (im weitesten Sinne) als dem eigentlichen Element der Rechtsbildung in der Geschichte manche Stütze findet, ist nicht zu bestreiten. Freilich war es bei dieser Auffassungsweise für Locke wohl auch kaum möglich, seinen Vertrag (gleich einem logischen Postulat) exakt zu formulieren. Selbst *Kant* hat das ja unterlassen.

VI. So haben denn verschiedene Denker, Verschiedenes erstrebend, aus dem Vertragsgedanken verschiedene Folgerungen gezogen:

Hobbes, den Absolutismus verteidigend, hatte den König zum selbstherrlichen Gesamtinhaber aller Rechte seiner Untertanen gemacht; nur sein Recht der Selbstverteidigung hatte ihm kein Bürger übertragen können[1]. Und da der König selbst zum Untertanen in keinem Vertragsverhältnis stand (sondern eben, wie wir sahen, bloß „begünstigter Dritter" war), konnte er auch sein Recht durch keinen Treubruch je verwirken, konnten also Rebellion und Widerstand

[1] Vgl. Leviathan I Ch. 14.

gegen ihn niemals legal sein; erst dann, wenn ein siegreicher Feind seine Macht gänzlich niedergekämpft hatte, so daß er seine Untertanen nicht mehr zu beschützen vermochte, endete auch deren Gehorsamspflicht[1].

Locke, aus dem Lager der Independenten stammend und die aus der Revolution von 1688 hervorgegangene Beschränkung der monarchischen Gewalt zu rechtfertigen bemüht, machte König und Regierung zu Treuhändern und damit zu vertraglich Verpflichteten des Volkes; brachen sie die *trust*, so endeten ihre Rechte. Die *Menschenrechte* der Bürger waren ihnen vollends niemals abgetreten worden.

Rousseau, alles Bestehenden müde, hatte an die Stelle des absoluten Königs den ebenso absoluten Gesamtwillen des souveränen Volkes gesetzt und diesem aller Bürger Rechte *sans réserve* übertragen. Die Regierenden hatte er zu bloßen Beauftragten *(commissaires)* des Volkes gemacht, deren beschränkte Vollmacht jederzeit widerrufen werden konnte.

Kant schließlich, der Rousseaus Ideen zuneigte, gewaltsamem Umsturz aber abhold war, wurde der Gedanke des Grundvertrages zu einer Idee der Vernunft, die *darin* ihre unbezweifelbare, praktische Realität habe:

„nämlich jeden Gesetzgeber zu verbinden, daß er seine Gesetze so gebe, als sie aus dem vereinigten Willen eines ganzen Volkes haben entspringen *können*, und jeden Untertan, sofern er Bürger sein will, so anzusehen, als ob er zu einem solchen Willen mit zusammengestimmt habe. Denn das ist der Probierstein der Rechtmäßigkeit eines jeden öffentlichen Gesetzes. Ist nämlich dieses so beschaffen, daß ein ganzes Volk *unmöglich* dazu seine Einstimmung geben könnte (wie z. B. daß eine gewisse Klasse von *Untertanen* erblich den Vorzug des *Herrenstandes* haben sollten), so ist es nicht gerecht; ist es aber nur *möglich*, daß ein Volk dazu zusammenstimme, so ist es Pflicht, das Gesetz für gerecht zu halten, gesetzt auch, daß das Volk jetzt in einer solchen Lage oder Stimmung seiner Denkungsart wäre, daß es, wenn es darum befragt würde, wahrscheinlicherweise seine Beistimmung verweigern würde[2]."

---

[1] *The end of Obedience is Protection;* a. a. O. II, Ch. 21 a. E. Vgl. auch II, Ch. 29 a. E.

[2] Vgl. die (sehr lesenswerte!) Abhandlung von 1793 „Das mag in der Theorie richtig sein, taugt aber nicht für die Praxis", Teil II, Folgerung.

C. Die Grundrechte

Inzwischen ist die Vertragslehre verlassen. Eine individualistisch denkende Zeit hatte sie stärker überzeugt als uns. Geblieben aber ist der Gedanke der *unalienable rights,* der unveräußerlichen Menschenrechte, der, eben aus ihr hervorgegangen, kaum ohne sie verständlich ist. Des näheren ist es *Lockes* Lehre gewesen, die zu ihm hingeführt hat.

Indessen hatte *Locke,* so bedeutsam er auch für das angloamerikanische Staatsdenken im ganzen geworden ist, hierzu doch nur die erste Grundlage geliefert: Das Recht auf Leben, Gesundheit, Freiheit und Eigentum hatte er dem Menschen als solchen zugeschrieben und von der Übertragung auf den Herrscher ausgenommen. Aber weder sind es diese Rechtsgüter, die heute unter den Grundrechten im Vordergrunde stehen, noch hatte *Locke* sie dem Zugriffe des Staats schlechthin entziehen wollen: mit des Betroffenen eigenem Willen, das hieß aber: durch einfache Mehrheitsentscheidung des gesetzgebenden Organs, sollte der Staat auch über sie verfügen können[1].

Und auch die englische Bill of Rights von 1689 hatte der Macht des *Gesetzgebers* keine Grenzen ziehen wollen: sie hatte sich gegen die des *Königs* gerichtet, um die des Parlamentes gegen ihn zu sichern. Rechte der Einzelnen hatte sie überdies bloß in zwei wenig bedeutsamen Punkten statuiert: es sollte den Untertanen unbenommen bleiben, Bittschriften an den König zu richten, und den Protestanten erlaubt sein, Waffen zu tragen[2]. Die Befugnisse des Parlaments, der Legislative also, waren damit nur gestärkt worden. Der Gedanke, dem englischen Parlamente selber Freiheitsrechte als eine unübersteigbare

[1] Vgl. bezüglich des Eigentums ch. XI, 138—40. Daß aber der Staat als Kriegsherr und Strafrichter auch Leben, Gesundheit und Freiheit seiner Bürger nach Recht und soweit sachlich notwendig (nur eben nicht willkürlich) fordern konnte, war Locke ebensowenig zweifelhaft. Vgl. ch. XI, 139: Der Vorgesetzte kann vom Soldaten jedes Opfer verlangen, aber keinen Pfennig seines Geldes: „The general that can condemn him to death for deserting his post, or not obeying the most desperate orders, cannot yet with all his absolute power of life and death dispose of one farthing of that soldier's estate, or seize one jot of his goods."

[2] Bedeutsamer war in *dieser* Hinsicht die Habeas Corpus Act von 1679, die den Einzelnen vor willkürlicher Verhaftung schützte. Die Urkundentexte sind zugänglich in *Adams & Stephens,* Select Documents of English Constitutional History, New York 1947.

Schranke auch *seiner* Macht entgegenzustellen, ist nicht *in* England, sondern im Kampfe *gegen* England geboren worden:

Als die englischen Siedler jenseits des Atlantiks, im englischen Parlamente nicht vertreten, wohl aber seinen Gesetzen unterworfen, seit 1763 mit ihrem Mutterlande in Konflikt gerieten, weil es sie zu besteuern beschloß, bemühten sie sich um Rechtsgründe, die Gültigkeit der diesbezüglichen Parlamentsakte für sie, die fernen, schon in der Neuen Welt geborenen Pflanzer, negieren zu können. Sich auf ihre ererbten Freiheitsrechte als *englische Bürger* zu berufen, konnte ihnen gegenüber der Macht des Londoner Parlamentes wenig helfen; nur Rechte, die angeborene *Menschen*rechte waren, konnten sie auch diesem Gesetzgeber entgegenstellen. Das war der Gedanke, den 1764 *James Otis* in die Debatte warf: Die Pflanzer, schrieb er, seien *Menschen* und *deshalb* frei geboren. Die Freiheit aber sei Gottes Gabe, und auch die politischen und bürgerlichen Rechte der britischen Kolonisten beruhten nicht auf einer *charta* der britischen Krone:

"Old Magna Charta was not the beginning of all things; nor did it rise on the borders of chaos out of the unformed mass. A time may come when parliament shall declare every American charter void; but the natural, inherent, and inseparable rights of the colonists as men and as citizens would remain, and, whatever became of charters, can never be abolished till the general conflagration[1]."

Damit war der Gedanke geboren, individuelle Freiheitsrechte, Rechte des Einzelmenschen also, auch dem Gesetzgeber als Grenze zu setzen. Gegen das britische Parlament bedurften die Kolonisten seiner mit der Erlangung ihrer Unabhängigkeit (1776) nicht mehr, aber in den *Bills of Rights*, die sie nun ihren Staatsverfassungen voranzustellen begannen (zuerst in Virginia), setzten sie den *eigenen* Gesetzgebern solche Grenzen. Sie bemühten sich damit, die Bürger der Neuen Welt für immer vor eben den Bedrückungen zu bewahren, die sie und ihre Vorfahren in der Alten zu erdulden gehabt hatten. Die neuen Verfassungen aber wurden schnell auch in Europa bekannt, und 1789 wurden sie zum Muster der Déclaration des droits de l'homme et du citoyen, die sie, bald neuen Bedürfnissen entsprechend abgewandelt, zum Gemeingut unserer politischen Welt gemacht hat[2].

---

[1] Zit. nach *George Bancroft,* History of the United States, ed. London 1861, Bd. IV, S. 145 f.

[2] Die Geschichte dieses epochemachenden Vorganges ist eingehend und überzeugend dargestellt von *G. Jellinek,* Die Erklärung der Menschen- und Bürgerrechte, 4. Aufl. Berlin 1927.

D. *Die Gewaltentrennung*

I. Außer durch Grundrechte soll die Freiheit des Bürgers in unserem Staate auch durch das Prinzip der Gewaltentrennung verfassungsrechtlich gesichert sein, indem die Staatsgewalt „durch besondere Organe der Gesetzgebung, der vollziehenden Gewalt und der Rechtsprechung“ ausgeübt wird (Art. 20 II GG).

Montesquieu, auf den dieses Prinzip zurückgeht, begründet es in seinem Esprit des Lois von 1748, L. XI (bes. ch. VI, De la constitution d'Angleterre) wie folgt:

Wo immer es Gesetze gebe, bestehe des Bürgers Freiheit in der Macht, alles zu tun, was die Gesetze erlauben, und solcher Freiheit müsse er sich furchtlos sicher fühlen können. Dazu bedürfe sie aber des Schutzes, denn ewige Erfahrung lehre, daß jeder Mensch, der Macht hat, auch dazu neigt, sie zu mißbrauchen; stets gehe er so weit, bis er auf Grenzen stoße; habe doch sogar die Tugend Grenzen nötig. Deshalb müsse dafür gesorgt sein, daß Macht die Macht blockiere (que ... le pouvoir arrête le pouvoir; L. XI, ch. IV). Hätten aber dieselben Menschen Macht, Gesetze zu geben und sie zu vollziehen, so gäbe es keine Freiheit, denn dann sei zu befürchten, daß sie sie tyrannisch gäben, um sie tyrannisch zu vollziehen. Und sei der Richter zugleich Gesetzgeber, so sei seine Gewalt über Leben und Freiheit der Bürger Willkür, die Macht eines Bedrückers. „Tout serait perdu si le même homme, ou le même corps des principaux, ou des nobles, ou du peuple, exerçaient ces trois pouvoirs: celui de faire les lois, celui d'exécuter les résolutions publiques, et celui de juger les crimes ous les différends des particuliers.“

Die vollziehende Gewalt sollte also an die gesetzgebende gebunden sein und ebenso der Richter. Er sogar im allerstrengsten Sinne: nichts anderes sollten seine Urteile sein dürfen als der genaue Gesetzestext (vgl. o. § 31 IV). Somit sah Montesquieu die Rechtsprechung nicht als eine „Gewalt“ im Sinne der beiden anderen an; als *puissance* war sie ihm „en quelque façon nulle“ und darum ungeeignet, jene in ihre Schranken zu weisen. So war es denn ein Oberhaus (corps des nobles), das die gesetzgebende Gewalt des Volkes sollte blockieren können: es sollte zwar nicht selbst Gesetze geben, wohl aber jedem von der Volksvertretung beschlossenen widersprechen dürfen.

„Voici donc la constitution fondamentale du gouvernement dont nous parlons. Le corps législatif y étant composé de deux parties, l'une enchaînera l'autre par sa faculté mutuelle d'empêcher. Toutes les deux seront liées par la puissance exécutrice, qui le sera elle-même par la législative. Ces trois puissances devraient former un repos ou une inaction. Mais, comme par le mouvement nécessaire des choses elles sont contraintes d'aller, elles seront forcées d'aller de concert.“

II. Die wirkliche englische Verfassung seiner Zeit hatte *Montesquieu* damit nur frei umschrieben (vgl. bes. die Stellung des Richters!); die Freiheit der Engländer, so sehr er sie bewunderte, war nicht sein Anliegen gewesen (vgl. L. XI ch. VI a. E.!). Auch war er nicht *Lockes* Beispiel gefolgt, der (Treatise II, ch. XII) zwar wohl um der Freiheit willen von der gesetzgebenden die vollziehende Gewalt hatte getrennt wissen wollen, als dritte aber nur eine *federative power* angesehen hatte, die, als die Staatsführung in auswärtigen Angelegenheiten, nicht an die Legislative gebunden, doch von der Exekutive ungetrennt bleiben sollte; ähnlich wie wir heute innerhalb der vollziehenden Gewalt zwischen Regierung und Verwaltung *(Gubernative* und *Administrative)* unterscheiden, gleichfalls ohne ihre Trennung anzustreben.

In unserer eigenen Verfassung wird der Leser die hemmende Rolle des englischen Oberhauses (Montesquieus *corps des nobles*) z. T. dem *Bundesrat* zugewiesen finden (Art. 76 ff. GG), der dem Senat der USA entspricht, im übrigen aber der *Rechtsprechung:* darüber, daß die Verwaltung sich an die Gesetze hält, wachen die *Verwaltungsgerichte,* darüber, daß die Gesetze der Verfassung entsprechen, die Verfassungsgerichte der Länder und das *Bundesverfassungsgericht* (entsprechend dem Supreme Court der USA. — Vgl. Art. 100 I GG). Indem aber das Bundesverfassungsgericht überdies auch politische Maßnahmen der *Regierung* verfassungsrechtlich zu beurteilen und somit umzustoßen genötigt werden kann (vgl. z. B. Art. 21 II, 93 I Ziff. 1, 100 II GG), ist es insofern aus einem Organ der Rechtsprechung zu einem solchen der Regierung selbst geworden; eine Aufgabenverquickung, die Bedenken erregt hat. Indessen ist damit das Äußerste geschehen, um die Bundesrepublik zu einem *Rechtsstaate* zu machen (vgl. Art. 28 I GG).

E. Die Volkssouveränität

I. Nicht anders als *Freiheit* bedeutet auch *Souveränität* im Grunde eine Negation. Sie ist selbst Ausdruck einer Freiheit: der Freiheit des Staates von seiner Ordnung übergeordneten Mächten. Als ranghöchste Macht ist der Staat frei von Unterordnung. Indessen sahen wir (§ 56 VII), wie diese Freiheit mit der Macht des Herrschers zusammenfloß und seine Majestätsrechte zu ihrem *positiven* Inhalt wurden.

Doch woher hatte der Herrscher diese seine Rechte? Nur Gott oder das Volk konnte ihre Quelle sein. War es aber das Volk, so mußte er sie von diesem Volke durch Vertrag erlangt haben. Alle Vertragslehren setzen ja voraus, daß sich des Herrschers Macht, das hieß nun aber seine Souveränität, vom Volke herleite. Nach *Hobbes* freilich war der König seines Volkes Zessionar: es hatte ihm seine Rechte abgetreten; nach *Locke* war er sein *trustee:* es hatte sie ihm zur Verwaltung anvertraut; nach *Rousseau* war ihm, soweit er noch erwünscht war, die Stellung eines Kommissars belassen. In den beiden letzteren Fällen war also das Volk der Inhaber der Rechte geblieben, deren Ausübung die Souveränität des Königs ausmachte[1]. So war das Volk hier selbst der eigentliche Souverän.

II. Die Lehre von der Volkssouveränität, daß also die Staatsgewalt vom Volke nicht bloß herrührt (Hobbes), sondern auch von ihm *ausgeht* (Art. 20 II S. 1 GG) und damit nach wie vor die seine ist, eröffnet ihm die Möglichkeit, sie auch, soweit das praktikabel ist, aus eigenem Rechte selber *auszuüben.* Grundrechte und Gewaltentrennung hatten den Bürger davor schützen sollen, vom Staate überwältigt zu werden; sie sollten seine Freiheit *vom* Staate wahren. Die Volkssouveränität gibt ihm die Macht, am Staate teilzunehmen; sie ist seine Freiheit *zum* Staate.

F. Die Konkurrenz der Freiheiten

I. *Montesquieu* hatte die bürgerliche Freiheit als den unmittelbaren Zweck der englischen und somit auch seiner Idealverfassung angesehen (L. XI ch. V). Und wirklich wurde ihr Schutz das Hauptanliegen der liberalen Demokratie des 19. Jahrhunderts: Grundrechte und Gewaltentrennung traten in ihren Mittelpunkt. Der Staat sollte die Freiheit der Nation und ihre Flagge auf den Weltmeeren schützen, sich aber in die geistige, berufliche und wirtschaftliche Betätigung der Bürger so wenig wie nur möglich einmischen, ihre Glaubens- und Gewissensfreiheit, Vertrags- und Handelsfreiheit respektieren und ihnen Rechtssicherheit gewähren; nicht nur einander, mehr noch ihm selber gegenüber: indem er sich strikt an sein eigenes Recht zu halten hatte, sollte sein Verhalten zum einzelnen Bürger für diesen berechenbar sein. Er sollte Rechtsstaat sein, indem er selbst das Recht befolgte. Und indem der Recht tuende Bürger sich dessen sicher wissen durfte, sollte er in Freiheit von Furcht leben können.

---

[1] Die Übersetzung „Treuhänder“ würde deshalb im Text das Entscheidende nicht getroffen haben. Denn den *Treuhänder* machen wir zum formellen Inhaber der ihm anvertrauten Rechte; der *trustee* erlangt ein Recht an *fremder* Sache.

II. Die Welt, in der sich ein Staat auf diese Aufgaben beschränken konnte, ist versunken: die Bundesrepublik will ein *sozialer* Rechtsstaat sein (Art. 20 I und 28 I GG). In immer steigendem Maße hat der Staat die Daseinsvorsorge für seine Bürger übernehmen müssen; die Soziallasten sind Hauptposten im Etat geworden. Die Menge derer, die Brot, nicht Freiheit wollen, ist beträchtlich. Doch wollen auch sie noch eine Freiheit: Freiheit von materieller Not ist es, die ihnen der Staat gewähren soll.

III. So hat der Staat denn keine seiner alten Aufgaben fallen lassen dürfen, wohl aber ständig neue hinzuübernehmen müssen. Um sie bewältigen zu können, mußte die liberale Demokratie zum Gesetzgebungs- und Verwaltungsstaat, fast schon zum Wohlfahrtsstaate werden. Und dennoch soll sie nicht aufhören, die Freiheit ihrer Bürger vor ihr selber schützend, Rechtsstaat zu bleiben. In der Tat ist das um so dringlicher, je weiter sich der Aufgabenkreis des Staates dehnt und je mehr damit unvermeidlich sein „Apparat" anwächst; die Gefahr für den Einzelnen, in dessen Räder zu geraten, von der Verwaltung „überfahren" zu werden, wird damit immer größer. Zugleich wird aber auch das Gestrüpp der Vorschriften für den Bürger immer undurchschaubarer, und für den Beamten wird es immer schwerer zu erkennen, ob es ein Querulant ist, den er da vor sich hat, oder ein Mensch, dem wirklich Unrecht geschehen ist. So wird es denn immer schwerer, den Rechtsstaat durchzuhalten. In Notzeiten kann die Aufgabe unerfüllbar werden[1].

IV. Wer aber Leistungen und Freiheit vom Staate zugleich verlangt, hat einzusehen, daß dieser seinen Bürgern nichts geben kann, was sie ihm nicht zuvor gegeben hätten und daß es, auch dem Staate gegenüber, Rechte ohne Pflichten niemals geben kann. Auch das Verhältnis zwischen Staat und Bürger kann nur auf Gegenseitigkeit beruhen.

An einer amerikanischen Universität bat ein Neubürger einen Kollegen um Auskunft, ob er einen bestimmten Betrag versteuern müsse; er habe da Zweifel. Die Antwort war: „If I had any doubt I should be proud to pay it." Daß auch in USA nicht alle Steuern bezahlt werden, kann als sicher gelten; ebenso aber auch, daß jener

---

[1] Eine klarsichtige Darstellung des Problemzusammenhanges findet sich bei *Karl Jaspers*, Vom Ursprung und Ziel der Geschichte; Fischer Bücherei 1955, S. 148 ff.

Satz in unserem Lande niemals auch nur gesprochen worden wäre. Und dennoch drückt er eben die Haltung aus, die eines freien Bürgers würdig ist. Solche Gesinnung zu verbreiten, würde der Demokratie besser dienen, als das erstaunliche Bemühen, den „unbequemen Staatsbürger“ als Idealfigur zu propagieren.

KAPITEL VI

Völkerrecht

§ 59. Wesen und Geltungsgrund des Völkerrechts

In unserer Darstellung war es uns darum zu tun gewesen, das Recht aus seinen Anfängen zu entwickeln: vom Sittenrecht der Sippen zum Gesetzesrecht des abstrakt gewordenen Staates. Zum Völkerrecht führend formt unser Weg sich nun zum Kreis, genauer: zur Spirale. Denn wenn die Menschheit noch eine Zukunft hat, so steht das Völkerrecht am Anfang eben der Entwicklung, die einst das innerstaatliche Recht durchlaufen hat. Zwischen den Staaten muß sie sich, auf gleichsam höherer Ebene, noch einmal wiederholen.

I. Denn gleichviel ob ein Recht zwischen Staaten, zwischen Völkern oder gar zwischen Individuen (was noch zu erörtern sein wird), ist es das Recht einer Gemeinschaft, die selbst noch keinen Staat gebildet hat: ein Recht ohne Gesetzgeber, ohne obligatorische Gerichtsbarkeit und ohne ausführende Organe, die man die *seinen* nennen könnte. Das zwischenstaatliche Recht ist darin dem vorstaatlichen gleich: es ist *Sittenrecht.* Was aber ohne Gerichtsbarkeit und geordnete Herrschaft zwischen den Sippen herrschte, haben wir kennengelernt, als von den Anfängen des Prozessees und der Strafe die Rede war: Fehde und Blutrache, Krieg und Vergeltung; das also, was wir (§ 53 II 2) als *bellum gentium contra gentes* präzisierten, *Hobbes' bellum omnium contra omnes,* der Moloch „Naturzustand", den zu bändigen ein Leviathan nötig gewesen war.

Freilich dehnt *Hobbes* den Begriff des „Krieges" sehr weit aus. Doch eben, was er mit dazurechnet, ist uns besonders vertraut. Und damit wir den „kalten Krieg" über drei Jahrhunderte hinweg deutlicher wiedererkennen, übersetze ich:

„Krieg besteht nicht nur in Schlachten oder Gefechtshandlungen, sondern in einem Zeitraum, in dem der Wille zu kämpfen hinlänglich bekannt ist. Und deshalb gehört die *Zeit* zum Wesen des Krieges in gleicher Weise wie zu dem des Wetters. Denn nicht ein oder zwei Regenschauer machen das schlechte Wetter aus, sondern eine Neigung dazu, die viele Tage anhält. So besteht auch das Wesen des Krieges nicht im Kampfe selbst, sondern in der

Bereitschaft dazu, solange man des Gegenteils nicht sicher ist. Alle *andere* Zeit ist Frieden." In jenem Zustande also lebten die wilden Stämme in Amerika noch immer; und wenn es selbst niemals eine Zeit gegeben haben sollte, in der die *Einzelnen* einander auf diese Weise gegenübergestanden hätten: „so befinden sich doch zu allen Zeiten Könige und andere Souveräne, eben wegen ihrer Unabhängigkeit, in ständigen Rivalitäten und im Zustande und in der Positur von Gladiatoren, ihre Waffen und ihre Augen aufeinander gerichtet: ihre Festungen, Garnisonen und Kanonen an den Grenzen ihrer Gebiete und die ständigen Spione bei ihren Nachbarn; was eine Kriegshaltung ist[1]."

Ob aber „Krieg" oder nicht: jedenfalls ist es die *Selbsthilfe,* die in jenem Zustand herrscht: Jeder ist Richter und Vollstreckungsorgan in eigener Sache, er verurteilt seinen Gegner und sucht ihn durch Repressalien oder Krieg zu zwingen oder zu vernichten. Daß er sich selbst verurteilen wird, ist unwahrscheinlich.

II. Und wie man zweifeln kann, ob jener Zustand Krieg oder Frieden ist, darf man auch zweifeln, ob hier von „Recht" zu sprechen sei. Allerdings gibt es eine friedlichere Sphäre, in der das Recht seine Heimat hat: Staaten treten miteinander in *Verkehr,* sie schließen *Verträge* und bilden *Schiedsgerichte,* wenn sie in Streit geraten.

1. So ist denn das *Gesandtschaftsrecht,* die Ordnung des diplomatischen Verkehrs, die älteste und festeste der völkerrechtlichen Materien. Der Herold war den alten Völkern heilig, und selbst im letzten Kriege ist die Unverletztlichkeit der diplomatischen Vertreter respektiert worden.

2. Das *Vertragsrecht* ist eine Grundmaterie allen Völkerrechts. Sie ist es in solchem Maße, daß der Satz *pacta sunt servanda* als seine Grundnorm angesehen wird. Und wenn der Vertrag als Grundlage sogar der gesamten innerstaatlichen Rechtsordnung hatte gelten können (vgl. § 58 B), so lag es im Völkerrecht noch näher, ihn so hoch einzuschätzen, da er hier zugleich das Fehlen von Gesetzgebung und Rechtsprechung, jedenfalls praktisch, auszugleichen hat; weshalb denn die Vertrags- oder Vereinbarungstheorie im Völkerrecht noch heute nahezu herrscht. Auch hatte hier das römische Privatrecht solide Vorarbeit geleistet, und als dasjenige Recht, in welchem souveräne Staaten einander als freie und gleiche Rechtssubjekte Verträge schließend

---

[1] Leviathan ch. 13 (p. 62, 63). *Locke* pflichtet dem im Ergebnis bei (Essay II, ch. II u. III, bes. 14 u. 19) und schonungslos demonstriert *Kant* diesen Zustand an der Kabinettspolitik des 18. Jahrhunderts, um darzutun, was dagegen geschehen sollte (Zum ewigen Frieden, 1795).

gegenübertraten, trug das klassische Völkerrecht (das der Zeit vom 16. bis zum Ende des 19. Jahrhunderts) ein stark privatrechtliches Gepräge.

3. Die *Schiedsgerichte* haben wir als Vorläufer und Begleiter der staatlichen Gerichtsbarkeit kennengelernt (§ 44). Im Völkerrecht vertreten sie deren Stelle noch heute praktisch gänzlich, da auch die Organisation der Vereinten Nationen (UNO) keine obligatorische Gerichtsbarkeit begründet hat: nur wenn beide Parteien sich ihm unterwerfen, kann der Internationale Gerichtshof (IGH) ihren Streit entscheiden. Von einem bloßen Schiedsgericht unterscheidet er sich nur dadurch, daß nicht die Parteien seine Richter wählen und daß er *gutachtlich* auch *unmittelbar* tätig werden kann.

III. So kennzeichnet denn *Verdross*[1] die *Eigenart des Völkerrechts* u. a. durch folgende Merkmale:

a) Seinen relativen *Mangel an zentralen Organen*, zu denen die UNO nur Ansätze, wie eben den erwähnten IGH und den Sicherheitsrat, aufweist.

b) Seine daraus folgende *Ergänzungsbedürftigkeit:* In Ermangelung eigener Organe der Völkerrechtsgemeinschaft bleibt es den *Staaten* und *deren* Organen überlassen, das Völkerrecht zu verwirklichen. Da seine Normen überdies zumeist sehr generell sind, haben sie die Staaten mittels ihrer Durchführungsbestimmungen zuvor noch zu konkretisieren, insbesondere völkerrechtliche Verträge in innerstaatliches Recht zu transformieren[2]. Die Staatsorgane werden dabei in *doppelter Funktion:* als solche des Staates wie der Völkerrechtsgemeinschaft tätig.

c) Die *Relativität der völkerrechtlichen Pflichten:* Im klassischen Völkerrecht (wie heute noch regelmäßig) gab es keine anderen Pflichten als solche von Einzelstaaten gegenüber Einzelstaaten. Nur seine eigene Verletzung berechtigte einen Staat zu Gegenmaßnahmen. Bloß gegen fundamentale Völkerrechtsverletzungen, die aller Staaten Interessen unmittelbar berührten, waren Kollektivdemarchen oder Kollektivproteste anerkannt.

Erst Völkerbund und UNO haben auch Gemeinschaftspflichten statuiert. Doch nur gegen eine Verletzung des Gewaltverbotes der Satzung (das aber Notwehr und Nothilfe gegen einen Angriff nicht

---

[1] Vgl. *Verdross*, Völkerrecht, 5. Aufl. Wien 1964, S. 122 ff.

[2] Diesbezügliche Publikationen sind Hauptinhalt von Teil II des Bundesgesetzblattes!

ausschließt) ist der Sicherheitsrat mit Sanktionen einzuschreiten berechtigt und verpflichtet[1]. Dieser Pflicht nachzukommen ist er indes bekanntlich außerstande, sofern *ein* ständiges Mitglied widerspricht[2]. Hieraus ergibt sich

d) der *individualistische Charakter* des klassischen, doch auch des heutigen Völkerrechtes. Zudem ist die Zahl der hier in Rede stehenden „Individuen", der Staaten, klein.

e) Diese *relative Spärlichkeit der Völkerrechtssubjekte* begründet einen weiteren Unterschied: Rechtsgenossen des innerstaatlichen Rechtes sind nach Millionen zählende und folglich *anonyme* Menschenmassen. Dem entspricht eine Rechtsordnung, die sich auf die Regelung typischer Tatbestände beschränkt. Konkrete Regelungen für ihre besonderen Verhältnisse zu treffen überläßt sie der Vertragsfreiheit der Einzelnen. Eben aus solchen konkreten vertraglichen Regelungen besteht aber das Völkerrecht in starkem Maße. Die Staatengesellschaft ist eine *face to face society*[3], was alle Beziehungen in ihr „persönlich" macht. Dennoch, meint *Verdross*[4], könne man sagen, daß die generellen Normen überwiegen.

f) Daß der Bestand dieser kleinen, locker gefügten Staatengesellschaft weitgehend vom guten Willen ihrer Mitglieder abhängt, leuchtet ein. Der *Grundsatz der bona fides* wie der Unterlassung jeden Rechtsmißbrauchs spielt deshalb in ihr eine entscheidende Rolle. „Denkt man sich den Grundsatz der bona fides weg, dann bricht das ganze Völkerrecht in sich zusammen"[5].

g) Zwar ist die *Menschlichkeit* ein weiterer Grundsatz des (im Zeitalter des *Humanismus* geprägten) Völkerrechts, der Mensch selbst aber ist in der Staatengesellschaft *mediatisiert:* Wie im mittelalterlichen Reiche zwischen ihm und dem Kaiser (sofern er nicht reichsunmittelbar war) sein Landesherr stand, steht heute sein Heimatstaat zwischen dem Völkerrecht und ihm. Nur jener ist *völkerrechtsunmittelbar.* Er ist verpflichtet, seinen Untertanen zu schützen, aber nur

---

[1] Satzung der Vereinten Nationen Art. 1, I und Art. 39 ff., doch auch Art. 51.

[2] Ebd. Art. 27 III.

[3] Vgl. o. § 5 IV. — Von 50 Staaten wurde 1945 die UNO gegründet; etwa 100 gibt es ihrer heute im ganzen. Unter ihnen „kennt jeder jeden". Aber jeder von ihnen „vertritt" im Durchschnitt 30 Millionen Menschen.

[4] A. a. O. S. 129.

[5] *Verdross,* a. a. O. S. 131.

ihm gehört dieser auch an. Nur Staatsangehöriger ist er, nicht „Weltbürger“ zugleich. Der Staatenlose ist auch völkerrechtlich schutzlos. Auch vor keinem Organ der UNO hat er ein individuelles Klagerecht. Die höchste in seiner Sache zuständige Staatsbehörde ist für ihn die letzte Instanz. Nur die europäische Menschenrechtskonvention von 1952 (BGBl. II S. 686 ff.) hat in ihrem Art. 25 dem Einzelnen unter bestimmten Voraussetzungen die unmittelbare *Petition* an die europäische Kommission für Menschenrechte zugestanden[1].

IV. Daß die Natur des hiermit in seiner Eigenart gekennzeichneten Rechtes streitig ist, kann nicht verwundern. Ist es ein Recht der Einzelnen, der Völker oder der Staaten?

Daß nicht die Einzelnen seine Subjekte, völkerrechtsunmittelbar sind, auch dort nicht, wo ihr Wohl sein Zweck ist oder sie es als Staatsorgane zu vollziehen haben, wird nur von wenigen bestritten. Daß es die Völker (les nations) seien, behauptet *Scelle*[2]. Er glaubt, der Fortschritt zur Welt-Rechtsorganisation werde gehemmt, wenn nicht der Staat als Personifikation und Rechtssubjekt wie vollends seine Souveränität schon aus der heutigen Lehre gestrichen und damit der Vorrang des Völkerrechtes vor der staatlichen Rechtsordnung um so gründlicher gesichert werde[3]. Aber wie wir (§ 17) das subjektive Recht als einen technischen Hilfsbegriff gelten ließen und uns hinsichtlich der juristischen Person damit begnügt haben, sie als ein Mittel der Rechtsverweisung klarzustellen (§ 18 VII), so möchten wir auch den Staat in seiner juristisch-technischen Funktion belassen. Wir glauben, daß es überdies verfrüht sein würde, ihn als soziale Realität zu ignorieren. Das geltende *Recht* vollends ist ohne ihn nicht darzustellen. Wir glauben deshalb, bei der klassischen Konzeption des Völkerrechts als Staatenrecht, auch für die Gegenwart, verbleiben zu sollen.

---

[1] Auch im supranationalen Gemeinschaftsrecht der europäischen Gemeinschaften wird dem Einzelnen ein individuelles Klagerecht vor dem Europäischen Gerichtshof eingeräumt.

[2] *Georges Scelle*, Manuel de droit international public, Paris 1948, p. 23 und passim.

[3] „Il ne peut y avoir comme agents juridiques que des individus ... L'Etat n'a donc pas de compétence, mais la Nation a des intérêts“ (a. a. O. p. 23). — „Si l'Etat est sujet de Droit de l'ordre juridique international, il ne peut pas être souverain, ou bien l'ordre juridique ne l'est plus, disons mieux, *n'est plus*“ (p. 97). — Außer der juristischen Person streicht *Scelle*, *Duguit* folgend, auch das subjektive Recht (p. 121 sequ. Vgl. o. § 17).

Die herkömmliche Bezeichnung „Völkerrecht“ (droit des gens, law of nations; droit inter*national* public, public inter*national* law etc.) ist wörtliche Übersetzung des Terminus *ius gentium.* Mit ihm bezeichneten die Römer aber etwas anderes: die Rechtsinstitutionen nämlich, die nach ihrer Erfahrung alle jene Kulturvölker miteinander gemein hatten, mit denen sie in Krieg und Frieden in Verkehr getreten waren. Als Rom zu einer Metropole erwuchs, in der die Händler des Mittelmeerbeckens wie des Orients zusammenströmten, und eine besondere Fremdengerichtsbarkeit (der praetor peregrinus) nötig wurde, gewann dies *ius gentium* für die Entwicklung des privaten Vertragsrechtes seine größte Bedeutung; doch umfaßte der Begriff schon damals Kriegserklärung und Friedensschluß, Gebietsabgrenzungen und die Gründung von Herrschaften[1]. Hiermit klingt *unsere* Bedeutung des Wortes „Völkerrecht“ an, und der Spanier *Victoria* verdeutlichte 1532, was heute gemeint ist, als *ius inter gentes*[2]. „Staatenrecht“ war ein Vorschlag *Kants*[3].

V. So sind es also die Rechtsordnungen der *Staaten,* über denen sich das Völkerrecht erhebt. Es überwölbt sie ähnlich, wie die Rechtsordnungen der Gemeinden von der des Landes, die der Länder von der des Bundesstaates überwölbt werden.

Über der Ähnlichkeit dieser Verhältnisse sind ihre Verschiedenheiten indessen nicht zu übersehen: der Bürger einer Stadtgemeinde ist zugleich Bürger des Landes und des Bundesstaates; beschweren ihn die Stadtbehörden, so kann er sich an die des Landes, beschweren ihn diese, an die des Bundes wenden, soweit ihre Zuständigkeit reicht. Zur UNO aber gibt es für ihn keinen Weg; auch dann nicht, wenn sein Heimatstaat ihr angehört. Ferner haben Stadt, Land und Bund je ihre eigenen Organe und Behörden. Der Bund kann zwar einzelne seiner Angelegenheiten durch Landesbehörden verwalten lassen (z. B. seine Straßen gem. Art. 90 GG), das Land einzelne der seinen durch die Gemeinden (z. B. Feuerwehr, Meldewesen, Flüchtlingsbetreuung u. a. m.: sogen. Auftragsangelegenheiten). Was aber dort Ausnahme ist, ist für die UNO Regel. Sie ist auf die Staaten und deren Ausführungsorgane angewiesen, da ihr die eigenen fehlen: nur ihre Treuhandgebiete (den Rest der noch der staatlichen Selbständigkeit entgegenreifenden einstigen Mandatsgebiete der Völkerbundszeit) und sich selbst verwaltet sie mit eigenen Beamten. Auch kann sie sich nie *be*fehlend, stets nur *emp*fehlend an die Staaten wenden.

---

[1] Dig. I, I, 5.

[2] Vgl. *Verdross,* a. a. O. S. 97 Anm. 2.

[3] Rechtslehre § 53.

VI. Es wird deshalb in der Rechtstheorie darüber gestritten, ob Völkerrecht und innerstaatliches Recht derart voneinander verschieden seien, daß sie nur als zwei getrennte Systeme (dualistisch), nicht aber als *eines* (monistisch) verstanden werden könnten; ferner, ob letzteren Falles das Völkerrecht als Ausfluß des Staatsrechtes (als „äußeres Staatsrecht"), oder dieses als von jenem abgeleitet (delegiert) zu betrachten sei; schließlich, welchem von beiden der Vorrang (Primat) zukomme.

Im ganzen ist festzustellen, daß die ältere deutsche sowie die italienische und neuerdings die sowjetische Lehre, unter dem Einfluß *Hegels* vom Staat her denkend und dessen Rang betonend, dem Dualismus zuneigt, während die anglo-amerikanische sowie die neuere deutsche Lehre beide Ordnungen unter dem normativen Primat des Völkerrechtes vereint sehen möchte. Das staatliche Recht zugunsten des Völkerrechtes aufzulösen, trachten *Krabbe, Duguit, Scelle, Politis.*

Für die praktische Rechtsgestaltung hat der Standpunkt der englischen Rechtsprechung vorbildlich gewirkt, den *Blackstone* (1723 bis 1780) dahin formuliert hat:

"... since in England no royal power can introduce a new law, or suspend the execution of the old, therefore the law of nations (whereever any question arises which is properly the object of its jurisdiction) is here adopted in its full extent by the common law, and is held to be a part of the law of the land. And those acts of parliament, which have from time to time been made to enforce this universal law, or to facilitate the execution of its decisions, are not to be considered as introductive of any new rule, but merely as declaratory of the old fundamental constitutions of the kingdom: without which it must cease to be a part of the civilized world[1]."

Das hatte freilich nur eine Einschränkung der Befugnisse der Krone, nicht des Parlamentes, also des *modernen* Gesetzgebers bedeutet, und dieses hielt sich an das allgemeine Völkerrecht nur insoweit für gebunden, als es von der Überzeugung aller Kulturvölker, also auch des englischen getragen war. Und als die Weimarer Verfassung (Art. 4) den englischen Satz in der Fassung übernahm, daß „die allgemein anerkannten Regeln des Völkerrechts" als bindende Bestandteile des deutschen Reichsrechts gelten sollten, war herrschende Meinung, daß nicht von Deutschland anerkannte Regeln nicht dazu gehörten. Mit den „allgemeinen Regeln des Völkerrechts", die nach Art. 25 GG Bestandteile des Bundesrechtes sind, soll dieser Sinn nicht mehr verbunden sein, auch gehen sie den deutschen *Gesetzen* vor. Nur Verfassungsrecht könnte sich, wie in allen anderen Staaten, so auch bei

[1] Commentaries, 4. Buch, 6. ed. (1775), p. 67.

uns theoretisch über sie hinwegsetzen. Eine völkerrechtswidrige Verfassungsänderung würde somit völkerrechtlich nichtig, staatsrechtlich aber gültig sein[2].

Daß die allgemeinen Regeln des Völkerrechts gem. Art. 25 GG zugleich auch „Rechte und Pflichten unmittelbar für die Bewohner des Bundesgebietes“ erzeugen sollen, kann freilich daran nichts ändern, daß diese Regeln dazu kaum je geeignet sind, weil sie sich eben inhaltlich an Staaten, nicht an Einzelne richten. — Völkerrechtliche *Verträge* hinwiederum, die eher als die „allgemeinen Regeln“ (d. h. das Völkergewohnheitsrecht) Einzelpersonen berühren können, bedürfen jedoch gem. Art. 59 II GG der Umformung in innerstaatliches Recht (Transformation), um für diese Personen wirksam zu werden.

VII. Vom Standpunkte der staatlichen Rechtsordnungen aus gesehen, scheinen es hiernach die Staaten zu sein, die das Völkerrecht als „äußeres Staatsrecht“, als ihre eigene Ordnung über sich selbst errichten. Sie scheinen darüber zu verfügen, ob, inwieweit und wie sie es „anerkennen“ und ihm entsprechen wollen. So wäre es denn *ihr* Werk und könnte sie selbst nicht binden. Das Völkerrecht seinerseits jedoch scheint sich, einmal anerkannt, aus ihnen zu ernähren, sich ihrer zu bedienen, in sie hineinzuwachsen, um sie zu durchdringen und mit der List der Idee zu *seinem* Werk zu machen. Noch scheint sein Dasein fast parasitär zu sein. Was aber ist hier Zweck, was Mittel?

Die Antwort kann nur lauten, daß *beide* Mittel sind und daß der Zweck die Menschheit ist. Die Menschen haben ihre staatlichen Rechtsordnungen gebildet, um miteinander als Menschen leben, d. h. in Frieden und Freiheit miteinander zusammenwirken zu können. Zum gleichen Zwecke bilden sie das Völkerrecht. Die Staaten sind hier ihre Instrumente, die Form, in der sie ihren Zweck verfolgen. Und, nicht anders als das Völkerrecht, sind auch sie Gedankendinge, Bewußtseinsinhalte, die nur insofern soziale Realität haben, als sie menschliches Verhalten koordinieren. Daß der Mensch in ihm formal mediatisiert wird, schließt nicht aus, daß er doch Herr und Zweck des Völkerrechts ist und daß es um seinetwillen die Staaten binden muß.

Darum hat auch das Völkerrecht den gleichen Geltungsgrund wie alles andere Recht: die soziable Natur des Menschen. Hier, wo es keine Gesetze gibt, ist das stets besonders deutlich gewesen. Wir können deshalb auf die ersten Seiten dieses Buches zurückverweisen und sie, einen Gedanken *Ciceros* ergänzend, dahin zusammenfassen: *ubi*

---

[2] Vgl. *Dahm*, Völkerrecht Bd. I (1958), S. 67 f.

homines, ibi societas, ubi societas ibi ius[1]. So haben denn auch *ius gentium* und *ius naturale* von Anbeginn besonders nahe beieinander gelegen[2] und hat gerade auf diesem Gebiete der Naturrechtsgedanke vom 16. bis zum 18. Jahrhundert seine eigentlichen Triumphe gefeiert. Die allgemeinen Regeln des Völkerrechts sind daher weitgehend positiviertes Naturrechtsdenken jener Zeit.

VIII. Als die naturrechtliche Grundlage des positiven Völkerrechtes hat schon seit *Hugo Grotius* vor allem der Satz *pacta sunt servanda* gegolten[3], und wir sahen, daß er auch als seine Grundnorm angesprochen worden ist. Das war freilich nur möglich, sofern man *pacta tacita* für die Entstehungsquelle auch des Gewohnheitsrechtes hielt (vgl. o. § 58 B). Als dessen Grundmaxime haben wir aber den Satz erkannt, daß jeder tun soll, was man zu tun pflegt[4]. In ihm haben Völkerrecht und innerstaatliches Recht dieselbe Basis. Da man zu seinen Abmachungen zu stehen pflegt, ist auch das *stare pactis* darin eingeschlossen.

Unter den *Erkenntnisquellen* des Völkerrechtes aber steht die Gewohnheit — die „Staatenpraxis": die Übung der die Staaten Regierenden und Vertretenden — *neben* dem Vertrag; ja dieser steht, weil formuliert und leichter feststellbar, im Vordergrunde; auch geht er für das partikulare Verhältnis der Beteiligten der allgemeinen Gewohnheit vor. Hinzu treten die von den zivilisierten Völkern anerkannten Rechtsprinzipien, die Lehrmeinungen literarischer Autoritäten und last not least die Präjudizien, vor allem die der internationalen Gerichte und Schiedsgerichte selbst. Art. 38 des Statuts des IGH hat diese Rechtsquellen autoritativ definiert.

---

[1] Wo es Menschen gibt, da gibt es Gesellschaft, und wo es Gesellschaft gibt, da gibt es Recht. Der Satz „ubi societas ibi ius" pflegt in der völkerrechtlichen Literatur *Cicero* zugeschrieben zu werden, doch vermag ich diese *Formulierung* in seinem Werk nicht aufzufinden. Gleichwohl enthält es den *Gedanken:* vgl. insbes. Tuscul. Disput. L. I, 64 (... ius hominum, quod situm est in generis humani societate ...).

[2] Vgl. den Anfang der Institutionen wie der Digesten!

[3] *Hugo Grotius,* De iure belli ac pacis, Prolegom. 15.

[4] „The States ought to behave as they have customarily behaved" hat *Kelsen* die Grundnorm für das Völkerrecht formuliert. Vgl. *Dahm,* Völkerrecht, *S.* 10 .

§ 60. Vom Welt-Staatenbund zum Welt-Bundesstaat

I. Das klassische Völkerrecht entstand, als die Gemeinschaft der christlichen Völker im Glaubensstreit zerbrach und Papst wie Kaiser ihre Autorität verloren hatten. Als gleichberechtigte Souveräne, die nichts auf Erden als übergeordnet anerkannten *(nullum in terris superiorem recognoscentes)*, traten nun die Herrscher einander gegenüber, Standesgenossen gleichwohl, Blutsverwandte und Verschwägerte, Mitglieder *einer* Gesellschaftsschicht, Träger derselben ritterlichen Überlieferung.

Nicht nur in dieser Hinsicht ist die Welt inzwischen eine andere geworden. Über die ganze Erde spannen sich die Beziehungen der Völker. Kein gemeinsamer Glaube eint sie mehr, Rassen, Kulturen und Weltanschauungen trennen sie. Dafür sind sie einander nähergerückt: Flugstunden haben Segelschiffswochen abgelöst, elektrische Wellen jede Entfernung ausgelöscht. Die Weltbevölkerung dürfte sich um das Fünffache vermehrt haben[1], der Umsatz des Welthandels um das Vielfache dieses Fünffachen.

II. Das alles bedeutet aber, daß die Völker voneinander *abhängig* geworden sind: in steigendem Maße benötigt jedes die Produkte und Leistungen des anderen, jedes aber auch das andere als Abnehmer. Wächst nun die Menschheit in dieser Weise zu einem Wirtschaftsorganismus zusammen, so bedeutet das indes zugleich, daß jede lokale Störung sich auf das Ganze auswirkt. Vor allem sind nun aber Kriege keine isolierten Ereignisse mehr: sie gehen alle an; Großmachtkriege müssen sich zu Weltkriegen ausweiten. Vollends hat sich die Waffenwirkung vertausendfacht, und im Weltraumkrieg kann es, schon aus technischen Gründen, keine Neutralität mehr geben.

Damit haben sich die Voraussetzungen des Völkerrechts gewandelt, seine Aufgaben verdringlicht. Die Genfer Konvention von 1864 und die beiden Haager Friedenskonferenzen der letzten Jahrhundertwende (1899 und 1907) leiteten die Bemühungen um eine weltweite Humanisierung und Eindämmung des Krieges ein. Die Gründung des Völkerbundes nach dem Ersten, der Vereinten Nationen nach dem Zweiten Weltkrieg, dazu eine Fülle weiterer Konferenzen, Pakte und Abkommen setzten den Weg fort und schufen ein dichtes Geflecht völkerrechtlicher Beziehungen.

---

[1] Die Erdbevölkerung wird für die Zeit um 1650 auf 545 Millionen geschätzt (vgl. Encyclopaedia Britannica 15. ed. Vol. 18, p. 235 — Population —); sie dürfte sich jetzt der Zahl von 3 Milliarden nähern.

III. Es ist ein Gemeinplatz, daß all dies Stückwerk geblieben ist. Es scheint, daß die zwischenstaatlichen Beziehungen und Umgangsformen, gemessen vor allem an denen des 19. Jahrhunderts, nicht gesitteter geworden sind und immer mehr verwildern. Doch wird man unterscheiden müssen: Unter den Staaten der westlichen Welt ist auf die Einhaltung von Verträgen und Verpflichtungen, selbst in vitalen Fragen — noch und wieder — Verlaß. Über diesen Kreis hinaus kann mit ihrer Erfüllung, wenigstens in kleineren Dingen, immerhin gerechnet werden. Auch kann die UNO mit der Fülle ihrer Sonderorganisationen in allen Fragen, die mit der Weltspaltung nicht zusammenhängen, größten Segen stiften. Wäre es in Jalta und bei ihrer Gründung möglich gewesen, auch für die Beschlüsse des Sicherheitsrates das Mehrheitsprinzip durchzusetzen (vgl. Art. 27 III der Satzung) sowie die Anrufung des Internationalen Gerichtshofes *obligatorisch* zu machen (vgl. Art. 36 des Statuts), so würde sie ein epochaler Fortschritt gewesen sein. Das Völkerrecht würde sich dann in zwei entscheidenden Punkten der Struktur des innerstaatlichen Rechtes angenähert haben. Die UNO wäre damit, statt eines bloßen Staatenbundes (was auch der Völkerbund schon gewesen war), zu einem universalen Bundesstaat geworden. Eben das aber war in einer Weltorganisation noch nicht zu erreichen: hätte man auf diesen Einrichtungen bestehen wollen, dann wäre die andere der beiden Welthälften der Gründung ferngeblieben. So konnte das *Recht* eine Gemeinschaft nicht weiter einen, als sie in sich schon einig war.

IV. Schon hinsichtlich der innerstaatlichen Gemeinschaft waren wir uns darüber klar geworden, daß nicht Recht und Justiz es sind, was sie *zusammenhält* (§ 32 IV 4). Die Völkerrechtsgemeinschaft entbehrt aber weitgehend der Gefühlsbindungen, auf welche jene zählen kann. Daß sie eine Gruppe von Staaten ist, hat hierfür nicht nur formale Bedeutung: Zwar sind es Einzelmenschen, die für diese Staaten handeln, doch Kollektivegoismen, die sie vertreten und hinter deren Interessen ihre persönlichen Sympathien und Neigungen zurückstehen. So ist hier weniger auf Liebe und Freundschaft zu rechnen als auf jenen klugen Eigennutz, der durch Weitblick der Tugend ähnelt. Wollte man aber deshalb etwa die Staaten auflösen, so würden bald andere partikulare Kollektivegoismen, doch nun in anarchischer Gestalt, an ihre Stelle treten. Erst, wenn ein Welteinheitsstaat gesichert wäre, könnten die Einzelstaaten durch ein System von Weltprovinzen abgelöst werden.

Ob man einen solchen Welteinheitsstaat wünschen sollte, darf überdies bezweifelt werden. Daß er technisch möglich wäre, könnte zwar schon das Imperium Romanum beweisen. An der Leistungsfähigkeit der Verkehrsmittel gemessen, ist heute die Erde kleiner, als jenes Reich es einst gewesen war: von Trier nach Alexandria war es damals (trotz Stafetten und Schnellseglern) weiter als jetzt nach San Franzisco. Auch hat das Reich ein halbes Jahrtausend lang realiter bestanden. Aber über seiner imponierenden zivilisatorischen Leistung (die überdies von der Kultur des in Freiheit gewachsenen Griechentums gezehrt hat) darf die erstickende Despotie seiner letzten drei Jahrhunderte nicht vergessen werden. Die Bundesstaaten der Neuzeit sind ein Fortschritt gewesen.

Mehr als von der Auflösung des Staatsbegriffes und der Staaten ist einstweilen von partikularen Staatenverbindungen zu erwarten, die deshalb enger als die der universalen UNO sein können, weil in ihnen die wechselseitigen Abhängigkeiten stärker, die kulturellen Bande enger, die Völker einander verwandter sind. Der Zusammenschluß Europas ist deshalb unsere nächste und dringlichste Aufgabe.

§ 61. „Idee zu einer allgemeinen Geschichte in weltbürgerlicher Absicht"

I. Überblicken wir noch einmal den Entwicklungsgang, den die Vergesellung der Menschheit und mit ihr das Recht genommen hat, so sehen wir, wie sich Sippen (gentes) zu Stämmen und Völkerschaften (civitates), diese zu Völkern in der Form von Staaten, diese zu Staatenbünden, dann zu Bundesstaaten und Imperien zusammenschlossen. Indem ein jeweils größerer Verband die kleineren in sich aufnahm und ihre Ordnung durch die seine überformte, wurde er selbst zum obersten. So ging die Eigenschaft, oberste zu sein, von den überformten Ordnungen auf die sie jeweils überformenden über: die Souveränität wanderte von den *gentes* zu den *civitates*, von diesen zu den Staaten, von diesen zu den Bundesstaaten. Die souveränen Verbände nur verbindende, nicht überformende Vergesellungen bildeten Mittelglieder: Sippenbünde, Stämmebünde, Städtebünde, Staatenbünde. Und indem die jeweils souveränen Verbände, an die die kleineren ihre Selbständigkeit verloren, immer größer wurden, wuchs das Recht: an Umfang seiner Geltungsbereiche, an Reichtum seines Normenschatzes, an Wirksamkeit seiner Ordnung.

Aber stets nur *innerhalb* der jeweils souveränen Ordnungen war Rechtssicherheit. Zwischen ihnen, im rechtsfreien Raum, verblieb es beim Naturzustande. „Fehde" hieß er zwischen Sippen und Stämmen,

„Krieg" zwischen den Staaten. Und indem die Staatsordnungen wuchsen, wuchsen auch seine Maße. Doch eben aus ihm entstanden auch wiederum jene größeren Ordnungen, die ihn selbst immer größer werden ließen.

II. Wird der Leviathan, wie er die Fehde verschlungen hat, auch den Krieg zu überwältigen vermögen? Wird auf den Welt-Staatenbund der Welt-Bundesstaat folgen, wie auf den Deutschen Bund das Deutsche Reich gefolgt ist? — Geschähe es, so würde sich damit zwischen den Staaten vollenden, was sich zwischen den Einzelnen, im Staate, einst vollendet hat. Die Rechtsgeschichte wäre so gleichsam zu einem natürlichen Ende gekommen, das man dann als ihr *Ziel* betrachten könnte.

Die Einigung Deutschlands im 19. Jahrhundert als Vorläufer und Analogon der Welteinigung zu sehen, wäre tröstlich. Es könnte aber auch erschrecken, denn jener Deutsche Bund war der UNO nicht nur im Aufbau ähnlich gewesen; auch *seine* Wirksamkeit war durch die Rivalität zweier blockbildender Großmächte gelähmt[1], und zwischen Österreich und Preußen gespalten, zerbrach er 1866. So führte der Weg zur Reichsgründung über das Schlachtfeld von Königgrätz. Sollte uns das moderne Analogon jener Schlacht bevorstehen, so würde es diesmal nicht nur 53 000 Soldaten und einige Ortschaften kosten. Daß dabei von der Atomwaffe kein Gebrauch gemacht werden würde, folgt nicht verläßlich daraus, daß die Gaswaffe im letzten Kriege deshalb nicht eingesetzt worden ist, weil beide Parteien sie schaudernd besaßen.

Die Geschichte lehrt den Menschen kennen, aber sie liefert keine sicheren Analogieschlüsse. Alles ist ebensowohl „schon einmal dagewesen" wie „jedesmal wieder anders". Dafür, daß das, was uns die logische Fortsetzung einer Entwicklung scheint, auch wirklich geschehen werde, besteht keine Gewähr. Jede Bewegung kann eine Gegenbewegung auslösen; daß der Krieg im Welt-Bundesstaat als Bürgerkrieg aufs Neue sein Haupt erheben und ihn wieder sprengen könnte, bleibt mindestens möglich. Auch von der Sippe zum Staat ist der Weg nicht eben gewesen; Hemmnisse und Rückschläge haben in

[1] Obwohl ein Vetorecht der Einzelstaaten dort nur für einen beschränkten Kreis von Angelegenheiten galt: vgl. Art. VII, Abs. 4 der Deutschen Bundes-Akte von 1815 und Art. XV der Wiener Schluß-Akte von 1820 mit Art. 27, Abs. 2 und 3 der Satzung der Vereinten Nationen von 1945!

der Geschichte des Mittelalters reichliche Blutspuren auf ihm zurückgelassen.

III. In dem Wachstum des Rechtes, dem Trend zu immer umfassenderen Zusammenschlüssen, der sich in der Geschichte abzeichnet, könnte man aber nicht nur eine Reihe von Analogien, der späteren nämlich zu den voraufgegangenen Zusammenschlüssen, zu finden geneigt sein, sondern auch eine Zielstrebigkeit, die *Entelechie* eines Naturgeschehens (vgl. o. § 26 I). Ein solcher *teleologischer* Gedankengang hat *Kant* die Völkereinung in jener kleinen Schrift von 1784 voraussagen lassen, mit deren Titel wir diesen Abschnitt überschrieben haben und deren 16 Seiten des Nachdenkens wohl wert sind. „Man kann, sagt er in ihrem Achten Satz, die Geschichte der Menschengattung im Großen als die Vollziehung eines verborgenen Plans der Natur ansehen, um eine innerlich — und, zu diesem Zwecke auch äußerlich — vollkommene Staatsverfassung zustande zu bringen, als den einzigen Zustand, in welchem sie alle ihre Anlagen in der Menschheit völlig entwickeln kann". Auch hier fehlt freilich das Erschreckende nicht: den *Antagonismus* der *ungeselligen Geselligkeit* des Menschen sieht er in der blutigen Geschichte der schrittweisen Vergesellung dieses zwiespältigen Wesens walten, furchtbar und fruchtbar zugleich, es schließlich doch zum guten Ende selbst durch den Krieg der Staaten führend:

„Die Natur hat also die Unvertragsamkeit der Menschen, selbst der großen Gesellschaften und Staatskörper dieser Art Geschöpfe, wieder zu einem Mittel gebraucht, um in den unvermeidlichen *Antagonismus* derselben einen Zustand der Ruhe und Sicherheit auszufinden; d. i. sie treibt durch die Kriege, durch die überspannte und niemals nachlassende Zurüstung zu denselben, durch die Not, die dadurch endlich ein jeder Staat, selbst mitten im Frieden, innerlich fühlen muß, zu anfänglich unvollkommenen Versuchen, endlich aber nach vielen Verwüstungen, Umkippungen, und selbst durchgängiger innerer Erschöpfung ihrer Kräfte zu dem, was ihnen die Vernunft auch ohne so viel traurige Erfahrung hätte sagen können, nämlich aus dem gesetzlosen Zustande der Wilden hinauszugehen, und in einen Völkerbund zu treten; wo jeder, auch der kleinste Staat seine Sicherheit und Rechte, nicht von eigener Macht oder eigener rechtlichen Beurteilung, sondern allein von diesem großen *Völkerbunde (Foedus Amphictyonum)*, von einer *vereinigten Macht* und von der *Entscheidung* nach Gesetzen des vereinigten Willens erwarten könnte. So schwärmerisch diese Idee auch zu sein scheint, ... so ist es doch der unvermeidliche Ausgang der Not, worein sich Menschen einander versetzen, die die Staaten zu eben derselben Entschließung (so schwer es ihnen auch eingeht) zwingen muß, wozu der wilde Mensch ebenso ungern gezwungen ward, nämlich: seine brutale Freiheit aufzugeben und in einer gesetzmäßigen Verfassung Ruhe und Sicherheit zu suchen."

Was zu *Kants* eigener Zeit als „schwärmerische" Utopie erschien, ist seitdem in Ansätzen und dem Namen nach verwirklicht worden. Der Schritt zum *staatlichen* Völkerbund bleibt aber noch zu tun, und dessen, daß er wirklich getan werde, kann auch *Kant* uns nicht versichern. Nicht nur, weil der Krieg mit seinen Dimensionen gleichzeitig sein Gepräge geändert hat, indem auf die Kabinettskriege des achtzehnten Jahrhunderts die Völkerkriege des neunzehnten gefolgt sind, die nun ein neuer Typ von Glaubens- und Welt-Bürgerkriegen abzulösen scheint; nicht nur, weil die neue Waffe selbst noch die Nachkommen der Überlebenden in ihrer Erbmasse treffen, in ihnen die Gattung zum Krüppel schlagen und so den Schlußstein der Geschichte setzen könnte — die Waffe, die nicht Habgier noch Herrschsucht, wohl aber Sendungsglaube und ethischer Rigorismus als erster zu zünden versucht sein könnten („denn wenn die Gerechtigkeit untergeht, so hat es keinen Wert mehr, daß Menschen auf Erden leben"[1]; weshalb die Menschen nicht glauben sollten, einer absoluten Gerechtigkeit teilhaftig zu sein); vielmehr aus dem Grunde, weil wir uns einer Teleologie des Naturgeschehens nicht mehr sicher wissen. Selektionsvorgänge scheinen es uns zu sein, die eine Gattung aus der anderen haben hervorgehen lassen. Zahllos sind sie durch die Erdzeitalter dahingegangen, ehe es Menschen gab, zahllos werden weitere dahingehen, solange diese Erde bewohnbar bleibt; es sei denn, der Mensch setze *allem* Leben auf ihr ein vorzeitiges Ende. Daß er seine eigene Gattung mit seiner eigenen Hand auslöschen könnte, ist uns nicht undenkbar. Die *Natur* wird ihn daran nicht hindern; *hat* sie einen Plan, so ist auch sein Ende darin vorgesehen.

Wahr bleibt aber (wenn wir die Hypothese der Naturabsicht beiseite lassen) *Kants* Dritter Satz:

„Die Natur hat gewollt, daß der Mensch alles, was über die mechanische Anordnung seines tierischen Daseins geht, gänzlich aus sich selbst herausbringe, und keiner anderen Glückseligkeit oder Vollkommenheit teilhaftig werde, als die er sich selbst, frei von Instinkt, durch eigene Vernunft verschafft hat."

Es ist die *Nichtfestgestelltheit* des Menschen, von der wir in diesem Buche ausgegangen waren und der wir hier wiederbegegnen. Wir sahen, daß sie es ist, die seine spezifische Freiheit ausmacht. Nicht die

[1] *Kant*, Rechtslehre, Allgemeine Anmerkung E, I nach § 49.

Natur hat ihm das Weltbürgertum zum Ziel gesetzt; er kann es sich nur selbst zum Ziele setzen. Wohl aber scheint sie ihn in die *Notwendigkeit* versetzt zu haben, es zu erreichen, wenn er überleben will. Doch beweist dies nicht, daß es ihm auch gelingen wird. Auch wäre die Geschichte damit nicht zu Ende: Nur der Insektenstaat steht artgebunden fest.

Sachregister

FSC
www.fsc.org
MIX
Papier | Fördert gute Waldnutzung
FSC® C083411

Kolibri 360 GmbH
Ferdinand-Jühlke-Straße 7
99095 Erfurt, Deutschland
produktsicherheit@kolibri360.de